大学物理概论

（第4版）

袁兵　霍炳海　贾洛武　曹文斗

天津大学出版社
TIANJIN UNIVERSITY PRESS

内容提要

本书内容共五篇,力学篇包括质点力学、刚体力学和狭义相对论基础;热学篇包括分子运动理论和热力学基础;电磁学篇包括静电学、静磁学和电磁感应;振动与波动篇包括机械振动、机械波和波动光学;最后一篇为量子物理基础。在每一章后有本章小结,集中总结了本章所学的内容和主要的物理量、物理概念和物理规律,帮助同学及时总结所学内容。为了帮助同学加深每一篇所学重点和难点,增强学生的理解能力和运用知识的能力,在每一篇后面编写了同步练习,有大量选择题、填空题和计算题,以供同学根据需要选做。

配合本书的学习,出版了由曹文斗、霍炳海、贾洛武、袁兵编写的《大学物理学习指导书(少学时)》,每章均包括内容提要、基本要求、典型例题、习题解答等。

本书可作为高等院校理工类少学时的本科生大学物理教材,也可供各类高等院校有关专业选用。

图书在版编目(CIP)数据

大学物理概论/袁兵,霍炳海,贾洛武,曹文斗编.—天津:
天津大学出版社,2000.2(2022.1 重印)
ISBN 978-7-5618-1275-4

Ⅰ.大...　Ⅱ.①霍...②贾...③曹...　Ⅲ.物理学
－高等学校－教材
Ⅳ.04

中国版本图书馆 CIP 数据核字(2000)第 13611 号

出版发行	天津大学出版社
地　　址	天津市卫津路 92 号天津大学内(邮编:300072)
电　　话	发行部:022-27403647
网　　址	publish.tju.edu.cn
印　　刷	北京虎彩文化传播有限公司
经　　销	全国各地新华书店
开　　本	169mm×239mm
印　　张	22
字　　数	456 千
版　　次	2013 年 2 月第 1 版
印　　次	2022 年 1 月第 17 次
定　　价	45.00 元

第 1 版前言

根据教学改革新形势的需要,我们编写了这本适合少学时教学的物理教材,以飨读者.

本书的特点是:

一、以大学物理课程的性质和任务为编写本教材的指导思想,考虑到物理学是整个自然科学与社会科学的基础学科,在保证教材具有科学性、系统性和完整性的鲜明特征下,本书着重于最基本的物理概念和规律的系统阐述,从而使学生形成完整的、统一的物理世界图像.

二、注意到当前大学物理教材内容与结构的发展趋势,对部分内容进行了梳理,突出物理学的基本思想,力求结构体系有所创新.例如,在电磁学部分,重点阐述了电场与磁场最基本的特点和规律,对有些技术性应用方面的知识点仅做了概述,以减轻学生学习时的"负重感".

三、行文简洁,大刀阔斧地压缩篇幅.采用的具体方法,一是尽量减少与中学物理课程、物理实验课程及其他相关课程不必要的重复;二是以简明的叙述,适当的数学形式阐述了物理学的一部分主要内容;三是割舍了部分对物理体系影响不大的内容;四是对非主干内容,大多采用了半定性、半定量的处理方法,简化或删除了过多过繁的数学推导和过深的理论探讨.

四、用近代的思想和观点组织教材,尽可能反映本门课程的新进展与近代理论基础.例如,本书对非线性振动、非线性光学、多光子过程、虚能级等结合传统内容做了深入浅出的讲述.

在教材编写过程中,我们重点参考了我校杨仲耆教授等编写的《大学物理学》和李金锷教授等编写的《工科大学物理基本教材》及国内外部分著作,从中受益匪浅;天津大学理学院应用物理学系系主任、教授、博士生导师林家逊先生仔细审阅了全部书稿,并提出了许多宝贵意见;天津大学教务处和天津大学出版社为本书的出版提供了可靠的帮助;全国高等学校教学研究会对本书的出版也给予了大力支持,在此一并表示感谢.

本书作为教材改革的一种尝试,经验尚少,又加之编者水平所限,时间仓促,书中缺点与错误在所难免,尚祈读者惠予指正.

编者
1999 年 12 月

第 3 版前言

自本教材出版以来,因结构合理,选材适中,以及十分适合短学时的物理教学等优点,因而被多所院校作为教材使用.在此,我们对长期以来使用该书的同人深表谢意.

本书是在第 2 版的基础上修订的.修订本保持了第 2 版的风格和特色.根据使用过本书的教师的建议,仅对个别地方的内容略加增补,对原书中不恰当的个别文字和符号等进行了修改和更正.

敬请使用本书的老师和同学提出宝贵的建议.

编者

2005 年 12 月

第 4 版前言

本教材出版以来的十多年间,承蒙高等院校中不少物理教师和同学的厚爱,把该书作为物理教材长期使用,我们深表谢意,能为少学时物理课程的教学改革提供一本优质的教科书也是我们最大的心愿.

根据当前物理教学改革的需要以及教材使用者提出的宝贵建议,在此次出版时对该教材进行了较大篇幅的修订.修订后的教材主要有以下特点。

1.在保持原有教材的风格和特点的基础上,使教材的内容更具系统性、科学性和完整性,选材更加突出重点,部分物理概念和物理规律的表述更加严谨与准确.同时,在选材上,考虑到不同层次院校的需求,可以根据自己的课程需要和学时,选用所需的教学内容.

2.修订时重新构架了篇章结构,把本书的内容规划在五篇中,突出了每一篇的核心思想与内容.例如,把经典力学与狭义相对论归结为力学篇,教师在讲完经典力学后,很快地过渡到狭义相对论.这样,有利于同学对比经典力学的物理现象和狭义相对论力学的物理图像,加深同学对物质世界的认识和理解,认识到物理概念和规律的局限性.另外,考虑到是少学时教材这一特点,在此次修订中,删去亚原子物理一章,使教材更加精练.

3.为了帮助同学及时巩固每章、每篇所学内容,掌握相应的重点和难点,加深对物理概念和物理规律的认识和理解,我们在每一章后增加本章小结.在每一篇后增设同步练习,有针对性地精心设计了大量与考试形式相同的选择题、填空题和计算题.所选内容深浅适度、题意明确、涉猎广泛,既有定性分析题目,也有定量运算题目,以期达到培养学生的思维能力和知识运用能力,相信一定会引起学生的探求兴趣和浓厚的求知欲望.

本次修订的负责人为袁兵,修订中把多年来的教学经验和自己的教学心得融合到修订内容中,为教材内容的修订做了大量的选材工作和组织工作.

由于我们学识有限,修订内容较多,编写时间仓促,书中缺点和错误在所难免,望使用本书的教师和同学批评指正.

编者
2013.1

目　　录

第一篇 力 学

力学是研究物质机械运动规律的学科.机械运动是物质的各种运动形式中最简单、最基本的一种,它是指物体位置的变化.例如,车辆的奔驶、机器的运转、河水的流动、地球绕太阳运转等,这些都是机械运动.

自古以来人类在生产实践中天天都接触到物体的机械运动,逐渐掌握了有关这些运动的知识,并总结出它们的基本规律.因此,力学在各门自然科学中发展得最早,而且最富有直观性.早在17世纪力学就已形成一门理论严密、体系完整的科学.

以牛顿定律为基础的力学理论叫牛顿力学或经典力学,它曾经被尊为完美普遍的理论,指导科学技术的发展.在20世纪初,人们发现了它的局限性,在高速领域为相对论所取代,从而,为近代物理学的建立提供了一个重要的理论基础和支柱.

在本篇的经典力学部分,将着重讨论质点的运动规律,其内容包括质点运动学和质点动力学.同时,引入刚体的概念,简要介绍刚体的运动特点和所遵从的基本规律.

在本篇的相对论力学部分,主要内容是狭义相对论基础.简明介绍相对论的时空观,突出高速世界物体的运动规律,同时,揭示质量与能量的内在联系.

第一章 质点力学

质点力学包括质点运动学和质点动力学.质点运动学研究物体的位置随时间变化的规律,而不涉及引起变化的原因.质点动力学研究物体间的相互作用对物体运动的影响.

第一节 参照系 运动方程

一、质点

任何实际的物体都有一定的大小和形状.然而在有些情况下,它的大小和形状与所研究的问题无关或者关系很小,因而可以忽略其大小和形状,把物体视为具有一定质量的几何点,称为**质点**.可见,质点是人们为了研究问题方便、突出问题的主要性质设想的一个物理模型.

本章所涉及的物体,如果不加特别说明,均当做质点处理.

二、参照系

宇宙间的万物都处在永恒不停的运动中,绝对静止的物体是不存在的.地球上的房屋、树木等看似静止,但它们随着地球一起绕太阳公转,同时和地球一起绕地球轴转动.而太阳又相对银河系中心以很大的速度(约 3×10^5 m/s)运动着……这些事实说明,运动是绝对的.

然而,物体运动的描述具有相对性.在一列行驶的火车中的乘客,相对车厢是静止的,而相对地面,他却是运动的.再比如,在地面看来垂直下落的雨滴,在行驶着的火车车厢里的乘客看来是沿倾斜方向下落的.显然,描述物体是否运动以及做怎样的运动,必须选择另外一些物体作为参考.这些被选为参考的物体或物体群称为**参照物**或**参照系**.

参照系的选择,主要看问题的性质和研究的方便.今后,若不做特殊说明,都选择地面或相对地面静止的物体作为参照系.“太阳从东方冉冉升起”以及“斗转星移”“日月经天,江河行地”,这些宇宙奇观,都是物体相对地面运动时产生的现象.

三、坐标系 运动方程

设一质点相对某参照系做曲线运动,为了定量地描述质点在各个时刻相对参照系的位置,通常在参照物上固定一个坐标系.最常用的是直角坐标系,如图 1-1

所示. 质点在运动中, 某一时刻处于 P 点, 它相对于参照系的位置用 P 点在三个坐标轴上的投影 x, y, z 表示, 它们是时间 t 的单值函数, 表示为

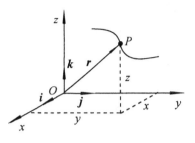

图 1-1 质点位置的表示

$$\left.\begin{array}{l} x = x(t), \\ y = y(t), \\ z = z(t). \end{array}\right\} \qquad (1\text{-}1)$$

这一组方程描述了质点的位置随时间变化的规律, 称为**运动方程的分量式**.

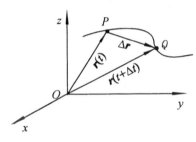

图 1-2 位移

三个坐标轴上的投影, 即

还可以用矢量的方法描述质点的位置. 由坐标原点 O 向质点所在的瞬时位置 P 引一矢量 $\boldsymbol{r}(t)$, 称为**位置矢量**, 简称**位矢**或**矢径**. $\boldsymbol{r}(t)$ 与三个坐标轴之间的夹角则代表着质点的方位. 位置矢量随时间变化, 记为

$$\boldsymbol{r} = \boldsymbol{r}(t), \qquad (1\text{-}2)$$

称该式为**运动方程的矢量式**.

不难看出, 运动方程的分量式是位矢 $\boldsymbol{r}$ 在

$$\boldsymbol{r}(t) = x(t)\boldsymbol{i} + y(t)\boldsymbol{j} + z(t)\boldsymbol{k}, \qquad (1\text{-}3)$$

式中, $\boldsymbol{i}, \boldsymbol{j}, \boldsymbol{k}$ 分别为沿 x, y, z 轴正方向上的**单位矢量**.

将运动方程中参量 t 消去, 可得到质点运动所经过的位置点连成的曲线方程, 即运动轨迹方程.

第二节 速 度

为了描述物体运动的快慢程度及运动方向, 引入速度概念.

一、位移

如图 1-2 所示, 质点沿一条曲线运动. $\boldsymbol{r}(t)$ 与 $\boldsymbol{r}(t + \Delta t)$ 分别是它在 t 时刻与 $t + \Delta t$ 时刻的位矢. 从 P 点向 Q 点所引的有向线段 $\Delta \boldsymbol{r}$ 叫做质点在 Δt 时间内的**位移**. $\Delta \boldsymbol{r}$ 是两个时刻的位矢之差, 即

$$\Delta \boldsymbol{r} = \boldsymbol{r}(t + \Delta t) - \boldsymbol{r}(t).$$

位移反映了质点位置的改变. 由 P 点到 Q 点质点经历过的曲线长度 Δs, 叫做 Δt 时间内质点通过的路程. 位移和路程是两个截然不同的概念.

二、速度

位移 $\Delta \boldsymbol{r}$ 与时间 Δt 的比值,叫做质点在 Δt 时间内的平均速度. 平均速度

$$\bar{\boldsymbol{v}} = \frac{\Delta \boldsymbol{r}}{\Delta t}. \tag{1-4}$$

由于在 PQ 这段曲线上,质点在各点的运动方向和快慢各不相同,因此平均速度只能粗略地描述质点在 Δt 时间内的运动状况,不能精确地描述质点在某一位置或某一时刻的运动状态. 但是时间 Δt 越短,描述得越精确. 如图 1-3 所示,当 $\Delta t \to 0$ 时,Q 点将无限地靠近 P 点,运动快慢可看成均匀的,弧 PQ 和弦 PQ 还有切线三者合而为一. 因此在这无限短的时间内质点做匀速直线运动. 平均速度的极限值可以用来描述质点在 t 时刻的运动状态. 这一极限值称为**瞬时速度**,简称**速度**.

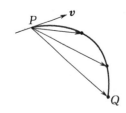

$$\boldsymbol{v} = \lim_{\Delta t \to 0} \frac{\Delta \boldsymbol{r}}{\Delta t} = \frac{\mathrm{d}\boldsymbol{r}}{\mathrm{d}t}, \tag{1-5}$$

可见,位矢对时间求一阶导数就得到速度.

Δt 时间内质点通过的路程 Δs 与 Δt 的比称为平均速率,用 $\bar{v}$ 表示.

$$\bar{v} = \frac{\Delta s}{\Delta t},$$

图 1-3 平均速度

当 $\Delta t \to 0$ 时,平均速率的极限值称为**瞬时速率**,简称**速率**.

$$v = \frac{\mathrm{d}s}{\mathrm{d}t}, \tag{1-6}$$

它表示质点在该时刻运动的快慢,也就是在该时刻附近质点在单位时间内通过的路程.

速度是矢量,它的定义给出了速度的大小和方向.

它的方向与 $\mathrm{d}\boldsymbol{r}$ 方向相同. $\mathrm{d}\boldsymbol{r}$ 的方向沿质点运动轨道的切线方向,所以质点的速度方向沿轨道切线并指向质点的运动方向.

速度的大小是

$$|\boldsymbol{v}| = \left| \frac{\mathrm{d}\boldsymbol{r}}{\mathrm{d}t} \right|, \tag{1-7}$$

$|\mathrm{d}\boldsymbol{r}|$ 为位移元的大小,它正是质点在 $\mathrm{d}t$ 时间内通过的路程 $\mathrm{d}s$,所以

$$|\boldsymbol{v}| = \frac{\mathrm{d}s}{\mathrm{d}t} = v.$$

速度的大小就是速率.

在直角坐标系中

$$\boldsymbol{r} = x\boldsymbol{i} + y\boldsymbol{j} + z\boldsymbol{k},$$

瞬时速度

$$v = \frac{\mathrm{d}r}{\mathrm{d}t} = \frac{\mathrm{d}x}{\mathrm{d}t}i + \frac{\mathrm{d}y}{\mathrm{d}t}j + \frac{\mathrm{d}z}{\mathrm{d}t}k, \tag{1-8}$$

则沿三个坐标轴的速度分量

$$\left.\begin{array}{l} v_x = \mathrm{d}x/\mathrm{d}t, \\ v_y = \mathrm{d}y/\mathrm{d}t, \\ v_z = \mathrm{d}z/\mathrm{d}t. \end{array}\right\} \tag{1-9}$$

速度的大小

$$v = \sqrt{v_x^2 + v_y^2 + v_z^2}. \tag{1-10}$$

在经典物理中,质点的运动状态用位置和速度描写. 不同时刻,质点具有不同位置或速度,说明质点具有不同的运动状态. 在宏观世界范围内,运动的质点在任一时刻,具有唯一的、确定的运动状态. 正因为如此,宏观物体都是按着一定的轨道运动. 描述空间轨道的方程叫轨道方程,它与运动方程一起从不同角度描述了质点运动的规律.

第三节 加速度

质点在运动中,不仅位置变化,而且速度v也可能随时间变化. 为了描述速度的变化,引入运动学中的另一个重要物理量——**加速度**.

如图1-4所示,t时刻质点在P点,速度是$v(t)$;$t + \Delta t$时刻质点在Q点,速度是$v(t + \Delta t)$. 在Δt时间内速度的增量是

$$\Delta v = v(t + \Delta t) - v(t).$$

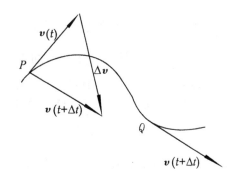

$\dfrac{\Delta v}{\Delta t}$称为$\Delta t$时间内质点的**平均加速度**,用$\bar{a}$表示,

$$\bar{a} = \frac{\Delta v}{\Delta t}.$$

当$\Delta t \to 0$时,平均加速度的极限定义为t时刻的**瞬时加速度**,简称**加速度**.

图1-4 速度增量

$$a = \lim_{\Delta t \to 0} \frac{\Delta v}{\Delta t} = \frac{\mathrm{d}v}{\mathrm{d}t} = \frac{\mathrm{d}^2 r}{\mathrm{d}t^2}. \tag{1-11}$$

加速度等于速度对时间的一阶导数,或等于位矢对时间的二阶导数. 在直角坐标系中

$$a = \frac{\mathrm{d}\boldsymbol{v}}{\mathrm{d}t} = \frac{\mathrm{d}v_x}{\mathrm{d}t}\boldsymbol{i} + \frac{\mathrm{d}v_y}{\mathrm{d}t}\boldsymbol{j} + \frac{\mathrm{d}v_z}{\mathrm{d}t}\boldsymbol{k}. \tag{1-12}$$

加速度的三个分量是

$$\left.\begin{aligned} a_x &= \frac{\mathrm{d}v_x}{\mathrm{d}t} = \frac{\mathrm{d}^2x}{\mathrm{d}t^2}, \\ a_y &= \frac{\mathrm{d}v_y}{\mathrm{d}t} = \frac{\mathrm{d}^2y}{\mathrm{d}t^2}, \\ a_z &= \frac{\mathrm{d}v_z}{\mathrm{d}t} = \frac{\mathrm{d}^2z}{\mathrm{d}t^2}. \end{aligned}\right\} \tag{1-13}$$

加速度的大小

$$a = |\boldsymbol{a}| = \sqrt{a_x^2 + a_y^2 + a_z^2}. \tag{1-14}$$

由式(1-11)知,加速度 $\boldsymbol{a}$ 的方向沿 $\mathrm{d}\boldsymbol{v}$ 的方向. 在曲线运动中,$\boldsymbol{a}$ 与 $\boldsymbol{v}$ 不共线,否则,质点一定做直线运动.

一、直线运动中的加速度

质点沿 x 轴做直线运动,其速度的方向不随时间变化,只有速度的大小随时间变化. 设某时刻速度 $\boldsymbol{v} = v\boldsymbol{i}$,根据加速度的定义

$$a = \frac{\mathrm{d}\boldsymbol{v}}{\mathrm{d}t} = \frac{\mathrm{d}v}{\mathrm{d}t}\boldsymbol{i}.$$

质点做直线运动时,其加速度一般写为

$$a = \frac{\mathrm{d}v}{\mathrm{d}t}.$$

当 $\frac{\mathrm{d}v}{\mathrm{d}t} > 0$ 时,加速度与速度方向同向;当 $\frac{\mathrm{d}v}{\mathrm{d}t} < 0$ 时,加速度与速度方向相反.

二、匀速率圆周运动中的加速度

质点沿半径 R 的圆周以速率 v 做匀速圆周运动时,其速度的大小保持不变,方向随时间变化而产生加速度. 该加速度的大小是

$$a = \frac{v^2}{R},$$

其方向沿轨道半径指向圆心,称为向心加速度,也称为法向加速度. 下面根据加速度的定义证明之.

如图 1-5 所示,$\Delta\theta$ 是质点在 Δt 时间内转过的角度,也是质点速度的方向转过的角度. 在该段时间内质点通过的路程为 Δs,则

$$\Delta\theta = \frac{\Delta s}{R}.$$

速度增量的大小是 $|\Delta\boldsymbol{v}| = 2v\sin\dfrac{\Delta\theta}{2}.$

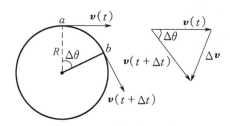

图 1-5　匀速圆周运动中的速度增量

$$a = \lim_{\Delta t \to 0} \frac{|\Delta \boldsymbol{v}|}{\Delta t} = \lim_{\Delta t \to 0} \frac{2v\sin \dfrac{\Delta \theta}{2}}{\Delta t}$$

$$= \lim_{\Delta t \to 0} \frac{2v\sin \dfrac{\Delta s}{2R}}{\Delta t} = \frac{v}{R} \frac{\mathrm{d}s}{\mathrm{d}t} = \frac{v^2}{R}.$$

当 $\Delta t \to 0$ 时,$\Delta \theta \to 0$,$\Delta \boldsymbol{v}$ 的极限方向与 $\boldsymbol{v}$ 的方向垂直,即 $\boldsymbol{a}$ 的方向与 $\boldsymbol{v}$ 的方向垂直,指向圆心.

三、变速圆周运动的加速度——切向加速度和法向加速度

如图 1-6 所示,在 Δt 时间内,质点速度的大小和方向都发生了变化. 速度增量是 $\Delta \boldsymbol{v}$. 将 $\Delta \boldsymbol{v}$ 分解成由速率变化而引起的增量 $\Delta \boldsymbol{v}_t$ 和由速度方向变化而引起的增量 $\Delta \boldsymbol{v}_n$,有

$$\Delta \boldsymbol{v} = \Delta \boldsymbol{v}_t + \Delta \boldsymbol{v}_n$$

$$\boldsymbol{a} = \lim_{\Delta t \to 0} \frac{\Delta \boldsymbol{v}}{\Delta t} = \lim_{\Delta t \to 0} \frac{\Delta \boldsymbol{v}_t}{\Delta t} + \lim_{\Delta t \to 0} \frac{\Delta \boldsymbol{v}_n}{\Delta t} = \boldsymbol{a}_t + \boldsymbol{a}_n.$$

$$\boldsymbol{a}_t = \lim_{\Delta t \to 0} \frac{\Delta \boldsymbol{v}_t}{\Delta t} \tag{1-15}$$

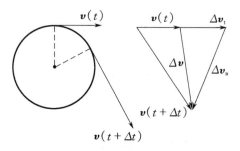

图 1-6　变速圆周运动中的速度增量

它是由速率变化而引起的. 根据直线运动的加速度,其大小为速率对时间的一阶导数,即

$$a_t = \frac{\mathrm{d}v}{\mathrm{d}t}, \tag{1-16}$$

其方向与速度在一条直线上,与轨迹相切,称为切向加速度.

$a_n = \lim\limits_{\Delta t \to 0} \dfrac{\Delta v_n}{\Delta t}$ 是由速度方向变化而引起的. 根据匀速圆周运动的加速度,其大小为

$$a_n = \frac{v^2}{R}, \tag{1-17}$$

方向沿半径指向圆心,称为法向加速度.

图 1-7 给出了变速圆周运动中质点的加速度 a 以及它在切向和法向两个方向的分量 a_t 和 a_n,有

$$a = \sqrt{a_t^2 + a_n^2}.$$

对于一般曲线运动,式(1-16)、式(1-17)仍然适用,ρ 是质点所在位置处曲线的曲率半径,如图 1-18 所示,即

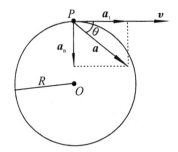

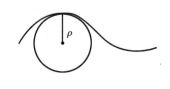

图 1-7　变速圆周运动的加速度　　　　　图 1-8　曲率半径

$$a_n = \frac{v^2}{\rho}$$

上一节讲到如何利用运动方程求速度;本节又谈到如何利用速度求加速度. 反过来,如果已知 $t = 0$ 时质点的速度v_0 和加速度与时间的函数关系 $a(t)$,可以求出质点在任一时刻的速度

$$v_x = v_{0x} + \int_0^t a_x \, \mathrm{d}t,$$

$$v_y = v_{0y} + \int_0^t a_y \, \mathrm{d}t,$$

$$v_z = v_{0z} + \int_0^t a_z \, \mathrm{d}t.$$

同样,如果知道了质点在 $t = 0$ 时的位置

$$r_0 = x_0 i + y_0 j + z_0 k$$

和速度与时间的函数关系

$$v(t) = v_x(t)i + v_y(t)j + v_z(t)k,$$

可以求出质点的运动方程

$$x = x_0 + \int_0^t v_x \mathrm{d}t,$$

$$y = y_0 + \int_0^t v_y \mathrm{d}t,$$

$$z = z_0 + \int_0^t v_z \mathrm{d}t.$$

【例 1-1】 已知质点的运动方程

$$r = (3t + 2t^3)i + (5t - 2t^2)j \ (\text{SI}),$$

求 $t = 3$ s 时质点的速度和加速度.

解 $v = \dfrac{\mathrm{d}r}{\mathrm{d}t} = (3 + 6t^2)i + (5 - 4t)j, \quad a = \dfrac{\mathrm{d}v}{\mathrm{d}t} = 12ti - 4j.$

$t = 3$ s, $\quad v = (3 + 6 \times 3^2)i + (5 - 4 \times 3)j = 57i - 7j \,(\text{m/s});$

$a = 12 \times 3i - 4j = 36i - 4j \,(\text{m/s}^2).$

【例 1-2】 已知质点沿 x 轴以加速度 a 做匀加速直线运动. $t = 0$ 时, 质点在坐标原点并且有初速度 v_0. 求质点在任一时刻的速度和位置.

解 由 $a = \dfrac{\mathrm{d}v}{\mathrm{d}t}$, 得

$$\mathrm{d}v = a\mathrm{d}t.$$

取定积分

$$\int_{v_0}^v \mathrm{d}v = \int_0^t a\mathrm{d}t.$$

上下限是根据 $t = 0$ 时, 质点的速度是 v_0, t 时刻, 速度是 v 来取的. 由定积分得

$$v - v_0 = at, \quad v = v_0 + at.$$

由 $v = \dfrac{\mathrm{d}x}{\mathrm{d}t}$, 得

$$\mathrm{d}x = v\mathrm{d}t = (v_0 + at)\mathrm{d}t,$$

再取定积分

$$\int_0^x \mathrm{d}x = \int_0^t (v_0 + at)\mathrm{d}t,$$

得

$$x = v_0 t + \frac{1}{2}at^2.$$

这就是大家都熟悉的匀加速直线运动公式.

【例 1-3】 设炮弹以 $v_0 = 400$ m/s 的速度和仰角 $\theta = 30°$ 发出. 不计空气的阻力, 求 3 s 末炮弹的位矢、速度、切向加速度和法向加速度.

解 如图所示, 选炮弹发射点为坐标原点. t 时刻炮弹在坐标系中的坐标是

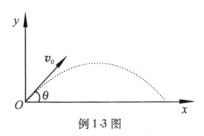

例 1-3 图

$$x = v_0 t\cos\theta, \quad y = v_0 t\sin\theta - \frac{1}{2}gt^2,$$

位矢 $\quad \boldsymbol{r} = (v_0 t\cos\theta)\,\boldsymbol{i} + \left(v_0 t\sin\theta - \frac{1}{2}gt^2\right)\boldsymbol{j},$

速度 $\quad \boldsymbol{v} = \dfrac{\mathrm{d}\boldsymbol{r}}{\mathrm{d}t} = (v_0\cos\theta)\boldsymbol{i} + (v_0\sin\theta - gt)\boldsymbol{j},$

加速度 $\quad \boldsymbol{a} = \dfrac{\mathrm{d}\boldsymbol{v}}{\mathrm{d}t} = -g\boldsymbol{j},$

切向加速度 $\quad a_t = \dfrac{\mathrm{d}v}{\mathrm{d}t} = \dfrac{\mathrm{d}}{\mathrm{d}t}\sqrt{(v_0\cos\theta)^2 + (v_0\sin\theta - gt)^2}$

$$= \frac{-g(v_0\sin\theta - gt)}{\sqrt{(v_0\cos\theta)^2 + (v_0\sin\theta - gt)^2}},$$

法向加速度 $\quad a_n = \sqrt{a^2 - a_t^2}.$

$t = 3$ s 时, $\quad \boldsymbol{r} = 400\cos 30° \times 3\boldsymbol{i} + \left(400\sin 30° \times 3 - \dfrac{1}{2} \times 9.8 \times 3^2\right)\boldsymbol{j}$

$$= 1.04 \times 10^3\boldsymbol{i} + 5.56 \times 10^2\boldsymbol{j}\ (\text{m}),$$

$$\boldsymbol{v} = 400\cos 30°\boldsymbol{i} + (400\sin 30° - 9.8 \times 3)\boldsymbol{j}$$

$$= (3.46\boldsymbol{i} + 1.71\boldsymbol{j}) \times 10^2(\text{m/s}),$$

$$a_t = \frac{-9.8(400\sin 30° - 9.8 \times 3)}{\sqrt{(400\cos 30°)^2 + (400\sin 30° - 9.8 \times 3)^2}} = -4.33(\text{m/s}^2),$$

$$a_n = \sqrt{9.8^2 - 4.33^2} = 8.97\ (\text{m/s}^2).$$

第四节　牛顿运动定律

一、牛顿运动定律

牛顿关于运动的三条定律从不同角度揭示了力和运动之间的基本关系. 第一定律给出了惯性和力的概念;第二定律定量地描述了力和加速度之间的关系;第三定律更深入地阐明了力的概念和性质. 下面分别叙述三条定律的内容并说明它们的意义.

第一定律　每个物体都保持它的静止或匀速直线运动的状态,直到其他物体的作用力迫使它改变这种状态.

第一定律明确地指出任何物体都具有保持其运动速度不变的特性,这种特性叫**惯性**.同时它也指出力是使物体改变其速度,即获得加速度的原因.

第二定律 物体受到外力作用时,物体获得的加速度与外力成正比,与物体的质量成反比,加速度的方向与外力方向相同.

在适当选择单位的情况下,第二定律的数学表达式是

$$F = ma.$$ (1-18)

F 是质点所受的合力.

第二定律给出的是每一瞬时质点的加速度与它所受的合力之间的关系. 不同时间,它所受的合力不同,那么质点的加速度也不相同. 但在每一瞬时两者的关系满足式(1-18).

式(1-18)是矢量式. 质点获得的加速度方向总是和它所受的合力的方向一致. 应用牛顿定律时,常把力和加速度沿坐标轴分解. 在空间直角坐标系中,第二定律沿三个坐标轴的分量式是

$$F_x = ma_x = m\frac{dv_x}{dt},$$

$$F_y = ma_y = m\frac{dv_y}{dt},$$

$$F_z = ma_z = m\frac{dv_z}{dt}.$$

质点做曲线运动时,常将力和加速度沿曲线的切向和法向进行分解. 第二定律沿切向和法向的两个分量式是

$$F_t = ma_t = m\frac{dv}{dt},$$

$$F_n = ma_n = m\frac{v^2}{\rho}.$$

第三定律 物体 A 以力 F 作用于物体 B,同时物体 B 以力 F' 作用于 A,这两个力大小相等、方向相反并且沿同一条直线,即

$$F = -F'.$$

第三定律阐明了力的作用的相互性. 力是物体间的一种相互作用. 一个物体既是施力者,同时它也是受力者. 作用力和反作用力作用在不同的物体上,同时存在,互相依存.

二、惯性参照系

第一定律中涉及物体的速度,第二定律中涉及物体的加速度. 由于运动描述的相对性,自然就存在一个问题,第一定律中的匀速直线运动和第二定律中的加速度是相对于哪个参照系的? 换句话说,就是第一定律和第二定律在什么参照系中成立. 这只能由实验来回答. 从天体研究中知道,选以太阳中心为坐标原点,坐标轴指向其他恒星的参照系,所观测到的天文现象都能和根据牛顿定律和万有引力定律

推算出来的结果相符合. 牛顿定律成立的参照系叫做**惯性参照系**,简称惯性系. 太阳参照系是惯性系. 相对于一个惯性系做匀速直线运动的一切参照系都是惯性系. 相对于惯性系做加速运动的一切参照系都是非惯性系. 地球相对太阳有自转和公转,严格说来它不是惯性系. 但是由于地球相对太阳的加速度极其微小,也把它作为惯性系.

三、几种常见的力

万有引力 按万有引力定律,质量分别为 m_1 和 m_2 的两个质点相距为 r,它们之间的引力的大小为

$$F = G \frac{m_1 m_2}{r^2}.$$

弹性力 它是一种与物体变形有关的力. 根据胡克定律,劲度系数为 k 的弹簧,在弹性限度内,伸长量或者被压缩量为 x 时,弹性力的大小为

$$f = kx.$$

摩擦力 摩擦力有两种:一种是静摩擦力,一种是滑动摩擦力. 静摩擦力是由静止到开始运动之前受到的摩擦力,它总是与外力等值反向. 当外力增大到刚要使物体开始运动时,静摩擦力达到最大值 f_m,有

$$f_m = \mu_s N;$$

动摩擦力的大小是

$$f = \mu N.$$

μ_s 和 μ 分别是静摩擦系数和动摩擦系数,N 是正压力.

四、质量

第一定律指出,任何物体都具有惯性,那么物体的惯性大小怎样量度呢? 第二定律指出,同样的力作用在质量不同的物体上,产生的加速度大小也不相同. 质量大的物体获得的加速度小,其运动状态不易改变,它的惯性大. 质量小的物体获得的加速度大,其运动状态容易改变,它的惯性小. 所以质量是物体惯性大小的量度. 由牛顿第二定律定义的质量

$$m_I = \frac{F}{a}$$

称为**惯性质量**. 它等于作用在质点上的合力与质点获得的加速度的比.

质量还出现在万有引力定律中. 由万有引力定律定义的质量叫**引力质量**,用 m_G 表示. 在地球表面引力质量为 m_G 的质点受到的重力

$$W = G \frac{M m_G}{R^2},$$

其中 M 是地球的引力质量,R 是地球的平均半径.

令
$$g = \frac{GM}{R^2},$$

则
$$m_G = \frac{W}{g},$$

引力质量等于质点受的重力与 g 的比.

引力质量和惯性质量之间的关系可以通过测量物体在重力 W 的作用下获得的加速度得到. 由第二定律 $W = m_1 a$,即

$$m_G g = m_1 a, \quad a = \frac{m_G}{m_1}g.$$

如果 $a = g$,则有 $m_G = m_1$.

大量的实验都证实,所有物体的自由落体加速度都等于 g,从而证明了物体的惯性质量和引力质量是相等的. 这个事实是物理学家们都知道的,但是人们都以为是理所当然的,不去做深入的思考. 唯独爱因斯坦看出了其中蕴藏着深刻的道理. 爱因斯坦用惯性质量和引力质量相等这一"等效原理"打开了"广义相对论"的大门.

【例1-4】 如图(a)所示,在与水平面成 $\alpha = 30°$ 角的固定的光滑斜面上,有一质量 $m_1 = 15.6 \text{ kg}$ 的光滑斜块,斜块上方放有质量 $m_2 = 9.5 \text{ kg}$ 的光滑物块. 求斜块对斜面的正压力 N_1 和物块对斜块的正压力 N_2.

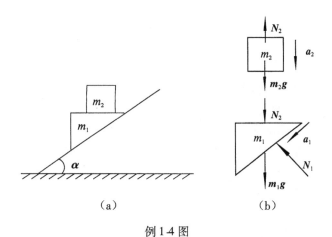

（a）　　　　　　　（b）

例1-4图

解 在图(b)中,分别画出了物块和斜块所受的力和它们的加速度 $\boldsymbol{a}_2$ 和 $\boldsymbol{a}_1$. 两个物体在竖直方向上是相对静止的,所以在竖直方向上两个物体的加速度分量应该相等,即

$$a_2 = a_1 \sin \alpha. \tag{1}$$

对物块应用第二定律

$$m_2g - N_2 = m_2a_2. \tag{2}$$

对斜块应用第二定律,沿斜面和垂直于斜面两个方向的分量式是

$$(m_1g + N_2)\sin\alpha = m_1a_1, \tag{3}$$

$$(m_1g + N_2)\cos\alpha - N_1 = 0. \tag{4}$$

联立四个方程可以解得

$$N_1 = \frac{m_1(m_1 + m_2)g\cos\alpha}{m_1 + m_2\sin^2\alpha} = \frac{15.6 \times (15.6 + 9.5) \times 9.8\cos 30°}{15.6 + 9.5\sin^2 30°} = 185(\text{N}),$$

$$N_2 = \frac{m_1m_2g\cos^2\alpha}{m_1 + m_2\sin^2\alpha} = \frac{15.6 \times 9.5 \times 9.8\cos^2 30°}{15.6 + 9.5\sin^2 30°} = 60.6(\text{N}).$$

应用牛顿定律解题的步骤是:(1)选研究对象;(2)画受力图;(3)列方程;(4)解方程,代数字,求出结果.

【例 1-5】 如图(a)所示,在光滑水平桌面上放一质量为 M 的平板,板上再放一质量为 m 的重物.已知板与物体之间的静摩擦系数为 μ.如果将板从重物下抽出,在板上至少应加多大的水平力 F?

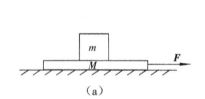
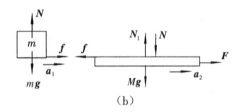

(a)　　　　　　　　　　　　　　　　(b)

例 1-5 图

解 因为重物和平板两者是静止的,重物的最大加速度是在最大静摩擦力作用下获得的.只要板的加速度大于重物的最大加速度,板就从重物下抽出来了.

图(b)是重物和板的受力图.N 是板对重物或者重物对板的正压力,f 是最大静摩擦力,N_1 是桌面对板的正压力.

对重物应用第二定律,其方程是

$$f = ma_1, \quad N - mg = 0, \quad f = \mu_s N.$$

对板应用第二定律,方程是

$$F - f = Ma_2.$$

联立解这四个方程得

$$a_1 = \mu_s g, \quad a_2 = \frac{F - \mu_s mg}{M}.$$

由 $a_2 > a_1$，即
$$\frac{F - \mu_s mg}{M} > \mu_s g,$$

得
$$F > \mu_s (M + m) g.$$

【例1-6】 质量为 m 的质点在合力 $F = A\cos\omega t$ 的作用下沿 x 轴运动. $t = 0$ 时，质点在原点处并且处于静止. A 和 ω 是常数. 求质点的加速度函数、速度函数和运动方程.

解 根据第二定律
$$a = \frac{F}{m} = \frac{A}{m}\cos\omega t.$$

根据加速度的定义 $\quad a = \dfrac{\mathrm{d}v}{\mathrm{d}t}$，

即
$$\mathrm{d}v = a\mathrm{d}t = \frac{A}{m}\cos(\omega t)\mathrm{d}t,$$

将上式两边取定积分
$$\int_0^v \mathrm{d}v = \int_0^t \frac{A}{m}\cos(\omega t)\mathrm{d}t,$$

由于 $t = 0$ 时，质点的速度为 0，t 时刻质点的速度是 v，所以等式左边下限是 0，上限为 v；等式右边下限为 0，上限为 t. 求出定积分
$$v = \frac{A}{m\omega}\sin\omega t.$$

根据速度的定义 $\quad v = \dfrac{\mathrm{d}x}{\mathrm{d}t}, \quad \mathrm{d}x = v\mathrm{d}t = \dfrac{A}{m\omega}\sin(\omega t)\mathrm{d}t$，

将上式两边取定积分
$$\int_0^x \mathrm{d}x = \int_0^t \frac{A}{m\omega}\sin(\omega t)\mathrm{d}t,$$

得
$$x = -\frac{A}{m\omega^2}\cos\omega t \Big|_0^t = \frac{A}{m\omega^2}(1 - \cos\omega t).$$

【例1-7】 上题其他条件都不变，只是 $t = 0$ 时质点在 $x = x_0$ 处，并且具有沿 x 轴正方向的初速度 v_0. 求质点的运动方程.

解 由牛顿第二定律
$$a = \frac{F}{m} = \frac{A}{m}\cos(\omega t),$$

由加速度的定义 $\quad a = \dfrac{\mathrm{d}v}{\mathrm{d}t}$，

得
$$\mathrm{d}v = a\mathrm{d}t = \frac{A}{m}\cos(\omega t)\mathrm{d}t,$$

等式两边取定积分 $\quad \displaystyle\int_{v_0}^v \mathrm{d}v = \int_0^t \frac{A}{m}\cos(\omega t)\mathrm{d}t,$

得 $\qquad$ $v - v_0 = \dfrac{A}{m\omega}\sin \omega t, \quad v = v_0 + \dfrac{A}{m\omega}\sin \omega t.$

由速度的定义 $\qquad v = \dfrac{\mathrm{d}x}{\mathrm{d}t},$

得 $\qquad \mathrm{d}x = v\mathrm{d}t = v_0\mathrm{d}t + \dfrac{A}{m\omega}\sin (\omega t)\,\mathrm{d}t,$

取定积分 $\qquad \displaystyle\int_{x_0}^{x} \mathrm{d}x = \int_{0}^{t} v_0\mathrm{d}t + \int_{0}^{t} \dfrac{A}{m\omega}\sin (\omega t)\,\mathrm{d}t,$

得到 $\qquad x - x_0 = v_0 t + \dfrac{A}{m\omega^2}(1 - \cos \omega t),$

即 $\qquad x = x_0 + v_0 t + \dfrac{A}{m\omega^2}(1 - \cos \omega t).$

这个方程与例 1-6 中的方程是不同的. 其原因是这个题中 $t = 0$ 时质点的位置和速度与上题不同. 我们把 $t = 0$ 时质点的位置和速度叫做**初始条件**. 从例 1-6 和例 1-7 两个例题可以看出, 质点的运动方程是由质点所受到的合力和它的初始条件决定的. 只要知道了质点所受的合力和初始条件, 就能求出它的运动方程.

【例 1-8】 摩托艇在水面上以速度 v_0 做匀速运动. 当关闭它的发动机后, 它受到的水的阻力与速率成正比, 即 $f = -kv$, k 是常数. 从关闭发动机时开始计时, 求 t 时刻摩托艇的速度.

解 关闭发动机后, 摩托艇只受到水的阻力. 根据牛顿第二定律和加速度的定义有

$$-kv = m\dfrac{\mathrm{d}v}{\mathrm{d}t}.$$

方程中有两个变量 v 和 t, 将方程改变为

$$\dfrac{\mathrm{d}v}{v} = -\dfrac{k}{m}\mathrm{d}t,$$

等式两边取定积分 $\qquad \displaystyle\int_{v_0}^{v} \dfrac{\mathrm{d}v}{v} = \int_{0}^{t} -\dfrac{k}{m}\mathrm{d}t,$

解得 $\qquad \ln \dfrac{v}{v_0} = -\dfrac{k}{m}t, \quad v = v_0 \mathrm{e}^{-\frac{k}{m}t}.$

第五节 功 和 能

牛顿第二定律给出了质点受的力和它的运动状态变化之间的瞬时关系. 本节及下面几节将讨论力的空间累积效应和时间累积效应. 从对累积效应的研究导出

了三条重要定理和三条守恒定律(能量守恒定律、动量守恒定律和角动量守恒定律).三条守恒定律的适用范围比牛顿定律广泛得多.

一、功

如图1-9所示,做直线运动的质点在恒力 F 作用下,经历了一个位移 Δr.力 F 在位移方向的分量和质点位移大小的乘积定义为力 F 对质点做的功,用 W 表示,

图1-9 恒力的功

$$W = F\cos\theta|\Delta r|. \tag{1-19}$$

W 也可以用力 F 和位移 Δr 的标量积表示,即

$$W = F \cdot \Delta r. \tag{1-20}$$

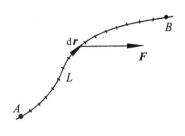

图1-10 变力的功

如图1-10所示,质点沿曲线 L 从 A 点运动到 B 点.在运动过程中,作用在质点上的力的大小和方向都可能不断地变化.这时不能直接使用式(1-19)计算力在这段路径上做的功.但是可以假想地将整个路径分割成无数个位移元 dr,在位移元 dr 范围内,作用在质点上的力 F 可视为恒力.力 F 做的元功

$$dW = F \cdot dr.$$

从 A 点到 B 点力 F 做的总功就是对元功积分,

$$W = \int_{(L)A}^{B} F \cdot dr. \tag{1-21}$$

这样,功的定义是**功等于力和位移的点积的线积分**.知道了力的函数关系就可以利用此式计算变力做的功.

在国际单位制中,功的单位为焦耳,记作 J,

$$1\text{ J} = 1\text{ N} \cdot \text{m} = 1\text{ kg} \cdot \text{m}^2/\text{s}^2.$$

依照矢量运算法则,功可以利用力与位移的分量表达,如在直角坐标系中,可写为

$$W = \int_{A}^{B} [F_x dx + F_y dy + F_z dz].$$

当同时有几个力 $F_1, F_2, F_3, \cdots$ 作用于物体时,外力对物体所做的总功就是合外力 $F = F_1 + F_2 + F_2 + \cdots$ 对物体做的功,即

$$W = \int_{A}^{B} F \cdot dr,$$

也可以将各个分力对物体做的功加起来,其代数和即为总功:

$$W = \int_{A}^{B} F_1 \cdot dr + \int_{A}^{B} F_2 \cdot dr + \int_{A}^{B} F_3 \cdot dr + \cdots = \sum_{i=1}^{n}\left(\int_{A}^{B} F_i \cdot dr\right) = \sum_{i=1}^{n} W_i.$$

下面计算几个特殊力的功.

弹性力的功 如图1-11所示,弹簧一端固定,另一端系一质点.当质点在水平

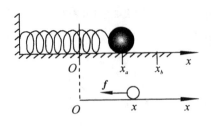

图 1-11 弹性力的功

面上运动时,作用在质点上的弹性力做功. 选弹簧不变形时质点的位置为坐标原点,在质点运动中的任一位置 x,弹簧变形量也是 x,则作用在质点上的弹性力

$$f = -kx,$$

k 是弹簧的劲度系数. 当质点从 a 点运动到 b 点的过程中,弹性力是变力,它做的功

$$W = \int_{x_a}^{x_b} -kx\mathrm{d}x = \frac{1}{2}kx_a^2 - \frac{1}{2}kx_b^2. \tag{1-22}$$

这个结果表明,弹性力做的功只决定于质点位于始、末位置时弹簧的变形量. 如果质点由位置 a 到位置 b,再从位置 b 到某一位置后再回到位置 b,质点的始、末位置没有变,弹性力做的功仍然和上式相同.

万有引力的功 人造地球卫星运动时受到地球的引力;太阳系中的行星受到太阳的引力. 这类问题可归结为一个运动质点受到一个固定质点的万有引力作用. 现在计算这种情况下万有引力做的功.

如图 1-12 所示,固定质点的质量是 M,运动质点的质量为 m,它由位置 a(位矢 $\boldsymbol{r}_a$)经过任一路径到达位置 b(位矢 $\boldsymbol{r}_b$). 在质点 m 运动过程中,万有引力的大小和方向都在变化. 在任一位置,质点 m 所受的万有引力的大小

$$f = \frac{GMm}{r^2}.$$

在位移元 $\mathrm{d}\boldsymbol{r}$ 中,万有引力做的元功

$$\mathrm{d}W = \frac{GMm}{r^2}|\mathrm{d}\boldsymbol{r}|\cos\theta = -\frac{GMm}{r^2}\mathrm{d}r,$$

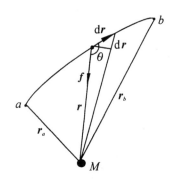

图 1-12 万有引力的功

质点 m 从点 a 到点 b 的过程中,万有引力做的功

$$W = \int_{r_a}^{r_b} -\frac{GMm}{r^2}\mathrm{d}r = -\frac{GMm}{r_a} - \left(-\frac{GMm}{r_b}\right). \tag{1-23}$$

万有引力的功也只决定于运动质点的始、末位置,而与质点运动的路径无关.

功的大小固然重要,但有时做功快慢也十分重要. 力在单位时间内做的功叫做**功率**,用 P 表示:

$$P = \frac{\mathrm{d}W}{\mathrm{d}t} = \frac{\boldsymbol{F}\cdot\mathrm{d}\boldsymbol{r}}{\mathrm{d}t} = \boldsymbol{F}\cdot\boldsymbol{v}.$$

力和速度都可随时间变化,所以功率也随时间变化. 因此 P 也称为**瞬时功率**. 功率愈大,做同样的功所花费的时间就愈少,做功的效率也愈高,它是一个很有用的物理量. 功率的单位是 J/s,叫做 W(瓦).

二、势能

弹性力和万有引力做功的共同特点是做功与路径无关,只与受力质点的始、末位置有关. 数学上将这一特点表示为 $\oint \boldsymbol{F} \cdot \mathrm{d}\boldsymbol{r} = 0$ 做功具有这种特点的力叫做**保守力**. 弹性力、万有引力、重力都是保守力. 做功与路径有关的力叫做**非保守力**. 如摩擦力就是非保守力.

式(1-22)和式(1-23)表明了保守力做功的特点. 它们等号的右边有着相似的形式,都是两个与位置有关的函数之差,可以共同地写成

$$W_保 = E_{pa} - E_{pb} = -\Delta E_p, \tag{1-24}$$

E_p 是一个与位置有关的函数,称它为**势能**. E_{pa} 是初位置的势能,F_{pb} 是末位置的势能. 式(1-24)表明保守力做的功等于势能增量的负值. 保守力做正功,势能减小;保守力做负功,势能增大.

式(1-24)定义了两个位置的势能之差. 如果选定质点在某一位置的势能为零,那么质点在其他位置时的势能就确定了. 例如选位置 b 为势能零点,即 $E_{pb}=0$,那么由式(1-24)得到

$$E_{pa} = W_保 = \int_a^b \boldsymbol{f}_保 \cdot \mathrm{d}\boldsymbol{r}. \tag{1-25}$$

质点在某一位置时的势能等于质点从该位置移到势能零点过程中保守力做的功.

选弹簧不变形时弹性势能为零,则变形量为 x 时的弹性势能

$$E_{p弹} = \int_x^0 -kx\mathrm{d}x = \frac{1}{2}kx^2. \tag{1-26}$$

选运动质点距固定质点为无限远时万有引力势能为零,则运动质点距固定质点为 r 时的万有引力势能

$$E_{p引} = \int_r^\infty -\frac{GMm}{r^2}\mathrm{d}r = -\frac{GMm}{r}. \tag{1-27}$$

势能的零点可以任意选择. 在不同的选择下,质点在同一位置时,势能具有不同的数值. 由此可知,势能只有相对值而没有绝对值.

势能的存在是由于物体间有相互作用的保守力(如万有引力)或者是由于物体各部分之间出现了相互作用的保守力(如弹性力). 由式(1-26)和式(1-27)可知,势能值是由物体间的相对位置或物体的变形决定的. 因此势能不属于某一个质点而是属于有保守力相互作用的质点系(两个或者两个以上的质点称为质点系). 平时讲"某个质点的势能"只是为了方便,实际上是不严格的.

三、动能定理

如图 1-13 所示,质量为 m 的质点在合力 $\boldsymbol{F}$ 的作用下,沿曲线 L 从点 A 运动到点 B,质点在点 A 时的速度是 $\boldsymbol{v}_1$,在点 B 时的速度是 $\boldsymbol{v}_2$. 从点 A 到点 B 合力 $\boldsymbol{F}$ 做的功

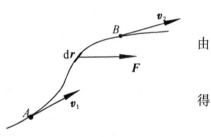

图 1-13 合力的功

$$W = \int_A^B F \cos \theta \, | \, \mathrm{d}r \, | = \int_A^B F_\mathrm{t} | \, \mathrm{d}r \, | = \int_A^B F_\mathrm{t} \mathrm{d}s.$$

由

$$F_\mathrm{t} = m \frac{\mathrm{d}v}{\mathrm{d}t}, \quad | \, \mathrm{d}r \, | = \mathrm{d}s = v \mathrm{d}t,$$

得

$$W = \int_A^B m \frac{\mathrm{d}v}{\mathrm{d}t} v \mathrm{d}t = \int_{v_1}^{v_2} m v \mathrm{d}v,$$

$$W = \frac{1}{2} m v_2^2 - \frac{1}{2} m v_1^2. \tag{1-28}$$

用 E_k 表示质点的动能,则

$$E_\mathrm{k} = \frac{1}{2} m v^2,$$

式(1-28)简写成

$$W = E_{\mathrm{k}_2} - E_{\mathrm{k}_1}. \tag{1-29}$$

式(1-28)叫**动能定理**,它表明合力对质点做的功等于质点动能的增量.

四、功和能的关系

质点在某时刻所处的位置和具有的速度表示该时刻质点的运动状态. 动能是由质点的速率决定的,势能是由位置决定的,它们都是运动状态的函数. 功是与运动状态变化的过程相联系的量,是过程量,它不是状态的函数. 这是功和能的区别.

从动能定理和保守力的功和势能增量的关系可以看出,功可以使能量发生改变,功的数值等于能量的改变量,功是能量改变量的量度.

除了动能和势能之外,还存在着其他形式的能量. 功可以使能量从一种形式转换成另一种形式;能量转换的量等于功的数值.

【**例 1-9**】 如图所示,轻绳长 l,小球质量为 m. 把小球拉至与竖直方向成 θ 角时由静止释放,忽略阻力,求小球摆到最低位置时球的速率和绳中的张力.

解 小球运动过程中,只有重力做功. 设在竖直位置时小球速率为 v. 由动能定理

$$mgl(1 - \cos \theta) = \frac{1}{2} m v^2 - 0,$$

$$v = \sqrt{2gl(1 - \cos \theta)}.$$

在最低位置时,对小球应用牛顿第二定律

$$T - mg = m \frac{v^2}{l},$$

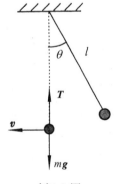

例 1-9 图

$$T = m\left(g + \frac{v^2}{l} \right) = mg(3 - 2\cos\theta).$$

第六节　机械能守恒定律和能量守恒定律

一、功能原理

由两个或两个以上的质点组成的系统叫**质点系**. 系统以外的物体对系统内任何一个质点的作用力称为外力；系统内质点间的相互作用力称为内力. 在一个变化过程中，质点系内质量为 m_i 的质点所受到的合外力与合内力分别做功 $W_{i外}$ 与 $W_{i内}$，它的速率从 v_{i1} 变为 v_{i2}. 由动能定理得

$$W_{i外} + W_{i内} = \frac{1}{2}m_i v_{i2}^2 - \frac{1}{2}m_i v_{i1}^2.$$

对每个质点都写出这样的方程，并把它们相加得到

$$\sum_{i=1}^{n} W_{i外} + \sum_{i=1}^{n} W_{i内} = \sum_{i=1}^{n} \frac{1}{2}m_i v_{i2}^2 - \sum_{i=1}^{n} \frac{1}{2}m_i v_{i1}^2.$$

令

$$W_{外} = \sum_{i=1}^{n} W_{i外},$$

$$W_{内} = \sum_{i=1}^{n} W_{i内},$$

$$E_{k2} = \sum_{i=1}^{n} \frac{1}{2}m_i v_{i2}^2,$$

$$E_{k1} = \sum_{i=1}^{n} \frac{1}{2}m_i v_{i1}^2.$$

上式可简写成

$$W_{外} + W_{内} = E_{k2} - E_{k1},$$

$W_{外}$ 是质点系所受的所有外力做的功的代数和，$W_{内}$ 是所有内力做的功的代数和，E_{k2} 是质点系末态的总动能，E_{k1} 是质点系初态的总动能.

内力可以分为保守内力和非保守内力. $W_{保内}$ 表示所有保守内力做功的代数和，$W_{非保内}$ 表示所有非保守内力做功的代数和. 上式可写为

$$W_{外} + W_{非保内} + W_{保内} = E_{k2} - E_{k1}. \tag{1-30}$$

由

$$W_{保内} = -\Delta E_p = E_{p1} - E_{p2},$$

式(1-30)可写成

$$W_{外} + W_{非保内} = (E_{k2} + E_{p2}) - (E_{k1} + E_{p1}).$$

系统的动能和势能的总和称为**系统的机械能**,用 E 表示,则

$$E = E_k + E_p,$$

故有

$$W_外 + W_{非保内} = E_2 - E_1. \tag{1-31}$$

这个式子称为**功能原理**. 它表明系统所受的外力的功和非保守内力的功的总和等于系统机械能的增量.

二、机械能守恒定律和能量守恒定律

由功能原理可以看出,系统的机械能的改变是通过外力和非保守内力做功来实现的. 如果外力和非保守内力做功之和为零,那么系统的机械能保持不变. 即当 $W_外 + W_{非保内} = 0$ 时,有

$$E_2 = E_1, \tag{1-32}$$

这就是**机械能守恒定律**.

不受外界作用的系统叫做**封闭系统**. 对于一个封闭系统,外力当然不做功. 当有非保守内力做功时,如爆炸、化学反应等,其机械能肯定不守恒. 当我们引入更广泛的能量概念,例如内能、化学能、电磁能、原子能等,用大量实验证明:一个封闭系统内无论发生什么变化,能量只能从一种形式转化成另一种形式,但是系统的总能量保持不变. 这叫**能量守恒定律**,它是自然界中普遍适用的定律.

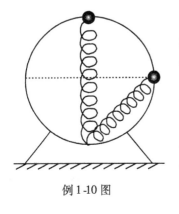

例 1-10 图

【例 1-10】 如图所示,一个原长为 R,劲度系数为 k 的弹簧,其一端固定在半径为 R 的光滑圆环的下端,另一端拴一质量为 m 有孔的珠子. 开始时珠子静止在圆环的顶端,由于扰动而运动,求珠子运动到水平直径位置时的速率.

解 质点在运动过程中受到弹性力、重力和圆环的压力作用. 压力不做功,只有重力和弹性力两种保守力做功,所以质点运动过程中机械能守恒.

设圆心处重力势能为零,则

$$mgR + \frac{1}{2}kR^2 = \frac{1}{2}mv^2 + \frac{1}{2}k(\sqrt{2}R - R)^2,$$

$$\frac{1}{2}mv^2 = mgR + \frac{1}{2}kR^2 - \frac{1}{2}kR^2 - kR^2 + \frac{1}{2}k \cdot 2\sqrt{2}R^2$$

$$= mgR + (\sqrt{2} - 1)kR^2,$$

故

$$v = \sqrt{\frac{2mgR + 2(\sqrt{2} - 1)kR^2}{m}}.$$

第七节　动量定理和动量守恒定律

一、质点的动量定理

如图 1-14 所示,质量为 m 的质点,t_1 时刻的速度是$\boldsymbol{v}_1$. 在合力 $\boldsymbol{F}$ 作用下沿曲线 L 运动,t_2 时刻其速度是$\boldsymbol{v}_2$. 现在考虑力按时间累积的效果,这一效果可以直接由牛顿第二定律得出.

在低速情况下,质量 m 是常数,于是

$$\boldsymbol{F} = m\frac{\mathrm{d}\boldsymbol{v}}{\mathrm{d}t} = \frac{\mathrm{d}(m\boldsymbol{v})}{\mathrm{d}t},$$

令 $\boldsymbol{p} = m\boldsymbol{v}$,$\boldsymbol{p}$ 称为质点的动量. 则牛顿第二定律写为

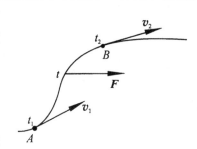

图 1-14　动量定理

$$\boldsymbol{F} = \frac{\mathrm{d}\boldsymbol{p}}{\mathrm{d}t}. \tag{1-33}$$

此式表明,质点所受的合力等于质点动量对时间的导数.

将式(1-33)写成

$$\boldsymbol{F}\mathrm{d}t = \mathrm{d}\boldsymbol{p}. \tag{1-34}$$

$\mathrm{d}\boldsymbol{I} = \boldsymbol{F}\mathrm{d}t$ 是 $\boldsymbol{F}$ 在 $\mathrm{d}t$ 时间内的冲量,它是矢量. 式(1-34)叫**动量定理的微分形式**.

将式(1-34)取定积分,

$$\boldsymbol{I} = \int_{t_1}^{t_2} \boldsymbol{F}\mathrm{d}t = \int_{p_1}^{p_2} \mathrm{d}\boldsymbol{p} = \boldsymbol{p}_2 - \boldsymbol{p}_1, \tag{1-35}$$

这是**动量定理的积分形式**. 它表明,质点在 $\Delta t = t_2 - t_1$ 时间内所受到的合力的冲量等于质点动量的增量.

动量定理是矢量式. 在平面内运动的质点,其动量定理可以用两个分量式表示

$$\left. \begin{aligned} \int_{t_1}^{t_2} F_x \mathrm{d}t = p_{2x} - p_{1x}, \\ \int_{t_1}^{t_2} F_y \mathrm{d}t = p_{2y} - p_{1y}. \end{aligned} \right\} \tag{1-36}$$

在国际单位制中,冲量的单位是牛顿·秒($\mathrm{N \cdot s}$),动量的单位是千克·米/秒($\mathrm{kg \cdot m/s}$),这两者是一致的.

二、质点系的动量定理

把动量定理应用于质点系中的每一个质点,就能得到质点系的动量定理.

质点系中第 i 个质点所受的合外力是 $\boldsymbol{F}_i$，合内力是 $\boldsymbol{f}_i$，对它应用动量定理，得

$$\boldsymbol{F}_i \mathrm{d}t + \boldsymbol{f}_i \mathrm{d}t = \mathrm{d}\boldsymbol{p}_i.$$

对每一个质点都列出这样的方程并把它们相加得到

$$\left(\sum_{i=1}^{n} \boldsymbol{F}_i\right)\mathrm{d}t + \left(\sum_{i=1}^{n} \boldsymbol{f}_i\right)\mathrm{d}t = \sum_{i=1}^{n}\left(\mathrm{d}\boldsymbol{p}_i\right) = \mathrm{d}\left(\sum_{i=1}^{n} \boldsymbol{p}_i\right).$$

因为内力是成对出现的，作用力和反作用力的矢量和为零，所以系统内所有内力的矢量和为零，即

$$\sum_{i=1}^{n} \boldsymbol{f}_i = 0.$$

$\sum_{i=1}^{n} \boldsymbol{F}_i$ 是系统受到的合外力，令 $\boldsymbol{F} = \sum_{i=1}^{n} \boldsymbol{F}_i$，$\sum_{i=1}^{n} \boldsymbol{p}_i$ 是系统的总动量，令 $\boldsymbol{p} = \sum_{i=1}^{n} \boldsymbol{p}_i$，上式可写成

$$\boldsymbol{F}\mathrm{d}t = \mathrm{d}\boldsymbol{p}, \tag{1-37}$$

这是质点系动量定理的微分形式. 此式表明，系统所受的合外力的冲量等于系统动量的增量.

三、动量守恒定律

由系统的动量定理可以看出，合外力的冲量使系统的动量发生变化. 当系统不受外力，或者外力的矢量和为零时，系统的总动量保持不变.

当 $\sum_{i=1}^{n} \boldsymbol{F}_i = 0$ 时，

$$\sum_{i=1}^{n} \boldsymbol{p}_{i2} = \sum_{i=1}^{n} \boldsymbol{p}_{i1}. \tag{1-38}$$

这就是**动量守恒定律**.

动量守恒定律是矢量式. 质点系在平面内运动时，动量守恒定律可以写成沿坐标轴的两个分量式：

$$\left.\begin{array}{l} \sum_{i=1}^{n} m_i v_{i2x} = \sum_{i=1}^{n} m_i v_{i1x}, \\[2mm] \sum_{i=1}^{n} m_i v_{i2y} = \sum_{i=1}^{n} m_i v_{i1y}. \end{array}\right\} \tag{1-39}$$

应用动量守恒定律解题时应注意以下几点：

（1）动量守恒的条件是合外力为零，但是当内力比外力大得很多的情况下，也可以认为满足动量守恒的条件；在求解碰撞问题时，往往忽略重力作用。

（2）质点系所受的合外力不为零，但是在某一方向上合外力为零，那么在这个方向上的总动量保持守恒；

（3）动量守恒定律是由牛顿定律导出的,所以它只适用于惯性系.

【例 1-11】 质量为 M 的导弹以速率 $v = 200$ m/s 飞行,突然在空中爆炸成质量分别是 $m_1 = \dfrac{M}{4}$ 和 $m_2 = \dfrac{3}{4}M$ 的两部分. 质量为 m_1 的部分以速率 $v_1 = 400$ m/s 相对于原来运动方向成 $60°$ 角的方向飞去,求另一部分的速度.

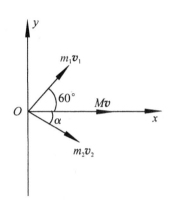

例 1-11 图

解 爆炸瞬间,导弹重力与爆炸的内力相比可以忽略不计. 此题可用动量守恒定律来解.

如图所示,选 M 的运动方向为 x 轴正方向. 设质量为 m_2 的速率为 v_2,其运动方向与 x 轴成 α 角. 由动量守恒定律

$$Mv = \frac{1}{4}Mv_1\cos 60° + \frac{3}{4}Mv_2\cos \alpha, \qquad 0 = \frac{1}{4}Mv_1\sin 60° - \frac{3}{4}Mv_2\sin \alpha,$$

联立方程,解得

$$\tan \alpha = \frac{\frac{1}{4}v_1\sin 60°}{v - \frac{1}{4}v_1\cos 60°} = \frac{\frac{1}{4}\times 400\sin 60°}{200 - \frac{1}{4}\times 400\cos 60°} = 0.577,$$

故

$$\alpha = 30°, \quad v_2 = \frac{\frac{1}{4}v_1\sin 60°}{\frac{3}{4}\sin \alpha} = \frac{\frac{1}{4}\times 400\sin 60°}{\frac{3}{4}\sin 30°} = 231 \text{ m/s}.$$

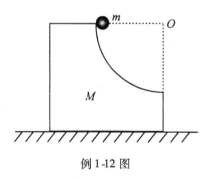

例 1-12 图

【例 1-12】 如图所示,质量为 M 的大木块具有光滑的半径为 R 的 $\dfrac{1}{4}$ 圆弧曲面,放在光滑的水平面上. 质量为 m 的小木球从曲面顶端由静止滑下,求小木球脱离大木块时的速度.

解 M 和 m 组成的系统在水平方向上不受力,此系统水平方向的动量守恒. 在运动过程中,只有重力做功,系统的机械能守恒. 设小木球脱离大木块时的速度是 v_1,水平向右,大木块的速度为 v_2,水平向左. 由水平方向动量守恒

$$0 = mv_1 - Mv_2,$$

由机械能守恒定律　　$mgR = \frac{1}{2}mv_1^2 + \frac{1}{2}Mv_2^2$,

联立解得　　　　　　$v_1 = \sqrt{\dfrac{2MgR}{M+m}}$.

*第八节　火箭飞行原理

　　火箭的飞行是动量守恒定律在工程技术上的应用. 火箭加速飞行的原理是:燃料燃烧生成的高温高压气体不断地从火箭尾部喷出形成速度很高的气流,这就使火箭在与喷出气流相反的方向受到冲力,这个冲力成为推动火箭飞行的动力.

　　由动量守恒定律可以得出火箭在燃料烧尽时的速度

$$v = u\ln\frac{M_0}{M}, \qquad\qquad (1-40)$$

u 是火箭的喷气速度(气流相对火箭的速度),M_0 是火箭开始飞行时的质量,M 是火箭在燃料燃尽时的质量. 由此式可知,火箭在燃料烧尽时的速度取决于喷气速度 u 和燃烧前后火箭的质量比 M_0/M.

　　下面在忽略空气的阻力和重力的情况下从动量守恒定律导出式(1-40).

　　设 t 时刻火箭的质量为 M,速度为 v,dt 时间内喷出气体的质量为 dm,喷气速度为 u. $t+dt$ 时刻火箭的速度变为 $v+dv$. 对于火箭体和这一部分气体组成的系统来说,t 时刻的总动量为 Mv;$t+dt$ 时刻,火箭体的动量是 $(M-dm)(v+dv)$,气体的动量是 $dm(v-u)$,系统的总动量是 $(M-dm)(v+dv) + dm(v-u)$.

　　根据动量守恒定律

$$(M-dm)(v+dv) + dm(v-u) = Mv.$$

由于喷出气体的质量就是火箭减少的质量,所以

$$dm = -dM,$$

代入上式有　　　　$(M+dM)(v+dv) - dM(v-u) = Mv$,

整理方程并忽略二阶无穷小量 $dM \cdot dv$,得

$$dv = -u\frac{dM}{M},$$

取定积分　　　　　$\int_0^v dv = -u\int_{M_0}^M \frac{dM}{M}$,

得　　　　　　　　$v = -u\ln\frac{M}{M_0} = u\ln\frac{M_0}{M}$.

第九节 角动量守恒定律

太阳系中的行星绕太阳转动,月球、人造卫星绕地球转动,原子中的电子绕原子核转动等. 在这类运动中,存在着某些共同的规律,这些规律要用**角动量**这个物理量来表达.

一、质点的角动量

如图 1-15 所示,在惯性系中有一固定点 O,质点所在位置点 A 的位矢为 $\boldsymbol{r}$,质点的动量是 $\boldsymbol{p}$. 位矢 $\boldsymbol{r}$ 与动量 $\boldsymbol{p}$ 的矢量积定义为质点的**角动量**,用 $\boldsymbol{L}$ 表示,即

$$\boldsymbol{L} = \boldsymbol{r} \times \boldsymbol{p}. \qquad (1\text{-}41)$$

图 1-15 角动量

它的大小是

$$L = rp\sin\varphi = mvr\sin\varphi,$$

它的方向垂直于 $\boldsymbol{r}$ 和 $\boldsymbol{p}$ 所组成的平面,其指向可用右手螺旋法则确定.

质点沿半径为 r 的圆周运动,其动量为 $\boldsymbol{p}$ 时,质点对圆心的角动量的大小

$$L = rp = mvr.$$

在国际单位制中,角动量的单位是千克·米²/秒($\text{kg} \cdot \text{m}^2/\text{s}$).

二、质点的角动量定理

合力是质点动量变化的原因.那么质点的角动量变化的原因又是什么呢? 我们先求角动量对时间的变化率.

$$\frac{\mathrm{d}\boldsymbol{L}}{\mathrm{d}t} = \frac{\mathrm{d}}{\mathrm{d}t}(\boldsymbol{r} \times \boldsymbol{p}) = \frac{\mathrm{d}\boldsymbol{r}}{\mathrm{d}t} \times \boldsymbol{p} + \boldsymbol{r} \times \frac{\mathrm{d}\boldsymbol{p}}{\mathrm{d}t},$$

$$\frac{\mathrm{d}\boldsymbol{r}}{\mathrm{d}t} = \boldsymbol{v} \text{ 与 } \boldsymbol{p} \text{ 同向,所以}$$

$$\frac{\mathrm{d}\boldsymbol{r}}{\mathrm{d}t} \times \boldsymbol{p} = 0.$$

根据 $\boldsymbol{F} = \dfrac{\mathrm{d}\boldsymbol{p}}{\mathrm{d}t}$,上式写成

图 1-16 力矩

$$\frac{\mathrm{d}\boldsymbol{L}}{\mathrm{d}t} = \boldsymbol{r} \times \boldsymbol{F} = \boldsymbol{M}, \qquad (1\text{-}42)$$

从图 1-16 可以看出 $\quad |\boldsymbol{M}| = F\sin\theta = Fd$,

d 是合力 $\boldsymbol{F}$ 的作用线到固定点 O 的距离,所以 $\boldsymbol{M}$ 是合力 $\boldsymbol{F}$ 对 O 点的**力矩**.

式(1-42)就是质点的**角动量定理**,它可叙述为质点所受的合力矩等于质点角

动量的时间变化率.

三、角动量守恒定律

由式(1-42)可知,当 $\boldsymbol{M}=0$,$\dfrac{\mathrm{d}\boldsymbol{L}}{\mathrm{d}t}$ 为零时,有

$$\boldsymbol{L} = 常数.$$

这就是质点的**角动量守恒定律**.可叙述为,当质点所受的合力对某固定点的力矩为零时,质点对该固定点的角动量保持不变.

行星绕太阳转动时,太阳对它们的引力指向太阳的中心.原子核对核外电子的静电力总是指向原子核.如果认为太阳静止不动,行星所受到的引力对太阳的中心的力矩为零.忽略行星之间的相互作用力时,我们认为行星绕太阳转动的过程中,对太阳的角动量保持不变.同样的道理,核外电子绕核转动过程中,电子对核的角动量守恒.

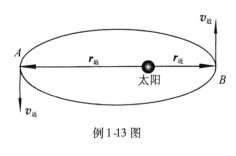

例 1-13 图

【例 1-13】 地球绕太阳做椭圆轨道运动,太阳在椭圆的一个焦点上.证明地球在近日点的速率大于地球在远日点的速率.

证明 如图所示,地球所受太阳的引力对太阳没有力矩,因此地球绕太阳转动时,其对太阳的角动量守恒,也就是说地球在远日点 A 处的角动量等于近日点 B 处的角动量,即

$$mv_{远}\,r_{远} = mv_{近}\,r_{近},$$

因

$$r_{远} > r_{近},$$

所以

$$v_{近} = \frac{r_{远}}{r_{近}} v_{远} > v_{远}.$$

【例 1-14】 如图所示,一宇宙飞船欲考察质量为 M、半径为 R 的某星球.当它相对星球静止并距星球中心为 $5R$ 时,以相对球体的速度 v_0 发射质量为 m 的仪器舱,$m \ll M$.要使仪器舱恰好掠擦此星球表面而着陆,发射时倾角 θ 应为多少?

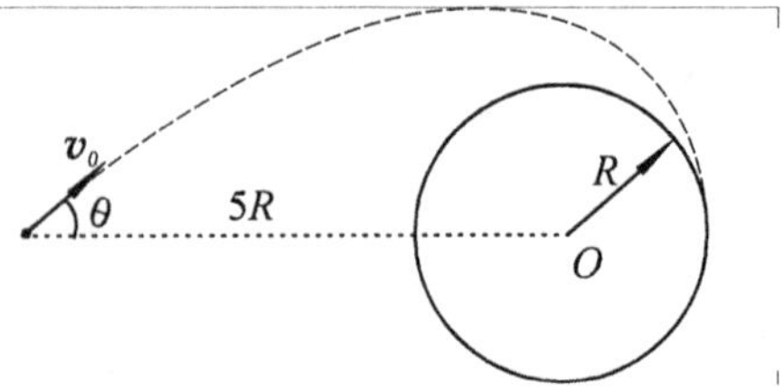

例 1-14 图

解 仪器舱运动过程中只受星球的引力作用,因为 $m \ll M$,可以认为星球静止不动,只有仪器舱运动.因为引力是保守力,并且永远对球心没有力矩,因此仪器舱运动时遵守角动量守恒和机械能守恒两

条定律.

设仪器舱刚掠擦星球表面时速度为 v，其方向与星球表面相切. 由始、末两位置角动量守恒，有

$$mv_0 \sin \theta \times 5R = mvR, \tag{1}$$

由始、末两位置机械能相等，有

$$-\frac{GMm}{5R} + \frac{1}{2}mv_0^2 = -\frac{GMm}{R} + \frac{1}{2}mv^2. \tag{2}$$

由式(2)得

$$v = \sqrt{v_0^2 + \frac{8GM}{5R}},$$

代入式(1)得

$$5v_0 \sin \theta = \sqrt{v_0^2 + \frac{8GM}{5R}},$$

故

$$\theta = \arcsin\left(\frac{\sqrt{v_0^2 + \frac{8GM}{5R}}}{5v_0}\right).$$

---

*第十节　守恒定律与时空对称性

前面从牛顿定律出发导出了机械能守恒定律、动量守恒定律和角动量守恒定律. 守恒定律都是关于变化过程的规律，只要过程满足一定的条件，不必追究过程的细节，就可以对系统的始末两个状态的特征下结论. 这是使用守恒定律处理问题的优点. 另外牛顿定律只适用于低速的宏观机械运动，而守恒定律是普遍适用的. 守恒定律之所以普遍适用，是因为它们和自然界的更普遍属性——时间和空间的对称性联系在一起.

一、物理规律的对称性

物理规律的对称性就是指经过一定的操作或者变换后，物理规律的形式保持不变.

假如在空间某处做单摆实验，单摆的周期 $T = 2\pi\sqrt{\dfrac{l}{g}}$. 在空间其他地点做单摆实验，单摆的周期仍然是 $T = 2\pi\sqrt{\dfrac{l}{g}}$. 这说明单摆周期与摆长和重力加速度之间的关系式没有因为平移了一段距离而发生变化. 物理规律的形式不因为平移一段距离而发生变化叫做物理规律的平移对称性. 因为它说明空间各处对于物理规律都是等价的，所以平移对称性又叫空间均匀性.

如果在空间某处测定两个静止的点电荷之间的作用力,其作用力的大小 $F = \dfrac{kq_1q_2}{r^2}$. 然后将两个点电荷之间连线的方向转过一个角度,再测它们之间的作用力,其大小仍然为 $F = \dfrac{kq_1q_2}{r^2}$. 这种物理规律的形式不因转动而变化叫做物理规律的转动对称性. 它表明空间的各个方向对于物理规律来说都是等价的,这又叫做空间的各向同性.

牛顿在 200 多年以前总结出来的第二定律的形式是 $\boldsymbol{F} = m\boldsymbol{a}$,我们今天做实验,质点的质量、加速度与其所受合力之间的关系仍然是 $\boldsymbol{F} = m\boldsymbol{a}$. 这种物理规律的形式不因时间的平移而变化叫做物理规律的时间对称性,又叫做时间的均匀性.

除上述三种对称性外,自然界中还存在着其他的对称性.

二、物理规律的时空对称性和守恒定律间的关系

现代物理已明确地认识到每一种对称性都对应着一条守恒定律. 能量守恒定律与时间对称性相对应;动量守恒定律与空间平移对称性相对应;角动量守恒定律与空间转动对称性相对应. 在现代物理理论中可以由对称性导出相应的守恒定律. 下面在牛顿力学范围内,讨论从时间的对称性导出机械能守恒定律. 为了简单明了,考虑由两个粒子组成的封闭保守系统,并假设两个粒子只沿 x 轴运动. 所谓封闭保守系统就是粒子只受保守内力的作用.

设两个粒子在 t 时刻坐标分别为 x_1 和 x_2,速度分别为 v_1 和 v_2. 系统的总机械能一般表示为 $E = E(x_1, x_2, v_1, v_2, t)$.

在 x_1, x_2, v_1, v_2 保持不变的情况下进行一次很小的时间平移变换,$t' = t + \Delta t$. 这时能量也随之变为 $E(x_1, x_2, v_1, v_2, t + \Delta t)$.

把变换后的能量用泰勒级数展开

$$E(x_1, x_2, v_1, v_2, t + \Delta t) = E(x_1, x_2, v_1, v_2, t) + \frac{\partial E}{\partial t}\Delta t + \cdots,$$

因为 Δt 很小,展开式中 Δt 的二次项及以后的各项都可以略去,于是上式可以写为

$$E(x_1, x_2, v_1, v_2, t + \Delta t) = E(x_1, x_2, v_1, v_2, t) + \frac{\partial E}{\partial t}\Delta t.$$

因为时间的对称性,所以时间平移变换前后的机械能应该相等,即

$$E(x_1, x_2, v_1, v_2, t + \Delta t) = E(x_1, x_2, v_1, v_2, t),$$

也就是说 $\qquad \dfrac{\partial E}{\partial t}\Delta t = 0.$

因为 $\Delta t \neq 0$,所以 $\qquad \dfrac{\partial E}{\partial t} = 0.$

这就是说系统的机械能表达式中不能显含时间. 这两个粒子组成的封闭保守系统的机械能

$$E = \frac{1}{2}m_1 v_1^2 + \frac{1}{2}m_2 v_2^2 + U(x_1, x_2),$$

它不是显含时间的. 这里 $U(x_1, x_2)$ 是系统的势能. 系统的机械能对时间的全微分

$$\frac{\mathrm{d}E}{\mathrm{d}t} = m_1 v_1 \frac{\mathrm{d}v_1}{\mathrm{d}t} + m_2 v_2 \frac{\mathrm{d}v_2}{\mathrm{d}t} + \frac{\partial U}{\partial x_1}\frac{\mathrm{d}x_1}{\mathrm{d}t} + \frac{\partial U}{\partial x_2}\frac{\mathrm{d}x_2}{\mathrm{d}t}.$$

由势能和保守力的关系有 $\dfrac{\partial U}{\partial x_1} = -F_1, \dfrac{\partial U}{\partial x_2} = -F_2$. 根据牛顿第二定律得

$$F_1 = m_1 \frac{\mathrm{d}v_1}{\mathrm{d}t}, \quad F_2 = m_2 \frac{\mathrm{d}v_2}{\mathrm{d}t},$$

代入上式得

$$\frac{\mathrm{d}E}{\mathrm{d}t} = F_1 v_1 + F_2 v_2 - F_1 v_1 - F_2 v_2 = 0,$$

所以

$$E = 常数.$$

这就是说二粒子组成的封闭保守系统的机械能是不变的.

本章小结

1. 参照系

用以描述物体运动所选用的另一个物体称为参照系.

2. 运动方程

位置矢量　用以确定质点位置的矢量　$r = xi + yj + zk$.

运动方程　位置矢量随时间的变化关系式　$r(t) = x(t)i + y(t)j + z(t)k$.

位移　质点在一段时间内位置的改变　$\Delta r = r(t + \Delta t) - r(t)$.

3. 速度和加速度

速度　质点位置矢量对时间的变化率　$v = \dfrac{\mathrm{d}r}{\mathrm{d}t}$.

加速度　质点速度对时间的变化率　$a = \dfrac{\mathrm{d}v}{\mathrm{d}t} = \dfrac{\mathrm{d}^2 r}{\mathrm{d}t^2}$.

直角坐标系中　$a = a_x i + a_y j$.

自然坐标系中　$a = a_n n_0 + a_t \tau_0$,

式中:法向加速度 $a_n = v^2/\rho, \rho$ 为曲率半径;切向加速度 $a_t = \mathrm{d}v/\mathrm{d}t$,方向沿轨道切线;$n_0$ 为法线方向单位矢量;τ_0 为切线方向单位矢量.

4. 牛顿定律

第一定律　任何物体都保持静止或匀速直线运动的状态,直到其他物体的作用力迫使它改变这种状态.

第二定律　物体受外力作用时,物体获得的加速度与外力成正比,与物体的质

量成反比,即 $F = ma.$

第三定律 物体 A 以 F 作用于物体 B,同时 B 以力 F' 作用于 A,这两个力大小相等、方向相反并且沿同一条直线,即 $F = -F'.$

5. 功

质点在力 F 的作用下有位移 $\mathrm{d}r$,则力做的功 $\mathrm{d}W$ 定义为力 F 和位移 $\mathrm{d}r$ 的标积

$$\mathrm{d}W = F \cdot \mathrm{d}r = F|\mathrm{d}r|\cos\theta.$$

从 A 点到 B 点力做的功 $\quad W = \int_{A}^{B} F \cdot \mathrm{d}r.$

6. 保守力的功与势能

保守力做的功等于势能增量的负值,即

$$W_{\text{保}} = -\Delta E_{\mathrm{p}}.$$

7. 动能定理

质点的动能定理 合外力对质点做的功等于质点动能的增量

$$W_{\text{合}} = E_{\mathrm{k}2} - E_{\mathrm{k}1}.$$

质点系的动能定理 外力对质点系做的功与内力对质点系做的功之和等于质点系总动能的增量 $\quad W_{\text{外}} + W_{\text{内}} = E_{\mathrm{k}2} - E_{\mathrm{k}1}.$

8. 功能原理、机械能守恒定律

功能原理 外力和非保守内力对系统做的功等于系统机械能的增量

$$W_{\text{外}} + W_{\text{非保内}} = (E_{\mathrm{k}2} + E_{\mathrm{p}2}) - (E_{\mathrm{k}1} + E_{\mathrm{p}1}).$$

机械能守恒定律 如果外力和非保守内力做功之和为零,系统的机械能保持不变,即

$$E_{\mathrm{k}1} + E_{\mathrm{p}1} = E_{\mathrm{k}2} + E_{\mathrm{p}2}.$$

9. 动量定理和动量守恒定律

质点的动量定理 合外力的冲量等于质点动量的增量,即

$$\int_{t_1}^{t_2} F_{\text{合}} \,\mathrm{d}t = p_2 - p_1.$$

质点系的动量定理 系统所受的合外力的冲量等于系统动量的增量

$$\int_{t_1}^{t_2} F_{\text{合}} \,\mathrm{d}t = \sum_i p_{i2} - \sum_i p_{i1}.$$

动量守恒定律 当系统不受外力,或者外力的矢量和为零时,系统的总动量保持不变,即

$$\sum F_{\text{外}} = 0 \text{ 时}, \quad \sum_i p_{i2} = \sum_i p_{i1}.$$

10. 角动量守恒定律

质点的角动量 质点的角动量定义为质点的位矢 r 与动量 p 的矢量积

$$L = r \times p.$$

角动量定理 质点所受的合外力矩 M 等于它的角动量 L 对时间的变化率

$$M = \frac{dL}{dt}.$$

角动量守恒定律 当质点所受的合力对某固定点的力矩为零时,质点对该固定点的角动量保持不变,即当 $M = 0$ 时,$L =$ 常矢量.

思 考 题

1-1 平均速度与瞬时速度有何区别? 平均速度的大小和平均速率有何区别? 在什么运动中它们的值相同?

1-2 Δr 与 Δr,$\frac{dr}{dt}$ 与 $\frac{dr}{dt}$,$\frac{dv}{dt}$ 与 $\frac{dv}{dt}$ 有何不同? 举例说明. 通过 $\frac{dv}{dt}$ 能否直接得出加速度的大小和方向? 为什么?

1-3 某时刻质点的速度为 v,加速度为 a,两者间的夹角为 135°. 质点的切向加速度和法向加速度各为多少? 在该时刻质点轨迹的曲率半径为多少? 质点做什么运动?

1-4 知道什么就可以求出质点的运动方程?

1-5 一对作用力和反作用力的功之和是否为零? 一个系统所受的合外力为零,内力为保守内力. 这个系统的机械能、角动量、动量三者中哪个量守恒?

1-6 什么是保守力? 保守力做的功与势能之间是什么关系? 一质点只受保守力作用,沿闭合路径运动一周后,其动能是否改变?

1-7 小球从铅直、光滑、弧形轨道的 A 点由静止滑下,从 B 点抛出. 图中三条虚线轨道中哪一条是正确的?

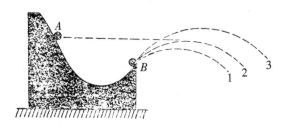

思考题 1-7 图

习 题

1-1 一个质点的运动方程为 $x = t^3 + 10t^2 - 5t$(SI). 求:

(1)质点的速度和加速度与时间的函数关系;

(2)质点的初速度以及在原点左边最远处的位置;

(3)2 s 时质点的位置、速度和加速度;

(4)前 2 s 内质点的位移、通过的路程、平均速度、平均速率和平均加速度.

1-2 已知质点的运动方程为 $x = (R\cos\omega)t^2$，$y = (R\sin\omega)t^2$，其中 R, ω 是常数. 求:

(1)写出运动方程的矢量式;

(2)质点任一时刻的速度和加速度;

(3)质点的轨迹方程,它做什么运动?

(4)质点的法向加速度.

1-3 质点沿斜面运动,如图所示,其运动方程为 $s = 5 + t - t^2$. 求质点运动到最高点的时刻.

1-4 质点在 Oy 轴上运动,其运动方程为 $y = 4t^2 - 2t^3$. 求质点返回到原点时的速度和加速度.

1-5 质点沿半径 $R = 2$ m 的圆周运动,其速率和时间的函数关系为 $v = 2t + 2$ (m/s). 求 3 s 时质点的法向加速度和切向加速度.

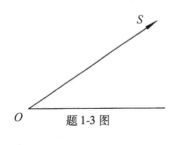

题 1-3 图

1-6 质点沿半径 $R = 5$ m 的圆周运动. 其所行路程 s 与时间的函数关系为 $s = 0.5t^2 + 3t$ (m). 求:

(1)前 2 s 内质点通过的路程和位移的大小;

(2)2 s 时质点的速率、切向加速度和法向加速度.

1-7 如图所示,内表面光滑,半径 $r = 20$ cm 的半球形碗,以匀角速度 ω 绕对称轴 OC 旋转. 碗内表面上的一个小球 P 相对碗静止,其位置高于碗底 8 cm,求碗的角速度.

1-8 光滑水平面上有一质量 $M = 50$ kg 的小车 D,其上有一定滑轮 C,通过绳子在定滑轮两侧分别有 $m_1 = 6$ kg,$m_2 = 4$ kg 的两个物体,各接触面都是光滑的,如图所示. 问在 m_2 与 D 不能接触的情况下,以多大的力 F 推小车,才能使物体 m_1 与小车间无相对滑动.

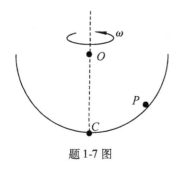

题 1-7 图

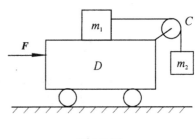

题 1-8 图

1-9 设作用在一质量为 2 kg 的物体上的力 F 在 5 s 内均匀地从零增到 40 N,开始时物体静止. 求 5 s 时物体的速度.

1-10 以速度 v_0 沿直线匀速奔驰的摩托车,质量为 m. 在关闭发动机后,它受到的阻力与速率平方成正比,即

$$f = -kv^2.$$

求:(1)关闭发动机后 t 时刻摩托车的速度;

(2)关闭发动机后 t 秒内前进的距离.

1-11　质量为 m 的物体由高空自由下落,它所受到的阻力与速率成正比,即

$$f = -kv,$$

证明 t 时刻质点的速度

$$v = \frac{mg}{k}(1 - e^{\frac{-kt}{m}}).$$

1-12　质量 $m = 10\ \text{kg}$ 的质点沿 x 轴无摩擦地运动. 在原点时速度为零,它受到的合力 $F = 3 + 4x(\text{N})$. 求:

(1)从原点到 $x = 3\ \text{m}$ 过程中,合力做的功;

(2)质点在 $x = 3\ \text{m}$ 处的速度.

1-13　质量为 m 的质点沿 x 轴运动,它受到的合力 $F = x/(a^2 + x^2)^{3/2}$. 求:

(1)质点从 $x = a$ 到 $x = 2a$ 过程中合力做的功;

(2)如果质点在 $x = a$ 处的速度是 v_0,它在 $x = 2a$ 处速度为多少?

1-14　质量为 m 的航天飞机关闭发动机返回地球时,可以认为只在地球的引力作用下运动. 地球的质量为 M,航天飞机的质量为 m. 当它从距地心为 R_1 的高空下降到 R_2 时,求:

(1)在这个过程中引力势能的增量;

(2)在这个过程中引力做的功;

(3)如果在 R_1 时航天飞机的速度是 v_0,则飞机在 R_2 时的速度大小是多少?

1-15　质量为 m 的物体在弹簧作用下沿 x 轴做直线运动. 在原点处弹簧不变形,弹簧的劲度系数为 k. 求:

(1)质点从 x_1 位置运动到 x_2 位置弹性力做的功;

(2)如果质点在 x_1 位置时的速度是 v_0,那么它在 x_2 位置时速度是多少以及它离开原点的最大距离是多少?

1-16　如图所示,劲度系数为 k 的弹簧与质量为 m 的物体连在一起放在光滑的斜面上. 点 A 为物体的平衡位置. 点 O 是弹簧原长时物体的位置,使物体由 A 移到 B,求:

(1)弹性势能的变化量和重力势能的变化量;

(2)总势能的变化量.

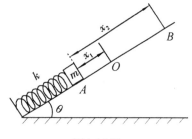

题 1-16 图

1-17　质量 $m = 0.5\ \text{kg}$ 的质点在 xOy 坐标平面内运动,其运动方程为 $x = 4t, y = 1.5t^2$,求从 $t_1 = 1\ \text{s}$ 到 $t_2 = 4\ \text{s}$ 这段时间内合力对质点做的功.

1-18　质点所受到的合力与时间的关系是

$$\boldsymbol{F} = (3t + 2t^2)\boldsymbol{i}.$$

求从 $t_1 = 1\ \text{s}$ 到 $t_2 = 4\ \text{s}$ 时间内合力的冲量.

1-19　质量 $m = 2\ \text{kg}$ 的质点在合力 $F = 2t + 0.5t^2$ 的作用下沿 x 轴做直线运动. $t_1 = 1\ \text{s}$ 时,速度 $v_1 = 4\ \text{m/s}$,求 $3\ \text{s}$ 时质点的速度.

1-20　两球质量分别为 $m_1 = 4\ \text{kg}$ 和 $m_2 = 10\ \text{kg}$,在光滑的水平桌面上运动,两者的速度分别为 $\boldsymbol{v}_1 = 10\boldsymbol{i}(\text{m/s})$,$\boldsymbol{v}_2 = (3\boldsymbol{i} + 5\boldsymbol{j})(\text{m/s})$.两球相碰后合为一体,求碰后的速度 $\boldsymbol{v}$.

1-21　α 粒子(He 核)散射实验中,α 粒子和静止的氧原子核发生碰撞,碰后 α 粒子沿与入

射方向成 $\theta = 72°$ 角的方向运动. 氧原子核沿与 α 粒子入射方向成 $\beta = 41°$ 角方向运动. 求碰撞前后 α 粒子的速率比.

1-22 三艘质量均为 M 的小船鱼贯而行, 速度都是 v. 如果从中间那艘船上同时以相对于船的速度 u 把两个质量均为 m 的物体分别抛到前后两艘船上, 速度 u 的方向与速度 v 的方向在同一条直线上. 求抛掷物体后每艘船的速率.

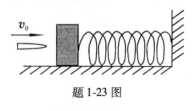

题 1-23 图

1-23 质量 $m = 10$ g 的子弹打入一个静止在光滑水平面上质量 $M = 990$ g 的木块中, 木块与一劲度系数 $k = 1$ N/cm 的弹簧相连. 如图所示, 木块压缩弹簧 10 cm 后停止. 求:

(1) 弹簧的最大势能;

(2) 木块被子弹射中后的速度;

(3) 子弹的初始速度.

1-24 如图所示, 太空探测器沿抛物线路径接近金星, 当抵达 B 位置时, 点火制动火箭减速, 使它进入椭圆轨道, 以便在 A 位置做切向着陆. B 位置距金星中心 16 090 km, 探测器进入椭圆轨道在 B 位置时的速率 $v_0 = 3.04 \times 10^3$ m/s. 金星半径为 5 990 km. 求探测器在 A 位置时的速度是多少?

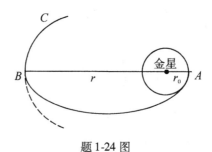

题 1-24 图

第二章　刚体定轴转动

上一章把物体抽象成一个质点,阐述了机械运动最基本的规律.但在许多力学问题中,必须考虑物体的大小和形状,例如研究地球的自转、飞轮的转动等.物体在力的作用下,都要发生形变.对于固体来说,一般情况下形变都很小.当研究一个物体的运动时,如果它的形变可以忽略不计,则把这个物体抽象成有一定的大小和形状,但不能发生形变的物理模型,这个物理模型叫**刚体**.

本章讨论刚体的定轴转动.研究的方法是把刚体看成由彼此间距不变的大量质点组成的质点系,把质点的运动规律应用于这个质点系,从而导出刚体定轴转动的规律.

第一节　刚体定轴转动运动学

一、刚体的运动

刚体的运动可分为平动、转动和更复杂的运动.

在运动过程中,刚体中任何一条给定直线始终保持其方向不变,这种运动叫**平动**(图 2-1).车床上的刀架、汽缸中的活塞等的运动都是平动.平动时,刚体上所有点的运动状态完全相同,因此可以用一个点的运动代表刚体的平动.一个质点的运动规律就是刚体平动的规律.

刚体绕一条固定不动的直线转动叫做**定轴转动**(图 2-2),这条直线叫转轴.

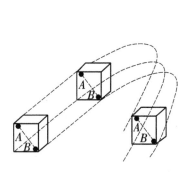

图 2-1　刚体的平动

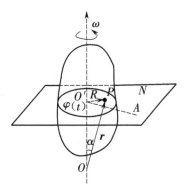

图 2-2　刚体的定轴转动

刚体做定轴转动时,其上任一点都绕轴做圆周运动,刚体上位于平行转轴的同一条直线上的所有点的运动状态完全相同.因此刚体可以用垂直于转轴的一个转动截面来代表.

刚体更复杂的运动可以看成是由刚体随质心的平动和绕过质心的轴的转动二者合成的运动.

二、角速度和角加速度

图 2-3 是刚体上垂直于固定轴的一个截面,O 是轴与该截面的交点,Ox 是固定坐标轴.在刚体上任取一点 P,OP 与 x 轴的夹角 θ 为确定刚体在任一时刻位置的**角坐标**.

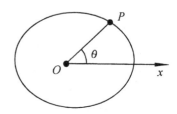

图 2-3   刚体的角坐标

刚体转动时,θ 随时间变化,为了描述刚体转动的快慢,引入角速度的概念.角坐标对时间的导数定义为**角速度**,用 ω 表示,

$$\omega = \frac{\mathrm{d}\theta}{\mathrm{d}t}. \tag{2-1}$$

在国际单位制中,角速度的单位是弧度/秒(rad/s).

刚体加速转动时,角速度随时间变化,为了描述角速度的变化,引入角加速度的概念.角速度对时间的导数定义为**角加速度**,用 β 表示

$$\beta = \frac{\mathrm{d}\omega}{\mathrm{d}t}. \tag{2-2}$$

国际单位制中,角加速度的单位是弧度/秒^2(rad/s^2).

刚体做匀加速转动时,可仿照求匀加速直线运动公式的方法求出,有如下运动学公式:

$$\left.\begin{array}{l} \omega = \omega_0 + \beta t, \\[2mm] \theta = \omega_0 t + \dfrac{1}{2}\beta t^2, \\[2mm] \omega^2 - \omega_0^2 = 2\beta\theta. \end{array}\right\} \tag{2-3}$$

ω_0 是初角速度,θ 是 t 时间内刚体转过的角度.

定轴转动时,刚体上到转轴的距离为 r 的一点的速度、切向加速度和法向加速度的大小与角速度、角加速度的关系是

$$\left.\begin{array}{l} v = \omega r, \\[2mm] a_t = \dfrac{\mathrm{d}v}{\mathrm{d}t} = r\beta, \\[2mm] a_n = \dfrac{v^2}{r} = r\omega^2. \end{array}\right\} \tag{2-4}$$

【例 2-1】 电机转子转速为 1 450 r/min. 设停电后均匀减速,经 10 s 后停止转动. 求转子的角加速度和这段时间内转过的圈数.

解 $\beta = \dfrac{0 - \omega_0}{t} = \dfrac{-1\ 450 \times 2\pi}{60 \times 10} = -15.2\ (\text{rad/s}^2)$,

$$\theta = \frac{\omega^2 - \omega_0^2}{2\beta} = \frac{-\omega_0^2}{2\left(\dfrac{-\omega_0}{t}\right)} = \frac{1}{2}\omega_0 t, \quad n = \frac{\theta}{2\pi} = \frac{\dfrac{1}{2} \times 1\ 450 \times 2\pi \times 10}{2\pi \times 60} = 121.$$

【例 2-2】 半径 $r = 8.0$ cm 的定滑轮由静止开始做匀加速转动. 角加速度 $\beta = 10\ \text{rad/s}^2$. 求 10 s 末轮边缘上一点的切向加速度和法向加速度.

解 $a_\text{t} = r\beta = 10 \times 0.08 = 0.8\ (\text{m/s}^2)$, $\omega = \beta t$,

$a_\text{n} = \omega^2 r = (\beta t)^2 r = (10 \times 10)^2 \times 0.08 = 800\ (\text{m/s}^2)$.

第二节 转动定律

一、力对转轴的力矩

一个具有固定转轴的物体,在外力的作用下可能发生转动,也可能不转. 物体能不能转动,不仅与力的大小有关,而且也与力的作用点以及力的方向有关. 例如,当我们关门时,如果作用力与转轴平行或者作用线通过转轴,那么无论用多大的力也不能把门关上. 此外由经验知道,推门的力越大或者力的作用线与转轴的垂直距离越大,就越容易推动它. 在这类经验的基础上,人们建立了力对轴的力矩的概念.

如图 2-4 所示,刚体所受的外力 **F** 位于垂直于转轴 O 的平面内,转轴到力的作用线的垂直距离为 d,d 称为力对转轴的**力臂**. 力的大小与力臂的乘积称为力对转轴的**力矩**,用 M 表示,则

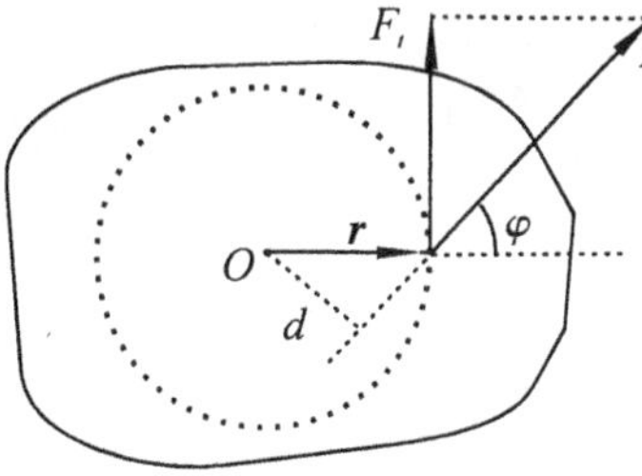

$$M = Fd = Fr\sin\varphi, \tag{2-5}$$
$$F_\text{t} = F\sin\varphi.$$

式(2-5)可写成

$$M = F_\text{t}r, \tag{2-6}$$

式中 F_t 是 **F** 在圆周切线方向的分力.

图 2-4 力对轴的力矩

力矩是矢量:用矢量式定义力矩为

$$M = r \times F.$$

力矩不仅有大小,也有方向,可用右手螺旋法判定其方向

当外力 F 的作用线不在垂直于转轴的平面内时,把 F 分解成与转轴平行的分力 F_1 和在转动平面内的分力 F_2. F 对转轴的力矩就是 F_2 对转轴的力矩.

几个力同时作用在刚体上时,它们的力矩的作用相当于一个力矩的作用,这个力矩称为这几个力的合力矩. 实验指出,合力矩的数值等于这几个力矩的代数和.

国际单位制中,力矩的单位是牛顿·米(N·m).

二、转动定律

把牛顿第二定律应用于刚体这个特殊的质点系,导出刚体转动的规律.

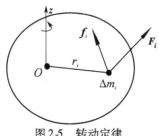

图 2-5　转动定律

在图 2-5 中,Oz 是固定转轴,Δm_i 是刚体上第 i 个质元的质量,r_i 是它到转轴的距离,F_i 是它受到的合外力,f_i 是刚体上其他质点作用于它的合内力. 沿圆周切线方向对质元应用牛顿第二定律

$$F_{it} + f_{it} = \Delta m_i a_{it} = \Delta m_i r_i \beta,$$

等式两边乘以 r_i,有

$$r_i F_{it} + r_i f_{it} = \Delta m_i r_i^2 \beta.$$

$M_{i外} = r_i F_{it}$ 是 F_i 对转轴的力矩,$M_{i内} = r_i f_{it}$ 是内力 f_i 对转轴的力矩,则上式写成

$$M_{i外} + M_{i内} = \Delta m_i r_i^2 \beta.$$

对组成刚体的每一个质元都列出这样的方程,把它们相加得到

$$\sum_{i=1}^{n} M_{i外} + \sum_{i=1}^{n} M_{i内} = \sum_{i=1}^{n} (\Delta m_i r_i^2 \beta) = (\sum_{i=1}^{n} \Delta m_i r_i^2)\beta. \quad (2\text{-}7)$$

因为内力总是成对出现,作用力和反作用力在一条直线上,大小相等,方向相反,作用力和反作用力对转轴的力矩也是大小相等,方向相反,其代数和为零,所以

$$\sum_{i=1}^{n} M_{i内} = 0.$$

令 $I = \sum \Delta m_i r_i^2$,称为刚体对转轴的**转动惯量**. 令 $M = \sum_{i=1}^{n} M_{i外}$,于是有

$$M = I\beta. \quad (2\text{-}8)$$

此式表明,刚体在合外力矩 M 的作用下,所获得的角加速度 β 与合外力矩的大小成正比,与转动惯量 I 成反比,这一关系叫做**刚体定轴转动定律**.

刚体定轴转动定律在刚体力学中的地位和质点力学中用于直线运动的 $F = ma$ 的地位相当. 把 $M = I\beta$ 和 $F = ma$ 相对照,可以看出 I 和 m 相对应. "转动惯量"这一词正是由此而来. 在同样的外力矩作用下,刚体的转动惯量越大,其角加速度越小;

反之,转动惯量越小,可获得较大的角加速度. 因此,转动惯量是刚体做定轴转动的惯性大小的量度.

三、转动惯量

按转动惯量的定义

$$I = \sum_{i=1}^{n} \Delta m_i r_i^2 = \Delta m_1 r_1^2 + \Delta m_2 r_2^2 + \cdots. \tag{2-9}$$

可知,转动惯量 I 等于刚体中每个质元的质量与这个质元到转轴的距离的平方的乘积的总和. 一般刚体的质量是连续分布,上式应写成积分的形式

$$I = \int r^2 \mathrm{d}m = \int r^2 \rho \mathrm{d}V. \tag{2-10}$$

$\mathrm{d}V$ 是相应于 $\mathrm{d}m$ 的体积元,ρ 是体积元处的质量密度,r 是体积元 $\mathrm{d}V$ 到转轴的距离.

从式(2-10)可以看出,刚体对转轴的转动惯量与下列三个因素有关:①刚体的质量;②质量的分布;③转轴的位置.

在国际单位制中,转动惯量的单位是千克·米^2($\mathrm{kg \cdot m^2}$).

表 2-1 中列出了几种常见刚体的转动惯量,它们是根据式(2-10)计算出来的.

【例 2-3】 长度为 l、质量为 m 的均匀细杆. 求:

(1)它对于通过杆中点与杆垂直的轴的转动惯量;

(2)对于通过杆的一端并与杆垂直的轴的转动惯量.

解 (1)如图所示,沿杆的长度选取 x 轴,坐标原点在杆的中点,在坐标 x 处取一长度元 $\mathrm{d}x$,它的质量是 $\mathrm{d}m = \dfrac{m}{l}\mathrm{d}x$,它对转轴的转动惯量

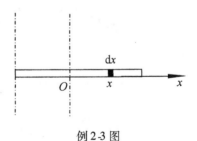

例 2-3 图

$$\mathrm{d}I = x^2 \mathrm{d}m = \frac{m}{l} x^2 \mathrm{d}x.$$

整个杆对转轴的转动惯量

$$I = \int_{-\frac{l}{2}}^{\frac{l}{2}} \frac{m}{l} x^2 \mathrm{d}x = \frac{1}{12} m l^2.$$

(2)质量元 $\mathrm{d}m$ 到过一端轴的距离 $r = x + \dfrac{l}{2}$,它对转轴的转动惯量

$$\mathrm{d}I = r^2 \mathrm{d}m = \left(x + \frac{l}{2}\right)^2 \frac{m}{l} \mathrm{d}x.$$

整个杆对于过一端轴的转动惯量

$$I = \int_{-\frac{l}{2}}^{\frac{l}{2}} \frac{m}{l} \left(x + \frac{l}{2}\right)^2 \mathrm{d}x = \frac{1}{3} m l^2.$$

表 2-1　几种特殊形状物体的转动惯量

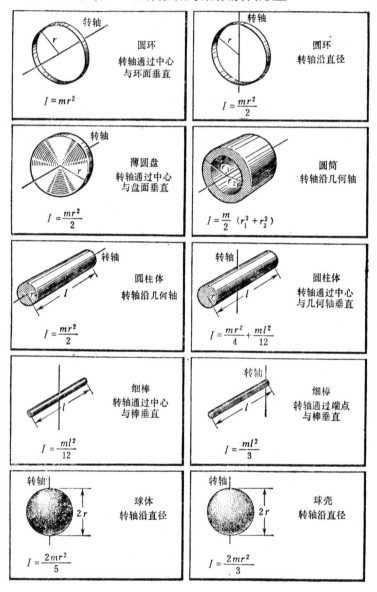

【例 2-4】　如图(a)所示,半径为 R 的定滑轮,转动惯量为 I;滑轮边缘上跨一细绳,两端分别系有质量为 m_1 和 m_2 的物体,并且 $m_1 > m_2$. 忽略轴处的摩擦力,绳与轮之间无滑动. 求滑轮的角加速度和物体 m_1 的加速度.

解　如图(b)所示,将定滑轮和两个物体隔离开,分别画出它们所受的力和加

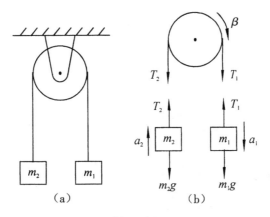

例 2-4 图

速度或角加速度.

定滑轮遵守转动定律

$$T_1 R - T_2 R = I\beta. \tag{1}$$

两个物体平动,遵守牛顿第二定律.

对于 m_1,有

$$m_1 g - T_1 = m_1 a_1, \tag{2}$$

对于 m_2,有

$$T_2 - m_2 g = m_2 a_2. \tag{3}$$

上面三个方程中共有 T_1、T_2、a_1、a_2、β 五个未知数,再从切向加速度和角加速度之间的关系中寻找两个方程. 因为绳子与滑轮之间无滑动,因此物体 m_1 和 m_2 的加速度等于轮边缘上的切向加速度,所以有

$$a_1 = R\beta, \tag{4}$$

$$a_2 = R\beta. \tag{5}$$

五个方程联立,解得

$$\beta = \frac{(m_1 - m_2)gR}{I + m_1 R^2 + m_2 R^2},$$

$$a_1 = a_2 = \frac{(m_1 - m_2)gR^2}{I + m_1 R^2 + m_2 R^2},$$

$$T_1 = \frac{I + 2m_2 R^2}{I + m_1 R^2 + m_2 R^2} m_1 g,$$

$$T_2 = \frac{I + 2m_1 R^2}{I + m_1 R^2 + m_2 R^2} m_2 g.$$

T_1 和 T_2 是不相等的,只有当定滑轮质量忽略不计,也就是该滑轮转动惯量为

零时,才有

$$T_1 = T_2 = \frac{2m_1 m_2 g}{m_1 + m_2}.$$

第三节　刚体对定轴的角动量守恒定律

一、对定轴的角动量定理

刚体对轴的转动惯量 I 不随时间变化. 可以把转动定律

$$M = I\beta = I\frac{\mathrm{d}\omega}{\mathrm{d}t},$$

写成

$$M = \frac{\mathrm{d}(I\omega)}{\mathrm{d}t}.$$

把这个方程和质点沿直线运动时的方程 $F = \dfrac{\mathrm{d}(mv)}{\mathrm{d}t}$ 对比,定轴转动刚体的 $I\omega$ 与直线运动质点的 mv 的地位相当. 把 $I\omega$ 称为**刚体对定轴的角动量**,用 L 表示,有

$$L = I\omega. \tag{2-11}$$

国际单位制中,角动量的单位是千克·米^2/秒($\mathrm{kg \cdot m^2/s}$).

引入角动量后,刚体定轴转动定律可写成

$$M = \frac{\mathrm{d}(I\omega)}{\mathrm{d}t} = \frac{\mathrm{d}L}{\mathrm{d}t}. \tag{2-12}$$

此式表明,刚体所受的合外力矩等于刚体的角动量对时间的导数. 这个关系叫刚体对定轴的**角动量定理**(微分形式).

二、对轴的角动量守恒定律

由式(2-12)可知,当刚体所受的合外力矩为零时,则刚体对轴的角动量保持不变,即当 $M = 0$ 时,

$$L = I\omega = 常量. \tag{2-13}$$

称为刚体对定轴的**角动量守恒定律**.

可以证明,该定律对非刚性的物体也成立,即当物体所受的合外力矩为零时,物体对轴的角动量保持不变.

当物体绕定轴转动时,由于受到外力(或内力)的作用而改变质量相对轴的分布,它对转轴的转动惯量发生改变. 如果在此过程中,物体所受的合外力矩为零,当转动惯量改变时,它的角速度也随之改变,但总的角动量保持不变,即

$$I_0\omega_0 = I\omega. \tag{2-14}$$

式中:I_0,ω_0 分别为物体起始时刻的转动惯量和角速度;I,ω 分别是该物体在末了时刻的转动惯量和角速度.

如图 2-6 中,人手持轮子站在可以自由转动的凳子上,原来静止,当人拨动手中的轮子时,人和凳子同时产生与轮子转动方向相反的转动,以便使系统的总角动量保持为零. 又如图 2-7 中,开始时人张开双臂并与转凳一起以一定的角速度转动,然后把双臂突然收回到胸前,由于转动惯量变小,可以看到角速度突然变大,以使角动量保持不变.

图 2-6　演示角动量守恒

图 2-7　演示角动量守恒

【例 2-5】 如图所示,A、B 两均质圆盘分别绕其过中心的垂直轴转动,角速度分别是 $\omega_{OA} = 50$ rad/s,$\omega_{OB} = 200$ rad/s. 它们的半径和质量分别为 $R_A = 0.2$ m,$R_B = 0.1$ m,$M_A = 2$ kg,$M_B = 4$ kg. 求两圆盘对心衔接后的角速度.

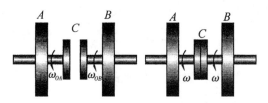

例 2-5 图

解 在衔接过程中,对转轴无外力矩作用,因此衔接前后系统对轴的角动量保持不变,即

$$I_A\omega_{OA} + I_B\omega_{OB} = (I_A + I_B)\omega,$$

$$\omega = \frac{I_A \omega_{OA} + I_B \omega_{OB}}{I_A + I_B}$$

$$= \frac{\frac{1}{2} M_A R_A^2 \omega_{OA} + \frac{1}{2} M_B R_B^2 \omega_{OB}}{\frac{1}{2} M_A R_A^2 + \frac{1}{2} M_B R_B^2}$$

$$= \frac{\frac{1}{2} \times 2 \times 0.2^2 \times 50 + \frac{1}{2} \times 4 \times 0.1^2 \times 200}{\frac{1}{2} \times 2 \times 0.2^2 + \frac{1}{2} \times 4 \times 0.1^2}$$

$$= 100 (\text{rad/s}).$$

第四节　定轴转动过程中的功和能

一、力矩的功

如图 2-8 所示,刚体绕固定轴 O 转动,力 $\boldsymbol{F}$ 作用在刚体上的 P 点,P 点相对 O 的位矢是 $\boldsymbol{r}$. 刚体转过一个微小的角度 $\mathrm{d}\theta$,P 点的位移是 $\mathrm{d}\boldsymbol{r}$,其大小

$$|\mathrm{d}\boldsymbol{r}| = r\mathrm{d}\theta.$$

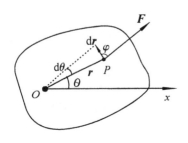

图 2-8　力矩的功

在这个过程中,力 $\boldsymbol{F}$ 做的功

$$\mathrm{d}W = \boldsymbol{F} \cdot \mathrm{d}\boldsymbol{r} = F\cos\varphi |\mathrm{d}\boldsymbol{r}| = (F\cos\varphi) r\mathrm{d}\theta. \tag{2-15}$$

$F\cos\varphi$ 是力 $\boldsymbol{F}$ 在位移 $\mathrm{d}\boldsymbol{r}$ 方向上的分量,它与位矢 $\boldsymbol{r}$ 垂直,所以 $(F\cos\varphi) r$ 是力 $\boldsymbol{F}$ 对转轴的力矩 $\boldsymbol{M}$. 因此式 (2-15) 可写成

$$\mathrm{d}W = M\mathrm{d}\theta.$$

此式表明,力对转动刚体做的元功等于相应的力矩和角位移元的乘积.

当刚体从 θ_1 位置转到 θ_2 位置时,力矩做的功

$$W = \int_{\theta_1}^{\theta_2} M\mathrm{d}\theta. \tag{2-16}$$

这个功是用力矩表示的,所以称为**力矩的功**.

二、刚体的转动动能

刚体转动时,刚体上所有质点的动能之和叫做刚体的**转动动能**.

刚体以角速度 ω 做定轴转动,设第 i 个质元的质量为 Δm_i,它到转轴的距离是

r_i，其速度大小 $v_i = r_i\omega$，相应的动能

$$E_{ki} = \frac{1}{2}\Delta m_i v_i^2 = \frac{1}{2}\Delta m_i r_i^2 \omega^2 ,$$

则刚体的转动动能

$$E_k = \sum_{i-1}^{n} \left(\frac{1}{2}\Delta m_i r_i^2 \omega^2 \right) = \frac{1}{2}\left(\sum_{i=1}^{n} \Delta m_i r_i^2 \right) \omega^2 = \frac{1}{2}I\omega^2 . \quad (2\text{-}17)$$

三、转动动能定理

由转动定律　　　$M = I\beta = I\dfrac{\mathrm{d}\omega}{\mathrm{d}t}$，

代入到力矩的功的表达式（2-16）中

$$W = \int_{\theta_1}^{\theta_2} M\mathrm{d}\theta = \int_{\theta_1}^{\theta_2} I\frac{\mathrm{d}\omega}{\mathrm{d}t}\mathrm{d}\theta = \int_{\omega_1}^{\omega_2} I\omega\mathrm{d}\omega ,$$

即　　　　　$$W = \int_{\theta_1}^{\theta_2} M\mathrm{d}\theta = \frac{1}{2}I\omega_2^2 - \frac{1}{2}I\omega_1^2 . \quad (2\text{-}18)$$

此式称为**刚体转动动能定理**．它表明，合外力矩对定轴转动的刚体做的功等于刚体转动动能的增量．

四、刚体的重力势能

刚体的**重力势能**就是它的各质量元的重力势能之和．

如图 2-9 所示，质量为 m 的刚体的重力势能

$$E_p = \sum_{i=1}^{n} \Delta m_i g h_i = g\left(\sum_{i=1}^{n} \Delta m_i h_i \right) .$$

令　　　　$$h_c = \frac{\displaystyle\sum_{i=1}^{n} \Delta m_i h_i}{m} ,$$

上式可以写成

$$E_p = mgh_c , \quad (2\text{-}19)$$

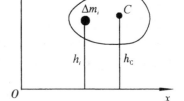

图 2-9　刚体的势能

h_C 称为刚体质心（质量中心）相对零势能位置的高度．对于均质杆来说，其质心就在杆的中心．这个结果说明刚体的重力势能等于它的全部质量集中在质心时所具有的重力势能．

包括刚体在内的系统，如果只有保守内力做功，则该系统的机械能保持不变．

【**例 2-6**】　如图所示，一根长为 l、质量为 m 的均质杆，其一端有一固定的光滑的水平轴，杆可以在竖直面内绕轴转动．开始时，杆静止在水平位置．求它由水平位置自由释放摆到竖直位置时的角速度．

解一　在杆由水平位置转到竖直位置过程中，只有重力 mg 做功，则有

例2-6图

$$W = mg \cdot \frac{l}{2}.$$

设杆在竖直位置时的角速度为ω,根据动能定理有

$$mg\frac{l}{2} = \frac{1}{2}I\omega^2 - 0,$$

$$\omega = \sqrt{\frac{mgl}{I}} = \sqrt{\frac{mgl}{\frac{1}{3}ml^2}} = \sqrt{\frac{3g}{l}}.$$

解二 因为杆从水平位置转到竖直位置的过程中,只有重力做功,所以在这个过程中,机械能保持不变.

设杆在竖直位置时,质心所在的水平面为零势能,则在水平位置时杆的势能为$mg\frac{l}{2}$.由机械能守恒定律,有

$$mg\frac{l}{2} = \frac{1}{2}I\omega^2, \quad \omega = \sqrt{\frac{mgl}{I}} = \sqrt{\frac{mgl}{\frac{1}{3}ml^2}} = \sqrt{\frac{3g}{l}}.$$

【例2-7】 如图所示,滑轮半径为R,转动惯量为I,轮边缘上绕一轻绳,绳的下端系一质量为m的物体,开始时系统处于静止.求物体m下降h后的速度(设绳与轮间无滑动).

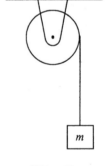

解 物体m下降过程中,对于由滑轮和物体组成的系统来说,只有重力做功,所以系统总的机械能不变.

设物体在末位置时的势能为零,它的速度为v,滑轮的角速度为ω.根据机械能守恒定律,有

$$\frac{1}{2}mv^2 + \frac{1}{2}I\omega^2 = mgh, \tag{1}$$

由角速度和速率之间的关系,有

$$\omega = \frac{v}{R}. \tag{2}$$

例2-7图

联立式(1)、式(2),得

$$v = \sqrt{\frac{2mgh}{m + \frac{I}{R^2}}}.$$

【例2-8】 如图所示,一长$l = 0.40$ m,质量$M = 1$ kg的均质木杆,可绕水平轴在竖直平面内转动.开始时杆自然竖直悬垂.现有$m = 8$ g的子弹以$v = 100$ m/s的

速度从 A 点射入杆中,$OA = \dfrac{3}{4}l$. 求子弹嵌入后杆的角速度以

及杆摆的最大角度.

解 子弹射入杆的过程中,子弹和杆受的重力通过轴,
系统不受外力矩,角动量守恒,有

$$mv\frac{3}{4}l = \left[\frac{1}{3}Ml^2 + m\left(\frac{3}{4}l\right)^2\right] \cdot \omega,$$

$$\omega = \frac{\frac{3}{4}mv}{\left(\frac{1}{3}M + \frac{9}{16}m\right)l} = \frac{\frac{3}{4} \times 8 \times 10^{-3} \times 200}{\left(\frac{1}{3} \times 1 + \frac{9}{16} \times 8 \times 10^{-3}\right) \times 0.4}$$

$$= 4.44 \text{ rad/s}^2$$

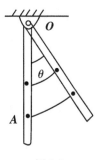

例 2-8

杆摆动的过程中,只有重力做功. 系统的机械能守恒,设摆的最大角度为 θ,则有

$$\frac{1}{2}\left(\frac{1}{3}Ml^2 + \frac{9}{16}ml^2\right)\omega^2 = Mg\frac{l}{2}(1 - \cos\theta) + mg\frac{3}{4}l(1 - \cos\theta),$$

$$\cos\theta = 1 - \left(\frac{1}{3}M + \frac{9}{16}m\right)\frac{l \cdot \omega^2}{mg + \frac{3}{2}mg}.$$

代入数据可得

$$\theta = 43°.$$

本章小结

1. 刚体
刚体是受力时不改变形状和体积的物体.

2. 刚体运动学
角速度 $\qquad\qquad \omega = \mathrm{d}\theta/\mathrm{d}t.$

角加速度 $\qquad\qquad \beta = \mathrm{d}\omega/\mathrm{d}t.$

距转轴 r 处质元的线量与角量的关系

$$v = r\omega, \quad a_{\mathrm{t}} = r\beta, \quad a_{\mathrm{n}} = r\omega^2.$$

匀角加速转动公式

$$\omega = \omega_0 + \beta t, \quad \theta = \omega_0 t + \frac{1}{2}\beta t^2, \quad \omega^2 - \omega_0^2 = 2\beta\theta.$$

3. 刚体的转动定律
力矩 力的大小与力臂的乘积

$$M = Fd = Fr\sin\varphi.$$

刚体的转动惯量 $I = \int r^2 dm.$

转动定律   刚体所受的合外力矩等于刚体转动惯量与角加速度的乘积

$$M = I\beta.$$

4. 刚体定轴转动中的功和能

力矩的功   力对刚体所做的元功等于力矩和角位移的乘积

$$dW = Md\theta.$$

刚体从 θ_1 位置转到 θ_2 位置时,力矩做的功

$$W = \int_{\theta_1}^{\theta_2} Md\theta.$$

刚体的转动动能   刚体上所有质点的动能之和

$$E_k = \frac{1}{2}I\omega^2.$$

转动动能定理   合外力矩对刚体做的功等于刚体转动动能的增量

$$W = \int_{\theta_1}^{\theta_2} Md\theta = \frac{1}{2}I\omega_2^2 - \frac{1}{2}I\omega_1^2.$$

5. 刚体的角动量

刚体的角动量 $L = I\omega.$

刚体的角动量定理   刚体所受的合外力矩等于刚体的角动量对时间的导数

$$M = \frac{d(I\omega)}{dt} = \frac{dL}{dt}.$$

角动量守恒定律   刚体所受的合外力矩为零时,刚体的角动量保持不变,即当 $M = 0$ 时,

$$L = I\omega = 常量.$$

思 考 题

2-1   刚体的角速度由什么决定? 如果刚体的角速度为逆时针方向,其角加速度是否也是逆时针方向?

2-2   在什么情况下,刚体做匀加速转动? 匀加速转动时,其运动学方程是什么?

2-3   刚体的转动惯量由哪三个因素决定?

2-4   例 2-4 中,T_1 为什么不等于 T_2? T_1 为什么不等于 $m_1 g$? 根据这个例题简述解力学问题的一般过程.

2-5   什么叫角动量? 简述角动量定理和角动量守恒定律. 一个人在绕竖直轴转动的圆盘上走动时,盘和人这个系统的什么量保持守恒? 为什么?

2-6   质点的动能和刚体绕定轴转动的动能表达式各是什么? 它们之间有什么联系.

习 题

2-1 汽车发动机飞轮的角速度在 12 s 内由 1 200 r/min 增加到 3 000 r/min. 假定是匀加速转动. 求：

(1)飞轮的角加速度；

(2)求在这段时间内飞轮转了多少周？

2-2 一转动的飞轮由于轴承的摩擦力矩的作用而均匀减速转动，初角速度为 ω_0，第 1 分钟末的角速度为 $0.9\omega_0$，求第 2 分钟末的角速度.

2-3 一质点沿半径 $R = 1.0$ m 的圆周运动，其角位置 $\theta = 2 + 4t^2 (\text{rad})$，求：

(1)$t = 2$ s 时的 θ、ω 和 β；

(2)$t = 2$ s 时的 a_n 和 a_t；

(3)当 $a_t = \dfrac{1}{2}a$ 时，θ 应为多少？

2-4 某飞轮直径 $d = 60$ cm，转动惯量 $I = 3.0$ kg·m^2，转速 $n = 1\ 200$ r/min，如果制动时闸瓦对轮的压力 $N = 500$ N，闸瓦与轮间的滑动摩擦系数 $\mu = 0.4$. 求制动后经过多长时间飞轮停止转动.

2-5 如图所示，半径为 R、转动惯量为 I 的定滑轮边缘上绕一轻绳，绳的下端系一质量为 m 的物体，轴承的摩擦忽略不计. 求：

(1)物体下落过程中轮的角加速度、物体的加速度和绳子的张力；

(2)物体下落 h 时轮的角速度和物体的速度.

2-6 转动惯量为 0.042 5 kg·m^2 的轮轴，前端半径 $r = 5$ cm，后端半径 $R = 10$ cm，后端轮边缘上绕的轻绳上系的物体质量 $m_1 = 2$ kg，前端轮边缘上绕的轻绳上系的物体质量 $m_2 = 1$ kg，如图所示，求轮的角加速度和每根绳的张力.

2-7 如图所示，转台绕中心铅直轴以 ω_0 角速度匀速转动，转台对轴的转动惯量 $I_0 = 5 \times 10^{-5}$ kg·m^2. 今有沙粒以 1 m/s 速度落入转台，沙粒黏附在转台面上形成半径 $r = 0.1$ m 的圆周. 沙粒落到转台上后，转台转速变慢，求当角速度减小到 $\dfrac{1}{2}\omega_0$ 时所需要的时间？

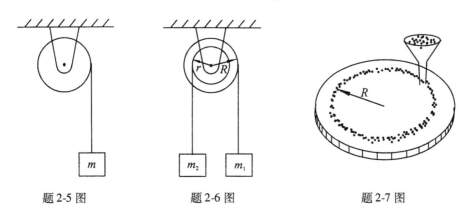

题 2-5 图   题 2-6 图   题 2-7 图

2-8 如图所示,圆柱体的质量为 M,半径为 R,可绕固定的水平轴转动,原来处于静止状态. 现有一颗质量为 m、速度为 v 的子弹击入圆柱体的边缘. 求子弹嵌入圆柱体后,圆柱体的角速度.

2-9 如图所示,一长 $l=0.40$ m,质量 $M=1$ kg 的均匀木杆,可绕水平轴 O 在竖直面内转动. 开始时杆自然地竖直悬垂. 现有质量 $m=8$ g 的子弹以 $v=200$ m/s 的速度从 A 点射入杆中,$OA=\dfrac{3}{4}l$,求子弹嵌入后杆的角速度以及杆摆的最大角度.

2-10 求题 6 中 m_1 由静止下落 0.5 m 时轮轴的角速度.

2-11 求题 4 中从开始制动到飞轮转动停止过程中飞轮转过的角度.

2-12 如图所示,弹簧的劲度系数 $k=2.0$ N/m,转子转动惯量 $I=0.50$ kg·m^2,半径 $r=0.3$ m. 弹簧无伸长,系统处于静止. 求 $m=60$ g 的物体下落 40 cm 时的速率.

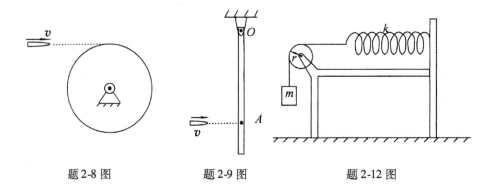

题 2-8 图   题 2-9 图   题 2-12 图

第三章 狭义相对论基础

以牛顿运动定律为基础的经典力学成功地解决了低速宏观物体在惯性参照系中的运动规律,对科学和技术的发展起了巨大的推动作用.但在 19 世纪末,人们通过对电磁场理论和光学的研究,发现一些实验事实与经典理论间存在着尖锐的矛盾,从而导致了相对论的诞生.

狭义相对论改变了许多年来所形成的有关时间、空间和运动的观念,提出了新的时空观,建立了高速运动物体的力学规律,揭示了质量和能量的内在联系;而广义相对论从非惯性参照系与引力场等效的原理出发,提出新的引力理论,进一步探索了引力场中的时空结构.相对论是 20 世纪物理学最伟大的成就之一,已成为许多基础科学和现代工程技术的理论基础.

本章先叙述牛顿力学的时空观,再由狭义相对论的两个基本假设出发,对相对论的时间、空间等基本观念作一介绍,最后讨论狭义相对论中的力学规律和质能关系.

第一节 牛顿力学的时空观

力学研究的内容是物体机械运动的规律,但无论是对运动的描述,还是对运动定律的说明,都离不开参照系的选取和对长度、时间的测量.牛顿定律适用的参照系是惯性参照系,相对于已知惯性系做匀速直线运动的任何参照系也都是惯性系.通过实验和观察总结出,对不同的惯性系,力学基本规律——牛顿定律的形式都是一样的;或者说,在研究力学规律时一切惯性系都是等价的,没有一个惯性系比其他惯性系更优越.这个结论称为**力学相对性原理**或**伽利略相对性原理**.

确定两惯性系之间各运动学量关系的数学表达式是伽利略变换,它也集中反映了经典力学的时空观.

如图 3-1 所示,设想两个相对做匀速直线运动的参照系 K 和 K',K 系看来,K' 系以匀速 v 沿 x 轴正向运动.当 K 系和 K' 系坐标原点重合时,两系统中的钟都开始计时,两系统中的观察者都观测一质量为 m 的质点 P 的运动.

对于 K' 系中的观察者,在 t' 时刻记录质点 P 的坐标为 (x', y', z'),而 K 系中的观察者在同一时刻 t 记录质点 P 的坐标为 (x, y, z),由于 K 系与 K' 系在 y 与 z 方向无相对运动,所以两坐标系间的时空坐标应有以下关系:

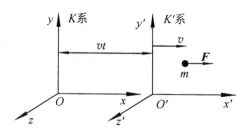

图 3-1 伽利略变换

$$
\left.\begin{array}{l}
x = x' + vt', \\
y = y', \\
z = z', \\
t = t',
\end{array}\right\} \quad K'系 \rightarrow K\,系; \qquad (3\text{-}1)
$$

$$
\left.\begin{array}{l}
x' = x - vt, \\
y' = y, \\
z' = z, \\
t' = t,
\end{array}\right\} \quad K\,系 \rightarrow K'系. \qquad (3\text{-}2)
$$

在经典力学里认为 $t = t'$ 是当然的. 这组公式叫做**伽利略坐标变换**.

将式(3-1)中的前三式对时间求导,并考虑到 $t = t'$,即可得到两坐标系间的速度变换关系

$$
\left.\begin{array}{l}
u_x = \dfrac{\mathrm{d}x}{\mathrm{d}t} = \dfrac{\mathrm{d}x'}{\mathrm{d}t'} + v = u'_x + v, \\[2mm]
u_y = \dfrac{\mathrm{d}y}{\mathrm{d}t} = \dfrac{\mathrm{d}y'}{\mathrm{d}t'} = u'_y, \\[2mm]
u_z = \dfrac{\mathrm{d}z}{\mathrm{d}t} = \dfrac{\mathrm{d}z'}{\mathrm{d}t'} = u'_z,
\end{array}\right\} \quad K'系 \rightarrow K\,系; \qquad (3\text{-}3)
$$

$$
\left.\begin{array}{l}
u'_x = u_x - v, \\
u'_y = u_y, \\
u'_z = u_z.
\end{array}\right\} \quad K\,系 \rightarrow K'系. \qquad (3\text{-}4)
$$

$\boldsymbol{u}$ 是在 K 系测出的质点 P 某时刻的速度, $\boldsymbol{u}'$ 是在 K' 系测出的质点 P 的速度.

把式(3-3)再对时间求导,可得到两惯性系间加速度的关系. 由于 v 与时间无关,故有

$$
\left.\begin{array}{l}
a_x = \dfrac{\mathrm{d}u_x}{\mathrm{d}t} = \dfrac{\mathrm{d}}{\mathrm{d}t'}(u'_x + v) = a'_x, \\[2mm]
a_y = \dfrac{\mathrm{d}u_y}{\mathrm{d}t} = \dfrac{\mathrm{d}u'_y}{\mathrm{d}t'} = a'_y, \\[2mm]
a_z = a'_z,
\end{array}\right\}
$$

写成矢量式,即

$$a = a'. \tag{3-5}$$

式(3-5)说明,同一质点的加速度在不同的惯性系中测得的结果是一样的. 在牛顿力学中,物体的质量与运动速度无关,因而也不受参照系的影响,所以

$$F = ma = ma' = F', \tag{3-6}$$

即力也是与参照系无关的. 式(3-6)说明在不同的惯性系中,牛顿定律具有相同的形式.

由以上讨论可见,在牛顿力学中描述质点的运动学量,如位置、速度的值是相对于所选的参照系;而动力学量,如力、质量、加速度和牛顿定律都与所选取的参照系无关. 时间、同时性与坐标系选取无关,或者说是绝对的. 由伽利略变换也可得出两点之间的距离在两坐标系中是相等的,例如沿 x 轴方向放置的尺子,在 K 系中测量 $l = \Delta x = x_2 - x_1$,在 K' 系中测量 $l' = \Delta x' = x'_2 - x'_1$,虽然各坐标值不等,但尺子的长度是不变的,即 $l = l'$,或者说空间是绝对的. 总之牛顿力学是以"绝对时间"和"绝对空间"的观念为基础,时间和空间是相互独立的. 牛顿本人曾经说过,"绝对的、真正的和数学的时间自己流逝着,并由于它的本性而均匀地与任何外界对象无关地流逝着.""绝对空间就其本性而言,与外界任何事物无关,而永远是相同的和不动的."

第二节 狭义相对论的两个基本假设 洛伦兹变换

一、爱因斯坦两个基本假设

经典力学绝对的时空观,是建立在大量的观察和实验基础上的,人们接受起来很自然,在一般力学现象中,理论与实际符合得也很好.

1865 年麦克斯韦在安培、法拉第等人对电磁学研究的基础上,建立了电磁场方程. 根据电磁场方程预言了电磁波的存在并导出了电磁波在真空中的速度 $v = \dfrac{1}{\sqrt{\mu_0 \varepsilon_0}} = 3 \times 10^8$ m/s. 由此说明光也是电磁波. 1888 年赫兹实现了电磁波的产生和传播. 当时人们认为电磁波是在以太中传播的,以太在宇宙空间中静止. 1895 年 16 岁的爱因斯坦读了关于麦克斯韦的电磁理论的科普读物后突发奇想,假如以光速边追光边观察将会看到什么现象. 按照通常的见解,光将被看成在空间的一点振荡. 爱因斯坦认为这是不可思议的. 这是爱因斯坦创立相对论的萌芽时期. 爱因斯坦说:"构造狭义相对论的过程中,关于法拉第电磁感应的思考对我起了主导作用."如图 3-2 所示的磁铁与一个导体回路相对运动. 无论是站在磁铁上看,还是站在导体回路上看,导体回路中都产生相同的感生电流,电磁感应定律的形式应该完

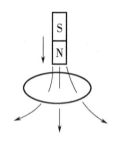

图 3-2 线圈与磁铁相对运动

全相同.这样就迫使他假设麦克斯韦的电磁场方程在任何惯性系中都具有相同的形式.如果做这样的假设就会引出一个问题:在任何惯性系中由麦克斯韦电磁场方程推导出来光在真空中的速度都是 c.也就是说在 K 系中光的速度是 c,在以速度 v 相对 K 系做匀速直线运动的 K' 系中,光的速度也是 c.这与伽利略速度变换相矛盾.如果认为光速在不同的惯性系中满足伽利略变换,那么麦克斯韦电磁场方程在不同的惯性系中就会有不同的形式.这样就可以根据麦克斯韦电磁场方程确定一个绝对静止的惯性系,这与只有相对运动而没有绝对静止的事实相违背.爱因斯坦确信,麦克斯韦电磁场方程在一切惯性系中具有完全相同的形式.经过多年的探索后,他注意到困难的关键是绝对时间.绝对时间只是一种经验,并不是绝对正确的,因而与绝对时间相联系的伽利略变换也不是绝对正确的.认识到这个关键问题之后,于 1905 年写出了《论动体的电动力学》这篇历史性文献.在这篇论文中把光速不变和物理规律在所有惯性系中都具有相同的形式作为两个基本假设.著名的迈克耳孙—莫雷实验和双星的运动周期等都证实光速与光源和观察者的运动无关.

(1)光速不变原理. 在所有惯性系中,真空中的光速都是 c.这就是说,光速与惯性系的选择无关.光速的近代测定值为 $c = (299\ 792\ 458 \pm 1.2)\,\mathrm{m/s}$.

(2)相对性原理. 在所有惯性系中,物理规律的形式都一样.可以看出,爱因斯坦相对性原理是伽利略相对性原理的推广.它不仅适用于力学现象,而且适用于所有物理现象,包括电磁现象在内.

狭义相对论的两个基本假设,构成了狭义相对论的基础,并为一些重要的实验所证实,由这两个假设出发,可以导出狭义相对论的全部内容.

二、洛伦兹变换

伽利略变换对高速运动物体不再有效,下面根据爱因斯坦的基本假设,导出狭义相对论的时间、空间变换式——洛伦兹变换.

仍然设 K、K' 两个惯性系如图 3-3,K' 系以速度 v 沿 x 轴正向运动,当两参照系的原点 O,O' 重合时开始计时.分别静止于 K 系和 K' 系中的观察者都用相对于自己静止的尺和钟观察记录空间 P 点某一事件发生的时空坐标.K' 系中的观察者记录为 (x',y',z',t'),K 系中观察者记录为 (x,y,z,t),现在要找两系中时空坐标之间新的变换关系.$y=y'$,$z=z'$ 应是不言而喻的,只要求 t、t' 和 x、x' 之间的变换关系即可.

设想 K 系和 K' 系原点重合时,从原点发出一个沿 x 轴正方向传播的光脉冲,按光速不变原理,对 K 和 K' 系中的观察者,光速都是 c,经过一段时间后,光脉冲所在点在两坐标系中分别为

$$x = ct,$$

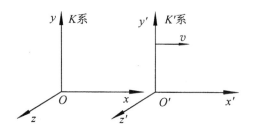

图 3-3 洛伦兹变换

$$x' = ct'.$$

考虑到新的变换关系式在低速的情况下应能转化为经典力学的伽利略变换,可设

$$x = \gamma(x' + vt').$$

由爱因斯坦相对性原理,惯性系 K 和 K' 系的变换关系应有相同的形式,所以反变换式为

$$x' = \gamma(x - vt).$$

式中,速度 v 前面的负号表明 K 系相对于 K' 系沿 x 轴负方向运动. 现在的问题就是求 γ 的值. 将前两式分别代入后两式,可得

$$ct = \gamma(ct' + vt') = \gamma(c + v)t',$$
$$ct' = \gamma(ct - vt) = \gamma(c - v)t.$$

两式相乘 $c^2 tt' = \gamma^2(c^2 - v^2)tt'$,由此得

$$\gamma = \frac{1}{\sqrt{1 - \dfrac{v^2}{c^2}}}. \tag{3-7}$$

从而有

$$x = \frac{x' + vt'}{\sqrt{1 - \dfrac{v^2}{c^2}}}, \tag{3-8}$$

$$x' = \frac{x - vt}{\sqrt{1 - \dfrac{v^2}{c^2}}}. \tag{3-9}$$

由上两式消去 x,可解出

$$t = \frac{t' + \dfrac{v}{c^2}x'}{\sqrt{1 - \dfrac{v^2}{c^2}}}, \tag{3-10}$$

同样消去 x',可解出

$$t' = \frac{t - \frac{v}{c^2}x}{\sqrt{1 - \frac{v^2}{c^2}}}. \tag{3-11}$$

这样就得到了两个惯性系之间新的时空变换关系式:

$$\left. \begin{aligned} x &= \frac{x' + vt'}{\sqrt{1 - \frac{v^2}{c^2}}}, \\ y &= y', \\ z &= z', \\ t &= \frac{t' + \frac{v}{c^2}x'}{\sqrt{1 - \frac{v^2}{c^2}}}, \end{aligned} \right\} \quad K' \text{系} \rightarrow K \text{系}. \tag{3-12}$$

$$\left. \begin{aligned} x' &= \frac{x - vt}{\sqrt{1 - \frac{v^2}{c^2}}}, \\ y' &= y, \\ z' &= z, \\ t' &= \frac{t - \frac{v}{c^2}x}{\sqrt{1 - \frac{v^2}{c^2}}}, \end{aligned} \right\} \quad K \text{系} \rightarrow K' \text{系}. \tag{3-13}$$

这个新的变换叫做**洛伦兹变换**. 洛伦兹变换是爱因斯坦两个基本假设的直接结果,是狭义相对论的核心. 从这些关系式中可看到,两惯性系各有自己的时间和空间,时间和空间是相互联系的,而且与物质的运动紧密相连. 还可以看到:当 $v \ll c$ 时,洛伦兹变换又转化为伽利略变换.

三、相对论速度变换

因两惯性系间时空变换发生了变化,两系间的速度关系也应随之而变. 若一质点对 K' 系的速度为 u'_x, u'_y, u'_z,而对 K 系为 u_x, u_y, u_z,它们之间的关系应由速度定义和洛伦兹变换求得. 按速度定义

$$u_x = \frac{\mathrm{d}x}{\mathrm{d}t}, \quad u_y = \frac{\mathrm{d}y}{\mathrm{d}t}, \quad u_z = \frac{\mathrm{d}z}{\mathrm{d}t},$$

而

$$u'_x = \frac{\mathrm{d}x'}{\mathrm{d}t'}, \quad u'_y = \frac{\mathrm{d}y'}{\mathrm{d}t'}, \quad u'_z = \frac{\mathrm{d}z'}{\mathrm{d}t'}.$$

对洛伦兹变换式两边取微分,得

$$
\left.
\begin{aligned}
\mathrm{d}x &= \frac{\mathrm{d}x' + v\mathrm{d}t'}{\sqrt{1 - \dfrac{v^2}{c^2}}}, \\[2mm]
\mathrm{d}y &= \mathrm{d}y', \\[1mm]
\mathrm{d}z &= \mathrm{d}z', \\[2mm]
\mathrm{d}t &= \frac{\mathrm{d}t' + \dfrac{v}{c^2}\mathrm{d}x'}{\sqrt{1 - \dfrac{v^2}{c^2}}}.
\end{aligned}
\right\}
$$

$$
u_x = \frac{\mathrm{d}x}{\mathrm{d}t} = \frac{\mathrm{d}x' + v\mathrm{d}t'}{\mathrm{d}t' + \dfrac{v}{c^2}\mathrm{d}x'} = \frac{\dfrac{\mathrm{d}x'}{\mathrm{d}t'} + v}{1 + \dfrac{v\mathrm{d}x'}{c^2\mathrm{d}t'}} = \frac{u'_x + v}{1 + \dfrac{vu'_x}{c^2}},
$$

$$
u_y = \frac{\mathrm{d}y}{\mathrm{d}t} = \frac{\mathrm{d}y'}{\dfrac{\mathrm{d}t' + \dfrac{v}{c^2}\mathrm{d}x'}{\sqrt{1 - \dfrac{v^2}{c^2}}}} = \frac{u'_y \sqrt{1 - \dfrac{v^2}{c^2}}}{1 + \dfrac{vu'_x}{c^2}},
$$

同理

$$
u_z = \frac{u'_z \sqrt{1 - \dfrac{v^2}{c^2}}}{1 + \dfrac{vu'_x}{c^2}}.
$$

同样的方法,可以求得 K 系到 K' 系的速度变换

$$
\left.
\begin{aligned}
u'_x &= \frac{u_x - v}{1 - \dfrac{vu_x}{c^2}}, \\[4mm]
u'_y &= \frac{u_y \sqrt{1 - \dfrac{v^2}{c^2}}}{1 - \dfrac{vu_x}{c^2}}, \\[4mm]
u'_z &= \frac{u_z \sqrt{1 - \dfrac{v^2}{c^2}}}{1 - \dfrac{vu_x}{c^2}}.
\end{aligned}
\right\}
$$

以上六式称为爱因斯坦速度变换.由这几式可看到,当 $v \ll c$ 时,爱因斯坦速度变换又转化为伽利略变换;而当 v 接近光速时,y 方向、z 方向速度却与 x 方向速度有关.

【例 3-1】 设 K' 系相对 K 系沿 x 方向以速度 v 做匀速直线运动,现在 K' 系中沿 x' 正方向发射一光脉冲,问在 K 系中测得的光速是多少?

解 由题意知 $u'_x = c$,要求 u_x,由爱因斯坦速度变换式

$$u_x = \frac{u'_x + v}{1 + \frac{vu'_x}{c^2}} = \frac{c + v}{1 + \frac{vc}{c^2}} = c,$$

这表明爱因斯坦速度变换与光速不变原理是自动相符的.

【例 3-2】 从高能加速器中发射出 A、B 两个方向相反的粒子.在地面测量,A、B 的速度分别是 $v_A = 0.6c$,$v_B = -0.6c$,求两粒子的相对速度.

解 用速度变换解题,首先要选定坐标系,如选 K 系为静止,K' 系应沿正向运动;若选 K' 系静止,K 系应沿 x 轴负向运动.其次明确各速度是相对哪个坐标系及各量的正负.令地球为静止 K 系,A 粒子为 K' 系,$v = 0.6c$,B 粒子相对地面速度为 $u_x = -0.6c$,B 粒子相对 A 粒子的速度为 u'_x,有

$$u'_x = \frac{u_x - v}{1 - \frac{vu_x}{c^2}} = \frac{-0.6c - 0.6c}{1 - \frac{0.6c(-0.6c)}{c^2}} = -\frac{1.2c}{1.36} \approx -0.88c.$$

若令地面为静止的 K' 系,B 粒子为 K 系,$v = 0.6c$,A 粒子相对地面的速度应为 $u'_x = 0.6c$,A 粒子相对 B 粒子的速度为 u_x,应该用正变换

$$u_x = \frac{u'_x + v}{1 + \frac{u'_x v}{c^2}} = \frac{0.6c + 0.6c}{1 + \frac{0.6c \cdot 0.6c}{c}} = \frac{1.2c}{1.36} \approx 0.88c.$$

值得指出的是,相对地面来说,上述两粒子的"相对速度"确实等于 $1.2c$,就是说,地面上的观察者测量,两粒子间的距离是按 $2 \times 0.6c$ 的速率增加的.但是就一物体来讲,它对任何其他物体或参照系,其速度的大小是不可能大于 c 的.

第三节 狭义相对论的时空观

由洛伦兹变换出发,我们讨论狭义相对论新的时空观,与经典力学的绝对时空观不同,狭义相对论认为时间、空间的量度是相对的.

一、"同时"的相对性

洛伦兹变换中,时间、空间相互联系,在某一惯性系中同时发生的两件事,在另一惯性系中,两事件就不一定同时发生,而与这两事件发生的空间坐标有关. 设在 K 系中同时发生了两事件,即 $t_1 = t_2$,发生的地点是 x_1 和 x_2;在 K' 系中观察,两事件发生的时刻为 t'_1 和 t'_2,空间地点为 x'_1 和 x'_2. 由洛伦兹变换

$$t'_1 = \frac{t_1 - \frac{v}{c^2}x_1}{\sqrt{1 - \frac{v^2}{c^2}}}, \quad t'_2 = \frac{t_2 - \frac{v}{c^2}x_2}{\sqrt{1 - \frac{v^2}{c^2}}},$$

两式相减得

$$\Delta t' = t'_2 - t'_1 = \frac{\Delta t - \frac{v}{c^2}\Delta x}{\sqrt{1 - \frac{v^2}{c^2}}}.$$

由上式可见,当 $\Delta t = 0$ 时,即在 K 系中同时发生的二事件,只有当 $\Delta x = 0$ 时,即在 K 系中同一地点发生的两事件,$\Delta t'$ 才为零,即在 K' 系中才是同时发生的,否则一定是不同时的. 这就是"同时"的相对性.

为说明这一点,让我们看一个理想的实验. 一列很长的列车,在车头和车尾各有一个电磁波接收器,车厢中点装有一电磁波发生器,可与车头、车尾保持联系(不考虑电磁屏蔽). 当列车以高速 v 通过一车站时,电磁波发生器发出信号. 对列车上的观察者而言,电磁波向各方向的速度是一样的,信号必将同时传到两接收器,或者说,信号到达车头和车尾这两事件在车厢中观察是同时发生的. 而对地面上的观察者来说,信号向各方向传播的速度仍然是一样的(光速不变),但车尾是向着信号运动,车头是背着信号运动,显然信号到达车尾的距离比到达车头通过的距离要短,所以信号必先到达车尾,后到达车头,即在地面观察,信号到达车头和车尾这两事件并不是同时发生的.

二、"时间"的延迟

时间的延迟,或时钟的变慢,也是狭义相对论的一个结果.

设在 K 系中某固定点 x 处先后发生了两事件,用固定在 K 系中的时钟测量,两事件的时间间隔 $\Delta t = t_2 - t_1$,空间间隔是 $\Delta x = 0$. 在一个惯性系中同一地点先后发生的两个事件的时间间隔称为**固有时间**. 此处 Δt 就是固有时. 在相对于 K 系做匀速直线运动的另一惯性系 K' 中,用静止于 K' 系中的时钟量度这两事件的时间间隔,则由洛伦兹变换

$$\Delta t' = t'_2 - t'_1 = \frac{\Delta t - \frac{v}{c^2}\Delta x}{\sqrt{1 - \frac{v^2}{c^2}}} = \frac{\Delta t}{\sqrt{1 - \frac{v^2}{c^2}}} > \Delta t, \tag{3-14}$$

就是说,在 K 系中固定点发生某过程的时间间隔为 Δt 的话,在 K' 系中测量,这一过程所经历的时间间隔 $\Delta t'$ 要比 Δt 更大一些,或者说一个在 K 系看来正常的时钟,而由另一个与它做相对匀速直线运动的观察者测量时,却发现 K 系中的钟走慢了.

若在 K' 系中某固定点 x' 处先后发生的两事件,其空间间隔 $\Delta x' = 0$,时间间隔 $\Delta t' = t'_2 - t'_1$ 是固有时间. 而在 K 系中测量这两事件的时间间隔,是不能用 $\Delta t' = \Delta t \Big/ \sqrt{1 - \frac{v^2}{c^2}}$,因为此时是 $\Delta x' = 0$,而 $\Delta x \neq 0$,所以应该用

$$\Delta t = \frac{\Delta t' + \frac{v}{c^2}\Delta x'}{\sqrt{1 - \frac{v^2}{c^2}}} = \frac{\Delta t'}{\sqrt{1 - \frac{v^2}{c^2}}} > \Delta t',$$

即 K 系观察者认为是 K' 系的钟变慢了. 到底谁的钟慢? 没有绝对的意义,要看相对于哪个惯性系而言的,时钟的快慢是相对的,对本惯性系做相对运动的钟变慢.

时钟变慢已为大量实验所证实. 例如,在实验室中产生的一种叫 μ 介子的不稳定粒子,在静止参考系中观察,平均固有寿命 τ_0 约为 2×10^{-6} s;在大气上层宇宙射线中的 μ 介子速度可达 $0.998c$,如果 μ 介子的固有寿命不变,通过的距离只有 $l_0 = v\tau_0 = 2.994 \times 10^8$ m/s $\times 2 \times 10^{-6}$ s ≈ 600 m,不可能到达地面的实验室. 如按时间延迟公式计算,相对地面的观察者,宇宙射线中的 μ 介子的"运动寿命"

$$\tau = \frac{\tau_0}{\sqrt{1 - \frac{v^2}{c^2}}} = \frac{2 \times 10^{-6}\text{s}}{\sqrt{1 - (0.998)^2}} = 3.17 \times 10^{-5}\text{s},$$

在这段时间内通过的距离

$$l = v\tau = 0.998c \times 3.17 \times 10^{-5}\text{s} = 9\,500\text{ m},$$

很容易到达地面,与实验观测结果相符.

需要指出的是,时钟变慢公式的条件,是两事件在某惯性系中同一地点发生的. 如果不是同一地点发生的两事件,在另一惯性系中所经历的时间,则应由洛伦兹变换求出,比如

$$\Delta t = \frac{\Delta t' + \frac{v}{c^2}\Delta x'}{\sqrt{1 - \frac{v^2}{c^2}}},$$

或

$$\Delta t' = \frac{\Delta t - \frac{v}{c^2}\Delta x}{\sqrt{1 - \frac{v^2}{c^2}}}.$$

当 $\Delta t' > 0$ 时，Δt 可能大于零，可能等于零，也可能小于零，就是说在一惯性系中先后发生的两事件，在另一惯性系中测量，不但时间间隔可能改变，而且发生的先后次序也可能改变. 但狭义相对论不违背因果规律，凡有因果关系的两事件，在不同的惯性系中的时序总是一致的.

三、长度的缩短

在经典力学中，两点间距离或物体的长度是绝对的，与观察者的运动无关，而在狭义相对论中，同一物体的长度，在不同的惯性系中却有不同的测量结果.

设想一根尺子，沿 x 方向固定在 K 系中，由 K 系测量尺子的长度 $l_0 = x_2 - x_1$，l_0 称为**固有长度**. 而在 K' 系测量此尺的长度时，因为尺子是运动的，必须在相对 K' 系中的同一时刻，即 $t'_1 = t'_2$，记下尺子两端的坐标 x'_1、x'_2 才行，相对于 K' 的长度应为 $l = x'_2 - x'_1$，由洛伦兹变换，有

$$x_1 = \frac{x'_1 + vt'_1}{\sqrt{1 - \frac{v^2}{c^2}}}, \quad x_2 = \frac{x'_2 + vt'_2}{\sqrt{1 - \frac{v^2}{c^2}}},$$

故
$$x_2 - x_1 = \frac{(x'_2 - x'_1) + v(t'_2 - t'_1)}{\sqrt{1 - \frac{v^2}{c^2}}} \quad (t'_2 - t'_1 = 0),$$

$$l = x'_2 - x'_1 = l_0 \sqrt{1 - \frac{v^2}{c^2}} < l_0. \tag{3-15}$$

表明 K' 系观察者测得 K 系中的尺子长度比固有长度要短. 如是一根沿 x 轴放置的米尺，可算出不同速度时在 K' 系测得的长度：$v = 0.1c$ 时，$l = 0.995$ m；$v = 0.8c$ 时，$l = 0.6$ m；$v = 0.9998c$ 时，l 只有 0.02 m；而当 $v \ll c$ 时，$l = l_0 = 1$ m.

与时间相对性一样，长度也是相对的，即 K 系中的观察者测量固定在 K' 系中沿 x' 方向放置的尺子长度，也比固有长度要短. 此时尺子是相对 K 系运动，必须在 K 系中同时测定尺子两端的坐标，$\Delta t = 0$，$\Delta t' \neq 0$，而 $\Delta x' = l_0$ 由洛伦兹变换

$$\Delta x' = \frac{\Delta x - v\Delta t}{\sqrt{1 - \frac{v^2}{c^2}}},$$

得
$$l = \Delta x = l_0 \sqrt{1 - \frac{v^2}{c^2}} < l_0. \tag{3-16}$$

结论是运动物体在运动方向上长度缩短,而与速度垂直方向上的长度不发生变化.

第四节　相对论动力学

相对论动力学的基本任务在于找出高速运动物体的运动规律,这些规律应该能够满足爱因斯坦相对性原理,即在不同的惯性系中具有相同的形式,而在 $v \ll c$ 时,应能表达为经典力学的形式. 这就需要对一些物理概念,如质量、动量、能量等在高速时的含义重新认识.

一、质量、动量与速度的关系

质量在经典力学中认为是不随运动速度而变的量,动量是物体的质量与速度的乘积. 在相对论中,一个质点的动量仍定义为质量与速度的乘积, $\boldsymbol{p} = m\boldsymbol{v}$. 为使动量守恒定律和质量守恒定律在洛伦兹变换下保持不变,质量 m 就必须与速度有关. m_0 称为**静止质量**. $m = m(v)$ 称为**动质量**.

两者之间关系为:

$$m = \frac{m_0}{\sqrt{1 - \dfrac{v^2}{c^2}}}. \tag{3-17}$$

上式即相对论质量表达式,又称为**质速关系**. 由上式可见,物体的质量 m ,也是一个与参照系有关的量. 当 $v \ll c$ 时, $m \approx m_0$;当 v 接近光速时,物体的质量迅速增大,当 $v \rightarrow c$ 时, $m \rightarrow \infty$,如图 3-4 所示. 由于质量的增大,在恒力作用下,物体的加速度越来越小. 当 $v \rightarrow c$ 时, $m \rightarrow \infty$,加速度 $a \rightarrow 0$,速度不可能再增加. 所以静质量不为零的物体,速度不可能等于或超过光速.

因为质量与速度有关,所以不再像经典力学那样,动量与速度成正比. 同一速度下相对论的质量大于经典力学的质量,所以相对论的动量也大于经典力学的动量,如图 3-5 所示.

在高速运动时,物体质量随速度变化,所以在狭义相对论中牛顿第二定律不再表述为 $\boldsymbol{F} = m\boldsymbol{a}$ 的形式,而写为

$$\boldsymbol{F} = \frac{\mathrm{d}\boldsymbol{p}}{\mathrm{d}t} = \frac{\mathrm{d}}{\mathrm{d}t}(m\boldsymbol{v}) = \frac{\mathrm{d}}{\mathrm{d}t}\left(\frac{m_0 \boldsymbol{v}}{\sqrt{1 - \dfrac{v^2}{c^2}}}\right), \tag{3-18}$$

即物体动量对时间的变化率等于物体所受的合外力.

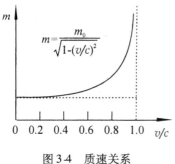

图 3-4　质速关系

图 3-5　动量与速度的关系

二、质量与能量的关系

经典力学中的动能定理是合外力对物体所做的功等于物体动能的增量. 在相对论中,认为功能关系仍具有牛顿力学中的关系. 一个物体的速度为 v 时所具有的动能 E_k 等于外力使它的速度由零增大到 v 时所做的功,故

$$E_k = \int \boldsymbol{f} \cdot \mathrm{d}\boldsymbol{r} = \int \frac{\mathrm{d}(m\boldsymbol{v})}{\mathrm{d}t} \cdot \mathrm{d}\boldsymbol{r} = \int \mathrm{d}(m\boldsymbol{v}) \cdot \frac{\mathrm{d}\boldsymbol{r}}{\mathrm{d}t}$$

$$= \int_0^v \mathrm{d}(m\boldsymbol{v}) \cdot \boldsymbol{v} = \int_0^v \boldsymbol{v} \cdot \mathrm{d}\left(\frac{m_0 \boldsymbol{v}}{\sqrt{1 - \dfrac{v^2}{c^2}}}\right) = \frac{m_0 \boldsymbol{v} \cdot \boldsymbol{v}}{\sqrt{1 - \dfrac{v^2}{c^2}}} \Bigg|_0^v - m_0 \int_0^v \frac{\boldsymbol{v} \cdot \mathrm{d}\boldsymbol{v}}{\sqrt{1 - \dfrac{v^2}{c^2}}}$$

$$= \frac{m_0 v^2}{\sqrt{1 - \dfrac{v^2}{c^2}}} + m_0 c^2 \sqrt{1 - \dfrac{v^2}{c^2}} \Bigg|_0^v = \frac{m_0 c^2}{\sqrt{1 - \dfrac{v^2}{c^2}}} - m_0 c^2,$$

即

$$E_k = (m - m_0)c^2. \tag{3-19}$$

这就是相对论的质点动能公式. 表面看来与经典力学的动能表达式 $\dfrac{1}{2}mv^2$ 毫无相似之处,但在 $v \ll c$ 的情况下,将式(3-19)用泰勒级数展开,即

$$E_k = m_0 c^2 \left[\left(1 - \frac{v^2}{c^2}\right)^{-\frac{1}{2}} - 1\right] = m_0 c^2 \left[\left(1 + \frac{1}{2}\frac{v^2}{c^2} + \frac{3}{8}\frac{v^4}{c^4} + \cdots\right) - 1\right],$$

取前两项,有 $E_k \approx \dfrac{1}{2}mv^2$,即牛顿力学的动能公式.

在动能公式中,$m - m_0$ 是物体由于运动而增加的质量,对应的是动能 $E_k = mc^2 - m_0 c^2$,把 $m_0 c^2$ 叫做物体的**静止能量**,而动质量对应的能量称为**总能量**,以 E 表示,

$$E = mc^2 = E_k + m_0 c^2. \tag{3-20}$$

这公式称为**质能关系式**. 它是狭义相对论的辉煌成就之一. 它把反映物质的两个基本属性——质量和能量紧密地联系在一起, 世界上没有脱离质量的能量, 也没有脱离能量的质量; 也反映了自然界蕴藏着巨大能量. 按质能关系计算, 1 kg 的物体包含的静止能量有 9×10^{16} 焦耳(J), 而 1 kg 汽油的燃烧值只有 4.6×10^7 焦耳 (J). 核能的释放和应用就是相对论质能关系的一个重要验证, 也是质能关系的重大应用.

一个封闭系统的总能量是守恒的, 总质量也是守恒的, 但不是静止质量守恒, 而是相对论质量守恒. 封闭系统内部的能量转化, 必然伴随着系统内部的质量转化.

【例 3-3】 氢元素的原子核发生聚变时会释放出极大的能量, 试计算氢弹爆炸中核聚变反应之一所放出的能量. 其聚变反应式为

$$_1^2\text{H}(\text{氘}) + {}_1^3\text{H}(\text{氚}) \longrightarrow {}_2^4\text{He}(\text{氦}) + {}_0^1\text{n}(\text{中子}).$$

解 核质量以原子质量单位 u 表示, 有

$$1\text{u} = 1.66 \times 10^{-27} \text{ kg}.$$

反应之前的静质量之和

$$m_0 = 2.0141 \text{ u}(\text{氘}) + 3.0160 \text{ u}(\text{氚}) = 5.0301 \text{ u},$$

反应之后的静质量之和

$$m'_0 = 4.00260 \text{ u}(\text{氦}) + 1.00866 \text{ u}(\text{中子}) = 5.01126 \text{ u},$$

反应前后静质量之差

$$\Delta m_0 = m_0 - m'_0 = 5.0301 \text{ u} - 5.01126 \text{ u}$$
$$= 0.01884 \text{ u} = 3.127 \times 10^{-29} \text{ kg}.$$

聚变反应中, 静质量的减小使一部分静止能量释放出来, 转化成其他形式的能量

$$\Delta E = \Delta m_0 c^2 = 3.127 \times 10^{-29} \times (3 \times 10^8)^2$$
$$= 28.143 \times 10^{-13} \text{ J} = 17.6 \text{ MeV}(\text{兆电子伏}).$$

三、动量与能量的关系

经典力学中, 动量和动能的关系式为 $E_k = \dfrac{1}{2} m_0 v^2 = \dfrac{p^2}{2m_0}$; 在相对论中动量和能

量的概念都有了变化,它们之间的关系也随之而变. 由动量

$$p = \frac{m_0 v}{\sqrt{1 - \dfrac{v^2}{c^2}}},$$

总能量

$$E = \frac{m_0 c^2}{\sqrt{1 - \dfrac{v^2}{c^2}}},$$

消去 v,可得

$$p^2 c^2 = \frac{m_0^2 v^2 c^2}{\dfrac{c^2 - v^2}{c^2}}, \quad E^2 = \frac{m_0^2 c^4}{\dfrac{c^2 - v^2}{c^2}}, \quad E^2 - p^2 c^2 = m_0^2 c^4, \tag{3-21}$$

或

$$E = \sqrt{E_0^2 + p^2 c^2}.$$

有些微观粒子,如光子、中微子是没有静止质量的,因而也没有静止能量,总能量即动能. 对光子能量 $E = h\nu$,由式(3-21)即可求得光子动量

$$p = \frac{E}{c} = \frac{h\nu}{c}, \tag{3-22}$$

光子质量

$$m = \frac{E}{c^2} = \frac{h\nu}{c^2}. \tag{3-23}$$

因为光子有质量,所以光子经过一个大星体附近,会因受星球的万有引力而使光线弯曲,这一点已为天文观察所证实. 光子有动量,所以光射到物体表面会产生光压,这也为实验所证实. 在太阳系中彗星"扫帚形"的形成就是太阳光压作用的结果.

本章小结

1. 狭义相对论的两个基本假设

(1)光速不变原理 在所有惯性系中测量到的真空中的光速都是一样的.

(2)相对性原则 在所有惯性系中,物理规律都一样.

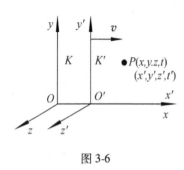

图 3-6

2. 洛伦兹变换

设 K、K' 两个参照系如图 3-6 所示,在 $t = t'$ $= 0$ 时,O、O' 重合. 同一事件在 K、K' 中的时空坐标分别为 (x, y, z, t) 与 (x', y', z', t'),其变换式为

$$x = \frac{x' + vt'}{\sqrt{1 - \dfrac{v^2}{c^2}}}, y = y', z = z', t = \frac{t' + \dfrac{v}{c^2}x'}{\sqrt{1 - \dfrac{v^2}{c^2}}}$$

(K' 系→K 系),

$$x' = \frac{x - vt}{\sqrt{1 - \dfrac{v^2}{c^2}}}, y' = y, z' = z, t' = \frac{t - \dfrac{v}{c^2}x}{\sqrt{1 - \dfrac{v^2}{c^2}}} \quad (K \text{ 系} \rightarrow K' \text{ 系}).$$

3. 狭义相对论的时空观

(1)同时性的相对性   沿两个惯性系相对运动方向上发生的两个事件,若在一个惯性系中表现为同时异地,则在另一惯性系中必定不是同时发生的.

(2)运动的时钟变慢(或时间膨胀效应)   在一参照系中同一地点先后发生的两个事件之间的时间间隔称为固有时间(或原时),它是由静止于此参照系中该地点的一只钟测出的,原时最短. 由洛伦兹变换式可得运动的钟变慢的公式为

$$\Delta t = \frac{\Delta t'}{\sqrt{1 - \dfrac{v^2}{c^2}}} \quad (\Delta t' \text{为原时}).$$

(3)运动的尺长度缩短   尺静止时测得的长度称固有长度或原长,运动的尺沿运动方向的长度比原长短,有

$$l = l_0 \sqrt{1 - \frac{v^2}{c^2}}.$$

4. 相对论速度变换

由洛伦兹变换可得两参照系间速度变换

$$u_x = \frac{u'_x + v}{1 + \dfrac{v u'_x}{c^2}}, \quad u_y = \frac{u'_y \sqrt{1 - \dfrac{v^2}{c^2}}}{1 + \dfrac{v u'_x}{c^2}}, \quad u_z = \frac{u'_z \sqrt{1 - \dfrac{v^2}{c^2}}}{1 + \dfrac{v u'_x}{c^2}}.$$

5. 相对论质量与速度关系

$$m = \frac{m_0}{\sqrt{1 - \dfrac{v^2}{c^2}}} \quad (m_0 \text{ 为静止质量}).$$

6. 相对论动量

$$\boldsymbol{p} = m\boldsymbol{v} = \frac{m_0}{\sqrt{1 - \dfrac{v^2}{c^2}}} \boldsymbol{v}.$$

7. 相对论能量、质能关系式

粒子的总能量　$E = mc^2$.

粒子的静止能量　$E_0 = m_0 c^2$.

相对论动能　$E_k = E - E_0 = mc^2 - m_0 c^2$.

8. 动量和能量的关系

$$E^2 = c^2 p^2 + m_0^2 c^4.$$

思 考 题

3-1 在狭义相对论中,哪些量是具有绝对性的,即与惯性系的选择无关?

3-2 试用时间的变缓得出长度在运动方向缩短的结论.

3-3 质能关系式 $E = mc^2$ 揭示了物质世界的何种性质?

3-4 狭义相对论中的动能指的什么? 与经典力学中的动能有何本质的区别?

习　　题

3-1 K 测得两个事件的时、空坐标分别为:$x_1 = 6 \times 10^4 \mathrm{m}, y_1 = 0, z_1 = 0, t_1 = 2 \times 10^{-4} \mathrm{s}; x_2 = 12 \times 10^4 \mathrm{m}, y_2 = 0, z_2 = 0, t_2 = 1 \times 10^{-4} \mathrm{s}$. 如果 K' 测得这两个事件同时发生,求 K' 相对于 K 的速度是多少(求 v/c)?

3-2 利用伽利略速度变换和爱因斯坦速度变换分别计算下列两种情况的相对速度:

(1)在实验室有两个小球,A 以 2 m/s 的速度向东运动,B 以同样的速率向西运动;

(2)在实验室有两个加速器,加速器 A 将电子以 $2 \times 10^8 \mathrm{m/s}$ 速度向东射出,加速器 B 将电子以同样的速率向西射出.

3-3 π^+ 介子的固有寿命为 $2.6 \times 10^{-8} \mathrm{s}$,速度为 $0.6c$ 的 π^+ 介子的寿命为多少? 在它生存期内走多少距离?

3-4 一根米尺静止在 K' 系中,与 $O'x'$ 轴成 30°角,如果在 K 系中测得该米尺与 Ox 轴成 45°角,K' 相对于 K 的速度 v 必须是多少? K 系测得的米尺长度是多少?

3-5 一短跑选手,在地球上以 10 s 的时间跑完 100 m. 在飞行速度为 0.98 c 的飞船中观察者看来,这选手跑了多长时间和多长距离?

3-6 两个飞行在同一方向的火箭船 K、K',相对速度为 0.98 c,K' 火箭船上有一光脉冲从船尾传到船头,在这个船上的观察者测得船尾到船头的距离 $\Delta x' = 20$ m. 求:

(1)K' 火箭船的观察者,测量光脉冲从船尾发出(事件 A)到达船头(事件 B)的时间间隔是多少?

(2)K 火箭船的观察者测量这两个事件(A、B)发生的空间距离和时间间隔各是多少?

(3)由(2)算出的 Δx 与 Δt,求另一火箭船的光速为多少? 从而得出的结论是什么?

3-7 有两个事件在坐标系 K 中观察时是同时发生的,相隔的距离是 1 m,K' 坐标系相对于 K 坐标系沿两个事件连线运动,在 K' 中观察时,这两个事件的相隔距离为 2 m,问在 K' 系中测得两个事件的时间间隔是多少?

3-8 地球上的观察者发现,一只以速率 0.6 c 的向东航行的宇宙飞船将在 5 s 后同一个以 0.8 c 速率向西飞行的彗星相撞.

(1)飞船中的人们看到彗星以多大速率向他们接近;

(2)按照他们的钟,还有多少时间允许他们离开原来航线避免碰撞.

3-9 一粒子的动能等于它的静止能量时,它的速率是多少?

3-10 把一个粒子加速到 $v = 0.1$ c 需做的功是多少? 把速率为 0.9 c 加速到 0.99 c 需做功是多少?

3-11 计算下列核聚变释放的能量:
$$_1^1\text{H} + _3^7\text{Li} \longrightarrow _2^4\text{He} + _2^4\text{He}.$$
已知它们的静止质量:

$_1^1\text{H}$:1.007 83u;$_3^7\text{Li}$:7.016 01u;

$_2^4\text{He}$:4.002 60u($1\text{u} = 1.66 \times 10^{-27}\text{kg}$).

3-12 研究一束速度相同的介子,它们的平均寿命由观测者测出的寿命比静止时大 67%,介子的静止能量为 140 MeV. 求:

(1)每一个介子的速度是多少?

(2)在这一介子束中,每一个介子的动能是多少?

(3)求动质量与静止质量之比 m/m_0.

(4)求每一介子的 p/m_0c,其中 m_0 是静止质量.

力学同步练习

一、选择题

1. 一质点沿 Ox 做直线运动. 其运动方程: $x = 3 + 5t + 6t^2 - t^3$(单位: x 为 m, t 为 s),什么时刻质点的加速度为零?(   )

A. 2 s   B. 4 s   C. 2.8 s   D. 5.6 s

2. 一质点在平面上运动,已知质点位矢的表达式为 $\boldsymbol{r} = at^3 \boldsymbol{i} + bt^3 \boldsymbol{j}$($a$、$b$ 为常量),则该质点做(   ).

A. 匀速直线运动   B. 变速直线运动   C. 抛物线运动   D. 一般曲线运动

3. 下列说法中正确的是(   ).

A. 质点做速率圆周运动时,其加速度是恒定的

B. 匀速率圆运动的切向加速度一定等于零

C. 质点做变速率圆周运动时,其加速度方向与速度方向处处垂直

D. 质点做变速圆周运动时,其切向加速度方向总与速度方向相同

4. 质量为 m 的质点沿 Ox 轴方向运动,其运动学方程为 $x = A\cos \omega t$,式中 A、ω 均为正的常量,t 为时间变量,则该质点所受的合外力 F 为(   ).

A. $F = \omega^2 x$ B. $F = m\omega^2 x$ C. $F = -m\omega x$ D. $F = -m\omega^2 x$

5. 质点做曲线运动,$\boldsymbol{r}$ 表示位置矢量,$\boldsymbol{v}$ 表示速度,$\boldsymbol{a}$ 表示加速度,s 表示路程. a_t 表示切向加速设大小,下列表达式中,正确的是(   ).

A. $dv/dt = a$ B. $dr/dt = v$ C. $ds/dt = v$ D. $|d\boldsymbol{v}/dt| = a_t$

6. 如图所示,一链条放置在光滑桌面上. 用手按住一端. 另一端有四分之一长度悬在桌边下. 设链条长为 L,质量为 m,则将链条全部拉上桌面所做的功为(   ).

A. mgL B. $\dfrac{1}{8}mgL$

C. $\dfrac{1}{32}mgL$ D. $4mgL$

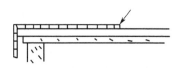

题 6 图

7. 一质点在如图所示的坐标平面内做圆周运动. 有一力 $\boldsymbol{F} = F_0(x\boldsymbol{i} + y\boldsymbol{j})$ 作用在质点上. 在该质点从坐标原点运动到 $(0, 2R)$ 位置的过程中,力 F 对它所做的功为(   ).

A. $F_0 R^2$ B. $2F_0 R^2$

C. $3F_0 R^2$ D. $4F_0 R^2$

8. 两个匀质圆盘 A 和 B,密度分别为 ρ_A 和 ρ_B,且 $\rho_A > \rho_B$,但两圆盘的质量和厚度相同,若两盘对通过盘心垂直盘面的转动惯量各为 I_A 和 I_B,则

A. $I_A > I_B$ B. $I_B > I_A$

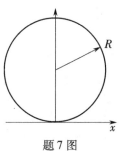

题 7 图

C. $I_B = I_A$ D. 不能确定

9. 如图所示. 一静止的均匀细棒长为 L，质量为 M，可绕通过棒的端点且垂直于棒长的光滑轴在水平面内转动. 转动惯量为 $\frac{1}{3}ML^2$. 一质量为 m、速度为 v 的子弹在水平面内沿与棒垂直的方向射入棒的自由一端. 设击穿棒后子弹的速率减为 $\frac{v}{2}$，则此棒的角速度应为(   ).

题 9 图

A. $\frac{mv}{ML}$ B. $\frac{3mv}{2ML}$ C. $\frac{5mv}{3ML}$ D. $\frac{7mv}{4ML}$

10. 太空中各类人造地球卫星都是绕地球沿着椭圆轨道运动. 地球球心为椭圆的一个焦点. 在卫星运动过程中其(   ).

A. 动量守恒   B. 动能守恒

C. 角动量守恒   D. 以上均不守恒

11. 花样滑冰运动员绕通过自身的竖直轴转动. 开始时两臂伸开. 转动惯量为 j_0，角速度为 ω_0. 然后她将两臂收回. 使转动惯量减小为 $\frac{1}{3}j_0$ 这时她转动的角速度变为(   ).

A. $\frac{1}{3}\omega_0$ B. $(1/\sqrt{3})\omega_0$ C. $\sqrt{3}\omega_0$ D. $3\omega_0$

12. 如图，A、B 为两个相同的绕着轻绳的定滑轮. A 滑轮挂一质量为 M 的物体. B 滑轮受拉力 F. 而 $F = Mg$，设 A、B 两滑轮的角加速度分别为 β_A 和 β_B，不计滑轮轴的磨擦，则有(   ).

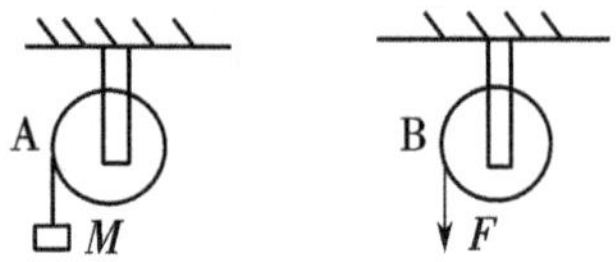

题 12 图

A. $\beta_A = \beta_B$ B. $\beta_A > \beta_B$

C. $\beta_A < \beta_B$ D. 开始时 $\beta_A = \beta_B$，以后 $\beta_A < \beta_B$

13. 一长为 l 的匀质细杆，一端固定，可绕水平轴竖直平面内转动，现将杆拉至水平，然后轻轻释放. 让其自由转下，忽略摩擦等影响，当杆转至与竖直线成 θ 角时(见图)，刚体的角速度为(   ).

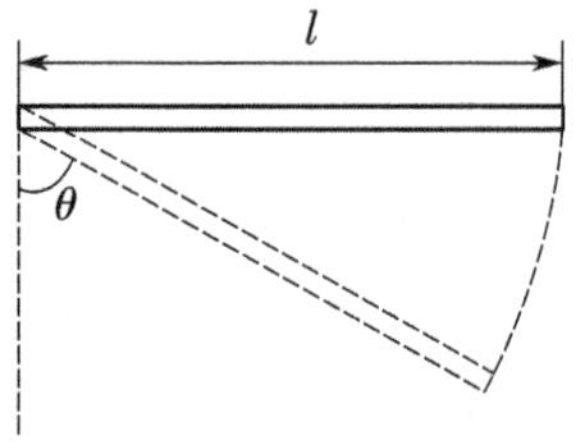

题 13 图

A. $\left(\frac{3g}{l}\sin\theta\right)^{\frac{1}{2}}$ B. $\left(\frac{3g}{l}\cos\theta\right)^{\frac{1}{2}}$

C. $\left(\frac{g}{l}\sin\theta\right)^{\frac{1}{2}}$ D. $\left(\frac{g}{l}\cos\theta\right)^{\frac{1}{2}}$

14. 若运动物体的纵向尺寸减半，则其动能为静止能量的(   ).

A. 0. 5 倍   B. 1 倍   C. 2 倍   D. 4 倍

15. 一艘飞船和一颗彗星相对地面分别以 $0.60c$ 和 $0.80c$ 的速度相向而行，在飞船上测得彗星速度是(   ).

A. 0.946c　　　　B. $-0.946c$

C. 0.746c　　　　D. $-0.746c$

二、填空题

1. 质量 1 kg 的质点在 xOy 平面内运动. 已知其运动方向为 $r = 3ti + 2t^2 j (\text{m})$，则质点在第二秒内的位移 $\Delta r =$ _____，在第一秒末质点的动能 $E_k =$ _____.

2. 一质点沿半径为 0.1 m 的圆周运动，其角位移由公式 $\theta = 2 + 4t^2$ 表示(SI)，在 $t = 2$ s 时，质点的法向加速度大小为_____，切向加速度大小为_____.

3. 一物体沿 X 轴运动，其速度与时间的关系为 $v = 2 + 2t^2$ (SI). 当 $t = 0$ 时，物体在离原点距离 10 m 处，则 $t = 2$ s 时，物体的加速度为_____，位置在_____.

4. 一颗子弹在枪筒里前进时所受的合力大小为 $F = 400 - 4 \times 10^5 t/3$ (SI)，子弹从枪口射出时的速率为 300 m/s，假设子弹离开枪口时合力刚好为零，则(1)子弹走完枪筒全长所用的时间 $t =$ _____，(2)子弹在枪筒中所受力的冲量 $I =$ _____，(3)子弹的质量 $m =$ _____.

5. 如图，物体 m 无摩擦地滑下，到达 C 点时物体 m 的加速度为_____.

6. 质点受力 $F = 3x^2 i$ (SI)，沿 x 轴正向运动，在 $x = 0$ 到 $x = 2$ m 过程中，力 F 做功为_____.

7. 甲缓慢地将弹簧从原长拉长了 l，乙继甲之后，缓慢地将弹簧继续拉长了 $\frac{2}{3}l$，则两者做功_____.

8. 有一质量 $m = 0.5$ kg 的质点，在 xOy 平面内运动，其运动方程为 $x = 2t + 2t^2, y = 3t$ (SI)，在 $t = 1$ s 至 $t = 3$ s 这段时间内，外力对质点所做的功为_____.

9. 一飞轮以 600 r/min 的转速旋转，转动惯量为 2.5 kg·m²，现加一恒定的制动力矩使飞轮在 1 s 内停止转动，则该恒定制动力矩的大小 $M =$ _____.

10. 如图示，一轻绳绕于半径 $r = 0.2$ m 的飞轮边缘，并施以 $F = 98$ N 的拉力，若不计轴的摩擦，飞轮的角加速度等于 39.2 rad/s²，此飞轮的转动惯量为_____.

11. 刚体转动惯量的物理意义是_____，它的计算公式为 $I =$ _____，表明转动惯量的大小取决于_____，_____和_____三个因素.

12. 一定轴转动刚体的运动方程为 $\theta = 20 \sin 20t$ (SI)，其对轴的转动惯量为 $J = 100$ kg·m²，则在 $t = 0$ 时，刚体的角动量 $L =$ _____ kg·m²/s；刚体的转动动能 $E_k =$ _____ J.

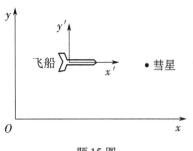

题 15 图

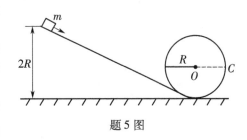

题 5 图

题 7 图

13. 长为 l, 质量为 M 的匀质杆可绕通过杆一端 O 的水平轴转动, 转动惯量为 $\frac{1}{3}Ml^2$, 开始时杆铅直下垂, 如图示, 有一质量为 m 的子弹以水平速度 v_0 射入杆上 A 点, 并嵌在其中. $OA = \frac{2}{3}l$, 则子弹射入后瞬间杆的角速度 $\omega = $ _____.

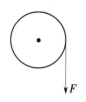

题 10 图

14. 粒子的动能等于它本身的静止能量, 这时该粒子的速度为 _____.

15. 一观察者测得一沿长度方向匀速运动着的米尺的长度为 $0.8\,m$, 则此米尺以速度 $u = $ _____ m·s^{-1} 接近观察者.

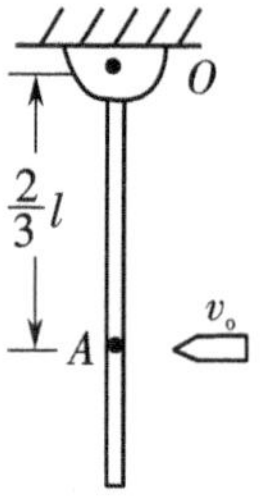

三、计算题

1. 一正在行驶的汽船, 发动机关闭以后, 得到一个与船速方向相反, 大小与船速平方成正比的加速度, 并设关闭发动机时船的速度为 v_0, 经 10 s 后船速度为 $v_0/2$.

(1) 试证明在发动机关闭后, 船在 t 时刻的速度大小为 $\frac{1}{v} = \frac{1}{v_0} + \frac{1}{10v_0}t$;

(2) 试证明在时间 t 内船行驶的距离 $x = 10v_0 \ln\left(\frac{1}{10}t + 1\right)$;

(3) 试证明船在行驶距离 x 后的速度 $v = v_0 e^{-t/10v_0}$.

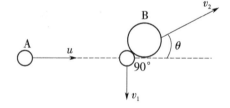

2. 如图所示, A 球的质量为 m, 以速度 u 飞行, 与一静止的小球 B 碰撞后, A 球的速度变为 v_1 其方向与 u 方向成 $90°$, B 球的质量为 $5m$, 它被撞后以速度 v_2 飞行, v_2 的方向与 u 成 θ($\theta = \arcsin\frac{3}{5}$) 角.

(1) 求两小球相撞后速度 v_1、v_2 的大小;

(2) 求碰撞前后两小球动能的变化.

题 2 图

3. 如图所示质量 $m = 0.10\,kg$ 的小球, 拴在长度 $l = 0.5\,m$ 的轻绳的一端, 构成一个摆. 摆动时, 与竖直方向的最大夹角 $\alpha = 60°$.

(1) 小球通过竖直位置时的速度为多少? 此时绳的张力多大?

(2) 在 $\theta < 60°$ 的任一位置时, 求小球速度 v 与 θ 的关系式. 这时小球的加速度为何? 绳的张力多大?

(3) 在 $\theta = 60°$ 处, 小球的加速度为何? 绳的张力多大?

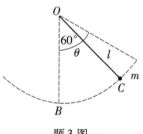

题 13 图

题 3 图

4. 如图所示, 一链条, 总长为 l, 放在光滑的桌面上, 其中一端下垂, 长度为 a, 假定开始时链条静止, 求链条刚刚离开桌边时的速度.

5. 质量为 m、半径为 R 的圆盘在水平面上绕中心竖直轴 O 沿逆时针方向转动, 圆盘与水平面间的摩擦系数为 μ, 已知开始时薄圆盘的角速度为 ω_0, 试问薄圆盘旋转几圈后停止?

6. 质量 $m = 2$ kg 的质点在力 $\boldsymbol{F} = 12t\boldsymbol{i}$ (SI) 的作用下,从静止出发沿 x 轴正向做直线运动,求前 3 s 内该力所做的功.

7. 质量为 m 的物体悬于绳,绳绕在轮轴上如图所示.轴的半径为 r,支于无摩擦的固定轴承上.当物体从静止释放后,在 5 s 内下降了 1.75 m 的距离.试求轮和轴杆的转动惯量,用 m 和 r 表示.

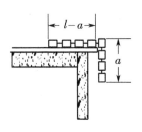

题 4 图

8. 在自由旋转的水平圆盘边上站一质量为 m 的人.圆盘的半径为 R,转动惯量为 J,角速度为 ω. 如果这人由盘边走到盘心,求角速度的变化及此系统动能的变化.

9. 一质量均匀分布的圆盘,质量为 m,半径为 R,放在一粗糙水平面上,圆盘与水平面之间的摩擦系数为 μ,圆盘可绕通过其中心 O 的竖直固定光滑轴转动. 开始时,圆盘静止,质量为 m_0 的子弹以水平速度 v_0 垂直于圆盘半径打入圆盘边缘并嵌在盘边上. 求:

(1)子弹击中圆盘后,盘所获得的角速度;

(2)经过多少时间后,圆盘停止转动?

(圆盘绕通过 O 点竖直轴的转动惯量为 $\dfrac{1}{2}mR^2$,忽略子弹重力造成的摩擦阻力矩.)

题 7 图

10. 观察者甲测得同一地点发生的两事件的时间间隔为 4 s,观察者乙测得其时间间隔为 5 s,求:

(1)乙相对甲的运动速度;

题 8 图

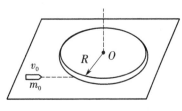

题 9 图

(2)观察者乙测得两事件的空间间隔.

第二篇　热　　学

　　物质的运动形式是多种多样的,因而它所表现的现象也是错综复杂的,本篇将研究物质的另一种基本运动形式,即物质的热运动,包括研究物质的热现象、热运动的规律性以及热运动和其他运动形式的转化.

　　通常物质都是由大量不断运动着的分子、原子所构成,与单一分子或原子相联系的量(如它的速度、能量等),称为微观量.由大量分子组成的体系,又称热力学体系,作为整体,有其宏观特性,如一瓶气体的压强、温度等,通常把表征体系整体特性的量叫宏观量.本篇包括分子动理论和热力学.它们所研究的对象是一致的,都是讨论热力学体系的热运动的现象和规律.在分子动理论部分,着重介绍物质的微观结构理论,运用统计方法,探索有关物质大量分子体系性质的一般统计规律,定量地建立微观量与宏观量之间的内在联系,因而通常把分子动理论称为微观理论.

　　热力学是研究物质热运动的宏观理论,它以大量的经验事实、实验和观测为依据,用能量的观点分析研究物质的宏观热现象及相关的宏观规律及其本质,研究热力学第一定律、热力学第二定律等重要的物理规律及熵等重要的物理概念.

　　分子动理论与热力学相辅相成,相得益彰,丰富和加深了人们对物质热现象和热运动规律的理解和认识.

第四章　气体动理论

分子运动理论的基本观点是：(1)物质是由分子组成的；(2)分子做永不停息的杂乱的运动；(3)分子之间有相互作用力.

热现象是物质中大量分子热运动的宏观体现. 组成物质的分子数目非常巨大，例如 1 mol 气体含有 6.022×10^{23} 个分子，每个分子都有大小、质量、速度、能量，等等. 这些表征个别分子的物理量叫**微观量**. 一般在实验中测得的表征大量分子集体特征的量叫**宏观量**. 例如气体的温度、压强等都是宏观量. 气体动理论是关于气体的微观理论，它以物质的分子结构概念和每个气体分子遵循力学规律的概念为基础，运用统计的方法，解释与揭示气体宏观现象和宏观规律的本质，并确定宏观量和微观量统计平均值之间的关系.

第一节　麦克斯韦速率分布律

气体处于平衡态下，气体中的所有分子以大小不同的速率沿着各个方向运动着，由于相互碰撞，每个分子的速率都在不断地改变. 如果在某一时刻观察某一个分子，它的速度具有怎样的数值和方向，完全是偶然的；然而从大量分子整体来看，在平衡态下，它们的速度分布都遵守着一定的统计规律又是必然的. 有关规律早在 1859 年由麦克斯韦应用统计概念首先导出，直到 1920 年斯特恩才实际测出了气体分子的速率分布.

一、麦克斯韦速率分布律

研究气体分子速率分布情况与研究其他的分布问题相似，就是把速率按其大小分成若干相等的区间，例如从 0 到 100 m/s 为一个区间，100 m/s 到 200 m/s 为另一区间，200 m/s 到 300 m/s 为下一个区间，等等. 所谓研究分子速率分布情况，就是要知道气体处于平衡态下，分布在各区间的分子数各占气体分子总数的百分比为多少以及大部分分子分布在哪个区间等(参看表 4-1). 区间取得越小，有关分布的知识就越细，对分布情况的描述也就越精确.

表 4-1 在 $T = 273$ K 时空气分子速率分布情况

速率区间 m/s	100 以下	100 ~ 200	200 ~ 300	300 ~ 400	400 ~ 500	500 ~ 600	600 ~ 700	700 以上
$\Delta N/N$	1%	8%	15%	20%	21%	17%	10%	8%

设一定量的气体共有 N 个分子,在 $v \sim v + \Delta v$ 速率区间内的分子数为 ΔN,$\Delta N/N$ 就是在这个区间内的分子数占总分子数的百分比. 很显然 $\Delta N/N$ 与速率 v 以及所取的区间大小 Δv 都有关. $\Delta N/(N\Delta v)$ 是在 v 附近单位速率区间内的分子数占总分子数的百分比. 麦克斯韦指出,一定气体在给定温度下,处于平衡态时,$\lim\limits_{\Delta v \to 0} \dfrac{\Delta N}{N \Delta v}$ 是速率 v 的函数,用 $f(v)$ 表示为

$$f(v) = \lim_{\Delta v \to 0} \frac{\Delta N}{N \Delta v} = \frac{1}{N} \frac{\mathrm{d}N}{\mathrm{d}v}.$$

$f(v)$ 的数值越大,说明在相应的单位速率区间内分布的分子数越多. 麦克斯韦导出的这个函数:

$$f(v) = 4\pi \left(\frac{m}{2\pi kT} \right)^{3/2} \mathrm{e}^{\frac{-mv^2}{2kT}} v^2, \tag{4-1}$$

其中:m 是气体分子的质量,k 是摩尔气体常数 R 与阿伏伽德罗常数 N_0 的比,称为**玻耳兹曼常数**:

$$k = \frac{R}{N_0} = \frac{8.31}{6.02 \times 10^{23}} = 1.38 \times 10^{-23} \text{ J/K}.$$

$f(v)$ 定量地反映了在一定温度下,气体分子按速率分布的具体情况,称它为**麦克斯韦速率分布函数**. 表示速率分布函数的曲线叫**麦克斯韦速率分布曲线**,如图 4-1 所示. 图 4-2 给出了同一种气体在两种不同温度下的速率分布曲线.

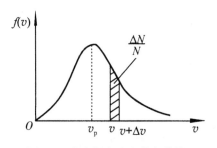

图 4-1 麦克斯韦速率分布曲线

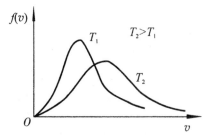

图 4-2 不同温度的速率分布曲线

在 $v \sim v + \mathrm{d}v$ 区间内的分子数 $\mathrm{d}N$ 占总分子数 N 的百分比

$$\frac{\mathrm{d}N}{N} = f(v)\,\mathrm{d}v = 4\pi \left(\frac{m}{2\pi kT}\right)^{3/2} v^2 \mathrm{e}^{-\frac{mv^2}{2kT}}\,\mathrm{d}v, \tag{4-2}$$

称为**麦克斯韦速率分布律**.

二、几个特征速率

1. 最概然速率 v_p

从速率分布曲线可以知道,具有很大或很小速率的分子数少,而具有中等速率的分子数很多.曲线上有一个最大值,与这个最大值相应的速率 v_p 叫做**最概然速率**.它的物理意义是:在一定温度下,v_p 附近单位速率区间内的分子数所占的百分比最大.由

$$\frac{\mathrm{d}f(v)}{\mathrm{d}v} = 0,$$

可以求出

$$v_p = \sqrt{\frac{2kT}{m}} = 1.41\sqrt{\frac{RT}{\mu}}. \tag{4-3}$$

2. 平均速率 $\bar{v}$

平均速率的定义是 $\bar{v} = \dfrac{\sum\limits_{i=1}^{n} N_i v_i}{N}$,其中 N_i 是具有速率 v_i 的分子数.在麦克斯韦速率分布律中,介于 $v \sim v + \mathrm{d}v$ 速率区间的分子数 $\mathrm{d}N = N f(v)\,\mathrm{d}v$,可以认为这些分子都具有相同的速率 v.因 $f(v)$ 是连续变化的,上式中对 $N_i v_i$ 的求和被积分代替,于是

$$\bar{v} = \frac{\int v\,\mathrm{d}N}{N} = \int_0^{\infty} v f(v)\,\mathrm{d}v.$$

将麦克斯韦速率分布函数代入,可求出

$$\bar{v} = 1.60\sqrt{\frac{RT}{\mu}}. \tag{4-4}$$

3. 方均根速率 $\sqrt{\overline{v^2}}$

利用求 $\bar{v}$ 同样的方法可以求出

$$\sqrt{\overline{v^2}} = \sqrt{\frac{3RT}{\mu}} = 1.73\sqrt{\frac{RT}{\mu}}. \tag{4-5}$$

【**例 4-1**】 求空气分子在 $T = 300\ \mathrm{K}$ 时,分布在 $500\ \mathrm{m/s} \sim 505\ \mathrm{m/s}$ 速率区间内的分子数占总分子数的百分比($\mu = 29\ \mathrm{g}$).

解 $\dfrac{\Delta N}{N} = 4\pi \left(\dfrac{m}{2\pi kT}\right)^{3/2} v^2 \mathrm{e}^{-\frac{mv^2}{2kT}} \Delta v = 4\pi \left(\dfrac{\mu}{2\pi RT}\right)^{3/2} v^2 \mathrm{e}^{-\frac{\mu v^2}{2RT}} \Delta v$

$$=4\pi\left(\frac{29\times10^{-3}}{2\pi\times8.31\times300}\right)^{3/2}\times500^2e^{-\frac{29\times10^{-3}\times500^2}{2\times8.31\times300}}\times5=0.33\%.$$

第二节　理想气体的压强公式和温度公式

在压力不太大、温度不太低的情况下,真实气体可看成理想气体. 本节从分子运动理论的观点出发,利用统计的方法揭示压强 p 和温度 T 与微观量的统计平均值之间的定量关系.

一、理想气体的微观模型

根据分子运动理论的基本观点和理想气体的具体情况,对理想气体做如下的微观假设,也称**微观模型**.

(1)气体分子的直径与分子之间的平均距离相比较可以忽略不计,因此分子可以看成质点.

(2)分子之间的平均距离与分子力作用的有效半径相比较是很大的,因此假设除分子之间的碰撞或分子与容器壁碰撞之外,分子之间没有作用力.

(3)分子之间和分子与器壁之间的碰撞是弹性的. 如果碰撞不是弹性的,那么每碰撞一次,分子的动能就会减小一些,最终所有的气体分子都会静止下来,这是与事实不相符合的.

二、统计假设

由于气体处于平衡态时,由容器中气体的密度到处均匀的事实可以假设:对于处于平衡态的大量气体分子来说,分子沿各方向运动的机会均等,任何一个方向的运动并不比其他方向更占优势. 具体运用这个统计性假设时,可以认为沿各方向运动的分子数目相等,分子速度在各方向分量的各种平均值相等,即

$$\overline{v_x^2}=\overline{v_y^2}=\overline{v_z^2},\tag{4-6}$$

$\overline{v_x^2}$ 的定义是

$$\overline{v_x^2}=\frac{\int v_x^2\mathrm{d}N}{N},$$

$$\overline{v^2}=\frac{\int v^2\mathrm{d}N}{N}=\frac{\int v_x^2\mathrm{d}N}{N}+\frac{\int v_y^2\mathrm{d}N}{N}+\frac{\int v_z^2\mathrm{d}N}{N}=\overline{v_x^2}+\overline{v_y^2}+\overline{v_z^2}.$$

由式(4-6)得

$$\overline{v_x^2}=\overline{v_y^2}=\overline{v_z^2}=\frac{1}{3}\overline{v^2}.\tag{4-7}$$

三、理想气体压强公式的推导

如图 4-3 所示,假设边长为 l 的正方形容器中有 N 个质量为 m 的同种理想气体分子,处于平衡态. 从微观上看压强是大量气体分子与器壁碰撞的总的平均效果. 下面在前面两种假设的基础上推导理想气体压强公式.

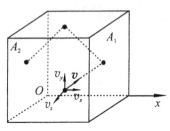

图 4-3 推导压强公式用图

因为处于平衡态时器壁所受气体压强处处相等,如图 4-3 所示,只计算与 x 轴垂直的 A_1 面上的压强.

容器中处于 x 方向的速度分量在 v_x 到 $v_x + \mathrm{d}v_x$ 区间内的分子数为 $\mathrm{d}N$ 个,它们在 x 方向的速度分量都可以认为是 v_x. 根据碰撞是弹性的假设,这样的一个分子与 A_1 面碰撞一次后动量的改变量是

$$- mv_x - mv_x = - 2mv_x,$$

这个分子与 A_1 面碰撞后,与顶面碰撞,再飞向 A_2 面,在这个过程中,因没有受到 x 方向的冲量,分速度 v_x 的大小是不变的. 与 A_2 面碰后又以分速度 v_x 飞向 A_1 面,这个分子与 A_1 面相邻两次碰撞所经过的时间是 $2l/v_x$. 在单位时间内这个分子与 A_1 面碰撞的次数是 $v_x/2l$,它的动量总改变量

$$\frac{v_x}{2l}(- 2mv_x) = - \frac{m}{l}v_x^2.$$

$\mathrm{d}N$ 个具有分速度 v_x 的分子在单位时间内因与 A_1 面碰撞,其动量的改变量是 $- \dfrac{mv_x^2}{l}\mathrm{d}N$.

容器中所有分子在单位时间内因与 A_1 面碰撞,动量的总改变量

$$\int - \frac{mv_x^2}{l}\mathrm{d}N = - \frac{mN}{l} \cdot \frac{\int \mathrm{d}Nv_x^2}{N} = - \frac{mN}{l}\overline{v_x^2}.$$

根据动量定理,在单位时间内 A_1 面给予容器中所有气体分子的冲量

$$\int_0^1 F\mathrm{d}t = - \frac{Nm}{l}\overline{v_x^2}.$$

根据牛顿第三定律,容器中的气体分子在单位时间内给予 A_1 面的冲量

$$\int_0^1 F\mathrm{d}t = \frac{Nm}{l}\overline{v_x^2}.$$

令 A_1 面所受到的平均冲力为 $\overline{F}$,则

$$\overline{F} \cdot 1 = \int_0^1 F\mathrm{d}t,$$

于是有

$$\overline{F} = \frac{Nm}{l}\overline{v_x^2},$$

A_1 所受到的压强

$$p = \frac{\overline{F}}{l^2} = \frac{N}{l^3}m\overline{v_x^2} = nm\overline{v_x^2}, \tag{4-8}$$

其中, $n = \dfrac{N}{l^3}$ 表示单位体积内气体的分子数.

将式(4-7)代入式(4-8),得

$$p = \frac{1}{3}nm\overline{v^2} = \frac{2}{3}n\left(\frac{1}{2}m\overline{v^2}\right) = \frac{2}{3}n\overline{\varepsilon}_k, \tag{4-9}$$

$$\overline{\varepsilon}_k = \frac{1}{2}m\overline{v^2}, \tag{4-10}$$

$\overline{\varepsilon}_k$ 称为**气体分子的平均平动动能**.

式(4-9)就是**理想气体压强公式**. 从这个式子看出,气体作用在器壁上的压力取决于单位体积内的分子数 n 和分子的平均平动动能 $\overline{\varepsilon}_k$.

从上面的推导可以看出,气体作用于器壁的压强是大量分子和器壁碰撞所产生的平均效果,它等于单位时间内器壁单位面积上所受的平均冲量. 个别分子每一次碰撞给器壁多大冲量,作用在什么地方,是偶然的、断续的. 但对大量分子来说,每一瞬间都有很多分子和器壁的各处发生碰撞,因此表现出持续、稳定的压力. 这就是平均效果的含义. 离开了"大量分子"和"求平均",气体压强这一概念就失去其意义. 压强这一宏观量是描述大量分子的集体的平均行为,它只有统计意义.

四、温度公式

容器的体积为 V,里面盛有摩尔质量为 μ 的 M 克理想气体. 平衡态时,气体的压强为 p,温度为 T,理想气体的状态方程式为

$$pV = \frac{M}{\mu}RT, \tag{4-11}$$

气体分子的质量为 m,容器中共有 N 个分子,N_0 是阿伏伽德罗常数. 式(4-11)可写成

$$p = \frac{1}{V} \cdot \frac{Nm}{N_0 m}RT = \frac{N}{V} \cdot \frac{R}{N_0}T = nkT. \tag{4-12}$$

根据式(4-9)和式(4-12),有

$$p = \frac{2}{3}n\overline{\varepsilon}_k = nkT,$$

得到

$$\overline{\varepsilon}_k = \frac{3}{2}kT, \tag{4-13}$$

这个式子叫**理想气体的温度公式**. 从这个式子可以看出,气体的温度是由分子的平均平动动能决定的. 它使我们深入地认识温度的物理实质. 从宏观上看,温度表示物质冷热的程度,它只具有表面的、现象的意义;和微观运动联系后,使我们认识到

温度是大量气体分子平均平动动能的量度. 离开了大量分子和求平均值,温度将失去意义,无法理解"一个分子的温度"表示什么意思,所以说温度只有统计意义.

【例4-2】 求 0℃ 时氢气和氧气分子的平均平动动能和方均根速率.

解 两种气体的温度相同,它们分子的平均平动动能相等,都是

$$\bar{\varepsilon}_k = \frac{3}{2}kT = \frac{3}{2} \times 1.38 \times 10^{-23} \times 273 = 5.56 \times 10^{-21} (\text{J}).$$

氢气分子的方均根速率

$$\sqrt{\overline{v_{H_2}^2}} = \sqrt{\frac{3RT}{\mu_{H_2}}} = \sqrt{\frac{3 \times 8.31 \times 273}{2 \times 10^{-3}}} = 1.84 \times 10^3 (\text{m/s}).$$

氧气分子的方均根速率

$$\sqrt{\overline{v_{O_2}^2}} = \sqrt{\frac{3RT}{\mu_{O_2}}} = \sqrt{\frac{3 \times 8.31 \times 273}{32 \times 10^{-3}}} = 4.61 \times 10^2 (\text{m/s}).$$

第三节 能量按自由度均分原理

一、自由度

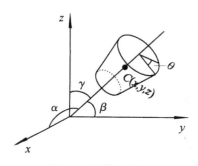

图4-4 刚体自由度

物体运动时,确定它的位置所需要的独立坐标数叫做这个物体的**自由度**. 确定质点在空间的位置用 x、y、z 三个独立坐标,它有 3 个自由度. 如图 4-4 所示,确定刚体在空间的位置时,用 x、y、z 三个坐标确定质心 C 的位置;用 α、β 两个角坐标确定过质心的轴线的空间方位;用 θ 确定刚体绕轴转动的位置. 它有 3 个平动自由度和 3 个转动自由度.

分子是由原子组成的. 有的分子只有 1 个原子,如惰性气体,把它们叫做单原子分子. 由 2 个原子组成的分子叫双原子分子. 3 个或者 3 个以上原子组成的分子叫多原子分子.

单原子分子被看成是一个质点,它只有 3 个平动自由度.

双原子分子相当于 1 个线段. 它有 3 个平动自由度和 2 个转动自由度(与确定这个线段在空间方位的 2 个方位角对应). 把 2 个原子之间的作用力看成是弹性力,两原子之间有相对振动,这种分子称为弹性分子. 弹性双原子分子还有 1 个振

动自由度. 如果把两原子之间的联系看成是刚性的,这种分子称为刚性分子. 双原子刚性分子只有 3 个平动自由度和 2 个转动自由度,共有 5 个自由度.

刚性多原子分子相当于 1 个刚体,有 3 个平动自由度和 3 个转动自由度,共有 6 个自由度. 如果是由 n 个原子组成的弹性多原子分子,每个原子有 3 个自由度,共有 $3n$ 个自由度,其中有 3 个平动自由度和 3 个转动自由度,其余的 $3n-6$ 个自由度是振动自由度.

用 t 表示分子的平动自由度数,任何一个分子的平动自由度数 $t=3$. 用 r 表示分子的转动自由度数,单原子分子 $r=0$,双原子分子 $r=2$,多原子分子 $r=3$. s 表示分子的振动自由度. 用 i 表示分子的总自由度数,则有

$$i = t + r + s. \tag{4-14}$$

二、能量按自由度均分原理

根据式(4-13)和式(4-7),在平衡态下,气体分子的平均平动动能

$$\overline{\varepsilon}_k = \frac{1}{2} m \overline{v^2} = \frac{3}{2} kT,$$

$$\overline{v_x^2} = \overline{v_y^2} = \overline{v_z^2} = \frac{1}{3} \overline{v^2},$$

可以得到

$$3\left(\frac{1}{2} m \overline{v_x^2}\right) = \frac{3}{2} kT,$$

即

$$\left.\begin{array}{l} \dfrac{1}{2} m \overline{v_x^2} = \dfrac{1}{2} kT, \\[2mm] \dfrac{1}{2} m \overline{v_y^2} = \dfrac{1}{2} kT, \\[2mm] \dfrac{1}{2} m \overline{v_z^2} = \dfrac{1}{2} kT. \end{array}\right\} \tag{4-15}$$

这些等式的左边分别是与分子的每个平动坐标 x、y 和 z 相对应的平均能量,它们都等于 $\frac{1}{2} kT$,也可以说,分子有 3 个平动自由度,每个平动自由度的平均能量是 $\frac{1}{2} kT$. 这是关于分子平动动能统计平均的结果.

弹性分子的动能是由平动动能、转动动能和振动动能构成的. 由于分子不断地进行碰撞,分子的动能既在分子之间进行交换,也在分子的各个自由度之间进行交换. 由于碰撞非常频繁地进行(每秒钟碰撞上亿次),因此没有与哪一个自由度相对应的能量具有特别的优势. 把平动动能按自由度均分的结论推广:在温度为 T 的平衡态下,气体分子的能量按自由度均分,每个自由度的平均能量是 $\frac{1}{2} kT$. 这一结论叫**能量按自由度均分原理**.

三、分子的平均能量

当分子有 t 个平动自由度、r 个转动自由度和 s 个振动自由度时,分子总的自由度 $i = t + r + s$. 根据能量按自由度均分原理,分子的平均动能

$$\overline{\varepsilon}_k = \frac{i}{2} kT. \tag{4-16}$$

弹性分子还有振动势能. 弹性分子的平均振动势能与平均振动动能相等,因此弹性分子的平均能量

$$\overline{\varepsilon} = \frac{i}{2} kT + \frac{s}{2} kT = \frac{1}{2} kT (t + r + 2s). \tag{4-17}$$

由于分子的振动能量遵守量子力学规律,它只能取一系列不连续的分立的值. 只有在很高的温度下,温度变化时,才能使分子的平均振动能量发生变化. 在常温下,温度变化不可能改变分子的平均振动能量. 在常温的情况下,把所有的分子都看成刚性分子,刚性分子的自由度 $i = t + r$.

四、理想气体的内能

物体的内能是物体内所有分子的能量和分子之间相互作用的势能的总和. 因为理想气体分子之间没有相互作用力,分子之间也就没有势能. 理想气体的内能就是所有分子的能量之和.

容器中共有 N 个自由度为 i 的理想气体分子,处于平衡态,温度为 T,容器中理想气体的内能用 E 表示,则有

$$E = N\overline{\varepsilon} = N \cdot \frac{i}{2} kT.$$

容器中理想气体质量为 M,气体的摩尔质量为 μ,N_0 为阿伏伽德罗常数,则有

$$N = \frac{M}{\mu} N_0.$$

代入上式得到

$$E = \frac{M}{\mu} \frac{i}{2} N_0 kT = \frac{M}{\mu} \frac{i}{2} RT. \tag{4-18}$$

这说明理想气体的内能是温度的函数.

第四节　气体分子的平均碰撞频率和平均自由程

一、气体分子的平均碰撞频率

气体处于平衡态时,每个分子在单位时间内与其他分子碰撞的平均次数叫做

平均碰撞频率.

气体分子做杂乱无章的热运动,任意两个分子之间都有相对运动,设分子之间的平均相对速率为 $\bar{v}_r$. 假设我们所注视的那个分子 a 以平均相对速率 $\bar{v}_r$ 在运动,则其他的分子都静止不动. 如图 4-5 所示,分子的有效直径为 d,分子 a 的中心的路径是一条折线. 以分子的直径 d 为半径,以分子 a 的中心路径为轴

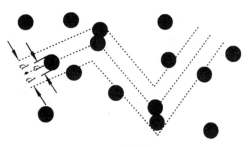

图 4-5 $\bar{z}$ 的计算用图

做一曲折圆柱体,中心在圆柱体内的分子都要与分子 a 相碰撞. 设单位体积内的分子数为 n,则单位时间内分子 a 与其他分子的平均碰撞次数

$$\bar{z} = \pi d^2 \bar{v}_r n.$$

根据麦克斯韦速率分布律,可以计算出分子的平均相对速率 $\bar{v}_r$ 是平均速率 $\bar{v}$ 的 $\sqrt{2}$ 倍,于是平均碰撞频率

$$\bar{z} = \sqrt{2}\,\pi d^2 n \bar{v}. \tag{4-19}$$

考虑到

$$\bar{v} = \sqrt{\frac{8kT}{\pi m}},$$

则

$$\bar{z} = \sqrt{2}\,\pi d^2 n \sqrt{8kT/\pi m}.$$

二、平均自由程

一个分子在连续两次碰撞之间自由飞行的路程叫做自由程. 所有分子自由程的统计平均值叫做**平均自由程**. 一个分子一秒钟内平均通过的路程是 $\bar{v}$,在此期间它与其他分子平均碰撞的次数是 $\bar{z}$,用 $\bar{\lambda}$ 表示平均自由程,则有

$$\bar{\lambda} = \frac{\bar{v}}{\bar{z}} = \frac{\bar{v}}{\sqrt{2}\,\pi d^2 n \bar{v}} = \frac{1}{\sqrt{2}\,\pi d^2 n}. \tag{4-20}$$

根据 $p = nkT$,可得出 $\bar{\lambda}$ 和温度 T 及压强 p 之间的关系

$$\bar{\lambda} = \frac{kT}{\sqrt{2}\,\pi d^2 p}.$$

由此可见,当温度一定时,$\bar{\lambda}$ 与 p 成反比.

【例 4-3】 空气分子的有效直径 $d = 10^{-10}$ m,计算在标准状态下空气分子的平均碰撞频率和平均自由程.

解 标准状态下

$$p = 1.013 \times 10^5 \text{ Pa}, \quad T = 273 \text{ K}, \quad p = nkT, n = \frac{p}{kT},$$

$$\bar{z} = \sqrt{2}\pi d^2 n\bar{v} = \sqrt{2}\pi d^2 \frac{p}{kT}\left(1.60\sqrt{\frac{RT}{\mu}}\right)$$

$$= \sqrt{2}\pi(10^{-10})^2 \times \frac{1.013 \times 10^5}{1.38 \times 10^{-23} \times 273} \times 1.60\sqrt{\frac{8.31 \times 273}{29 \times 10^{-3}}}$$

$$= 5.29 \times 10^8 (\text{Hz}).$$

$$\bar{\lambda} = \frac{1}{\sqrt{2}\pi d^2 n} = \frac{kT}{\sqrt{2}\pi d^2 p} = \frac{1.38 \times 10^{-23} \times 273}{\sqrt{2}\pi(10^{-10})^2 \times 1.013 \times 10^5} = 8.57 \times 10^{-7}(\text{m}).$$

本章小结

1. 理想气体状态方程

平衡态下：$\qquad pV = \dfrac{M}{\mu}RT, \quad pV = NkT, \quad p = nkT.$

2. 理想气体的压强公式和温度公式

$$p = \frac{1}{3}nm\overline{v^2} = \frac{2}{3}n\bar{\varepsilon}_k, \quad \bar{\varepsilon}_k = \frac{3}{2}kT.$$

3. 能量按自由度均分原理

一个自由度平均动能为 $\qquad \dfrac{1}{2}kT,$

一个分子的总平均动能为 $\qquad \dfrac{i}{2}kT,$

1 mol 理想气体的内能 $\qquad E = \dfrac{i}{2}kT \cdot N_A = \dfrac{i}{2}RT,$

M kg 理想气体的内能 $\qquad E = \dfrac{M}{\mu}\dfrac{i}{2}RT.$

4. 麦克斯韦速率分布

$$\frac{\mathrm{d}N}{N\mathrm{d}v} = f(v) = 4\pi\left(\frac{m}{2\pi kT}\right)^{3/2}v^2\mathrm{e}^{-\frac{mv^2}{2kT}}.$$

三种速率：

最概然速率 $\qquad v_p = \sqrt{\dfrac{2kT}{m}} = \sqrt{\dfrac{2RT}{\mu}},$

平均速率 $\qquad \bar{v} = \sqrt{\dfrac{8kT}{\pi m}} = \sqrt{\dfrac{8RT}{\pi\mu}},$

方均根速率 $\qquad \sqrt{\overline{v^2}} = \sqrt{\dfrac{3kT}{m}} = \sqrt{\dfrac{3RT}{\mu}}.$

5. 平均碰撞频率和平均自由程

$$\bar{z} = \sqrt{2}\,\pi d^2 n\bar{v},$$

$$\bar{\lambda} = \frac{\bar{v}}{\bar{z}} = \frac{1}{\sqrt{2}\,\pi d^2 n} = \frac{kT}{\sqrt{2}\,\pi d^2 p}.$$

思 考 题

4-1 表达式 $\dfrac{dN}{N} = f(v)\,dv$ 中 $f(v)\,dv$ 的物理意义是什么？dN、N、$f(v)$、dv 各表示什么意义？

4-2 在 $[v_1, v_2]$ 区间内的分子数占总分子数的百分比 $\dfrac{\Delta N}{N}$ 如何表述？该区间内分子的平均速率和平均平动动能等于什么？

4-3 最概然速率与哪些因素有关？

4-4 从微观上看什么样的气体是理想气体？在推导理想气体压强过程中，利用什么定理得出器壁上所受的平均冲力？在推导过程中有几种统计平均？

4-5 对于一定量的气体来说，当温度不变时，气体的压强随体积的减小而增大；当体积不变时，压强随温度的升高而增大. 从微观上来看，它们是否有区别？

4-6 什么叫能量按自由度均分原理？自由度为 i 的分子的平均平动动能是多少？平均动能是多少？

4-7 平均碰撞频率和平均自由程的表达式是什么？式中各量表示什么？

习 题

4-1 计算氧气处于 300℃ 时，速率在 1 000 m/s 与 1 005 m/s 间的分子数所占的百分比（可将 dv 近似地用 $\Delta v = 5$ m/s 代替）.

4-2 计算氢气处于标准状态时，速率在 700 m/s 与 702 m/s 间的分子数所占的百分比.

4-3 计算 300 K 时氧气分子的方均根速率、平均速率和最概然速率.

4-4 已知某一温度下氧气分子的最概然速率是 500 m/s，求在这个温度下氢气分子的最概然速率.

4-5 计算氢气在标准状态下的最概然速率 v_p，以及速率在 v_p 与 $v_p + 2$ m/s 间的分子数所占的百分比.

4-6 计算压强 $p = 2.026 \times 10^5$ Pa，温度 $t = 25$ ℃，体积 $V = 1\,000$ cm³ 中，分子的平均平动动能和分子的总平动动能.

4-7 容器中储有氧气，$p = 1.013 \times 10^5$ Pa，$t = 27$ ℃，求：单位体积内的分子数 n；分子的质量 m；氧气的密度 ρ；分子的平均平动动能 $\bar{\varepsilon}$.

4-8 求氧气分子在 27 ℃ 时的平均平动动能和平均转动动能.

4-9 求水蒸气分子在 127 ℃ 时的平均平动动能和平均转动动能.

4-10 求 25 g 氧气在 27 ℃ 时的内能.

4-11 求 25 g 氦气在 27 ℃时的内能.

4-12 氮分子的平均有效直径为 3.8×10^{-10} m. 求:

(1)在标准状态下的平均碰撞频率和平均自由程;

(2)若压强降到无线电所用电子管内真空度所要求的压强 1.33×10^{-3} Pa 时,温度仍为 0℃,求此时的平均碰撞频率和平均自由程.

4-13 某容器内分子数密度为 $10^{26}/m^3$,每个分子的质量为 3×10^{-27} kg. 如果其中的 $\frac{1}{6}$ 分子以速度 2 000 m/s 垂直地向容器的一壁运动,而其余的 $\frac{5}{6}$ 分子或离开该器壁或者平行于该壁运动. 假设碰撞是弹性的,求:

(1)每秒钟有多少个分子碰到该壁的 1 m² 面积上;

(2)一个分子与该壁碰撞时动量改变多少?

(3)该器壁的压强是多少?

4-14 1 摩尔(mol)氧气从 0 ℃上升到 100 ℃其内能增加了多少?

第五章　热力学基础

热力学的理论基础是热力学第一定律和热力学第二定律. 热力学第一定律是包括热现象在内的能量转换和守恒定律. 热力学第二定律是关于过程进行的方向的规律. 热力学所研究的物质的宏观性质,经过气体动理论的分析,才能了解其本质.

第一节　热力学第一定律

一、功　热量　内能

在热力学中,把所研究的物体称为**热力学系统**,简称系统. 在热力学中不考虑系统整体的机械运动. 大量的事实说明,系统状态的变化可以通过外界对系统做功,或者外界对系统传递热量,或者两者并用来实现. 例如使一杯水的温度由 T_1 升高到 T_2,可以用加热的方法,当然也可以用搅拌做功的方法. 从改变系统的状态来说,虽然做功和加热两者方式不同,但是效果是相同的,做功和加热两者是等效的. 在国际单位制中,功和热量的单位都是焦耳.

实验证明,系统状态变化时,只要始末两个状态保持不变,无论经过怎样不同的过程,外界对系统做的功和向系统传递的热量的总和总是相等的. 像由保守力做功引入势能一样,引入状态的函数 E,用末态的函数和初态的函数之差来表达外界对系统做的功和传递的热量的总和. 这个状态的函数叫**内能**.

从微观角度来说,在常温下做功和传递热量只能改变系统内分子的动能和分子间势能的总和. 因此在热力学范围内,内能是系统内分子动能和分子间势能的总和. 做功是通过物体的宏观位移来实现的,所起的作用是物体有规则的运动与系统内分子无规则运动之间能量的转换,从而使系统的内能发生改变. 传热是在外界与系统之间存在温差而没有宏观位移的情况下,通过分子之间相互作用而完成的,所起的作用是外界分子无规则的运动与系统内分子无规则运动之间能量的交换,从而改变系统的内能.

二、热力学第一定律

在一般情况下,系统状态发生变化时,做功和传递热量同时存在. 系统从初始状态变化到末状态的过程中,从外界吸收的热量为 Q,对外界做的功为 W,E_1 表示系统在初态时的内能,E_2 表示末态时的内能. 根据功能关系,Q 与 W 和 $E_2 - E_1$ 之间的关系是

$$Q = E_2 - E_1 + W, \tag{5-1}$$

这个关系式叫**热力学第一定律**. 它说明系统从外界吸收的热量 Q,一部分用来使系统的内能增加 $\Delta E = E_2 - E_1$,另一部分用于对外界做功 W.

在使用式(5-1)时,系统若从外界吸收热量,Q 是正的,若向外界放出热量,Q 是负的;系统对外做功时,W 是正的,外界对系统做功时,W 是负的.

对于系统状态微小变化的过程,热力学第一定律写为

$$dQ = dE + dW. \tag{5-2}$$

热力学第一定律,是人们长期生产实践和科学实验的总结,其实质是包括热现象在内的宏观过程中能量转换与守恒定律.

三、准静态过程

系统处于平衡态时,系统内各处的温度相同,压强相等,密度均匀,等等,它的状态可以用一组宏观状态参量来描述. 处于非平衡态的一杯水,水中各处温度不相同,不能用同一个温度表示这杯水的温度. 因此,处于非平衡态的系统,不能用一组宏观参量来描述它的状态.

系统从一个平衡态变化到另一个平衡态要经历许多中间的状态,这些中间的状态构成一个过程. 一般来说,过程进行时,这些中间状态是非平衡态. 为了能用平衡态时的状态参量来表征过程的规律,引入准静态过程的概念. 过程所经历的一切状态都是平衡态的过程叫**准静态过程**.

准静态过程是一个理想化的过程. 实际过程一般不是准静态过程,满足一定条件的实际过程可视为准静态过程. 系统开始处于非平衡态,从非平衡态过渡到平衡态经历的时间 τ 称为弛豫时间. 在一个实际过程中,如果状态发生的能被实验查知的任何一个微小变化所经历的时间 Δt 都大于弛豫时间 τ,那么在任何时刻进行观测,系统都已有时间达到了平衡态,这样的过程可视为准静态过程. 例如气缸中的气体的弛豫时间是 10^{-3} s,活塞压缩一次的时间是 10^{-2} 秒,活塞压缩的过程可视为准静态过程.

在 p—V 图上,一个点表示系统的一个平衡态,任何一条曲线表示系统经历的一个准静态过程. 非准静态过程不能在 p—V 图上表示.

四、准静态过程中内能、功、热量的计算

1. 内能

一个由大量的原子或分子组成的系统,尽管系统整体没有宏观运动,但系统内部仍有一定的能量,如分子热运动的能量、分子(或原子)间的相互作用能、原子内部的核能、电磁能等. 从广义上讲,系统内部各种形式能量的总和称为内能,用 E 表

示. 在热力学中,内能为系统内大量原子或分子各种形式的动能(平动能、转动动能等)及分子(或原子)间的相互作用能之和. 这是因为只有这部分能量与系统的状态参量直接相关. 体系处于一定的平衡态时,这部分能量具有确定的值. 不言而喻,热力学系统的内能由系统的状态唯一确定. 因此,内能是状态的单值函数,或讲**内能是系统的一个态函数**. 对于由大量气体分子组成的系统,气体的体积 V 直接影响到分子间的相对位置,而温度 T 反映了分子热运动的剧烈程度,显然,气体内能是状态参量 V 和 T 的函数. 对于由理想气体组成的系统,由于不考虑分子间的相互作用,其内能为分子无规则热运动的各种形式动能与分子内原子间的相互作用势能之和. 内能只是气体温度的单值函数

$$E = E(T). \tag{5-3}$$

系统内能的变化仅与始末状态的温度有关,与具体的过程及过程的性质无关,即

$$\Delta E = E_2 - E_1 = \frac{M}{\mu} \frac{i}{2} R(T_2 - T_1). \tag{5-4}$$

2. 功

如图 5-1 所示,一定量的气体封闭在气缸内,活塞可以无摩擦地在气缸内往复运动,在气体的作用下,活塞可由一个位置移动到另一个位置. 设想该过程是一个准静态过程,无论活塞处于运动中的任何位置,活塞附近的气体压强与气体内部的压强都保持一致,气体对活塞作用力的大小可用气体内部压强 p 与活塞面积 S 之积(pS)表示. 当活塞移动一微小距离 $\mathrm{d}l$ 时气体做的元功

$$\mathrm{d}w = pS\mathrm{d}l = p\mathrm{d}V, \tag{5-5}$$

式中,$\mathrm{d}V$ 为活塞移动 $\mathrm{d}l$ 距离时,气体体积相应的微小变化量.

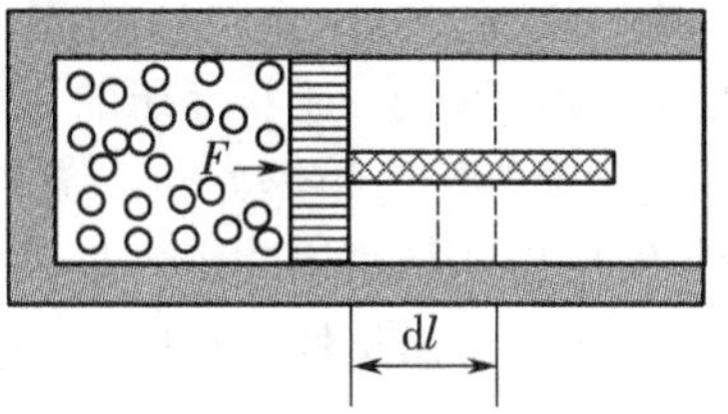

当气体体积由 V_1 变化到 V_2 时,该过程中气体对外做功

$$W = \int_{V_1}^{V_2} = \mathrm{d}W = \int_{V_1}^{V_2} p\mathrm{d}V. \tag{5-6}$$

图 5-1 气体做功

若 $W > 0$,则系统对外界做正功;若 $W < 0$,则系统对外界做负功,或者说外界对系统做正功.

气体由一平衡态经一准静态过程变到另一平衡态过程中要经历不同的过程,气体的压强 p 随体积 V 的变化规律不尽相同,即尽管各过程的初末状态相同,但所做功的值不同. 所以,功不仅与过程的始末状态有关,而且与热力学过程也有关,功 W 是一个**过程量**.

由于功和能密切相关,无论系统对外界做功,还是外界对系统做功,一般都会

引起系统内能的改变.

3. 热量

当系统与外界之间存在温度差时,二者之间会有能量转移,从而引起系统状态和内能的变化. 此过程中传递的能量称为热量.

系统由温度为 T_1 的平衡态吸收一定热量上升到温度为 T_2 的平衡态,如果经历的一系列中间态是准静态,则该过程称为准静态传热. 为了实现准静态传热,要求系统分别与温度 $T_1 + dT, T_1 + 2dT, \cdots, T_2 - dT, T_2$ 的一系列热源相接触,使系统温度十分缓慢地升高,以保持系统经历的每个状态都十分接近平衡态. 在准静态传热中,质量为 M 的物质温度有一微小变化 dT,则吸收热量

$$dQ = \frac{M}{\mu} C dT, \tag{5-7}$$

式中,C 称为**摩尔热容**,其意义是使 1 mol 的物质温度变化 1 K 时吸收的热量.

温度由 T_1 变化到 T_2 时吸收热量

$$Q = \int_{T_1}^{T_2} dQ = \int_{T_1}^{T_2} \frac{M}{\mu} C dT. \tag{5-8}$$

当摩尔热容 C 与温度无关时,则有

$$Q = \frac{M}{\mu} C (T_2 - T_1). \tag{5-9}$$

若 $Q>0$,则系统从外界吸热;若 $Q<0$,则系统向外界放热.

由式(5-9)看,似乎传递的热量 Q 只与系统始末态的温度有关,其实并非如此. 摩尔热容 C 是一个过程量,不同的过程中 C 的值不同. 因此,热量 Q 不仅与系统始末态温度有关,还与经历的具体过程有关,**热量 Q 也是一个过程量**.

做功和热传递是热力学系统与外界进行能量交换的两种方式,二者有本质的区别. 做功是外界物体分子有规则运动能量与系统内分子无规则热运动能量之间的转换,而热传递是外界物体分子无规则热运动的能量和系统内分子无规则热运动能量之间的转换.

第二节　热力学第一定律对理想气体的应用

一、热力学第一定律对理想气体等值过程中的应用

理想气体系统从状态 I (p_1, V_1, T_1) 经过一个准静态过程到达状态 II (p_2, V_2, T_2),根据理想气体的内能

$$E = \frac{M}{\mu} \frac{i}{2} RT,$$

系统在状态 I 时的内能

$$E_1 = \frac{M}{\mu} \frac{i}{2} RT_1 ;$$

在状态 II 时的内能 $\quad E_2 = \frac{M}{\mu} \frac{i}{2} RT_2 .$

在这个过程中,系统的内能增量

$$\Delta E = E_2 - E_1 = \frac{M}{\mu} \frac{i}{2} R(T_2 - T_1) = \frac{M}{\mu} \frac{i}{2} R \Delta T ,$$

系统做的功 $\quad W = \int_{V_1}^{V_2} p \mathrm{d}V .$

根据热力学第一定律,在这个过程中系统吸收的热量

$$Q = \Delta E + W = \frac{M}{\mu} \frac{i}{2} R \Delta T + \int_{V_1}^{V_2} p \mathrm{d}V . \tag{5-10}$$

因为功是过程量,所以热也是过程量.

以下过程,无特殊说明,都是理想气体的准静态过程.

等容过程 如图 5-2 所示,系统从状态 (p_1, V, T_1) 经等容过程到达状态 (p_2, V, T_2),在此过程中,体积 $V =$ 常数. 即 $\mathrm{d}V = 0$,系统对外做功

$$W = \int p \mathrm{d}V = 0 .$$

根据热力学第一定律,有

$$\mathrm{d}Q = \mathrm{d}E , \text{或 } Q = \Delta E .$$

可见,在等容过程中,气体吸收的热量全都用来增加它的内能

$$\Delta E = \frac{M}{\mu} \frac{i}{2} R(T_2 - T_1) . \tag{5-11}$$

该过程中气体吸收热量

$$Q = \frac{M}{\mu} C_{V,\mathrm{m}} (T_2 - T_1) , \tag{5-12}$$

式中,$C_{V,\mathrm{m}}$ 为理想气体的摩尔等容热容. 它表示 1 mol 理想气体在体积不变的条件下,温度升高(或降低)1 K 系统所吸收(或放出)的热量.

根据上式可得

$$C_{V,\mathrm{m}} = \frac{i}{2} R . \tag{5-13}$$

这表明,理想气体摩尔等容热容是一个与分子自由度有关的物理量. 引入 $C_{V,\mathrm{m}}$ 后,内能增量通常记为

$$\Delta E = \frac{M}{\mu} C_{V,\mathrm{m}} (T_2 - T_1) . \tag{5-14}$$

对于单原子理想气体 $C_{V,\mathrm{m}} = \frac{3}{2} R .$

又于双原子理想气体 $C_{V,\mathrm{m}}=\dfrac{5}{2}R.$

等温过程

等温过程的特征是温度不变,如图 5-3 所示:过程中 $pV=$ 常数 $=A$,即

$$p=A/V.$$

系统做功

$$W=\int_{V_1}^{V_2}p\mathrm{d}V=\int_{V_1}^{V_2}\frac{A}{V}\mathrm{d}V=A\ln V_2/V_1=\frac{M}{\mu}RT\ln V_2/V_1. \tag{5-15}$$

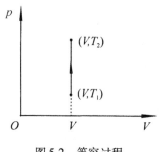

图 5-2 等容过程

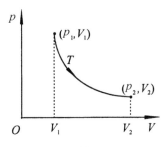

图 5-3 等温过程

$$\Delta E=0.$$

吸收的热量 $Q=W+\Delta E=W=\dfrac{M}{\mu}RT\ln V_2/V_1.$

在等温过程中,气体吸收的热量全部用来对外做功.

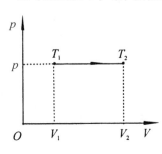

图 5-4 等压过程

等压过程 如图 5-4 所示,系统从状态 (p,V_1,T_1) 经等压过程到达末态 (p,V_2,T_2),即 $p=$ 恒量或 $\mathrm{d}p=0$:

系统做的功

$$W=\int_{V_1}^{V_2}p\mathrm{d}V=p(V_2-V_1) \tag{5-16}$$

其数值等于 p—V 图上等压线与 V 轴之间的矩形面积值,由理想气体状态方程,功还可写成

$$W=\frac{M}{\mu}R(T_2-T_1).$$

内能改变 $\Delta E=\dfrac{M}{\mu}\dfrac{i}{2}R(T_2-T)$

吸收热量 $Q=W+\Delta E=\dfrac{M}{\mu}\left(\dfrac{i}{2}+1\right)R(T_2-T_1)=\dfrac{M}{\mu}C_{p,\mathrm{m}}(T_2-T_1),$

$$C_{p,\mathrm{m}}=\frac{i+2}{2}R,\text{即}\ C_{p,\mathrm{m}}=C_{V,\mathrm{m}}+R, \tag{5-17}$$

该式称为**迈耶公式**.

$C_{p,m}$摩尔定压热容量,即在等压过程中,1 mol 理想气体升高(或降低)1 K 所需吸收(或放出)的热量. 对于单原子理想气体 $C_{p,m} = \dfrac{5}{2}R$;对于双原子理想气体 $C_{p,m} = \dfrac{7}{2}R$.

理想气体摩尔定压热容量 $C_{p,M}$ 比摩尔定容热容量 $C_{V,m}$ 大一个恒量 $R = 8.314$ $J \cdot mol^{-1} \cdot K^{-1}$. 即 1 mol 理想气体的温度升高 1 K 时,在等压过程中要比在等容过程中多吸收 8.314 J 的热量,用来在体积膨胀时对外做功.

摩尔等压热容 $C_{p,m}$ 与**摩尔等容热容** $C_{V,m}$ 的比值,称为**摩尔热容比**,记为 γ,则
$$\gamma = C_{p,m}/C_{V,m}$$

表 5-1 列出了若干种气体摩尔热容比的实验值,供查阅.

表 5-1　气体摩尔热容比的实验值

原子数	气体的种类	$C_{p,m}/(J \cdot mol^{-1} \cdot K^{-1})$	$C_{V,m}(J \cdot mol^{-1} \cdot K^{-1})$	$\gamma = C_{p,m}/C_{V,M}$
单原子	氦(He)	20.9	12.5	1.67
	氩(Ar)	21.2	12.5	1.65
双原子	氢(H_2)	28.8	20.4	1.41
	氮(N_2)	28.6	20.4	1.41
	氧(O_2)	28.9	21.0	1.40
	一氧化碳(CO)	29.3	21.2	1.40
多原子	二氧化碳(CO_2)	36.9	28.4	1.30
	水蒸气(H_2O)	36.2	27.8	1.31
	甲烷(CH_4)	35.6	27.2	1.30
	氯仿($CHCl_3$)	72.0	63.7	1.13
	乙醇(C_2H_6O)	87.5	79.2	1.11

三、理想气体的绝热过程

绝热过程是系统和外界之间没有热交换的过程,即 Q 等于零的过程. 根据热力学第一定律
$$Q = \Delta E + W = 0,$$
$$W = -\Delta E. \tag{5-18}$$
在绝热过程中,系统对外做功时,其内能减小,系统把自己的内能转化为对外做功.

可以证明理想气体的绝热过程方程为
$$pV^{\gamma} = C_1(常数), \tag{5-19}$$

其中
$$\gamma = \frac{C_{p,m}}{C_{V,m}} = \frac{\frac{i+2}{2}R}{\frac{i}{2}R} = \frac{i+2}{i}.$$

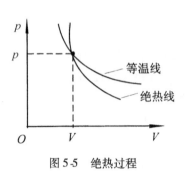

图 5-5　绝热过程

在图 5-5 中,根据式(5-19)可以求出绝热线在(p,V)点的斜率

$$\frac{dp}{dV} = -\gamma C_1 V^{-(\gamma+1)} = -\gamma pV^\gamma V^{-(\gamma+1)}$$
$$= -\gamma \frac{p}{V}.$$

根据等温过程方程也可以求出等温线在(p,V)点的斜率

$$\frac{dp}{dV} = -AV^{-2} = -pVV^{-2} = -\frac{p}{V}.$$

因为$\gamma > 1$,所以在(p,V)点处,绝热线的斜率的绝对值比等温线斜率的绝对值大,绝热线比等温线陡.

理想气体系统经绝热过程从状态(p_1,V_1)到达末态(p_2,V_2),系统做的功

$$W = \int_{V_1}^{V_2} pdV = \int_{V_1}^{V_2} C_1 V^{-\gamma}dV = C_1 \frac{V^{-\gamma+1}}{1-\gamma}\bigg|_{V_1}^{V_2},$$

因为
$$C_1 = p_1 V_1^\gamma = p_2 V_2^\gamma,$$

所以
$$W = \frac{p_2 V_2^\gamma \cdot V_2^{-\gamma+1} - p_1 V_1^\gamma V_1^{-\gamma+1}}{1-\gamma} = \frac{p_2 V_2 - p_1 V_1}{1-\gamma}. \tag{5-20}$$

根据理想气体状态方程$pV = \frac{M}{\mu}RT$,可将绝热过程方程变换成另外两种形式

$$pV^\gamma = \frac{\frac{M}{\mu}RT}{V}V^\gamma = \frac{M}{\mu}RTV^{\gamma-1} = C_1,$$

即
$$TV^{\gamma-1} = C_2. \tag{5-21}$$

另一种形式是

$$p^{1-\gamma}T^\gamma = C_3. \tag{5-22}$$

【例 5-1】　1 mol 理想气体,其$C_{p,m}$和$C_{V,m}$比值的理论值是$\gamma = \frac{C_{p,m}}{C_{V,m}} = \frac{5}{3}$,由初状态 a 到终末状态 c 经历三种变化过程 abc、ac 和 adc(如图),其中曲线 ac 表示绝热过程.已知 $p_1 = 1.0 \times 10^5$ Pa,$p_2 = 32 \times 10^5$ Pa,$V_1 = 1.0 \times 10^{-3}$ m^3,$V_2 = 8.0 \times 10^{-3}$ m^3.求:

(1)各过程中气体对外所做的功和从外界吸收的热量.

（2）如果将气体由终态 c 等温压缩到体积 V_1，则在 V_1 状态时气体与初态 a 之间的压强差是多少？这个过程中气体对外做多少功？

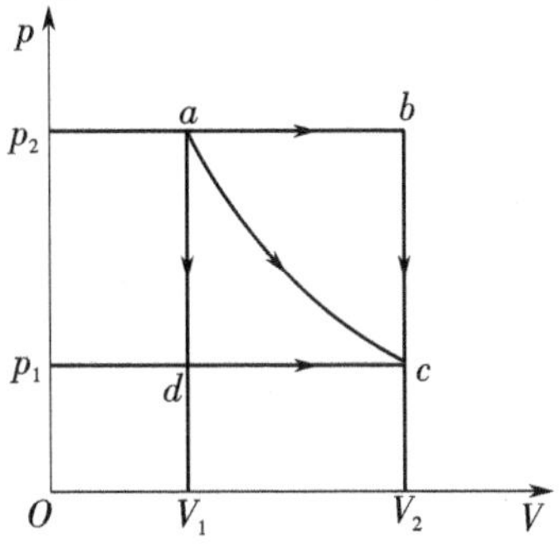

解　由 $\gamma = \dfrac{C_{p,m}}{C_{V,m}}$，$C_{p,m} = C_{V,m} + R$ 得到

$$C_{V,m} = \frac{R}{\gamma - 1},\ C_{p,m} = \frac{\gamma}{\gamma - 1} R.$$

例 5-1 图

（1）①$a \to b \to c$ 过程中功与热量.

因为 $a \to b$ 是等压过程，所以

$$W_{ab} = p_2 (V_2 - V_1) = 2.24 \times 10^4\ \text{J},$$

$$Q_{ab} = \frac{M}{\mu} C_{p_1,m} (T_b - T_a)$$

$$= \frac{C_{p_1,m}}{R} p_2 (V_2 - V_1)$$

$$= \frac{\gamma}{\gamma - 1} p_2 (V_2 - V_1) = 5.6 \times 10^4;$$

$b \to c$ 是等容过程，系统不做功，$W_{bc} = 0$.

$$Q_{bc} = \frac{M}{\mu} C_{V,m} (T_c - T_b) = \frac{C_{V,m}}{R} V_2 (p_1 - p_2) = \frac{V_2}{\gamma - 1} (p_1 - p_2) = -3.72 \times 10^4\ \text{J},$$

$$W_{abc} = W_{ab} + W_{bc} = Wab = 2.24 \times 10^4\ \text{J},$$

$$Q_{abc} = Q_{ab} + Q_{bc} = 5.6 \times 10^4\ \text{J} - 3.72 \times 10^4\ \text{J} = 1.88 \times 10^4\ \text{J}.$$

②ac 过程中功与热量.

ac 为绝热过程，所以

$$Q_{ac} = 0,$$

$$W_{ac} = \frac{1}{1 - \gamma} (p_c V_c - p_a V_a) = \frac{1}{1 - \gamma} (p_1 V_2 - p_2 V_1) = 3.6 \times 10^3\ \text{J}.$$

③$a \to d \to c$ 过程中功为热量

$$W_{ad} = 0,$$

$$W_{dc} = p_1 (V_2 - V_1) = 700\ \text{J},$$

$$W_{adc} = W_{ad} + W_{dc} = 700\ \text{J}$$

$$Q_{ad} = \frac{M}{\mu} C_{V,M} (T_d - T_a) = \frac{1}{\gamma - 1} (p_1 V_1 - p_2 V_1),$$

$$Q_{dc} = \frac{M}{\mu} C_{p,M} (T_c - T_d) = \frac{\gamma}{\gamma - 1} (p_1 V_2 - p_1 V_1),$$

$$Q_{abc} = Q_{ab} + Q_{bc} = \frac{1}{\gamma - 1} (p_1 V_1 - p_2 V_1) + \frac{\gamma}{\gamma - 1} (p_1 V_2 - p_1 V_1) = -2.90 \times 10^3\ \text{J}$$

（2）设在等温过程中，气体压缩到 V_1 时压强是 p，则 $pV_1 = p_1V_2$，所以有

$$\Delta p = p - p_2 = \frac{V_2}{V_1}p_1 - p_2 = -2.4 \times 10^6 \text{ Pa}$$

等温压缩过程中气体对外做功是

$$W = \frac{M}{\mu}RT\ln\frac{V_1}{V_2} = p_1V_2\ln\frac{V_1}{V_2} = -1.66 \times 10^3 \text{ J.}$$

第三节　循环过程

一、循环过程

内燃机、汽轮机等热机都重复地进行某些过程而不断地吸热做功. 在热机中被利用来吸收热量并对外做功的物质叫**工作物质**，简称工质. 为了研究热机的工作过程，引入循环过程的概念. 一个系统经历一系列变化后又回到初始状态的整个过程叫**循环过程**，简称循环.

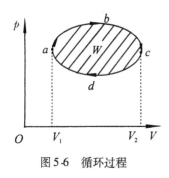

图 5-6　循环过程

由准静态过程构成的循环在 $p—V$ 图上用一条闭合的曲线表示. 在图 5-6 中，一条闭合曲线表示任意的一个循环过程，箭头表示过程进行的方向，从状态 a 经 b 到达状态 c 的过程中，系统体积膨胀做正功，其数值 W_1 等于曲线 abc 下的面积. 从状态 c 经 d 回到状态 a 的过程中，系统的体积被压缩，系统做负功，其数值 W_2 等于曲线 abc 下的面积. 整个循环过程中系统做的净功

$$W = W_1 - W_2,$$

其数值等于循环曲线所包围的面积. 在 $p—V$ 图中，循环沿顺时针方向进行时，系统对外做功，这种循环称为**正循环**. 循环沿逆时针方向进行时，外界对系统做功，这种循环叫**逆循环**.

在热机中，工质进行的是正循环. 正循环的基本特征是：工质从高温热源（如蒸汽轮机中的锅炉）中吸热 Q_1，对外做净功 W，又向低温热源（冷凝器）放热 Q_2. 由于工质又回到初态，其内能不变. 根据热力学第一定律，工质吸收的净热（$Q_1 - Q_2$）应该等于它对外做的净功 W，即

$$W = Q_1 - Q_2. \tag{5-23}$$

对于热机来说，最有实际意义的是循环效率. 循环效率是在一次循环中，系统对外做的净功与它从高温热源吸收的热量的比，用 η 表示，有

$$\eta = \frac{W}{Q_1},\tag{5-24}$$

也可以写成

$$\eta = 1 - \frac{Q_2}{Q_1}.\tag{5-25}$$

η 越大,说明热机在一次循环中把从高温热源吸收来的热量转化成功的比率越大.

二、卡诺循环

19 世纪上半叶,许多人从理论上研究提高热机效率的途径. 1824 年法国工程师卡诺提出了一种理想的最简单但有重要理论价值的循环,在循环过程中工质只和两个恒温热源交换热量,这个循环叫**卡诺循环**.

以理想气体为工质的卡诺循环在图 5-7 所示的 p-V 图中是由 ab 和 cd 两条等温线和 bc 和 da 两条绝热线组成的.

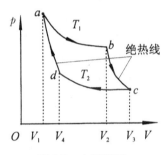

图 5-7　卡诺循环

第一个过程使气缸与温度为 T_1 的高温热源接触,使气体等温膨胀,体积从 V_1 增大到 V_2. 在这个过程中,它从高温热源吸收的热量

$$Q_1 = \frac{M}{\mu}RT_1 \ln\frac{V_2}{V_1}.$$

第二个过程将气缸从高温热源移开,使气体做绝热膨胀,体积增大到 V_3,温度降低到 T_2.

第三个过程使气缸与温度为 T_2 的低温热源接触,等温地压缩气体,体积缩小到 V_4. 在这个过程中,气体向低温热源放热

$$Q_2 = \frac{M}{\mu}RT_2 \ln\frac{V_3}{V_4}.$$

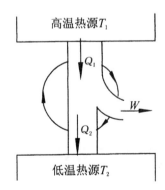

图 5-8　卡诺热机示意图

第四个过程将气缸从低温热源移开,绝热压缩气体,回到初始状态,完成一次循环.

在一次循环中,气体做的净功

$$W = Q_1 - Q_2,$$

卡诺循环中能量交换与转化关系如图 5-8 所示.根据效率的定义,卡诺循环的效率

$$\eta = 1 - \frac{Q_2}{Q_1} = 1 - \frac{T_2 \ln\dfrac{V_3}{V_4}}{T_1 \ln\dfrac{V_2}{V_1}}.$$

根据理想气体绝热过程方程,对 bc 和 ad 两条绝热线

有如下关系:

$$T_1 V_2^{\gamma-1} = T_2 V_3^{\gamma-1}, \qquad T_1 V_1^{\gamma-1} = T_2 V_4^{\gamma-1}.$$

两式相除,得

$$\frac{V_2}{V_1} = \frac{V_3}{V_4}.$$

由此,效率的表达式简化为

$$\eta = 1 - \frac{T_2}{T_1}. \tag{5-26}$$

此式说明:以理想气体为工作物质的卡诺循环的效率只由高低两热源的温度决定,两热源的温差越大,效率越高. 可以证明:在相同的高温热源 T_1 和低温热源 T_2 之间工作的各种工质的准静态循环的卡诺热机的效率都由式(5-26)给定,而且它是实际热机可能效率的最大值.

式(5-26)指出了提高热机效率的途径,就过程而论,应当使循环过程尽可能地接近于准静态过程;对高温热源和低温热源的温度来说,应该尽量提高两热源的温度差. 在实际热机中,如内燃机等,低温热源是冷凝器,降低低温热源的温度不经济,所以提高热机的效率应当从提高高温热源的温度入手.

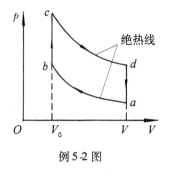

例 5-2 图

【例 5-2】 图中所示的循环叫奥托循环,它是由两条绝热线和两条等容线组成,工作物质是理想气体. 证明循环效率

$$\eta = 1 - \frac{1}{\left(\dfrac{V}{V_0}\right)^{\gamma-1}}.$$

证明 bc 过程吸热:$Q_1 = \dfrac{M}{\mu} \dfrac{i}{2} R(T_c - T_b)$.

da 过程放热:$Q_2 = \dfrac{M}{\mu} \dfrac{i}{2} R(T_d - T_a)$,

$$\eta = 1 - \frac{Q_2}{Q_1} = 1 - \frac{T_d - T_a}{T_c - T_b}.$$

绝热过程 cd 及 ab 有如下关系:

$$T_d V^{\gamma-1} = T_c V_0^{\gamma-1}, \qquad T_a V^{\gamma-1} = T_b V_0^{\gamma-1}.$$

两式相减得到

$$(T_d - T_a) V^{\gamma-1} = (T_c - T_b) V_0^{\gamma-1}, \qquad \frac{T_d - T_a}{T_c - T_b} = \left(\frac{V_0}{V}\right)^{\gamma-1}.$$

于是得到
$$\eta = 1 - \left(\frac{V_0}{V}\right)^{\gamma-1} = 1 - \frac{1}{\left(\frac{V}{V_0}\right)^{\gamma-1}}.$$

三、制冷机

在冰箱、空调等制冷机中,工质做逆循环. 它们的基本特征如图 5-9 所示:在一次循环中,外界对工质做功 W,工质从低温热源(冰箱的冰室)吸热 Q_2,向高温热源(大气)放热 Q_1.

根据热力学第一定律
$$W = Q_1 - Q_2.$$

由于做逆循环,工质从低温物体不断吸收热量,从而使低温物体的温度降低.

对于制冷机来说,最有实际意义的是制冷系数.在一次循环中,工质从低温热源吸收的热量 Q_2 与外界对工质做的净功的比,定义为制冷系数,用 ε 表示

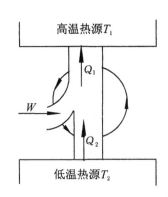

图 5-9 制冷机示意图

$$\varepsilon = \frac{Q_2}{W}. \tag{5-27}$$

制冷系数越大,在一次循环中,外界对工质做相同数量的功,工质从低温物体吸收的热量越多,制冷的效果就越好.

由式(5-27)可以计算出以理想气体为工质的卡诺制冷机的制冷系数

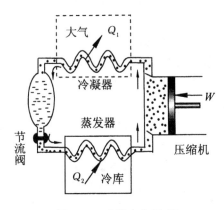

图 5-10 冰箱工作原理

$$\varepsilon = \frac{T_2}{T_1 - T_2}. \tag{5-28}$$

图 5-10 是冰箱的结构示意图. 工作物质是容易液化的物质,如氨气等. 压缩机将气体急剧压缩,被压缩成高温高压的气体进入冷凝器后由散热管向大气放热而凝结为液态氨. 液态氨经过节流阀的小口通道后,降压降温并且有一部分汽化,进入蒸发器后,液态氨从冰箱内部吸热而蒸发,使冰箱内降温变冷. 随后氨气又进入压缩机,完成一个循环而开始进入下一个循环.

第四节 热力学第二定律

热力学第二定律是关于各种宏观过程进行方向的规律,它有各种不同的表述,最典型的一是开尔文说法,二是克劳修斯说法.

一、热力学第二定律

19 世纪初,热机的应用已很广泛,但效率很低,如何提高热机的效率就成为一个迫切的问题.

由热力学第一定律知道,效率大于 100% 的热机是不可能的. 但是否能制造出效率为 100% 的热机呢? 如果能制造出这样的热机,它一定是从一个热源吸热,使热全部转换成功. 从卡诺循环可知,工质从高温热源吸热,经过一次循环后总要向低温热源放出一部分热量后才能回到初始状态. 多次尝试证明,只从一个热源吸热做功而不向低温热源放热的热机是不能实现的. 开尔文根据这一事实提出热力学第二定律的**开尔文说法**:不能从单一热源取热,使之全部转为有用功而不引起其他的变化.

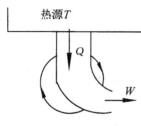

图 5-11 单热源热机

这种说法的关键是"不引起其他的变化". 例如,理想气体等温膨胀过程中,热全部转化成功,但是气体体积膨胀引起了外界的变化. 从单一热源取热使之全部变为有用功而不引起其他变化的热机叫单热源热机. 图 5-11 是单热源热机的示意图. 开文尔说法也可表述为:单热源热机是不可能的.

制冷机是通过外界做功使热从低温物体传向高温物体. 克劳修斯在总结了制冷机的规律后,提出了热力学第二定律的另一种表述——**克劳修斯说法**:热不能从低温物体传向高温物体而不引起其他的变化.

这种说法的关键仍然是"不引起其他的变化". 制冷机就是使热从低温物体传向高温物体,但是外界要做功,要引起其他的变化.

功变热和热变功的过程是一对对应的热力学过程. 同样,热量由高温物体向低温物体传递,和热量从低温物体向高温物体传递的过程也是一对对应的热力学过程. 由以上讨论知,功变热和热量从高温物体传到低温物体的过程,二者宏观上有共同之处,都是自发或自动的,无条件发生的,而与之相反的过程则是不自发的,需要一定条件或限制. 这表明,一切实际的热力学过程都按一定的方向进行. 相反的热力学过程虽然符合热力学第一定律,但不可能自觉发生. 可见,热力学第二定律是关于自然过程方向的规律,阐明了宏观热力学过程具有方向性.

这两种说法表面上看是不同的,但实际上它们是等效的. 现用反证法来证明其等效性.

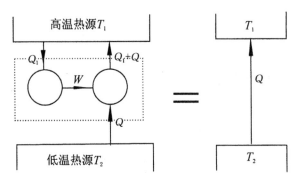

图 5-12 开尔文说法与克劳修斯说法等效

如图 5-12 所示,如果开尔文说法不成立,就存在单一热源热机,它从高温热源 T_1 吸热 Q_1,对外做功 W,再利用这台热机输出的功推动制冷机,使它从低温热源 T_2 吸热 Q,向高温热源 T_1 放出热量 $Q + W = Q + Q_1$. 这两部机器联合组成的热机,一个循环后状态不变,相当于热 Q 从低温热源 T_2 传向高温热源 T_1 而没有引起其他的变化.

同样可以证明:如果克劳修斯说法不成立,则开尔文说法也不成立.

二、可逆过程和不可逆过程

如图 5-13 所示,一系统从状态 A 起,经 B,C,$\cdots$,M 等到达状态 N,系统经历了一个过程 AN. 如果系统再沿相反的次序从 N 起,经 $M\cdots$,C,B 而回到状态 A 时,系统和外界都恢复原状,那么 AN 过程就是**可逆过程**. 如果外界或者系统不能恢复原状,AN 过程就是不可逆过程.

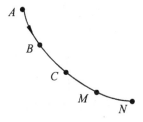

图 5-13 说明可逆过程用图

用图 5-14 的例子来说明可逆过程. 气缸中有一定的理想气体,把它放在温度为 T 的热源上. 活塞光滑,其上放有大量极小的砝码,将小砝码一个一个地依次横移到一系列的平台上. 气体逐渐膨胀,一点一点地吸热转变为抵抗砝码重力的功. 从 A 到 B 的这一过程可以近似地看成无摩擦准静态过程. 此后再将平台上的砝码一个一个地横向移回到活塞上,气体逐渐地被压缩. 砝码做功转变为热量一点一点地放回到热源中去,砝码全部放回后,活塞回到了原位,理想气体恢复了原状,平台上也没有了砝码,一切都恢复了原状. 所以从 A 到 B 的这个无摩擦准静态过程是可逆过程. 如果活塞上只有一个大砝码,将砝码横推到平台上,气体迅速膨胀,在膨胀过程中,气缸中的气体上疏下密. 把砝码上提移到膨胀后的活塞上需要外界做功. 砝码把气体迅速压缩,气缸

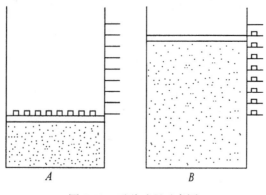

图 5-14　可逆过程示意图

中的气体上密下疏,返回的过程不能再沿相同的状态依相反的次序进行.气体和活塞、砝码恢复原状后,外界不能恢复原状.迅速膨胀的过程不是可逆过程,是不可逆过程.

　　开尔文说法表明"功变热"过程是不可逆过程;克劳修斯说法表明热传导过程是不可逆过程.其实,与热现象有关的各种宏观过程都是不可逆的.它们都是等效的,只要承认其中之一的不可逆性,就可以论证其他过程的不可逆性.

　　热力学第二定律指出,一切与热现象有关的实际宏现过程都是不可逆的.热现象是大量分子无规则运动的宏观表现,而大量分子无规则运动遵循着统计规律.据此可以由统计观点出发来解释不可逆过程,以加深对热力学第二定律微观本质的理解.下面利用概率的概念分析气体向真空中扩散这个典型的不可逆过程.

三、热力学第二定律的统计意义

　　从微观上来说,一切热力学过程都涉及大量分子热运动状态的变化.分子之间的作用是弹性的,因此一个分子的运动应当是可逆的.但是大量分子的宏观运动为什么会是不可逆的呢?在回答这个问题之前我们先介绍一下"概率"这个概念.

　　一颗骰子有六个面,掷下后要出现哪个面人们事先并不知道,因此说某面的出现是偶然的.将骰子掷 N 次,某面(如红面)出现了 m 次,当 N 很大时,$\dfrac{m}{N}$ 称为该面出现的概率.只要骰子是对称的,每一个面出现的概率都是 1/6.**概率**的一般定义是在 N 次实验中,某一事件出现的次数为 m,则该事件出现的概率

$$p = \lim_{N \to \infty} \frac{m}{N}.$$

　　概率只有对大数事件才有意义,它只能近似预言实验结果,不能精确地和实验结果一致,这是统计规律的本质特征.下面利用概率的概念分析气体向真空中扩散

这个典型的不可逆过程.

如图 5-15 所示,容器被隔板分成体积相等的 A、B 两部分,最初 A 中有 4 个分子,B 中是真空. 由于每个分子的速度和位置不同,所以这 4 个分子是可以区分的,用 a、b、c、d 来标志它们. 抽去隔板后,有的分子就可能飞入 B 中,从宏观上说这就是气体向真空中扩散. 由于分子的热运动,某一时刻可能 A、B 中各有 2 个分子;也可能 A 中有 1 个分子,B 中有 3 个分子. 但是 4 个分子同时回到 A 中也是可能的,如果这时将隔板加上,系统就返回原始状态

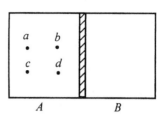

图 5-15　热力学第二定律统计意义用图

了,外界也没有发生任何变化. 所以对 4 个分子来说,气体向真空中扩散是可逆的.

现在计算一下 4 个分子同时回到 A 中的概率. 4 个分子,其中 1 个在 A 中,3 个在 B 中这叫做一个宏观态. 在这个宏观态中,a 在 A 中,b、c、d 在 B 中这是一个微观态;c 在 A 中,a、b、d 在 B 中是另一个微观态. 由于分子的热运动,4 个分子可能有的各种分布列于表 5-2 中.

表 5-2　4 个分子可能的各种分布

宏观状态 序　数	分子的分布		微观状态数 W
	A	B	
1	abcd	0	1
2	bcd	a	4
	acd	b	
	abd	c	
	abc	d	
3	ab	cd	6
	ac	bd	
	ad	bc	
	bc	ad	
	bd	ac	
	cd	ab	
4	a	bcd	4
	b	acd	
	c	abd	
	d	abc	
5	0	abcd	1

共有 $16 = 2^4$ 个相互独立的微观态,假设每个微观态出现的概率相等,那么 4 个分子同时回到 A 中的概率是 $1/16 = 1/2^4$,这个宏观态的概率最小. 如果最初 A 中

有 N 个分子,那么抽去隔板后,分子可能分布的微观态数是 2^N,其中只有一个状态是全部分子返回 A 中,返回原状的概率是 $1/2^N$. 例如 A 的体积是 $1\ \mathrm{m}^3$,里面装有标准状态的空气,分子数 N 约为 3×10^{25}. 撤去隔板后,全部分子返回到 A 中的概率是 $1/2^{(3 \times 10^{25})}$,这是极其微小的,小到没有实际意义. 这就是宏观现象不可逆的意义,它含有统计的性质.

总之,从微观上看,一切实际过程都是自发地由包含微观状态数目少的宏观状态向包含微观状态数目多的宏观状态进行. 这正是热力学第二定律的微观和统计意义.

本章小结

1. 功、热、内能的计算

准静态过程中系统对外做功

$$W = \int p\,\mathrm{d}V.$$

热量 $\qquad Q = \dfrac{M}{\mu}C(T_2 - T_1)$,$C$ 为摩尔热容量,

理想气体等容过程 $C_{v,m} = \dfrac{i}{2}R$,等压过程 $C_{p,m} = \dfrac{i+2}{2}R$.

理想气体内能 $\qquad E = \dfrac{M}{\mu}\dfrac{i}{2}RT = \dfrac{M}{\mu}C_{v,m}T.$

2. 热力学第一定律

系统从外界吸收的热量 Q,一部分用来使系统的内能增加 $\Delta E = E_2 - E_1$,另一部分用于对外界做功 W,即

$$Q = \Delta E + W, \quad \mathrm{d}Q = \mathrm{d}E + \mathrm{d}W.$$

3. 理想气体的准静态绝热过程

$$pV^\gamma = 常数,$$

其中,γ 称比热容比, $\quad \gamma = \dfrac{C_{p,m}}{C_{v,m}} = \dfrac{i+2}{i}.$

4. 循环过程

系统经历一系列变化后又回到初始状态的整个过程叫循环过程. p—V 图上为一闭合曲线.

正循环是系统从高温热源吸热 Q_1,对外做功 W,同时向低温热源放热 Q_2. 效率

$$\eta = \frac{W}{Q_1} = 1 - \frac{Q_2}{Q_1}.$$

逆循环则是外界对系统做功 W,系统从低温热源吸热 Q_2,向高温热源放热 Q_1.

制冷系数 $$\varepsilon = \frac{Q_2}{W}.$$

5. 卡诺循环

系统只和两个恒温热源进行热交换的准静态循环过程. 由两个绝热、两个等温过程构成.

卡诺循环的效率 $$\eta = 1 - \frac{T_2}{T_1}.$$

6. 热力学第二定律

开尔文说法:不可能从单一热源取热,使之全部转为有用功而不引起其他变化.

克劳修斯说法:热不可能从低温物体传向高温物体而不引起其他变化.

统计意义:一个不受外界影响的孤立系统,其内部发生的过程总是由概率小的状态向概率大的状态进行.

思 考 题

5-1 什么叫准静态过程? 在 p—V 图中能否表示出非准静态过程?

5-2 功是过程量还是状态量? 已知过程的初态 (p_1, V_1, T_1) 和末态 (p_2, V_2, T_1) 并且 $V_2 = 2V_1$,能否判断在此过程中系统做正功? 为什么?

5-3 热是过程量还是状态量? 在始、末两个状态相同的过程中,有的过程中 $Q > 0$,有的 $Q = 0$,还有的 $Q < 0$,这是为什么?

5-4 对于一定量的理想气体,下列过程是否可能? (1)恒温下绝热膨胀;(2)恒压下绝热膨胀;(3)吸热而温度不变;(4)对外做功,同时放热;(5)吸热,同时体积又缩小.

5-5 两条绝热线能否相交? 等温线与绝热线比较,哪个陡?

5-6 判断下面说法是否正确?

功可以全部转化成热而热不能全部转化成功;热能从高温物体传向低温物体,但不能从低温物体传向高温物体.

5-7 什么叫可逆过程和不可逆过程? 能否说功转换成热的过程是可逆过程,而热转换成功的过程是不可逆过程?

5-8 一个过程 abc 与一个绝热过程构成正循环. 下面的说法哪个正确. (1)abc 过程只吸收热量;(2)只放出热量;(3)既吸热也放热,但净热大于零;(4)既吸热也放热但净热小于零.

5-9 一理想气体在绝热容器中作真空自由膨胀后,温度、压强、体积、内能哪些量发生变化?

习 题

5-1 系统从 a 态沿 acb 过程到达 b 状态,吸收热量 334 J,对外做功 126 J;该系统从 a 态沿 adb 过程到达 b 态对外做功 42 J,求系统在 adb 过程中吸收的热量.

5-2 将压强 $p = 760$ mmHg 的空气 3 L 等温地压缩到 0.5 L,求系统做的功和吸收的热量.

5-3 10 g 氧气处于 $p_1 = 3.039 \times 10^5$ Pa,$t = 10℃$ 的状态,等压膨胀到 $V_2 = 10$ L. 求:

(1)氧气做的功;

(2)氧气的内能增量;

(3)氧气吸收的热量.

5-4 10 L 氧气处于 $p_1 = 2.026 \times 10^5$ Pa,$t_1 = 27$ ℃ 的状态,等容加热到 $t_2 = 37$ ℃.求氧气内能的增量和吸收的热量.

5-5 将温度为 17 ℃,压强为 1.013×10^5 Pa 的 1 kg 氧气绝热地压缩到 10 atm,求氧所作的功和内能增量.

5-6 氧气从 a 态沿 ab 过程到达 b 态. 求此过程中氧气做的功、内能增量和吸收的热量.

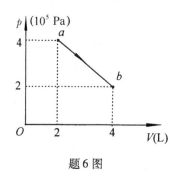

题 6 图

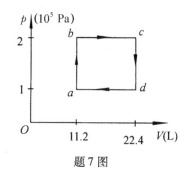

题 7 图

5-7 氧气作如图示的循环,求这个循环的效率.

5-8 理想气体作卡诺循环,高温热源温度为 400 K,低温热源的温度为 300 K,每一循环气体从高温热源吸收热量 2 500 J. 求:

(1)每一个循环中热机做的功;

(2)在每一个循环中向低温热源放出的热量.

5-9 一卡诺热机的低温热源的温度为 7℃,效率为 40%. 在低温热源温度不变的情况下,如果将效率提高到 50%,那么高温热源的温度要提高多少度?

5-10 2 mol 的氧气经等容过程后,温度由 340 K 降为 310 K,而后又经等压过程使温度升到 330 K.

(1)分别计算这两个过程中系统所吸收的热量;

(2)计算初、末态间内能的增量.

5-11 空气压缩机压缩空气.已知空气质量为 1 kg,活塞做功 8.37×10^4 J.(1)若是绝热压缩,求压缩后空气的温度增量;(2)若是等温压缩,求系统放出的热量.

热学同步练习

一、选择题

1. 两瓶不同种类的气体,分子平均平动动能相等,但气体密度不同,则(　　).

A. 温度相同,压强也相同　　　　　　　B. 温度相同,压强不同

C. 温度和压强都不同　　　　　　　　　D. 温度相同,内能也相同

2. 如果在一固定容器内,理想气体分子的平均速率提高为原来的 2 倍,那么(　　).

A. 温度和压强都提高为原来的 2 倍

B. 温度提高为原来的 4 倍,压强提高为原来的 2 倍

C. 温度提高为原来的 2 倍,压强提高为原来的 4 倍

D. 温度和压强都提高为原来的 4 倍

3. 在恒定不变的压强下,气体分子的平均碰撞次数 Z 与气体温度 T 的关系为(　　).

A. 与 T 无关　　　B. 与 $\sqrt{T}$ 成正比　　　C. 与 $\sqrt{T}$ 成反比　　　D. 与 T 成正比

4. 在标准状态下,若氧气(视为刚性双原子分子的理想气体)与氦气的体积比 $V_1/V_2 = 1/2$,则其内能之比 E_1/E_2 为(　　).

A. 3/10　　　　B. 1/2　　　　C. 5/6　　　　D. 5/3

5. 气缸内盛有一定量的氢气(可视为理想气体),当温度不变而压强增大一倍时,氢气分子的平均碰撞频率 $\bar{z}$ 和平均自由程 $\bar{\lambda}$ 的变化情况是(　　).

A. $\bar{z}$ 和 $\bar{\lambda}$ 都增大一倍　　　　　　B. $\bar{z}$ 和 $\bar{\lambda}$ 都减为原来的一半

C. $\bar{z}$ 增大一倍而 $\bar{\lambda}$ 减为原来的一半　　　D. $\bar{z}$ 减为原来的一半而 $\bar{\lambda}$ 增大一倍.

6. 设单原子理想气体由平衡状态 A,经一平衡过程变化到状态 B,如果变化过程不知道,但 A、B 两状态的压强、体积和温度都已知,那么就可以求出(　　).

A. 气体膨胀所做的功　　　　　　B. 气体内能的变化

C. 气体传递的热量　　　　　　　D. 气体的总质量

7. 在 $p—V$ 图中,1 mol 理想气体从状态 A 沿直线到达 B,则此过程系统的功和内能的变化是(　　).

A. $W > 0, \Delta E > 0$　　　B. $W < 0, \Delta E < 0$

C. $W > 0, \Delta E = 0$　　　D. $W < 0, \Delta E > 0$

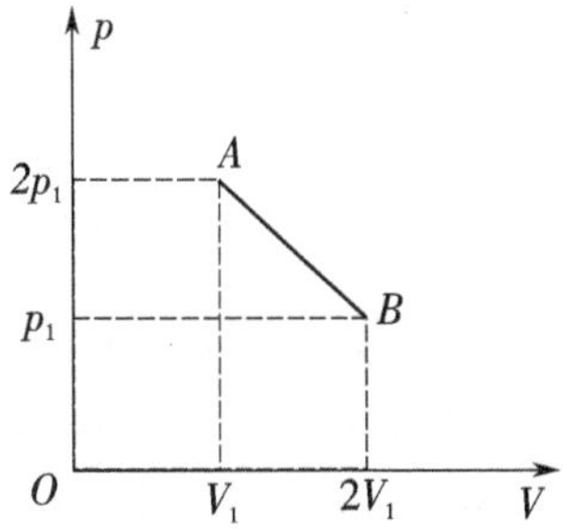

8. 双原子理想气体,做等压膨胀,若气体膨胀过程从热源吸收热量 700 J,则该气体对外做功为(　　).

A. 350J　　　　　　B. 300J

C. 250J　　　　　　D. 200J

9. 一卡诺热机在 500 K 和 300 K 两个热源之间工作,那么其效率为(　　).

A. 60%　　　　B. 40%　　　　C. 25%　　　　D. 20%

10. 在一条绝热线上有两点 a、b,有两个不同过程都从 $a \rightarrow b$,如图所示,则(　　).

A. $Q_1 > Q, \Delta E_1 > 0$

B. $Q_2 > 0, \Delta E_2 > 0$

C. $Q_1 < 0, \Delta E_1 < 0$

D. $Q_2 < 0, \Delta E_2 < 0$

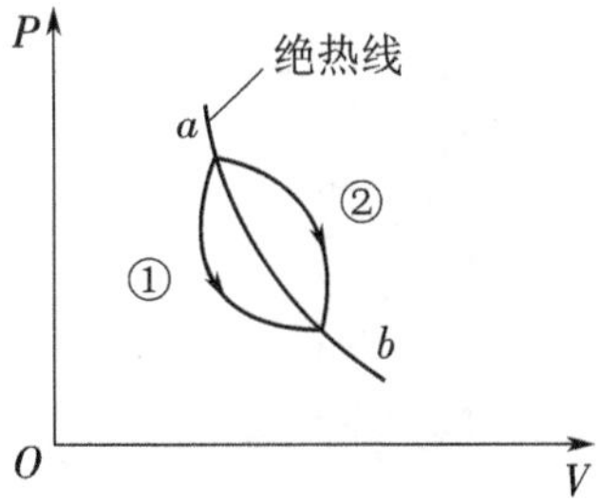

题 7 图

题 10 图

二、填空题

1. 某种气体在温度 T 时,分子速率按麦克斯韦速率分布律得到的曲线如图所示,其中

1) 最概然速率 v_p,表示_____.

2) 画有斜线的小长条面积表示_____.

3）分布曲线下所包围的面积表示 _____.

2. 压强体积和温度都相同的氧气和氮气分别在等压过程吸收了相同的热量,则它们对外做功之比 $A_{氧}:A_{氮}=$ _____.

3. 某容器中贮有一定量的氧气,处于 $T=300$ K 的热平衡状态时,氧气分子的平均平动能 $\bar{E}_{平}=$ _____,平均转动动能 $\bar{E}_{转}=$ _____,平均动能 $\bar{E}=$ _____.

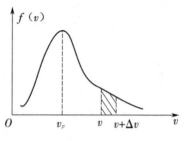

题 1 图

4. 理想气体压强的微观(统计)意义是 _____;压强公式可表示为 $p=$ _____,温度是 _____ 的量度,其关系式为 _____.

5. 装有氮气的容器,以 100 m·s^{-1} 的速度运动.假设该容器突然停止后,其氮气的全部定向动能 $\frac{1}{2}mv^2$ 将转换为分子热运动的内能,试问容器中的温度将会升高多少? _____.

6. 如图所示,现想气体从状态 A 出发经 $ABCDA$ 循环过程,回到状态 A 点,则循环过程中气体净吸收的热量 $Q=$ _____.

7. 一定量的某种理想气体在等压过程中对外做功为 200 J.若此种气体为单原子分子气体,则该过程中需吸热 _____ J;若为双原子分子气体,则需吸热 _____ J.

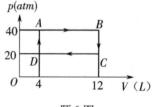

题 6 图

8. 如图所示,已知图中画不同斜线的两部分的面积分别为 S_1 和 S_2,那么(1)如果气体膨胀过程为 $a\to1\to b$,则气体对外做功 $W=$ _____;(2)如果气体进行 $a\to2\to b\to1\to a$ 的循环过程,则它对外做功 $W=$ _____.

9. 一卡诺机从 373 K 的高温热源吸热,向 273 K 的低温热源放热.若该机从高温热源吸收 $1\,000$ J 热量,则该机所做的功 $W=$ _____,放出热量 $Q_2=$ _____.

10. 某理想气体分别进行如图所示的两个卡诺循环:Ⅰ($abcda$)和Ⅱ($a'b'c'd'a'$),且两条循环曲线所围面积相等.设循环Ⅰ的效率为 η,每次循环在高温热源处吸的热量为 Q,循环Ⅱ的效率为 η',每次循环在高温热源处的热量为 Q',则 _____.

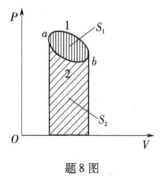

题 8 图

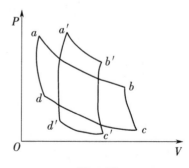

题 10 图

三、计算题

1. 在容积为 $V = 2 \times 10^{-3}\,\mathrm{m^3}$ 的容器内,盛有 $m = 0.01\,\mathrm{kg}$ 的氧气,其压强为 $p = 9.07 \times 10^4\,\mathrm{Pa}$,试求:

(1)氧气分子的方均根速率;

(2)单位体积内的分子数;

(3)氧气分子的平均动能;

(4)氧气分子的平均自由程和连续两次碰撞的平均时间间隔(已知氧分子的有效直径为 $2.9 \times 10^{-10}\,\mathrm{m}$).

2. 计算下列一组粒子的平均速率和方均根速率.

N_1	2	4	6	8	2
$V_i(\mathrm{m \cdot s^{-1}})$	10.0	20.0	30.0	40.0	50.2

3. (1)有一个具有活塞的容器中盛有一定量的气体,如果压缩气体并对它加热,使它的温度从 27 ℃ 升到 177 ℃,体积减小一半,气体压强变化多少?

(2)这时气体分子的平动能变化多少? 分子的方均根速率变化多少?

4. 1 mol 单原子理想气体,盛于缸内被一可移动的活塞所封闭,开始时压强为 10^5 Pa 体积为 1 L 今将此气体在等压下加热,直至其体积加大 1 倍为止,然后再在等容下加热,至其压强加大 1 倍,最后再做绝热膨胀,使其温度降为开始时的温度,将上述过程在 p—V 图上表示出来并求其内能的改变和对外所做的功.

5. 1 mol 现想气体在温度 400 K 与 300 K 之间进行一卡诺循环,在 400 K 的等温线上,起始体积为 0.001 $\mathrm{m^3}$,最后体积为 0.005 $\mathrm{m^3}$,试求气体在此循环中所做的功,以及从高温热源吸收的热量和传给低温热源的热量.

6. 气缸内贮有 36 g 水蒸气(视为理想气体),经过 abcda 循环过程如图示. 其中 $a{\to}b$、$c{\to}d$ 为等容过程. $b{\to}c$ 为等温过程,$d{\to}a$ 为等压过程. 试求:

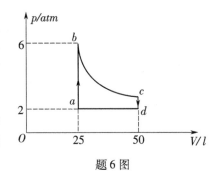

题 6 图

(1)$W_{da} = ?$

(2)$\Delta E_{ab} = ?$

(3)循环过程的净功 $W = ?$

(4)循环效率 $\eta = ?$

(摩尔气体常数 $R = 8.31\,\mathrm{J \cdot mol^{-1} \cdot K^{-1}}$,1 atm $= 1.013 \times 10^5$ Pa,ln 2 = 0.693.)

第三篇 电 磁 学

电磁学是研究电磁现象及其基本规律的一门学科. 19 世纪以来,许多科学家对电磁现象的规律做了大量的实验和理论研究,总结出了经典电磁理论,为当代的电力和通信技术的迅猛发展打下了坚实的理论基础. 本篇主要研究经典电磁学,它由三部分组成,即静电学、静磁学以及电磁感应.

任何电荷(静止和运动电荷)周围都存在一种特殊物质,称为电场.静止电荷周围的电场称为静电场.静电学主要研究真空中的静电场的基本性质和规律,以及有导体和电介质存在时静电场的特征,导体和电介质的性质.研究的主要概念包括电场强度、电势、电场能量等,主要规律为库仑定律、高斯定理及环流定理等.

静磁学研究稳恒电流所激发的磁场,这种磁场的分布不随时间变化,所以把这种磁场又称为稳恒磁场或静磁场.本部分内容将介绍电流及运动电荷激发的磁场,以及磁相互作用的基本规律、磁场的性质、磁场与物质的相互作用.涉及的概念有磁感应强度、安培力、洛伦兹力及磁场能量等,主要规律包括毕奥-萨伐尔定律,安培环流定理,高斯定理及安培定律等.

在电磁感应部分,主要研究随时间变化的磁和电场的相互联系,即变化的磁场激发电场,变化的电场激发磁场.电场和磁场是统一电磁场表现的两个方面.麦克斯韦方程组具体表述了电与磁的相互关系,并由此预言了电磁波的存在.

第六章 静 电 场

本章先介绍相对观察者静止的电荷所产生的静电场的基本性质和规律,然后介绍静电场中的导体和电介质的静电特性.

第一节 电荷与静电场

一、库仑定律

人们从摩擦起电开始,逐步认识到自然界只存在正、负两种电荷,同号电荷相互排斥,异号电荷相互吸引. 起电实际是打破原有的电中性,电荷从一个物体转移到另一个物体. 对于孤立系统来说,内部无论发生怎样的物理过程,正、负电荷电量的代数和总是保持不变,这个结论称为**电荷守恒定律**.

从微观结构来看,物质由分子或原子组成,原子由原子核和核外电子组成,原子核带正电,而核外电子带负电. 在正常状态下,原子核所带正电荷与核外电子所带负电荷相等,整体不显电性. 起电的本质是原中性物体失去部分电子而带正电,另一物体得到多余电子而带负电. 到目前为止,电子所带电量仍是最小的电量,这个电量的绝对值用 e 表示,其他任何带电体所带电量只能是这个最小电量的整数倍,即 $q = ne$,这种性质称为**电荷的量子化**.

1785 年,法国科学家库仑通过实验总结出真空中两个点电荷之间相互作用的基本规律——**库仑定律**,其内容表述如下.

真空中两个静止的点电荷之间的相互作用力与这两个点电荷所带电量的乘积成正比,与它们之间距离的平方成反比,作用力的方向沿着两个点电荷的连线. 数学表达式是

$$F_{12} = -F_{21} = \frac{1}{4\pi\varepsilon_0} \frac{q_1 q_2}{r^2},$$

写为矢量形式

$$F_{12} = \frac{1}{4\pi\varepsilon_0} \frac{q_1 q_2}{r^2} r_{012} = -F_{21}. \tag{6-1}$$

如图 6-1 所示,F_{12} 是 q_2 对 q_1 的作用力,F_{21} 是 q_1 对 q_2 的作用力,r_{012} 是从 q_2 指向 q_1 的单位矢量,ε_0 叫做**真空介电常数**(或真空电容率). 在国际单位制中,$\varepsilon_0 = 8.85 \times$

$10^{-12}\,\mathrm{F/m}$,而 $\dfrac{1}{4\pi\varepsilon_0}\approx9\times10^{9}\,\mathrm{m/F}$.

图 6-1　点电荷间的作用力

近代理论证明,两个点电荷之间的相互作用,不是两电荷之间超越距离的直接作用,而是通过电场来完成的.即电荷 q_1 在周围空间产生电场,电场对 q_2 有作用力;同样 q_2 也在其周围产生电场,q_2 的电场对 q_1 施力.这种相互作用可以概括为

$$\text{电荷 } q_1 \rightleftharpoons \boxed{\text{电场}} \rightleftharpoons \text{电荷 } q_2$$

相对于观察者静止的电荷在周围空间产生的电场称为**静电场**.电场可以对场中电荷施力,带电体在电场中运动时,电场力将对带电体做功,表明场具有能量,也具有动量和质量,所以场也是物质存在的一种形态.

二、电场强度

为描述电场中任一点的性质,从电荷在电场中受力出发,引入电场强度的概念.

设空间有一个固定不动的电荷系 $q_1,q_2,\cdots$,这些电荷在空间产生了静电场.为判断场中某一点的强弱,将试验电荷 q_0 放到电场中,要求试验电荷所带电量足够小,不会对原有电场产生显著的影响;而为了描述场中各点的性质,又要求试验电荷是线度足够小的点电荷.实验证明,试验电荷在场中不同的位置,受到的电场力 $\boldsymbol{F}$ 是不同的;在场中同一位置,不同的 q_0 所受电场力 $\boldsymbol{F}$ 也不同,但比值 $\boldsymbol{F}/q_0$ 却只与试验电荷 q_0 在场中的位置有关.我们把这个比值定义为**电场强度**,用 $\boldsymbol{E}$ 表示,

$$\boldsymbol{E}=\frac{\boldsymbol{F}}{q_0}. \tag{6-2}$$

可见,电场中某点的电场强度在数值上等于该点的单位电荷所受的力,电场强度的方向规定为正电荷在该点所受电场力的方向.

在国际单位制中,电场强度的单位是伏特/米($\mathrm{V/m}$).

利用库仑定律和电场强度 $\boldsymbol{E}$ 的定义,很容易求得点电荷在周围空间产生的电场强度.

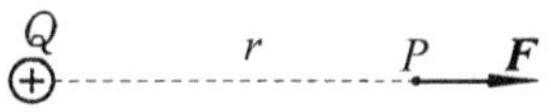

图 6-2　点电荷的电场强度

如图 6-2 所示,在距点电荷 Q 为 r 的 P 点放一正的试验电荷 q_0,由库仑定律,q_0 所受到的电场力的大小

$$F=\frac{Qq_0}{4\pi\varepsilon_0r^2}.$$

由场强定义,P 点的电场强度

$$\boldsymbol{E}=\frac{\boldsymbol{F}}{q_0}=\frac{Q}{4\pi\varepsilon_0r^2}\boldsymbol{r}_0, \tag{6-3}$$

式中, r_0 为由 Q 指向 P 点的单位矢量. 当 Q 为正电荷时, 场强的方向沿 Q 和 P 的连线背离 Q; 当 Q 为负电荷时, 场强的方向沿 Q 和 P 点的连线指向 Q.

三、场强叠加原理与电场强度计算

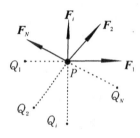

图 6-3 点电荷系的场强

如图 6-3 所示, P 点是固定的点电荷系 $Q_1, Q_2, \cdots, Q_N$ 的电场中的一点, 求 P 点的场强.

仍将试验电荷 q_0 放在 P 点, 它分别受到各电荷的电场力 $F_1, F_2, \cdots, F_N$, 合力

$$F = F_1 + F_2 + \cdots + F_N.$$

由场强的定义, P 点的场强

$$E = \frac{F}{q_0} = \frac{F_1}{q_0} + \frac{F_2}{q_0} + \cdots + \frac{F_N}{q_0}$$
$$= E_1 + E_2 + \cdots + E_N = \sum E, \quad (6-4)$$

式中, $E_1, E_2, \cdots, E_N$ 分别是每一个点电荷单独存在时在 P 点产生的场强.

由此可见, 点电荷系在某点的场强等于各个点电荷单独存在时在该点所产生的场强的矢量和, 这就是**场强叠加原理**.

利用场强叠加原理也可以求连续分布电荷的场强. 这时把电荷分成无数多个电荷元 dq, 每个电荷元可看作是一个点电荷, 任一个电荷元 dq 在空间某点产生的场强

$$d\boldsymbol{E} = \frac{1}{4\pi\varepsilon_0} \frac{dq}{r^2} \boldsymbol{r}_0,$$

式中, r 为电荷元 dq 到场中该点的距离, r_0 为由 dq 到该点方向上的单位矢量. 整个带电体在该点的场强用矢量积分表示

$$\boldsymbol{E} = \int d\boldsymbol{E} = \int \frac{1}{4\pi\varepsilon_0} \frac{dq}{r^2} \boldsymbol{r}_0.$$

在具体运算时, 通常把 $d\boldsymbol{E}$ 沿坐标轴分解为 dE_x、dE_y、dE_z 三个分量, 分别沿三个坐标方向进行积分, 即

$$E_x = \int dE_x,$$

$$E_y = \int dE_y,$$

$$E_z = \int dE_z,$$

再求合成矢量. 而 dq 的选取应根据电荷分布的特点而定. 如电荷分布在一条曲线上、一个曲面或一定体积内, 相应的电荷线密度 λ、电荷面密度 σ 和电荷体密度 ρ, 分别取线元 dl、面元 dS 和体积元 dV, 电荷元分别为

$$dq = \lambda \cdot dl (线分布),$$

$$dq = \sigma \cdot dS（面分布），$$
$$dq = \rho \cdot dV（体分布）.$$

【例 6-1】 求电偶极子中垂线上一点的场强和电偶极子在均匀电场中所受到的力矩.

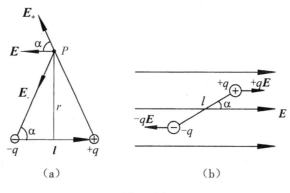

例 6-1 图

解 如图（a）所示，等量异号的两个点电荷 $+q$ 和 $-q$ 之间的距离 l 比从它们到场点的距离 r 小得很多时，此电荷系统叫做**电偶极子**，用 l 表示从负电荷到正电荷的矢量线段. 电荷 q 与 l 的乘积叫**电偶极矩**，简称**电矩**，用 p 表示. $p = ql$，它的方向从负电荷指向正电荷.

P 点是电偶极子中垂线上的一点，它到垂足的距离为 r，正电荷和负电荷在 P 点产生的场强的数值

$$E_+ = E_- = \frac{q}{4\pi\varepsilon_0\left[r^2 + \left(\dfrac{l}{2}\right)^2\right]},$$

其方向如图所示.

下面用解析法求它们的矢量和.

$$E_{+x} = E_{-x} = E_+\cos\alpha = \frac{\dfrac{l}{2}q}{4\pi\varepsilon_0\left[r^2 + \left(\dfrac{l}{2}\right)^2\right]^{3/2}},$$

$$E_{+y} = E_{-y} = E_+\sin\alpha,$$
$$E_y = E_{+y} - E_{-y} = 0,$$

$$E_x = E_{+x} + E_{-x} = 2E_+\cos\alpha = \frac{ql}{4\pi\varepsilon_0\left[r^2 + \left(\dfrac{l}{2}\right)^2\right]^{3/2}}.$$

因为 $r \gg \dfrac{l}{2}$，所以 $\left[r^2 + \left(\dfrac{l}{2} \right)^2 \right]^{\frac{3}{2}} \approx r^3$. 考虑到电场强度的方向，

$$E = \frac{-p}{4\pi\varepsilon_0 r^3}.$$

如图(b)所示，电偶极子在均匀电场中，其电矩的方向与场强 E 的方向之间的夹角为 α. 正负两点电荷所受的电场力的大小都是 qE，方向相反，间距为 $l\sin\alpha$. 两个大小相等，方向相反，不在同一条直线上的力叫做**力偶**. 力偶对于平面上任何一点产生的力偶矩都等于力与它们之间距离的乘积，用 M 表示力偶矩，有

$$M = qEl\sin\alpha = pE\sin\alpha,$$

考虑到 M, p 和 E 三个矢量及它们之间的关系，上式写成矢量式

$$M = p \times E. \tag{6-5}$$

力偶矩的作用是使电矩 p 向电场 E 方向转动.

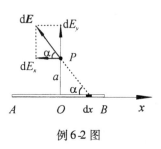

例 6-2 图

【例 6-2】 如图所示，线段 AB 均匀带电，单位长度上的电量为 λ，P 点到线段的距离为 a，求 P 点的场强.

解 选取如图所示直角坐标系，任取电荷元 $dq = \lambda dx$，它的坐标为 x. dq 在 P 点处的场强方向如图示，其大小

$$dE = \frac{\lambda dx}{4\pi\varepsilon_0 (x^2 + a^2)}.$$

将场强 dE 沿坐标轴分解

$$dE_x = dE\cos\alpha = \frac{x\lambda dx}{4\pi\varepsilon_0 (x^2 + a^2)^{3/2}},$$

$$dE_y = dE\sin\alpha = \frac{a\lambda dx}{4\pi\varepsilon_0 (x^2 + a^2)^{3/2}}.$$

再沿 x 和 y 两个方向分别进行积分，注意到 A 点的坐标是 $-l_1$，B 点的坐标是 l_2，有

$$E_x = \int_{-l_1}^{l_2} \frac{\lambda x dx}{4\pi\varepsilon_0 (x^2 + a^2)^{3/2}} = \frac{\lambda}{4\pi\varepsilon_0} \left(\frac{1}{\sqrt{l_2^2 + a^2}} - \frac{1}{\sqrt{l_1^2 + a^2}} \right),$$

$$E_y = \int_{-l_1}^{l_2} \frac{\lambda a dx}{4\pi\varepsilon_0 (x^2 + a^2)^{3/2}} = \frac{\lambda}{4\pi\varepsilon_0 a} \left(\frac{l_2}{\sqrt{l_2^2 + a^2}} + \frac{l_1}{\sqrt{l_1^2 + a^2}} \right).$$

当 $l_1 = l_2 = l$ 时，即 P 点在带电线段的中垂面上，$E_x = 0$，

$$E = E_y = \frac{\lambda l}{2\pi\varepsilon_0 a \sqrt{a^2 + l^2}},$$

场强方向垂直于带电线段.

当 $(l_1 + l_2) \gg a$ 时,从 P 点看来,带电线段就是一条无限长的均匀带电直线. l_1 和 l_2 都趋于无限大,此时 P 点的场强

$$E_x = \lim_{\substack{l_1 \to \infty \\ l_2 \to \infty}} \frac{\lambda}{4\pi\varepsilon_0}\left(\frac{1}{\sqrt{l_2^2 + a^2}} - \frac{1}{\sqrt{l_1^2 + a^2}}\right) = 0,$$

$$E_y = \lim_{\substack{l_1 \to \infty \\ l_2 \to \infty}} \frac{\lambda}{4\pi\varepsilon_0 a}\left(\frac{l_2}{\sqrt{l_2^2 + a^2}} + \frac{l_1}{\sqrt{l_1^2 + a^2}}\right) = \frac{\lambda}{2\pi\varepsilon_0 a}.$$

所以无限长均匀带电直线外一点的场强大小

$$E = \frac{\lambda}{2\pi\varepsilon_0 a},$$

方向垂直于带电直线. 当所带电荷为正时,场强指向远离带电直线的方向;当所带电荷为负时,场强指向带电直线方向.

【例 6-3】 如图所示,电量 q 均匀分布在一个半径为 a 的细圆环上,求圆环的轴线上距环心为 x 处 P 点的场强.

解 将圆环分成无限多个线元 $\mathrm{d}l$,其上所带电量

$$\mathrm{d}q = \frac{q}{2\pi a}\mathrm{d}l,$$

$\mathrm{d}q$ 在 P 点产生的场强大小

$$\mathrm{d}E = \frac{1}{4\pi\varepsilon_0}\frac{\mathrm{d}q}{r^2} = \frac{1}{4\pi\varepsilon_0}\frac{\mathrm{d}q}{a^2 + x^2}.$$

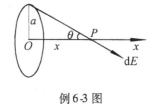

例 6-3 图

建立如图所示的坐标系. 由于对称性关系,P 点的合场强 $\boldsymbol{E}$ 的方向必沿 x 轴,所以

$$E = E_x = \int \mathrm{d}E\cos\theta,$$

其中

$$\cos\theta = \frac{x}{\sqrt{a^2 + x^2}},$$

所以

$$E = \int_0^{2\pi a} \frac{1}{4\pi\varepsilon_0}\frac{q\mathrm{d}l}{2\pi a}\frac{x}{(a^2 + x^2)^{3/2}} = \frac{qx}{4\pi\varepsilon_0(a^2 + x^2)^{3/2}}.$$

第二节 静电场的高斯定理

一、电场线

为了形象地描述电场的空间分布情况,引入电场线的概念. 就是在电场中作一

系列带有箭矢的曲线,使曲线上每一点的切线方向与该点的场强方向一致,而曲线的疏密程度表示场强的大小,这样的曲线叫**电场线**,如图 6-4 所示. 为定量表示场强的大小,规定电场线密度等于该点场强的数值. 所谓**电场线密度**就是垂直通过单位面积上的电场线条数. 如在电场中任一点取一垂直于该点场强的面积元 dS,通过该面积元的电场线条数为 dΦ,则

$$\frac{\mathrm{d}\Phi}{\mathrm{d}S} = E. \tag{6-6}$$

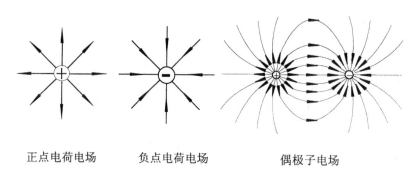

正点电荷电场   负点电荷电场   偶极子电场

图 6-4　电场线

按照上述规定画出的静电场的电场线有以下特点.

(1)电场线总是从正电荷出发,终止于负电荷或到无穷远处. 电场线不是闭合曲线,也不会中断.

(2)因为电场中某点的场强只有一个方向,故没有电荷存在的地方,电场线不能相交.

二、电通量

电场是空间分布的一个矢量场,为了描述电场的规律引入电通量的概念.

通过曲面 S 的电场线条数叫做这个曲面的**电通量**.

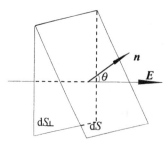

图 6-5　平面的电通量

如图 6-5 所示,一面积元 dS,它的法线 **n** 与场强 **E** 之间的夹角为 θ,面积元 dS 在垂直于电场强度方向上的投影

$$\mathrm{d}S_\perp = \mathrm{d}S\cos\theta$$

很显然通过面积元 $\mathrm{d}S_\perp$ 上的电场线条数就是通过面积元 dS 上的条数. 由式(6-6),通过面积元 dS 上的电通量

$$\mathrm{d}\Phi = E\mathrm{d}S_\perp = E\mathrm{d}S\cos\theta.$$

引入面积元矢量 d**S**,它的大小为 dS,方向为面积元的法线方向,则通过面积元 d**S** 的电通量可写成 **E** 和 d**S** 两矢量的标量积

$$\mathrm{d}\Phi = \boldsymbol{E} \cdot \mathrm{d}\boldsymbol{S}.$$

一个如图 6-6 所示的任意曲面 S,可以看作由无数个面积元 $\mathrm{d}S$ 组成,曲面 S 上的电通量就是这无数个面积元上电通量的代数和,即

$$\Phi = \iint\limits_{S} \mathrm{d}\Phi = \iint\limits_{S} \boldsymbol{E} \cdot \mathrm{d}\boldsymbol{S}. \tag{6-7}$$

对于一个闭合曲面来说,它的电通量表达式是

$$\Phi = \oiint \boldsymbol{E} \cdot \mathrm{d}\boldsymbol{S}.$$

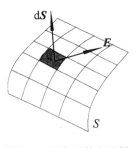

图 6-6　面积元的电通量

对于不闭合曲面,面积元 $\mathrm{d}S$ 的方向可以取曲面任何一侧法线方向为正. 对于闭合曲面,规定自内向外为面积元法线的正方向,这样规定后,当电场线穿出曲面时,$\boldsymbol{E}$ 与 $\mathrm{d}\boldsymbol{S}$ 之间的夹角 $\theta < \dfrac{\pi}{2}$,电通量为正;当电场线穿入曲面时,$\boldsymbol{E}$ 与 $\mathrm{d}\boldsymbol{S}$ 之间的夹角 $\theta > \dfrac{\pi}{2}$,电通量为负.

三、静电场的高斯定理

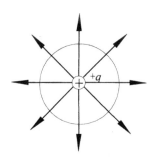

图 6-7　闭合球面的电通量

高斯定理是描述静电场性质的两条基本定律之一,它从电场和场源电荷之间关系方面反映静电场的性质. 下面从点电荷的电场出发推导静电场的高斯定理.

在点电荷 q 的电场中,以 q 为球心,r 为半径作一球面 S,如图 6-7 所示,球面上任一点的场强数值都是 $\dfrac{q}{4\pi\varepsilon_0 r^2}$,方向沿半径方向,球面 S 上的电通量

$$\Phi = \oiint\limits_{S} \boldsymbol{E} \cdot \mathrm{d}\boldsymbol{S} = \oiint\limits_{S} E\mathrm{d}S = \oiint\limits_{S} \frac{q}{4\pi\varepsilon_0 r^2}\mathrm{d}S = \frac{q}{4\pi\varepsilon_0 r^2} \times 4\pi r^2 = \frac{q}{\varepsilon_0}.$$

这个结果与球面的半径无关,只与球面内的电量 q 有关. 这意味着对以点电荷 q 为中心的任意球面来说,通过它们的电通量都等于 q/ε_0. 从电场线的角度来说,这表示通过各球面的电场线的条数都是 q/ε_0,或者说从点电荷 q 发出 q/ε_0 条电场线连续地延伸到无限远处,因此,不管闭合曲面的形状如何,只要点电荷 q 在其内部,q 发出的 q/ε_0 条电场线都会穿过闭合曲面,该闭合曲面的电通量就是 q/ε_0. $q > 0$ 时,$\Phi > 0$,电场线穿出闭合曲面;$q < 0$ 时,$\Phi < 0$,电场线穿入闭合曲面.

若点电荷 q 在闭合曲面 S 的外面,如图 6-8 所示,q 发出的电场线穿入闭合面的一侧,必然从另一侧穿出,故闭合曲面外的电荷在闭合曲面上产生的电通量等于零.

对于如图 6-9 所示的情况,点电荷 q_1、q_2 和 q_3 在闭合曲面 S 内,点电荷 q_4 在闭

合曲面外. 闭合曲面上任一点的场强都是四个点电荷在该点产生的场强的矢量和，即

$$\boldsymbol{E} = \boldsymbol{E}_1 + \boldsymbol{E}_2 + \boldsymbol{E}_3 + \boldsymbol{E}_4.$$

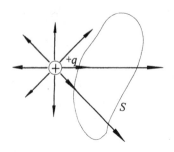
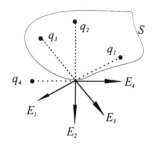

图 6-8   闭合曲面的电通量   图 6-9   点电荷系的电通量

闭合曲面 S 的电通量

$$\Phi = \oiint_S \boldsymbol{E} \cdot \mathrm{d}\boldsymbol{S} = \oiint_S \boldsymbol{E}_1 \cdot \mathrm{d}\boldsymbol{S} + \oiint_S \boldsymbol{E}_2 \cdot \mathrm{d}\boldsymbol{S} + \oiint_S \boldsymbol{E}_3 \cdot \mathrm{d}\boldsymbol{S} + \oiint_S \boldsymbol{E}_4 \cdot \mathrm{d}\boldsymbol{S}$$

$$= \Phi_1 + \Phi_2 + \Phi_3 + \Phi_4,$$

因 q_4 在闭合曲面外，它对闭合曲面的电通量没有贡献，$\Phi_4 = 0$. 而 q_1、q_2 和 q_3 在闭合曲面内，所以

$$\Phi = \Phi_1 + \Phi_2 + \Phi_3 = \frac{q_1}{\varepsilon_0} + \frac{q_2}{\varepsilon_0} + \frac{q_3}{\varepsilon_0}.$$

于是可得

$$\oiint \boldsymbol{E} \cdot \mathrm{d}\boldsymbol{S} = \frac{1}{\varepsilon_0} \sum_{i=1}^{n} q_i. \tag{6-8}$$

这就是**高斯定理**的数学表达式，它给出：穿过任意闭合曲面的电通量，等于该闭合曲面内所有电荷的代数和除以 ε_0.

高斯定理是静电场中的一个重要定理，它虽然是由库仑定律推导而来，但高斯定理更强调了场的观点，表明了场与源的关系. 当 $\Sigma q_i > 0$ 时，表明电场线从该区域发出，当 $\Sigma q_i < 0$ 时，表明电场线终止于该区域. 高斯定理表明了静电场是有源场. 它是电磁场理论的基本方程之一.

四、应用高斯定理计算电场

用高斯定理计算电场强度，从数学形式上看是不太可能的事. 因为电场强度是被积函数，已知被积函数求积分是正常的：反过来已知积分值求被积函数分布是困难的或不太可能了. 但从物理角度理解，只要带电体具有足够对称性时，电场分布具有足够好的对称性，以至于在选定的封闭曲面上. 使在其上的电场强度处处相等；或把闭合面的积分分部进行，使部分积分面上电场强度大小处处相等且 $\boldsymbol{E} \cdot \mathrm{d}\boldsymbol{S}$

$=E\cos\theta dS$ 中 $E\cos\theta$ 是常数,而另一部分积分面上的 $E\cdot dS=0$,关键是寻找一个合适的封闭曲面,这个封闭曲面称为高斯面.下面举例子.

【例6-4】 已知单位长度上的电量为 λ. 求无限长均匀带电直线周围电场的分布.

解 由电荷分布的对称性可分析出,无限长均匀带电直线外的电场线方向必与带电直线垂直成辐射状,在距直线距离相等的各点处场强数值必相等. 这些点的集合就是以直线为轴的圆柱侧面.

如图所示,以带电直线为轴,半径为 r,长为 l 的圆柱表面为闭合曲面,也称高斯面,其电通量为两个底面上的电通量与侧面上电通量的代数和. 而底面上各点的场强方向与底面的法线垂直,电通量为零,侧面上各点场强数值相同,方向与外法线方向同向,所以

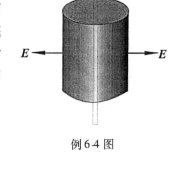

例6-4 图

$$\Phi = \oiint E\cdot dS = \iint_{\text{两底面}} E\cdot dS + \iint_{\text{侧面}} E\cdot dS$$

$$= E\iint_{\text{侧面}} dS = E\times 2\pi rl.$$

高斯面内电荷的代数和是 $q=\lambda l$,由高斯定理

$$E\times 2\pi rl = \frac{\lambda l}{\varepsilon_0},$$

$$E = \frac{\lambda}{2\pi\varepsilon_0 r}. \tag{6-9}$$

【例6-5】 设电荷面密度为 σ. 求无限大均匀带电平面的场强.

解 由电荷分布可分析出,平面两侧到平面的距离相等的点的场强数值相等,且垂直于带电平面.

如图所示,选底面积为 S 的圆柱面为高斯面,两底面平行于带电平面,且到带电平面距离相等,都为 a. 由于侧面上各点的法线与场强的方向垂直,故侧面上的电通量为零. 两底上各点的场强数值相等,场强方向与法线方向相同,所以

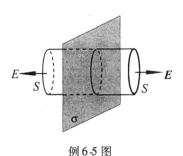

例6-5 图

$$\Phi = \oiint E\cdot dS = \iint_{\text{侧面}} E\cdot dS + \iint_{\text{两底面}} E\cdot dS = 2ES.$$

高斯面内的电荷为 $q = \sigma S$,由高斯定理

$$2ES = \frac{\sigma S}{\varepsilon_0},$$

故

$$E = \frac{\sigma}{2\varepsilon_0}, \tag{6-10}$$

与点到带电平面的距离无关,是均匀场.

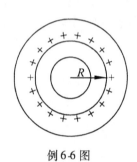

例 6-6 图

【例 6-6】 半径为 R 的均匀带电球面,带电量为 Q,求场强的分布.

解 由电荷的分布可知,与带电球面同心的球面上各点的场强数值相等,场强方向沿半径方向.

如图所示,选半径为 r,与带电球面同心的球面为高斯面,高斯面的电通量

$$\Phi = \oiint \boldsymbol{E} \cdot \mathrm{d}\boldsymbol{S} = \oiint E\mathrm{d}S = E \times 4\pi r^2.$$

当 $r < R$ 时,高斯面内无电荷,所以

$$E \times 4\pi r^2 = 0,$$

$$E = 0.$$

当 $r > R$ 时,高斯面内的电荷为 Q,根据高斯定理

$$E \times 4\pi r^2 = \frac{Q}{\varepsilon_0},$$

$$E = \frac{Q}{4\pi\varepsilon_0 r^2}.$$

这个结果说明,均匀带电球面内各点的场强为零,均匀带电球面外各点的场强相当于所有电荷集中于球心在该点产生的场强.

从上述三个例题可以看出,利用高斯定理求场强关键是场具有某种空间对称性. 没有空间对称性的场用高斯定理求场强是很困难的.

第三节 静电场的环路定理 电势

一、静电场的环路定理

本节从电场力做功的角度讨论静电场的性质,得出描述静电场性质的另一条规律——环路定理.

如图 6-10 所示,在点电荷 q 的电场中,a 点相对 q 的位矢为 $\boldsymbol{r}_a$,b 点相对 q 的位

矢是 r_b. 将一试验电荷 q_0 从 a 点沿任意路径移动到 b 点,电场力对 q_0 所做的功

$$W_{ab} = \int_a^b \boldsymbol{F} \cdot \mathrm{d}\boldsymbol{l} = q_0 \int_a^b \boldsymbol{E} \cdot \mathrm{d}\boldsymbol{l}$$

$$= q_0 \int_a^b E\mathrm{d}l\cos\theta.$$

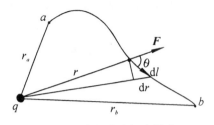

图 6-10　点电荷电场力做功

其中

$$E = \frac{q}{4\pi\varepsilon_0 r^2},$$

$$\mathrm{d}l\cos\theta = \mathrm{d}r.$$

所以

$$W_{ab} = q_0 \int_{r_a}^{r_b} \frac{q}{4\pi\varepsilon_0 r^2}\mathrm{d}r = \frac{q_0 q}{4\pi\varepsilon_0}\left(\frac{1}{r_a} - \frac{1}{r_b}\right). \tag{6-11}$$

　　这个结果说明在点电荷 q 的电场中,电场力的功与起点和终点的位置有关,而与路径无关.

　　这一结论,对任何带电体产生的静电场都适用,因为任何带电体系,都可看成由许多点电荷组成的,带电体系的总场强 E 是各个点电荷产生的场强的矢量和. 既然对任一点电荷的电场力所做的功与路径无关,所以总电场的电场力对 q_0 所做的功也应与路径无关.

　　由于静电力做功与路径无关,若将 q_0 从 a 点绕任一闭合回路再移回到 a 点,电场力做功必为零,即

$$\oint q_0 E\cos\theta\mathrm{d}l = \oint q_0 \boldsymbol{E} \cdot \mathrm{d}\boldsymbol{l} = 0,$$

因为 q_0 不等于零,所以有

$$\oint \boldsymbol{E} \cdot \mathrm{d}\boldsymbol{l} = 0. \tag{6-12}$$

　　这个式子说明,在静电场中,场强沿任意闭合曲线的线积分等于零. 场强沿闭合曲线的线积分也叫场强的**环流**,静电场中 E 的环流为零这一结论称为**静电场的环路定理**,它表明静电力是保守力,静电场是保守场这一重要特征.

二、电势能　电势差和电势

　　从静电力是保守力出发,可引入**电势能**的概念. 由力学中功能关系知,保守力的所做功等于势能增量的负值,即

$$\boldsymbol{W}_{保} = -\Delta E_p = -(E_{pb} - E_{pa}),$$

E_{pa}、E_{pb} 表示在 a、b 两位置的势能. 若令 U_a、U_b 分别表示 q_0 在电场中 a、b 两点的电势能,则

$$U_a - U_b = W = \int_a^b q_0 E\cos\theta\mathrm{d}l.$$

上式说明 a、b 两点的电势能之差等于把 q_0 从电场中 a 点移到 b 点时电场力所做的功. 要确定 q_0 在电场中某点的电势能,就需要先选定电势能零点. 对于有限电荷分布的电场,一般取无限远处作为电势能零点. 这样,q_0 在电场中 a 点的电势能

$$U_a = \int_a^\infty q_0 E \cos\theta \mathrm{d}l = \int_a^\infty q_0 \boldsymbol{E} \cdot \mathrm{d}\boldsymbol{l}. \tag{6-13}$$

在点电荷 q 的电场中,试验电荷 q_0 所具有的电势能

$$U = \int_a^\infty q_0 \boldsymbol{E} \cdot \mathrm{d}\boldsymbol{l} = \frac{1}{4\pi\varepsilon_0} \frac{q_0 q}{r_a}. \tag{6-14}$$

在国际单位制中,电势能的单位为焦耳(J).

由电势能定义 $U_a = q_0 \int_a^\infty \boldsymbol{E} \cdot \mathrm{d}\boldsymbol{l}$ 可知,电荷 q_0 在电场中一点的电势能 U_a 与 q_0 成正比,但 U_a/q_0 却与 q_0 无关,只与场中位置有关,是一个表征电场中给定点的性质的物理量,称为**电势**,用 V_a 表示,则

$$V_a = \frac{U_a}{q_0} = \int_a^\infty \boldsymbol{E} \cdot \mathrm{d}\boldsymbol{l}, \tag{6-15}$$

即电场中某点的电势,在数值上等于把单位电量的正电荷从该点移到无限远处(或零电势处)电场力所做的功,或者说放在该点的单位电量的正电荷所具有的电势能.

电势是标量,有正负之分,电势的正负是相对于零电势点来说的. 某点电势为正,说明把单位电量的正电荷从该点移到电势为零处,电场力做正功,或者说单位电量的正电荷在该点有正的电势能;电势为负时,说明把单位电量的正电荷从该点移到电势为零处,电场力做负功,或者说正电荷在该点的电势能为负.

在电场中,任意两点 a 和 b 之间电势之差,称为 a、b 两点的**电势差**(也叫电压),以 V_{ab} 表示,

$$V_{ab} = V_a - V_b = \int_a^b \boldsymbol{E} \cdot \mathrm{d}\boldsymbol{l}. \tag{6-16}$$

由此可见,在静电场中任意两点 a、b 间的电势差,在数值上等于把单位电量的正电荷从 a 点移到 b 点电场力所做的功.

在国际单位制中,电势和电势差的单位都是伏特(V).

若电场中场强分布已知,则可用电势定义求出电势的分布.

【**例 6-7**】 求点电荷 q 的电场中电势的分布.

解 取无限远处为电势零点. 电场中场强分布为

$$E = \frac{q}{4\pi\varepsilon_0 r^2},$$

由电势定义

$$V_P = \int_P^\infty \boldsymbol{E} \cdot \mathrm{d}\boldsymbol{l} = \int_{r_P}^\infty \frac{q}{4\pi\varepsilon_0 r^2} \mathrm{d}r = \frac{q}{4\pi\varepsilon_0 r_P}.$$

点电荷 q 的电场中,任一点电势

$$V = \frac{q}{4\pi\varepsilon_0 r}.$$

由上式可知,若 q 为正,电势为正;若 q 为负,电荷周围电势为负.

【例 6-8】 求半径为 R、带电量为 Q 的均匀带电球面的电场中电势的分布.

解 根据例 6-5 半径为 R、带电量为 Q 的均匀带电球面的电场中场强的分布为

$r < R$ 时, $E = 0$;

$r > R$ 时, $E = \dfrac{Q}{4\pi\varepsilon_0 r^2}$, 方向沿半径方向.

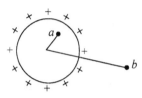

例 6-8 图

如图所示,a 点是球内一点,到球心的距离为 r_a;b 点是球外一点,到球心的距离为 r_b. 选从 a 点沿径向到无限远处为积分路径. 因为在 $r_a \leqslant r \leqslant R$ 段 $E = 0$, $r > R$ 段 $E = \dfrac{Q}{4\pi\varepsilon_0 r^2}$,所以这个线积分分为两段来积分,

$$V_a = \int_{r_a}^{\infty} \boldsymbol{E} \cdot \mathrm{d}\boldsymbol{l} = \int_{r_a}^{R} 0\mathrm{d}r + \int_{R}^{\infty} \frac{Q}{4\pi\varepsilon_0 r^2}\mathrm{d}r = \frac{Q}{4\pi\varepsilon_0 R}.$$

这说明均匀带电球面内各点的电势都相等,其数值等于所有的电荷集中在球心时在球面上产生的电势.

b 点的电势

$$V_b = \int_{r_b}^{\infty} \boldsymbol{E} \cdot \mathrm{d}\boldsymbol{l} = \int_{r_b}^{\infty} E\mathrm{d}r = \int_{r_b}^{\infty} \frac{Q}{4\pi\varepsilon_0 r^2}\mathrm{d}r = \frac{Q}{4\pi\varepsilon_0 r_b}.$$

在球面外距球心为 r 处的一点的电势

$$V = \frac{Q}{4\pi\varepsilon_0 r}.$$

三、电势叠加原理

在点电荷系 $q_1, q_2, \cdots, q_N$ 的电场中,每一点的场强都等于各点电荷产生的场强的矢量和,即

$$\boldsymbol{E} = \boldsymbol{E}_1 + \boldsymbol{E}_2 + \cdots + \boldsymbol{E}_N.$$

电场中 a 点的电势

$$V_a = \int_{a}^{\infty} \boldsymbol{E} \cdot \mathrm{d}\boldsymbol{l} = \int_{a}^{\infty} \boldsymbol{E}_1 \cdot \mathrm{d}\boldsymbol{l} + \int_{a}^{\infty} \boldsymbol{E}_2 \cdot \mathrm{d}\boldsymbol{l} + \cdots + \int_{a}^{\infty} \boldsymbol{E}_N \cdot \mathrm{d}\boldsymbol{l}$$

$$= V_1 + V_2 + \cdots + V_N = \sum_{i=1}^{N} V_i . \tag{6-17}$$

其中 $V_i = \dfrac{q_i}{4\pi\varepsilon_0 r_i} (i = 1, 2, \cdots, N)$ 是第 i 个点电荷在 a 点产生的电势. 式(6-16)称为

电势叠加原理. 它表明点电荷系的电势等于每一个点电荷单独存在时产生的电势的代数和.

电荷连续分布时,可以将电荷 Q 分割成无限多个电荷元 $\mathrm{d}q$, $\mathrm{d}q$ 到场点距离为 r,它在场点产生的电势

$$\mathrm{d}V = \frac{\mathrm{d}q}{4\pi\varepsilon_0 r}.$$

连续分布的电荷 Q 在场点产生的电势

$$V = \int_Q \frac{\mathrm{d}q}{4\pi\varepsilon_0 r}.$$

已知电荷的分布时,可以直接利用电势叠加原理计算电势.

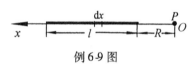

例 6-9 图

【例 6-9】 长为 l 的直杆均匀带电,单位长度上的电荷为 λ. 求杆的延长线上距一端为 R 处的电势.

解 如图所示选坐标系. 长度元 $\mathrm{d}x$ 所带的电量

$$\mathrm{d}q = \lambda\,\mathrm{d}x.$$

它的坐标为 x,也就是它到 P 点的距离为 x,在 P 点产生的势

$$\mathrm{d}V = \frac{\lambda\,\mathrm{d}x}{4\pi\varepsilon_0 x}.$$

杆上的电荷在 P 点产生的电势

$$V = \int_R^{R+l} \frac{\lambda\,\mathrm{d}x}{4\pi\varepsilon_0 x} = \frac{\lambda}{4\pi\varepsilon_0}\ln\frac{R+l}{R}.$$

第四节　物质中的电场

前几节讨论了真空中静电场的规律,当电场中放入某种物质后,电场就会对物质中的电荷施加作用,由于导电性能不同,结果也就不一样. 根据物质的导电性能不同,分为导体、半导体和电介质,这里只讨论静电场中导体和电介质

一、静电场中的导体

金属导体的特点是其体内有自由电荷,它们在电场作用下可以移动,从而改变

电荷的分布;反过来电荷的分布又会影响电场的分布. 如图 6-11 所示,导体放在电场 E_0 中后,自由电子在外电场的作用下,逆电场方向运动而在导体一端累积,另一端由于缺少电子而带正电,这些电荷称为**感应电荷**,这种现象称为**静电感应**. 在导体中感应电荷产生的电场 E' 与外场方向相反,当感应电荷在导体内产生的电场与外电场完全抵消时,导体内部场强为零,即

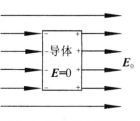

图 6-11 静电场中的导体

$$E = E_0 + E' = 0.$$

与此同时,表面上场强也在变化. 导体表面上任一点的场强 E 与其表面垂直时,导体内和导体表面的自由电子停止定向运动,这种状态叫**导体的静电平衡**. 上述两个条件,即导体内任何一点场强为零和导体表面任一点场强与表面垂直,称为**导体静电平衡条件**.

导体达到静电平衡后,还有以下特点.

(1)整个导体是等势体,导体表面为等势面. 这由电势差与场强关系 $V_{ab} = \int_a^b E \cdot dl$ 很容易说明.

(2)导体内部没有净电荷,电荷只能分布在外表面上. 这一点可由高斯定理导出,由于导体内部场强处处为零,对导体内任一闭合曲面 E 的通量为零,净电荷也为零.

即使导体内部存在空腔,上述结论也同样适用. 当空腔内无其他带电体时,感应电荷只能出现在导体的外表面,导体内表面无电荷,空腔空间和导体内场强为零,从而导体空腔内的物体或仪器将不受外电场的影响,这种作用称为**静电屏蔽**.

(3)导体表面附近的场强大小与该处表面电荷面密度成正比. 这一点也可由高斯定理证明. 如图 6-12 所示,作一圆柱形闭合曲面,下底面 ΔS 在导体内,上底面在导体外,侧面与导体表面垂直,圆柱面内包围的电荷是 $\sigma \cdot \Delta S$,侧面、下底面的电通量为零,所以

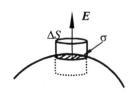

图 6-12 导体表面的场强

$$E \cdot \Delta S = \frac{\sigma \cdot \Delta S}{\varepsilon_0},$$

可得
$$E = \frac{\sigma}{\varepsilon_0}. \tag{6-18}$$

(4)导体表面上电荷的分布与导体形状有关. 可以证明,曲率半径越小处,即尖端处,电荷面密度越大,附近的场强也就越大. 尖端处积累的电荷太多时,就会引起尖端放电. 这时尖端附近强大的电场对空气中游离的带电离子发生作用,使得与导体尖端同号的电荷被排斥,加速离开尖端. 而与尖端异号的电荷,先被尖端吸引到

导体上与尖端电荷中和,后又带上与尖端同号电荷,最终又被尖端电荷排斥加速离开尖端,形成一股电风.电子点火器、避雷针就是根据尖端放电的原理制造的.而不利方面则应尽量避免,如在高压设备中,为防止因尖端放电而引起的危险和电能的浪费,往往采用表面光滑的导线,并把电极做成光滑的球状曲面.

二、静电场中的电介质

电介质一般也称为**绝缘体**.电介质中原子外层的电子被原子核紧紧地束缚着,因此电介质中因为没有自由电子而不能导电.

电介质又可分为两类:一类如 H_2、N_2、O_2 和惰性气体等,它们分子中的正电荷中心和负电荷中心重合在一起,这类电介质叫做**无极分子电介质**;另一类如 H_2O、SO_2、NH_3 等,它们的分子中的正电荷中心和负电荷中心不重合在一起,它们的分子可以看成是一个电偶极子,这类电介质叫做**有极分子电介质**.在没有外电场时,由于分子的热运动,有极分子电介质中的分子电矩的方向可以任意取向,因此任意宏观体积内的分子电矩的矢量和都是零.从宏观上看,在没有外电场时,有极分子电介质对外不产生电场.

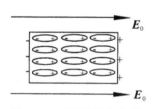

图 6-13　无极分子电介质
的极化

如图 6-13 所示,无极分子电介质在外电场中,正电荷和负电荷受到相反的电场力的作用,分子的正、负电中心发生相对位移而成为电偶极子.在电介质的两个和外电场强度 E_0 垂直的表面上,分别出现了正电荷和负电荷,这种现象叫做**电介质的极化**.介质表面的电荷不能离开电介质,也不能在电介质中自由移动,称为**束缚电荷**.由于无极分子的极化在于正、负电中心的相对位移,所以叫做**位移极化**.

如图 6-14 所示,有极分子电介质在外电场中,每个分子电矩都受到一个力偶矩的作用,这个力偶矩使分子电矩向外场方向转过一个角度,从而使电介质极化.由于分子的热运动,分子电矩不能完全转向外电场方向,这种极化叫做**转向极化**.极化后介质的表面也出现了束缚电荷.

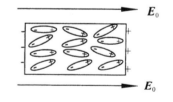

图 6-14　有极分子电介质的极化

必须指出.有极分子也有位移极化.但是实验指出,位移极化和转向极化相比可以忽略不计.

从微观结构来看,两种电介质极化过程不一样,但是从宏观现象看,两种电介质的极化并没有区别,都是在电介质的两相对表而上出现等量异号的束缚电荷.

介质极化后,介质内的场强 E 应该是外电场强度 E_0 与束缚电荷产生的场强 E' 的矢量和,即

$$E = E_0 + E'.$$

从图 6-13 和 6-14 可以知道,E' 的方向总是与 E_0 的方向相反,所以介质内的场强 E 的数值总是小于外电场 E_0 的数值. 实验证明,当各向同性的电介质充满电场时,介质内的场强

$$E = \frac{E_0}{\varepsilon_r}, \tag{6-19}$$

式中:E_0 是电场中没有填充电介质时的场强,也就是真空时的场强;ε_r 是与介质有关的常数,叫做电介质的**相对介电常数**. 真空的相对介电常数是 1,其他电介质的相对介电常数都比 1 大. 表 6-1 列出了几种物质的相对介电常数.

表 6-1 几种物质的相对介电常数

物 质	相对介电常数 ε_r
真 空	1.000 00
空气$(1.013 \times 10^5 \text{ Pa})$	1.000 54
水	78
纸	3.5
硫 黄	4
蜡	7.8
石 蜡	2.1
云 母	6 ~ 7
玻 璃	5.5 ~ 7
瓷	5.8 ~ 6.3
硬橡胶	2.6
煤 油	2.0

三、有电介质时的高斯定理

如图 6-15 所示,半径为 R 的导体球带电量 Q,其周围空间充满相对介电常数为 ε_r 的电介质. 选与导体球同心,半径为 $r > R$ 的球面 S 为高斯面. 这个高斯面内的电荷有导体球上所带的电量 Q(称为自由电荷)和电介质表面因极化而出现的束缚电荷 Q'. 对这个高斯面应用高斯定理

$$\oiint_S E \cdot dS = \frac{Q + Q'}{\varepsilon_0},$$

因为束缚电荷 Q' 是不可以测量的,所以它是未知量. 因此这种形式使用起来是很不方便的,利用式(6-19)可以把上式变换成另一种形式.

根据式(6-19),高斯面上每一点的场强

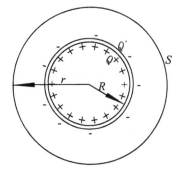

图 6-15 电解质的极化

$$E = \frac{E_0}{\varepsilon_r} = \frac{Q}{4\pi\varepsilon_0\varepsilon_r r^2},$$

方向与高斯面垂直.

这个高斯面的电通量

$$\oiint_S \boldsymbol{E} \cdot \mathrm{d}\boldsymbol{S} = \oiint_S E\mathrm{d}S = \oiint_S \frac{Q}{4\pi\varepsilon_0\varepsilon_r r^2}\mathrm{d}S = \frac{Q}{4\pi\varepsilon_0\varepsilon_r r^2}4\pi r^2 = \frac{Q}{\varepsilon_0\varepsilon_r},$$

即

$$\oiint_S \varepsilon_0\varepsilon_r\boldsymbol{E} \cdot \mathrm{d}\boldsymbol{S} = Q,$$

令

$$\boldsymbol{D} = \varepsilon_0\varepsilon_r\boldsymbol{E}, \tag{6-20}$$

则有

$$\oiint_S \boldsymbol{D} \cdot \mathrm{d}\boldsymbol{S} = Q. \tag{6-21}$$

$\boldsymbol{D}$ 称为**电位移**. 式(6-20)就是用电位移表达的有电介质时**静电场的高斯定理**. 它表明通过电场中任一闭合曲面的电位移通量等于闭合曲面内自由电荷的代数和. 这一规律虽然是由上述特例得出的, 但可以证明, 它对任何静电场都是适用的. 当场与电介质分布具有一定的对称性时, 可由自由电荷分布计算出电位移 $\boldsymbol{D}$, 再依式(6-20)计算出介质中的场强.

第五节　电容　电场的能量

一、电容器的电容

一个孤立导体的电容 C 定义为导体所带的电量 Q 与其电势 V 的比值, 即

$$C = \frac{Q}{V}. \tag{6-22}$$

在国际单位制中, 电容的单位是法拉(F),

$$1\ 法拉 = \frac{1\ 库仑}{1\ 伏特}.$$

由式(6-22), 可算出半径为 R 的导体球的电容

$$C = \frac{Q}{V} = \frac{Q}{\dfrac{Q}{4\pi\varepsilon_0 R}} = 4\pi\varepsilon_0 R.$$

孤立导体的电容只与导体的几何形状和体积有关, 与它所带的电量和电势无关.

但真正的孤立导体是不存在的, 一个导体附近总会有其他的导体和电介质, 这些导体的感应电荷和电介质极化产生的束缚电荷, 又反过来影响到原导体的电荷

分布及其电势.为避免周围环境对电容的影响,常引入另一导体,相互屏蔽,把这两个导体组成的系统称为**电容器**.通常电容器是由两块相距很近的导体板中间充以某种电介质所组成,如平行板电容、球形电容器和圆柱形电容器.

使用时电容器两极板所带的电量相同,符号相反,两极板间势差 V 与所带电量 Q 成正比.电容器的电容定义为所带电量 Q 与其两极板间电势差 V 之比,即

$$C = \frac{Q}{V}. \tag{6-23}$$

根据式(6-23)计算电容器电容的步骤是:先任意假设电容器上的电量 Q,由电荷的分布求出极板间场强的分布;再由场强分布求出两极板间的电势差;最后根据电容的定义求出电容器的电容.

【**例 6-10**】 一个平行板电容器,极板面积为 S,两极板间的距离为 d. (1)求此平板电容器的电容;(2)如果两极板间充满相对介电常数为 ε_{r} 的均匀电介质,求其电容.

解 设 A 与 B 两极板各带电 $+Q$ 与 $-Q$,两极板间距离 d 很小时,忽略边缘效应,可认为电荷均匀分布在两内表面,面电荷密度分别为 $+\sigma$ 与 $-\sigma$,两极板间电场为均匀电场.

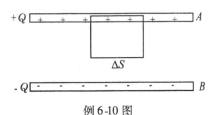

例 6-10 图

(1)如图所示,作一圆柱形高斯面,上底在导体内,下底在电场中,侧面与极板垂直.由高斯定理得

$$\int \boldsymbol{D} \cdot \mathrm{d}\boldsymbol{S} = \int_{\text{上底}} \boldsymbol{D} \cdot \mathrm{d}\boldsymbol{S} + \int_{\text{下底}} \boldsymbol{D} \cdot \mathrm{d}\boldsymbol{S} + \int_{\text{侧面}} \boldsymbol{D} \cdot \mathrm{d}\boldsymbol{S} = D\Delta S,$$

$$\boldsymbol{D} \cdot \Delta S = \sigma \Delta S,$$

故 $$D = \sigma,$$

极板间的场强 $$E = \frac{D}{\varepsilon_0} = \frac{\sigma}{\varepsilon_0}.$$

A、B 间的电势差 $$V = \int_A^B \boldsymbol{E} \cdot \mathrm{d}\boldsymbol{l} = Ed = \frac{\sigma d}{\varepsilon_0},$$

依式(6-22)得 $$C = \frac{Q}{V} = \frac{\sigma S}{\frac{\sigma d}{\varepsilon_0}} = \frac{\varepsilon_0 S}{d}.$$

(2)充满电介质后,D 不变,而极板间的场强

$$E = \frac{D}{\varepsilon_0 \varepsilon_{\mathrm{r}}} = \frac{\sigma}{\varepsilon_0 \varepsilon_{\mathrm{r}}}.$$

电势差 $$V = Ed = \frac{\sigma d}{\varepsilon_0 \varepsilon_{\mathrm{r}}},$$

电容

$$C = \frac{Q}{V} = \frac{\sigma S}{\dfrac{\sigma d}{\varepsilon_0 \varepsilon_r}} = \frac{\varepsilon_0 \varepsilon_r S}{d}.$$ 　　(6-24)

可见充满电介质后,电容值为原电容值的 ε_r 倍.

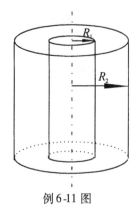

例 6-11 图

【例 6-11】 圆柱形电容器由两个同轴的金属圆筒极板所组成,它们的半径分别为 R_1 和 R_2,长度为 L,在两极板间充满相对介电常数为 ε_r 的电介质,如图,求电容.

解 若极板的长度 L 比极板间的距离 $R_2 - R_1$ 大很大时,可以认为是无限长圆柱面,边缘效应可略去不计. 设内圆柱面带正电 Q,单位长度上的电量为 $+\lambda$,外圆筒内表面带负电 Q,单位长度上的电量为 $-\lambda$,两柱面间的电场分布为轴对称,在两柱面间作半径为 r、高为 l 的同轴圆柱形高斯面. 由介质中高斯定理

$$\oiint \boldsymbol{D} \cdot \mathrm{d}\boldsymbol{S} = \iint_{\text{两底}} \boldsymbol{D} \cdot \mathrm{d}\boldsymbol{S} + \iint_{\text{侧面}} \boldsymbol{D} \cdot \mathrm{d}\boldsymbol{S} = 2\pi r l D.$$

高斯面内电荷　　　　$q = \lambda l,$

所以　　　　　　　　$2\pi r l D = \lambda l,$

得到　　　　　　　　$D = \dfrac{\lambda}{2\pi r},$

场强　　　　　　　　$E = \dfrac{D}{\varepsilon_0 \varepsilon_r} = \dfrac{\lambda}{2\pi \varepsilon_0 \varepsilon_r r}.$

两极板间电势差

$$V = \int_{R_1}^{R_2} \boldsymbol{E} \cdot \mathrm{d}\boldsymbol{l} = \int_{R_1}^{R_2} \frac{\lambda}{2\pi \varepsilon_0 \varepsilon_r r} \mathrm{d}r = \frac{\lambda}{2\pi \varepsilon_0 \varepsilon_r} \ln \frac{R_2}{R_1}.$$

电容　　$C = \dfrac{Q}{V} = \dfrac{\lambda L}{\dfrac{\lambda}{2\pi \varepsilon_0 \varepsilon_r} \ln \dfrac{R_2}{R_1}} = \dfrac{2\pi \varepsilon_0 \varepsilon_r L}{\ln \dfrac{R_2}{R_1}}.$

二、电容器储能　电场能量

电容器充电的过程就是电源克服电场力把正电荷从负极板转移到正极板的过程. 电容器带了一定的电量,也就储存了一定的能量. 电容器储存的能量,在数值上等于电源克服电场力所做的功.

设在充电过程中的某一时刻,电容器带电 q,两极板间的电势差为 $V = q/C$. 此时电源再把电量为 $\mathrm{d}q$ 的正电荷从负极板移到正极板,克服电场力所做的功

$$\mathrm{d}W_e = V\mathrm{d}q = \frac{q}{C}\mathrm{d}q.$$

要使电容器充电到 Q,电源做的总功

$$W_e = \int_0^Q \frac{q}{C} \mathrm{d}q = \frac{Q^2}{2C},$$

即电容器带电量为 Q 时储存的能量

$$W_e = \frac{Q^2}{2C} = \frac{1}{2}CV^2 = \frac{1}{2}QV. \tag{6-25}$$

电容器带电的过程,也是两极板间电场建立的过程,电容器储能实际上是储存在电场中.以平行板电容器为例,若极板面积为 S,两极板间距离为 d,中间充满相对介电常数为 ε_r 的电介质,它的电容

$$C = \frac{\varepsilon_0 \varepsilon_r}{d} S,$$

若带电量为 Q,电荷面密度为 σ,则极板间场强

$$E = \frac{\sigma}{\varepsilon_0 \varepsilon_r},$$

将 C 和 σ 代入电容器储能公式(6-25)中,

$$W_e = \frac{1}{2} \frac{(\sigma S)^2}{\frac{\varepsilon_0 \varepsilon_r S}{d}} = \frac{1}{2} \frac{(\varepsilon_0 \varepsilon_r E S)^2}{\frac{\varepsilon_0 \varepsilon_r S}{d}} = \frac{1}{2} \varepsilon_0 \varepsilon_r E^2 S d.$$

式中,Sd 是平板电容器两极板间的体积,也就是电场的体积.所以上式是用电场的量表达的电场能量.由上式可得出单位体积中电场的能量,称为**电场能量密度**,用 w_e 表示,则有

$$w_e = \frac{1}{2} \varepsilon_0 \varepsilon_r E^2. \tag{6-26}$$

此结果,虽然是由平行板电容器这一特例导出的,但可以证明它是一个普遍结论,对任何电场都适用.

如果电场是均匀的,那么电场能量密度也是均匀的.如果电场是不均匀的,则电场能量密度也是空间位置的函数.对于非均匀电场来说,电场能量必须由积分计算,即

$$W_e = \iiint_V w_e \mathrm{d}V = \iiint \frac{1}{2} \varepsilon_0 \varepsilon_r E^2 \mathrm{d}V.$$

式中 $\mathrm{d}V$ 是体积元,积分遍及整个电场所在区域.

【例 6-12】 球形电容器是由半径为 R_1 与 R_2 的同心金属球壳组成,两球壳间充满介电常数为 ε_r 的电介质.若电容器带电量为 Q,求:(1)电容器电场中所储的能量;(2)此电容器的电容.

解 (1)由高斯定理可求出两球面间场强

$$E = \frac{Q}{4\pi \varepsilon_0 \varepsilon_r r^2},$$

能量密度
$$w_e = \frac{1}{2}\varepsilon_0\varepsilon_r E^2 = \frac{1}{2}\varepsilon_0\varepsilon_r \left(\frac{Q}{4\pi\varepsilon_0\varepsilon_r r^2}\right)^2.$$

取半径为 r、厚度为 dr 的球壳为体积元,则
$$dV = 4\pi r^2 dr.$$

整个电场中储存的能量
$$W_e = \iiint_V w_e dV = \int_{R_1}^{R_2} \frac{1}{2}\varepsilon_0\varepsilon_r \left(\frac{Q}{4\pi\varepsilon_0\varepsilon_r r^2}\right)^2 4\pi r^2 \cdot dr = \frac{Q}{8\pi\varepsilon_0\varepsilon_r}\left(\frac{1}{R_1} - \frac{1}{R_2}\right).$$

(2)由 $W_e = \dfrac{Q^2}{2C}$,可得
$$C = \frac{Q^2}{2W_e} = 4\pi\varepsilon_0\varepsilon_r \frac{R_1 R_2}{R_2 - R_1}.$$

本章小结

1. 库仑定律
$$F = \frac{1}{4\pi\varepsilon_0}\frac{q_1 q_2}{r^2}r_0.$$

2. 电场强度 $\quad E = F/q_0.$

3. 点电荷的场强
$$E = \frac{q}{4\pi\varepsilon_0 r^2}r_0.$$

4. 场强叠加原理

点电荷系 $\quad E = \sum_i E_i,$

连续分布电荷 $\quad E = \int \frac{1}{4\pi\varepsilon_0}\frac{dq}{r^2}r_0.$

5. 电通量
$$\Phi_e = \iint_S E \cdot dS.$$

6. 高斯定律

穿过任意闭合曲面 S 的电通量,等于该闭合曲面内所有电荷的代数和除以 ε_0,即
$$\oiint_S E \cdot dS = \frac{1}{\varepsilon_0}\sum q_i.$$

7. 静电场的环路定律

静电场中,场强 E 沿任意闭合曲线 l 的线积分等于零,即

$$\oint_l \boldsymbol{E} \cdot \mathrm{d}\boldsymbol{l} = 0.$$

8. 电势差

$$V_{ab} = V_a - V_b = \int_a^b \boldsymbol{E} \cdot \mathrm{d}\boldsymbol{l}.$$

9. 电势

$$V_a = \int_a^{P_0} \boldsymbol{E} \cdot \mathrm{d}\boldsymbol{l} \,(P_0 \text{ 是电势零点}).$$

10. 点电荷的电势

$$V = \frac{q}{4\pi\varepsilon_0 r}.$$

11. 电势叠加原理

点电荷系　　　　　$V = \sum_i V_i,$

连续分布的电荷　$V = \int_Q \frac{\mathrm{d}q}{4\pi\varepsilon_0 r}.$

12. 导体的静电平衡条件及其特点

场强　$E_内 = 0; E_表 = \dfrac{\sigma}{\varepsilon_0}$,方向垂直外表面.

电势　导体是等势体,表面是等势面.

电荷　净电荷只分布在外表面上.

13. 电介质内的场强

$$E = \frac{E_0}{\varepsilon_r}.$$

14. 电位移矢量及其高斯定律

电位移矢量　各向同性均匀电介质中 $\boldsymbol{D} = \varepsilon_0 \varepsilon_r \boldsymbol{E}$.

用电位移表达的高斯定律　穿过任意闭合曲面的电位移 $\boldsymbol{D}$ 的通量等于闭合曲面内自由电荷的代数和,$\oiint_S \boldsymbol{D} \cdot \mathrm{d}\boldsymbol{S} = \sum_i q_i.$

15. 电容器的电容

$$C = \frac{Q}{V}.$$

16. 电容器储能

$$W = \frac{Q^2}{2C} = \frac{1}{2}CV^2 = \frac{1}{2}QV.$$

17. 电场能量密度

$$\omega_e = \frac{1}{2}\varepsilon_0 \varepsilon_r E^2.$$

思　考　题

6-1　什么叫场强叠加原理？利用场强叠加原理计算场强的一般步骤是什么？指出下面解习题 5 过程中的错误.

$$dq = \lambda R d\theta,$$

$$dE = \frac{\lambda R d\theta}{4\pi\varepsilon_0 R^2} = \frac{\lambda d\theta}{4\pi\varepsilon_0 R},$$

$$E = \int_0^\pi \frac{\lambda d\theta}{4\pi\varepsilon_0 R} = \frac{\lambda}{4\varepsilon_0 R}.$$

6-2　高斯定理 $\oint_S \boldsymbol{E} \cdot d\boldsymbol{S} = \dfrac{\sum q_i}{\varepsilon_0}$ 中，$\boldsymbol{E}$ 是哪点的？它是由谁产生的？$\sum q_i$ 是什么地方的？高斯定理说明静电场的什么性质？对于固定的闭合曲面 S，其内部的电荷位置发生变化，但总量不变，曲面 S 上的 $\boldsymbol{E}$ 是否变化？通量是否变化？

6-3　利用高斯定理能解什么样场的场强？怎样选取高斯面？指出下面计算偶极子中垂线上 P 点处场强中的错误.

以偶极子中心为圆心，以 P 点到中心的距离 r 为半径，作一球面为高斯面. 该球面的通量为

$$\oint_S \boldsymbol{E} \cdot d\boldsymbol{S} = \frac{q - q}{\varepsilon_0} = 0,$$

于是有　　　　　　　　　$E 4\pi r^2 = 0,$

得　　　　　　　　　　　$E = 0.$

6-4　有人认为：(1)如果高斯面上 $\boldsymbol{E}$ 处处为零，则高斯面内必无电荷；(2)如果高斯面内无电荷，则高斯面上 $\boldsymbol{E}$ 处处为零；(3)如果高斯面上 $\boldsymbol{E}$ 处处不为零，则高斯面内必有电荷；(4)如果高斯面内有电荷，则高斯面上 $\boldsymbol{E}$ 处处不为零. 请你举例说明上述说法是否正确.

6-5　静电场的环路定理数学表达式是什么？怎样叙述？它表明静电场的什么性质？

6-6　在什么条件下用电势定义计算电势？在什么条件下用电势叠加原理计算电势？用电势叠加原理时，电势零点在什么位置？

6-7　一个孤立导体球带有电量 Q，其表面场强沿什么方向？当把另一个带电导体移近导体球时，球表面场强沿什么方向？其表面是否等势面？电势有无变化？

6-8　电容器充电后拆去电源，将一介质板放到两极板之间. 定性描述电荷、电容、电势差、电场强度和储存的能量怎样变化？如果电容器充电后不拆去电源，将介质板插到两极之间，上述各量又怎样变化？

习　　题

6-1　一点电荷 q，质量为 m 的粒子，绕固定的点电荷 Q 做匀速圆周运动. 证明粒子绕 Q 转动的周期的平方与圆轨道半径的立方成正比.

6-2　两个正的点电荷，电量相等，相距 $2a$，通过两电荷连线的中点作一平面与连线垂直. 试求此平面上场强最大的点的轨迹.

6-3　长 $l = 50$ cm 的直导线 AB 上均匀地分布着线密度 $\lambda = 5 \times 10^{-6}$ C 的电荷. 求：

(1)在导线的延长线上与导线一端 B 相距 $R = 50 \text{ cm}$ 的 P 点的场强;

(2)在导线的中垂线上距导线 $r = 25 \text{ cm}$ 的 Q 点的场强.

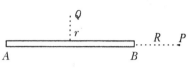

题 6-3 图

6-4 两条平行的无限长均匀带电直线相距为 a,电荷线密度分别为 λ 和 $-\lambda$. 求:

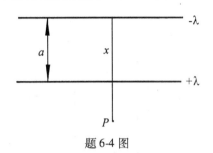

题 6-4 图

(1)这两条线构成的平面上 P 点(距 $-\lambda$ 为 x) 的场强;

(2)求这两条线单位长度上所受的作用力.

6-5 半径为 R 的半圆周均匀带电,单位长度上的电荷为 λ. 求圆心处的场强.

6-6 一半径为 R 的球,内部均匀充满正电荷,其总电量为 $+Q$.

(1)求球内电荷体密度;

(2)用高斯定理证明球内一点的场强

$$E = \frac{Qr}{4\pi\varepsilon_0 R^3}, \quad r < R;$$

(3)证明球外一点的场强

$$E = \frac{Q}{4\pi\varepsilon_0 r^2}, \quad r > R.$$

6-7 半径为 R 的无限长直圆柱体内均匀带电,电荷体密度为 ρ,求场强的分布.

6-8 在距一个点电荷某一距离处,电势为 600 V,场强为 200 N·C^{-1}. 求该处到这个点电荷的距离以及这个点电荷的电量.

6-9 计算题 6-3 中 P 点和 Q 点的电势.

6-10 计算题 6-6 中均匀带电球体的电势分布.

6-11 两块平行金属板相距为 d,它们上面的电荷面密度分别为 $+\sigma$ 和 $-\sigma$. 求两板之间的场强和电势差.

6-12 上题中两金属板间充满相对介电常数为 ε_r 的电介质. 求介质中的场强和两板间的电势差.

6-13 某一真空三极管基本上由如图所示的三个元件组成. 一个平面(阴极)发射初速度忽略不计的电子,一个平行于阴极的金属栅极. 栅极结构足够疏松,以致电子能够自由地通过它. 第二个平面是阳极. 栅极相对阴极的电势为 18 V,阳极相对阴极电势为 15 V. 假定阴极和栅极之间,栅极和阳极之间的电场都是匀强电场.

(1)电子以多大的速率穿过栅极?

(2)电子以多大的速率碰撞阳极?

(3)求阴极和栅极之间的场强大小和方向,以及栅极和阳极之间场强大小和方向?

(4)计算电子在每一个区域中的加速度的大小和方向.

6-14 两金属同心球壳,内壳带电 10^{-8} C,外壳总电荷为零.

(1)求外壳的内外表面各有多少感应电荷?

(2)设将两壳用导线相连,问两壳各带电多少?

(3)设最初内壳不带电,而外壳带电 10^{-8} C,问内壳及外壳内表面各带电多少?

6-15 两无限大平行导体板 AB(见图),板面积均为 S,电荷面密度 $\sigma_1 = \dfrac{Q_0}{2S}$, $\sigma_2 = \dfrac{Q_0}{2S}$,

$\sigma_3 = -\dfrac{Q_0}{2S}$, $\sigma_4 = \dfrac{Q_0}{2S}$. 试证:

(1) B 板接地后,两板间电势差 V_{AB} 是不接地的 2 倍;

(2)不管 B 板接地与否,其电容不变.

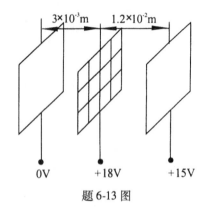

题 6-13 图

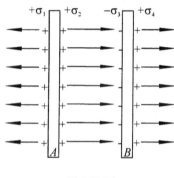

题 6-15 图

6-16 三块平行的金属板 A、B 和 C,面积都是 200 cm^2,AB 相距 4 mm,AC 相距 2 mm,B 与 C 两板都接地(如图),如果使 A 板带正电 3.0×10^{-7} C,当忽略边缘效应时,B 板和 C 板感应电荷各是多少? 若以地的电势为零,问 A 板的电势是多少?

6-17 如图平行板电容器的极板面积为 S,两板间距为 d,极板间充以两层均匀电介质,其一厚度为 d_1,相对介电常数为 ε_{r_1},其二厚度为 d_2,相对介电常数为 ε_{r_2},求证该电容器的电容

$$C = \frac{\varepsilon_0 S}{\dfrac{d_1}{\varepsilon_{r_1}} + \dfrac{d_2}{\varepsilon_{r_2}}}.$$

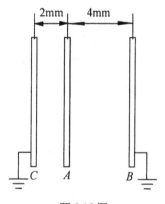

题 6-16 图

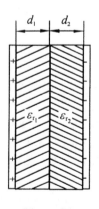

题 6-17 图

6-18 一空气平板电容器电容 $C=1$ pF,充电到电量 $Q=1\mu C$ 后,将输电线断开.求:

(1)极板间的电势差及此时的电场能量;

(2)再将两极板拉开到原距离的两倍,计算拉开前后场能的改变,并解释其原因.

电学同步练习

一、选择题

1. 在真空中有两块相距为 d,面积为 S,带电量分别为 $+q$、$-q$ 的平行导体板,若忽略边缘效应,它们之间相互作用力的大小为( ).

A. $\dfrac{q^2}{4\pi\varepsilon_0 d^2}$　　B. $\dfrac{q^2}{2\pi\varepsilon_0 d^2}$　　C. $\dfrac{q^2}{\varepsilon_0 S}$　　D. $\dfrac{q^2}{2\varepsilon_0 S}$

2. 关于静电场的高斯定理 $\oint_S \boldsymbol{E}\cdot\mathrm{d}\boldsymbol{S}=\dfrac{1}{\varepsilon}\sum q$,下述说法正确的是( ).

A. 该定理仅适用于具有对称性的某种静电场

B. 式中的 $\sum q$ 是空间所有电荷的代数和

C. 积分式中的 E 是由电荷 $\sum q$ 所激发的

D. 积分式中的 E 是由高斯面内外所有电荷共同激发的

3. 电场中某区域的电场线如图示,若将一点电荷 $-q$ 从 a 点移到 b 点,则必有( ).

A. 电场力所做的功 $A_{ab}>0$　　B. 电势能 $W_A>W_b$

C. 电势 $U_a>U_b$　　D. 电场强度 $E_a<E_b$

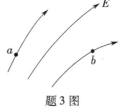

题 3 图

4. 已知某带电体静电场的 U—r 关系曲线如图,则该带电体是( ).

A. 半径 R 的均匀带电球面

B. 半径为 R 的均匀带电圆球体

C. 半径为 R 的均匀带电圆柱面

D. 半径为 R 的均匀带电圆柱体

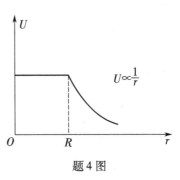

题 4 图

5. 半径为 R 的均匀带电球面,若其电荷面密度为 σ,则在球面外靠近球面处的电场强度大小为( ).

A. $\dfrac{\sigma}{\varepsilon_0}$　　B. $\dfrac{\sigma}{2\varepsilon_0}$

C. $\dfrac{\sigma}{4\varepsilon_0}$　　D. $\dfrac{\sigma}{8\varepsilon_0}$

6. 当一个带电导体达到静电平衡时,( ).

A. 导体表面上电荷密度较大处电势较高

B. 导体表面曲率较大处电势较高

C. 导体内部的电势比导体表面的电势高

D. 导体内任一点与其表面上任一点的电势差等于零

7. 一"无限大"均匀带电平面 A,其附近放一与它平行的有一定厚度的 "无限大"平面导体板 B,如图示,已知 A 上的电荷密度为 $+\sigma$,则在导体板 B 的两个表面 1 和 2 上的感应电荷密度为（   ）.

A. $\sigma_1 = -\sigma, \sigma_2 = +\sigma$

B. $\sigma_1 = -\dfrac{1}{2}\sigma, \sigma_2 = +\dfrac{1}{2}\sigma$

C. $\sigma_1 = -\dfrac{1}{2}\sigma, \sigma_2 = -\dfrac{1}{2}\sigma$

D. $\sigma_1 = -\sigma, \sigma_2 = 0$

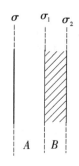

题 7 图

8. 一空心导体球壳,其内外半径分别为 R_1 和 R_2,带电荷 q,如图示. 当球壳中心处再放一电荷为 q 的点电荷时,则导体球壳的电势（设无穷远处为电势零点）为（   ）.

A. $\dfrac{q}{4\pi\varepsilon_0 R_1}$ B. $\dfrac{q}{4\pi\varepsilon_0 R_2}$ C. $\dfrac{q}{2\pi\varepsilon_0 R_1}$ D. $\dfrac{q}{2\pi\varepsilon_0 R_2}$

9. 半径为 R 的导体球原不带电,在离球心为 a 的 P 点处放一个点电荷 q,如图示,则导体球的电势为（   ）.

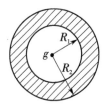

题 8 图

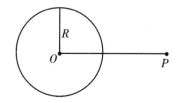

题 9 图

A. $\dfrac{qR}{4\pi\varepsilon_0 a^2}$ B. $\dfrac{q}{4\pi\varepsilon_0 a}$ C. $\dfrac{q}{4\pi\varepsilon_0 (a-R)}$ D. $\dfrac{qa}{4\pi\varepsilon_0 (a-R)^2}$

10. 一平行板电容器,两极板相距为 d,安置在绝缘支架上,对它充电后把电源断开,再将两极板间的距离增大到 $2d$. 如果忽略电场的边缘效应,则下面哪个量会增大 1 倍?（   ）.

A. 电容器的电容 C　　　　　　　　B. 电容器所带的电量

C. 电容器中的电场强度 E　　　　　　D. 储存在电容器中的电场能量 W

二、填空题

1. 若半径为 R 的导体球带电后的电势为 U,则球外各点（离球心 r 处）的场强的大小为 $E =$ _____.

2. A、B 为真空中两个平行的无限大均匀带电平面,已知两平面间场强的大小为 E_0,两平面外侧场强的大小都为 $\dfrac{E_0}{3}$,方向如图所示,则 A、B 两平面上的面电荷密度分别为 σ_A _____; σ_B _____.

3. 如图所示,两同心导体球壳,内球壳带电荷 $+q$,外球壳带电荷 $-2q$. 静电平衡时,外壳的电荷分布为:内表面 _____,外表面 _____.

4. 一空气平行板电容器,两极板间距离为 d,充电后板间电压 V_0,然后将电源断开,在两板间

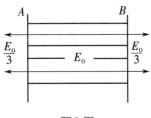

题 2 图

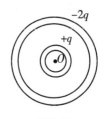

题 3 图

平行地插入一厚度为 $\dfrac{d}{3}$ 的金属板,则板间电压 $V =$ _____.

5. 在场强为 $E = 1.5 \times 10^4$ V·m^{-1} 无限大平行板均匀电场中,C、A 两点及 A、B 两点各距 6 cm,其中 C、A 连线与板平行,A、B 连线与板垂直,如图所示,则

(1) $U_A - U_B =$ _____;

(2) 将电荷 $q = -2 \times 10^{-9}$ C 由 C 移到 B,电场力做功 $A =$ _____;

(3) _____点的电势较高,电荷在_____点的电势能较大.

6. 如图所示,在点电荷 $+q$ 和 $-q$ 产生的电场中,将一点电荷 $+q.$ 沿箭头所示路径由 a 点移至 b 点,则外力做功 $A =$ _____.

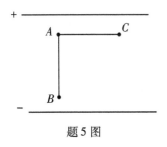

题 5 图

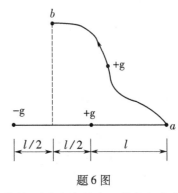

题 6 图

7. 将平行板电容器接上电源,维持极板间电压不变,再用相对介电常量为 ε_r 的均匀电介质充满其内,则

(1) 极板上的电量增为原来的_____倍;

(2) 介质中的场强变为原来的_____倍;

(3) 电场能量为原来的_____倍.

8. 说明下列各式的物理意义:

(1) $\boldsymbol{E} \cdot \mathrm{d}\boldsymbol{l}$ _____;

(2) $\displaystyle\int_b^b \boldsymbol{E} \cdot \mathrm{d}\boldsymbol{l}$ _____;

(3) $\displaystyle\oint_L \boldsymbol{E} \cdot \mathrm{d}\boldsymbol{l} = 0$ _____;

(4) $\boldsymbol{E} \cdot \mathrm{d}\boldsymbol{S}$ _____.

9. 如图所示,两个相同的平行板电容器 A 和 B,串联后接在电源上,再在 B 中充满均匀电介质,则两电容器中场强的变化情况是:E_A _____;E_B _____(填增大、减小或不变).

10. 如图所示,一半径为 R 的球面均匀带电,所带电量为 q,则电场的能量 W_e = _____.

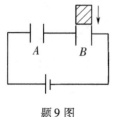

题 9 图

题 10 图

三、计算题

1. 一均匀带电细线由直线段 AB、CD 及半圆弧 $\overset{\frown}{BC}$ 组成. 如图所示,已知线电荷密度为 λ,圆弧曲率半径为 a,$AB = CD = a$,试求圆弧曲率中心 O 处的电场强度和电势.

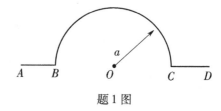

题 1 图

2. 一半为 R 的均匀带电球体,电荷体密度为 P,试求:

(1)带电体的总电荷;

(2)球内外各点的电场强度;

(3)球内外各点的电势.

3. 两个无限长同轴圆柱面,半径分别为 R_1 和 $R_2(R_2 > R_1)$,带有等值异号电荷,每单位长度的电量为 λ(即电荷线密度). 试分别求出(1)$r < R_1$;(2)$r > R_2$;(3)$R_1 < r < R_2$ 时,离轴线为 r 处的电场强度.

4. 如图所示,AB 长为 $2l$,OCD 是以 B 为圆心、l 为半径的半圆,A 点有正电荷 $+q$,B 点有负电荷 $-q$,试问:

(1)把单位正电荷从 O 点沿 $\overset{\frown}{OCD}$ 移到 D 点,电场力对它做了多少功?

(2)把单位负电荷从 D 点沿 AB 的延长线移到无穷远去,电场对它做了多少功?

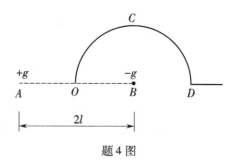

题 4 图

5. 在两板相距为 d 的平行板电容器中,插入一块厚 $\dfrac{d}{2}$ 的金属大平板(此板与两极板相平行),其电容变为原来电容的多少倍? 如果插入的是相对介电常数为 ε_r 的大平板,则又如何?

6. 一均匀带电圆盘,半径为 R,面电荷密度为 σ,试计算圆盘中心的电势.

第七章 稳恒磁场

如果导线形状和电流大小都不随时间变化,这样的电流叫**稳恒电流**,稳恒电流产生的磁场叫**稳恒磁场**.本章介绍稳恒磁场的性质和规律,以及磁场对电流的作用和磁场中磁介质的性质.

第一节 磁场 毕奥-萨伐尔定律

一、磁场

1820 年丹麦物理学家奥斯特发现了电流的磁效应.安培仔细地研究了载流导线之间的相互作用规律,使人们认识到磁起源于电流或运动的电荷.按照现代物理的观点来看,电流或运动电荷在其周围产生磁场,磁场又对另外的电流或运动电荷施力.为描述磁场的强弱和方向,引入**磁感应强度**这一物理量,常用 B 表示.

磁场中一点磁感应强度的方向,可用放置在该点的小磁针的取向来确定.当小磁针不受其他力而静止时,磁针 N 极所指方向即为该点磁场方向.

磁感应强度 B 的大小,可用**洛伦兹力**来定义.速度为 v 的运动电荷 q 在磁场中某点所受的洛伦兹力

$$F = qv \times B.$$

力的方向垂直于 v、B 所在平面,力的大小

$$F = qvB\sin\theta,$$

式中,θ 为 v 与 B 之间的夹角.当 $\theta = \dfrac{\pi}{2}$ 时,洛伦兹力有最大值 $F_{max} = Bqv$,从而定义磁感应强度 B 的大小

$$B = \frac{F_{max}}{qv}. \tag{7-1}$$

它表示具有单位速度、单位电量的运动电荷在该点所受的最大洛伦兹力.

在国际单位制中,磁感应强度的单位是特斯拉(T).
1 特斯拉 $= 10^4$ 高斯

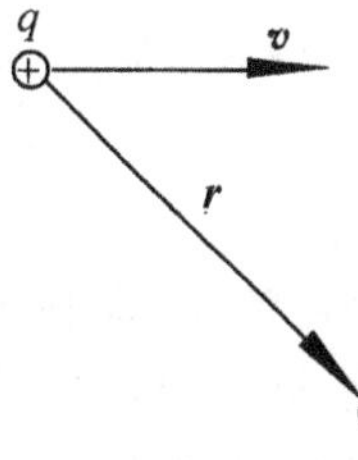

运动电荷不但产生电场,而且也产生磁场.如图 7-1 所示,点电荷 q 以速度 v 运动,它在空间产生磁场. P 点相对点

图 7-1 运动电荷的磁场

电荷 q 的位矢是 r，实验指出 P 点的磁感应强度

$$B = \frac{\mu_0 q \, \boldsymbol{v} \times \boldsymbol{r}_0}{4\pi r^2},$$
(7-2)

r_0 是位矢 r 方向的单位矢量，$\mu_0 = 4\pi \times 10^{-7} \mathrm{H \cdot m^{-1}}$ 叫做**真空磁导率**．根据矢量的定义

$$B = \frac{\mu_0 q v \sin\theta}{4\pi r^2},$$

其方向垂直于 $\boldsymbol{v}$ 与 r 组成的平面．

二、毕奥-萨伐尔定律

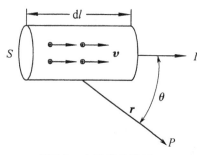

图 7-2 电流元的磁场

任何一条载流导线都可以看成是由无数多个通电的长度元 $\mathrm{d}l$ 组成．我们把电流 I 与长度元 $\mathrm{d}l$ 的乘积叫做**电流元**，它是矢量，其方向就是电流的方向．记为 $I\mathrm{d}l$，$\mathrm{d}l$ 方向是电流方向．根据运动电荷产生的磁场式 (7-2) 可以导出电流元 $I\mathrm{d}l$ 产生的磁场．

图 7-2 是一个放大了的电流元 $I\mathrm{d}l$，导线截面面积为 S，单位体积内的带电粒子数为 n．长度元 $\mathrm{d}l$ 中共有带电粒子数

$$\mathrm{d}N = nS\mathrm{d}l,$$

每个粒子带电量 q，速度是 $\boldsymbol{v}$．从宏观上看长度元 $\mathrm{d}l$ 是一个点，它到 P 点的距离是 r．

根据式(7-2)，长度元中每一个带电粒子在 P 点产生的磁感应强度都是

$$B = \frac{\mu_0 q \, \boldsymbol{v} \times \boldsymbol{r}_0}{4\pi r^2}.$$

长度元中 $\mathrm{d}N = nS\mathrm{d}l$ 个带电粒子在 P 点产生的总磁感强度

$$\mathrm{d}B = \mathrm{d}N B = \frac{\mu_0 q nS \, \boldsymbol{v} \, \mathrm{d}l \times \boldsymbol{r}_0}{4\pi r^2},$$

$qnSv$ 是单位时间内通过导线截面面积 S 的电量，也就是电流元中的电流 $I = qnSv$，所以上式可写为

$$\mathrm{d}B = \frac{\mu_0 I\mathrm{d}l \times \boldsymbol{r}_0}{4\pi r^2}.$$
(7-3)

这就是电流元 $I\mathrm{d}l$ 在 P 点处产生的磁感应强度．这个式子最早是拉普拉斯根据毕奥测出的长直载流导线的磁场和萨伐尔测出的圆电流中心的磁场从数学上推导而来的，所以叫做毕奥-萨伐尔定律．

根据磁场的叠加原理，任一形状的载流导线的磁场都是所有电流元的磁场的

矢量和,则

$$B = \int \mathrm{d}B = \int \frac{\mu_0}{4\pi} \frac{I\mathrm{d}l \times r_0}{r^2} \qquad (7\text{-}4)$$

利用式(7-4)原则上可以求得任意形状载流导线周围空间中任意点的磁感应强度. 积分计算时首先要分析各电流元在所求点产生的磁感应强度 dB 方向是否一致. 如果方向相同,则矢量积分转化为代数和:

$$B = \int \mathrm{d}B = \frac{\mu_0}{4\pi} \int \frac{I\mathrm{d}l\sin\theta}{r^2} \qquad (7\text{-}5)$$

如果各个电流元在所求点产生的磁感应强度 dB 的方向不同,将 dB 投影到各坐标轴. 分别积分计算各方向的值,然后再求合矢量大小.

【例7-1】 设有一段长为 L 的通有电流 I 的直导线,P 点到直线的距离为 a. 求 P 点的磁感应强度.

解 如图所示,将通电直导线选为 x 坐标轴,原点 O 为 $\overline{PO}$ 垂直于载流直线的垂足.

电流元 $I\mathrm{d}x$ 的坐标是 x,它到 P 点的距离为 r,电流元 $I\mathrm{d}x$ 与 r 之间的夹角为 φ,$I\mathrm{d}x$ 在 P 点产生的磁感应强度的方向垂直纸面向外,其大小

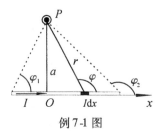

例 7-1 图

$$\mathrm{d}B = \frac{\mu_0 I \mathrm{d}x \sin\varphi}{4\pi r^2}.$$

这个式子中 r、x 和 φ 都是变量,但是它们之间只有一个是独立变量,其他两个是可以通过直角三角形的关系求出来. 若选 φ 为独立变量,那么

$$r = \frac{a}{\sin(\pi - \varphi)} = \frac{a}{\sin\varphi}, \quad x = a\cot(\pi - \varphi) = -a\cot\varphi,$$

$$\mathrm{d}x = a\csc^2\varphi\mathrm{d}\varphi.$$

代入上式有

$$\mathrm{d}B = \frac{\mu_0 I a\csc^2\varphi\mathrm{d}\varphi\sin\varphi}{4\pi a^2/\sin^2\varphi} = \frac{\mu_0 I}{4\pi a}\sin\varphi\mathrm{d}\varphi.$$

因为所有的电流元所产生的磁感应强度的方向都相同,所以这段直载流导线在 P 点产生的磁感应强度

$$B = \int_{\varphi_1}^{\varphi_2} \frac{\mu_0 I}{4\pi a}\sin\varphi\mathrm{d}\varphi = \frac{\mu_0 I}{4\pi a}(\cos\varphi_1 - \cos\varphi_2).$$

φ_1 是电流进入导线的那一端和 P 点的连线与电流方向间的夹角,φ_2 是电流流出导线的那一端和 P 点的连线与电流方向间的夹角.

对于无限长直载流导线来说,$\varphi_1 = 0$,$\varphi_2 = \pi$,所以无限长直载流导线外一点的

磁感应强度

$$B = \frac{\mu_0 I}{2\pi a}. \tag{7-6}$$

【例7-2】 求半径为 R,电流强度为 I 的圆电流轴线上距圆心为 x 处的磁感应强度.

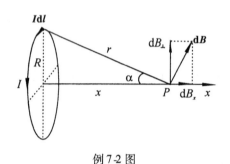

例7-2 图

解 如图所示,电流元 Idl 在 P 点产生的磁感应强度 dB 与 r 垂直.因为 r 与 Idl 垂直,所以 dB 的大小

$$dB = \frac{\mu_0 Idl}{4\pi r^2} = \frac{\mu_0 Idl}{4\pi (R^2 + x^2)}.$$

因为各个电流元在 P 点产生的 dB 的方向不相同,故把 dB 分解成沿 x 轴和垂直于 x 轴的两个分量 dB_x 和 $dB_\perp$.

由于对称性,垂直于 x 轴的分量的矢量和必然为零. P 点的 B 就是 x 方向分量的代数和,也就是

$$B = \int dB_x = \int \frac{\mu_0 Idl}{4\pi (R^2 + x^2)} \sin\alpha = \int_0^{2\pi R} \frac{\mu_0 IRdl}{4\pi (R^2 + x^2)^{3/2}}$$

$$= \frac{\mu_0 IR^2}{2(R^2 + x^2)^{3/2}}. \tag{7-7}$$

圆心处 $x = 0$, $B = \frac{\mu_0 I}{2R}. \tag{7-8}$

三、磁通量　磁场中高斯定理

在描述静电场时,由于采用了电场线,使电场的空间分布非常形象、直观.同样,也可以引入磁场"线"来描述磁场的空间分布情况.这种曲线称为**磁感应线**,亦称 **B 线**.图7-3分别表示长直电流、圆形电流及载流螺线管的 **B** 线.在 **B** 线上任意点 P 处的切线方向代表该点 **B** 的方向,而垂直穿过含该点的面元 $dS_\perp$ 的**磁感应通量** $d\Phi$,则定义 P 点处 **B** 的大小

$$B = \frac{d\Phi}{dS_\perp} \quad \text{或 } d\phi = B \cdot dS_\perp$$

如果,过点 P 的小面元并不与 P 点处的 **B** 垂直,这时取该面元在垂直于 **B** 的方向上的投影 $dS_\perp$.如图7-4,此时通过面元的 dS 的磁通量

$$d\Phi = (dS\cos\theta)B = dS_\perp B = \boldsymbol{B} \cdot d\boldsymbol{S}, \tag{7-9}$$

式中,θ 是面元 dS 与 B 之间的夹角.

若要计算任意有限曲面 S 的磁通量 Φ,需将式(7-5)对整个曲面 S 进行积分

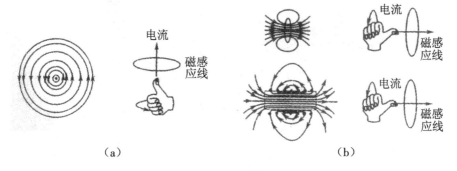

图 7-3　磁感应线

(a) 长直导线磁场；(b) 圆电流和螺线管磁场

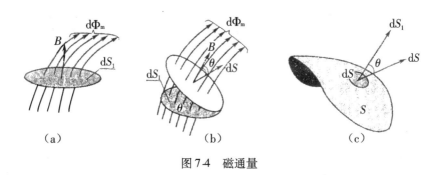

图 7-4　磁通量

$$\Phi = \iint_S \boldsymbol{B} \cdot d\boldsymbol{S}. \tag{7-9}$$

　　由于磁感应线是闭合曲线,所以对于一个闭合曲面来说,穿出的磁感应线条数总是等于穿入的磁感应线条数,即通过闭合曲面的总磁通量为零,这就是**磁场的高斯定理**. 它的数学表达式为

$$\oiint_S \boldsymbol{B} \cdot d\boldsymbol{S} = 0. \tag{7-10}$$

它说明了磁场是无源场,或者称涡旋场.

　　在国际单位制中,磁通量的单位是韦伯(Wb).

第二节　真空中的安培环路定理

一、真空中的安培环路定理

我们以无限长直载流导线的磁场为例,导出磁感应强度的环流与闭合曲线所围绕的电流的关系.

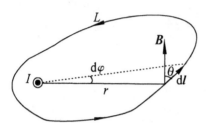

图 7-5   安培环路定理

如图 7-5 所示,曲线 L 是垂直于无限长直载流导线的任一平面内的一条闭合曲线,导线中通有电流 I,电流从纸面流出. L 的正方向与电流的方向成右手螺旋.

在曲线上任取一位移元 $\mathrm{d}l$,它到导线的距离为 r,对导线的张角为 $\mathrm{d}\varphi$,它与磁感应强度之间的夹角为 θ. $\mathrm{d}l\cos\theta$ 是 $\mathrm{d}l$ 在 $\boldsymbol{B}$ 方向的投影,则

$$\mathrm{d}l\cos\theta = r\mathrm{d}\varphi.$$

在此处 $\boldsymbol{B}$ 的数值为 $\dfrac{\mu_0 I}{2\pi r}$,所以

$$\boldsymbol{B}\cdot\mathrm{d}l = B\mathrm{d}l\cos\theta = \frac{\mu_0 I}{2\pi r}r\mathrm{d}\varphi = \frac{\mu_0 I}{2\pi}\mathrm{d}\varphi,$$

$$\oint_L \boldsymbol{B}\cdot\mathrm{d}l = \oint_L \frac{\mu_0}{2\pi}I\mathrm{d}\varphi = \frac{\mu_0}{2\pi}I\oint_L \mathrm{d}\varphi.$$

沿闭合曲线积分一周

$$\oint_L \mathrm{d}\varphi = 2\pi,$$

所以

$$\oint_L \boldsymbol{B}\cdot\mathrm{d}l = \frac{\mu_0}{2\pi}I\cdot 2\pi = \mu_0 I.$$

如果电流的方向反向,仍按图 7-5 所示的闭合曲线 L 的方向进行积分,由于 $\boldsymbol{B}$ 的方向也与图示的方向相反,所以

$$\boldsymbol{B}\cdot\mathrm{d}l = -\frac{\mu_0}{2\pi}I\mathrm{d}\varphi,$$

$$\oint_L \boldsymbol{B}\cdot\mathrm{d}l = -\mu_0 I.$$

积分结果与电流的方向有关. 如果对电流的正负做如下的规定:电流的方向与沿闭合曲线 L 积分的方向成右手螺旋关系时,电流为正;否则为负. 则 $\boldsymbol{B}$ 的环流的数值可以统一使用

$$\oint_L \boldsymbol{B}\cdot\mathrm{d}l = \mu_0 I.$$

下面讨论闭合曲线没有围绕电流的情况. 如图 7-6 所示,在垂直于无限长直载流导线的平面内,从导线与该平面的交点处向 L 作切线,切点 A 和 C 将 L 分成两段曲线 L_1 和 L_2,沿图示的方向取 $\boldsymbol{B}$ 的环流,则

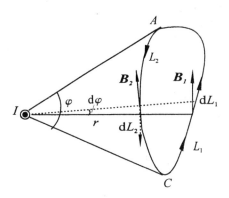

图7-6　安培环路定理

$$\int_L \boldsymbol{B} \cdot \mathrm{d}\boldsymbol{l} = \int_{L_1} \boldsymbol{B}_1 \cdot \mathrm{d}\boldsymbol{l}_1 + \int_{L_2} \boldsymbol{B}_2 \cdot \mathrm{d}\boldsymbol{l}_2.$$

在 L_1 上，$\boldsymbol{B}_1$ 与 $\mathrm{d}\boldsymbol{l}_1$ 的夹角 $\theta < \dfrac{\pi}{2}$，所以

$$\boldsymbol{B}_1 \cdot \mathrm{d}\boldsymbol{l}_1 = \frac{\mu_0 I}{2\pi} \mathrm{d}\varphi.$$

在 L_2 上，$\boldsymbol{B}_2$ 与 $\mathrm{d}\boldsymbol{l}_2$ 的夹角 $\theta > \dfrac{\pi}{2}$，所以

$$\boldsymbol{B}_2 \cdot \mathrm{d}\boldsymbol{l}_2 = -\frac{\mu_0 I}{2\pi} \mathrm{d}\varphi.$$

于是

$$\oint_L \boldsymbol{B} \cdot \mathrm{d}\boldsymbol{l} = \int_0^\varphi \frac{\mu_0 I}{2\pi} \mathrm{d}\varphi + \int_0^\varphi -\frac{\mu_0 I}{2\pi} \mathrm{d}\varphi = \frac{\mu_0 I}{2\pi}(\varphi - \varphi) = 0.$$

这就是说，当直载流导线在闭合曲线外面时，它产生的磁感应强度对曲线的环流等于零.

比较普遍的情况如图 7-7 所示. I_1、I_2 和 I_3 是三个平行的无限长直载流导线，L 是围绕 I_1 和 I_2 的闭合曲线. 曲线上任何一点的磁感应强度 $\boldsymbol{B}$ 都是三个电流分别产生的磁感应强度的矢量和，即

$$\boldsymbol{B} = \boldsymbol{B}_1 + \boldsymbol{B}_2 + \boldsymbol{B}_3.$$

闭合曲线上 $\boldsymbol{B}$ 的环流是

$$\oint_L \boldsymbol{B} \cdot \mathrm{d}\boldsymbol{l} = \oint_L \boldsymbol{B}_1 \cdot \mathrm{d}\boldsymbol{l} + \oint_L \boldsymbol{B}_2 \cdot \mathrm{d}\boldsymbol{l} + \oint_L \boldsymbol{B}_3 \cdot \mathrm{d}\boldsymbol{l}.$$

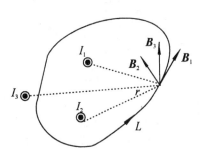

图7-7　安培环路定理

因为 I_1 和 I_2 在闭合曲线 L 里面,I_3 在闭合曲线 L 外面,根据上面的讨论,有

$$\oint_L \boldsymbol{B}_1 \cdot \mathrm{d}\boldsymbol{l} = \mu_0 I_1, \quad \oint_L \boldsymbol{B}_2 \cdot \mathrm{d}\boldsymbol{l} = \mu_0 I_2, \quad \oint_L \boldsymbol{B}_3 \cdot \mathrm{d}\boldsymbol{l} = 0.$$

于是

$$\oint_L \boldsymbol{B} \cdot \mathrm{d}\boldsymbol{l} = \mu_0 (I_1 + I_2),$$

更一般的式子是

$$\oint_L \boldsymbol{B} \cdot \mathrm{d}\boldsymbol{l} = \mu_0 \sum_{i=1}^n I_i, \tag{7-11}$$

式中的 $\sum_{i=1}^n I_i$ 是闭合曲线所围绕的电流的代数和. 这个式子虽然是从无限长直载流回路的磁场导出的,但是它对任意形状的载流回路的磁场都适用,这个式子称为**磁场的安培环路定理**. 它表明在稳恒电流的磁场中,磁感应强度的环流等于闭合曲线所围绕的电流的代数和的 μ_0 倍.

二、安培环路定理应用举例

正如利用静电场的高斯定理求场强一样,利用安培环路定理也可以很方便地求出具有一定对称性磁场的磁感应强度 $\boldsymbol{B}$.

【例 7-3】 半径为 R 的无限长导体圆柱,截面上电流均匀分布,总电流为 I. 求距轴线为 r 处的磁感应强度.

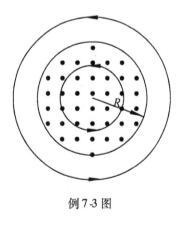

例 7-3 图

解 由电流分布可知,磁场具有轴对称性,在与导体圆柱同轴的任意圆柱面上各点 $\boldsymbol{B}$ 的大小相同,方向为沿该点圆柱面的横切线,磁感应线为同心圆. 如图,在垂直圆柱的平面上,选圆心在轴线上,半径为 r 的圆作为环路,$\boldsymbol{B}$ 的环流

$$\oint_L \boldsymbol{B} \cdot \mathrm{d}\boldsymbol{l} = \oint_L B\mathrm{d}l = B \cdot 2\pi r.$$

当 $r < R$ 时,闭合曲线内的电流是

$$\frac{I}{\pi R^2} \cdot \pi r^2 = \frac{Ir^2}{R^2},$$

所以 $\quad B \cdot 2\pi r = \mu_0 \dfrac{Ir^2}{R^2}, \quad B = \dfrac{\mu_0 Ir}{2\pi R^2}.$

当 $r > R$ 时,有 $\quad 2\pi r B = \mu_0 I, \quad B = \dfrac{\mu_0 I}{2\pi r}.$

可见在圆柱体内,B 随 r 成正比增大;在圆柱体外,B 随 r 成反比减小.

【例7-4】 求真空中"无限长"载流密绕螺线管内的磁感应强度.

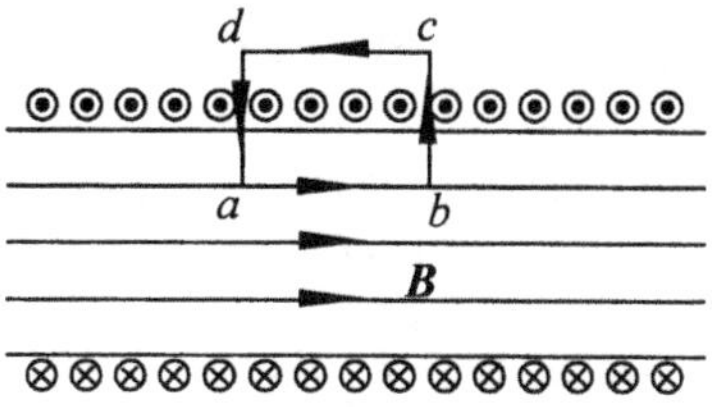

例7-4图

解 设螺线管的导线中的电流强度为 I,螺线管的磁场是所有各匝电流所产生的磁场的矢量和.管内中部磁感应线分布均匀并与管的轴线平行.管外的磁场很弱,可以看作为零.在远离螺线管两端的区域取如图矩形回路 ab-cda.该回路 $\boldsymbol{B}$ 的环流是

$$\oint \boldsymbol{B} \cdot \mathrm{d}\boldsymbol{l} = \int_a^b \boldsymbol{B} \cdot \mathrm{d}\boldsymbol{l} + \int_b^c \boldsymbol{B} \cdot \mathrm{d}\boldsymbol{l} + \int_c^d \boldsymbol{B} \cdot \mathrm{d}\boldsymbol{l} + \int_d^a \boldsymbol{B} \cdot \mathrm{d}\boldsymbol{l}.$$

由图可以看出,线段 cd 及线段 bc 和 da 的管外部分各点上 $B=0$;bc 和 da 的管内部分,虽然 $B\neq0$,但因 $\boldsymbol{B}$ 与 $\mathrm{d}\boldsymbol{l}$ 垂直,所以沿这三段的积分值均为零;在 ab 段,$\boldsymbol{B}$ 的大小均相等,且 $\boldsymbol{B}$ 与 $\mathrm{d}\boldsymbol{l}$ 方向相同,所以

$$\oint \boldsymbol{B} \cdot \mathrm{d}\boldsymbol{l} = \int_a^b \boldsymbol{B} \cdot \mathrm{d}\boldsymbol{l} = B\int_a^b \mathrm{d}l = B(\overline{ab}).$$

设回路中包括 N 匝线圈,则包围的电流 $\Sigma I = NI = n(\overline{ab})I$,其中 $n = N/(\overline{ab})$ 为单位长度上的线圈匝数.再根据安培环路定理,有

$$B(\overline{ab}) = \mu_0 n(\overline{ab})I,$$

所以　　　　　　　　　　　$B = \mu_0 nI.$　　　　　　　　　　　　　　(7-12)

这个结果虽是根据"无限长"这种理想情况得出来的,但在实际螺线管中,对靠近管内中央部分的各点来说,也是正确的.只要螺线管的长度与其直径之比超过20,就可以作为"无限长"螺线管对待.

第三节　磁场对载流导线的作用力

一、安培定律

载流导线放在磁场中,导线中的带电粒子受到洛伦兹力的作用,在宏观上表现为载流导线所受到的磁场力——也称**安培力**的作用.下面从洛伦兹力导出一段电流元 $I\mathrm{d}\boldsymbol{l}$ 所受到的安培力.

设导线中通有电流 I,截面面积为 S,单位体积内的带电粒子数为 n,导线长度元 $\mathrm{d}l$ 中的带电粒子数

$$\mathrm{d}N = nS\mathrm{d}l,$$

每个带电粒子的电量为 q,速度是 $\boldsymbol{v}$.如图 7-8 所示,电流元 $I\mathrm{d}\boldsymbol{l}$ 所在处的磁感应强

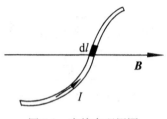

图7-8 安培定理用图

度为 $\boldsymbol{B}$,那么每个带电粒子所受到的洛伦兹力

$$\boldsymbol{f} = q\boldsymbol{v} \times \boldsymbol{B}.$$

长度元 $\mathrm{d}l$ 中所有带电粒子所受到的磁场力的合力

$$\mathrm{d}\boldsymbol{F} = \mathrm{d}Nq\boldsymbol{v} \times \boldsymbol{B} = nS\mathrm{d}lq\boldsymbol{v} \times \boldsymbol{B},$$

导线中的电流

$$I = nSqv,$$

所以有 $$\mathrm{d}\boldsymbol{F} = I\mathrm{d}\boldsymbol{l} \times \boldsymbol{B}. \qquad (7\text{-}13)$$

这就是电流元在磁场中所受到的安培力. 式(7-13)称为**安培定律**.

载流导线在磁场中受到的安培力是所有电流元所受到的安培力的矢量和,即

$$\boldsymbol{F} = \int \mathrm{d}\boldsymbol{F} = \int_L I\mathrm{d}\boldsymbol{l} \times \boldsymbol{B}.$$

【**例7-5**】 在通有电流 I_1 的无限长直载流导线的磁场中有一段通有电流 I_2 的直导线,如图(a)所示. 两直线共面,求电流 I_2 所受到的安培力.

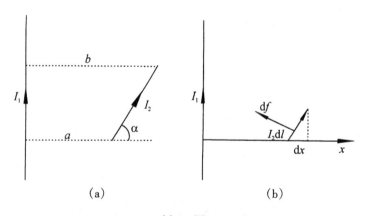

（a） （b）

例7-5 图

解 如图(b)所示,电流元 $I_2\mathrm{d}l$ 与磁感应强度 $\boldsymbol{B}$ 是垂直的,所以它受的安培力

$$\mathrm{d}f = I_2\mathrm{d}lB,$$

其方向如图所示.

在图示位置有 $$B = \frac{\mu_0 I_1}{2\pi x}, \quad \mathrm{d}l\cos\alpha = \mathrm{d}x,$$

故 $$\mathrm{d}l = \frac{\mathrm{d}x}{\cos\alpha},$$

所以 $$\mathrm{d}f = I_2 \cdot \frac{\mathrm{d}x}{\cos\alpha} \cdot \frac{\mu_0 I_1}{2\pi x} = \frac{\mu_0 I_1 I_2 \mathrm{d}x}{2\pi\cos\alpha\, x}.$$

因为所有电流元所受到的安培力的方向都相同,所以这段载流导线所受到的

安培力 $$f = \int_a^b \frac{\mu_0 I_1 I_2 \mathrm{d}x}{2\pi\cos\alpha x} = \frac{\mu_0 I_1 I_2}{2\pi\cos\alpha}\ln\frac{b}{a},$$

方向与 I_2 垂直.

【例7-6】 通有电流 I,半径为 R 的半圆周载流导线放在均匀磁场 $\boldsymbol{B}$ 中,$\boldsymbol{B}$ 与圆周平面垂直,求该载流导线所受到的安培力.

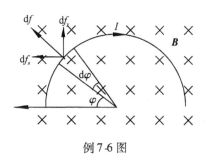

例7-6图

解 如图所示选极坐标系,处于 (R,φ) 位置的电流元 $I\mathrm{d}\boldsymbol{l}$ 所受的安培力

$$\mathrm{d}f = BI\mathrm{d}l = BIR\mathrm{d}\varphi,$$

方向如图所示.

因为每一个电流元所受到的力的方向各不相同,所以将 $\mathrm{d}f$ 分解

$$\mathrm{d}f_x = \mathrm{d}f\cos\varphi = BIR\cos\varphi\,\mathrm{d}\varphi,$$

$$\mathrm{d}f_y = \mathrm{d}f\sin\varphi = BIR\sin\varphi\,\mathrm{d}\varphi.$$

然后分别进行积分

$$f_x = \int_0^\pi BIR\cos\varphi\,\mathrm{d}\varphi = 0,$$

$$f_y = \int_0^\pi BIR\sin\varphi\,\mathrm{d}\varphi = 2BIR.$$

所以这个载流导线所受到的合力

$$f = f_y = 2BIR,$$

与长为 $2R$ 的载流直导线在均匀磁场中受力相同.

二、载流线圈在均匀磁场中所受的力矩 磁矩

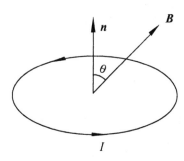

图7-9 在均匀磁场中的载流圆线圈

一个半径为 R,通有电流 I 的圆线圈,放在磁感应强度为 $\boldsymbol{B}$ 的均匀磁场中,$\boldsymbol{B}$ 与线圈的法线之间的夹角为 θ,规定线圈平面的法线 $\boldsymbol{n}$ 的方向与线圈中电流方向成右手螺旋关系. 如图7-9所示.下面讨论线圈所受的力和力矩.

将 $\boldsymbol{B}$ 分解成与 $\boldsymbol{n}$ 平行的分量 $B_{/\!/}$ 和与 $\boldsymbol{n}$ 垂直的分量 $B_\perp$.

$B_{/\!/}$ 的分量对线圈的作用力如图7-10所示.大小相同的电流元 $I\mathrm{d}\boldsymbol{l}$ 所受的力大小也相等,方向都在线圈平面内沿半径方向向外. 由于电流

元分布的对称性,线圈受这一磁场分量的合力为零.

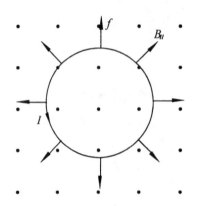

图 7-10　载流圆线圈在均匀磁场
中受的力

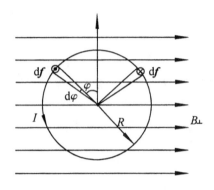

图 7-11　载流圆线圈在均匀磁场中
受的力矩

$B_\perp$ 分量对线圈的作用如图 7-11 所示. 处于坐标 (R,φ) 处的电流元与 $B_\perp$ 之间的夹角为 $(\pi-\varphi)$,所以它受的力的大小

$$\mathrm{d}f = B_\perp I\mathrm{d}l\sin(\pi-\varphi) = B_\perp I\mathrm{d}l\sin\varphi.$$

由于　　　　　　　　　　$\mathrm{d}l = R\mathrm{d}\varphi,$

所以　　　　　　　　　　$\mathrm{d}f = B_\perp IR\sin\varphi\mathrm{d}\varphi,$

其方向垂直纸面向外.

线圈右边对称的电流元所受的力与左边 $I\mathrm{d}l$ 所受的力大小相等,方向相反,它们两个的合力为零. 由于两个力不在一条直线上,对线圈产生一个力矩的作用,力矩的大小

$$\mathrm{d}M = \mathrm{d}f2R\sin\varphi = 2B_\perp IR^2\sin^2\varphi\mathrm{d}\varphi.$$

整个线圈所受的力对线圈产生的力矩

$$M = \int\mathrm{d}M = \int_0^\pi 2B_\perp IR^2\sin^2\varphi\mathrm{d}\varphi = B_\perp I\pi R^2,$$

因为　　　　　　　　　　$B_\perp = B\sin\theta,$

所以　　　　　　　　　　$M = BI\pi R^2\sin\theta.$

综合上面的讨论,可以得出均匀磁场对载流线圈的合力为零,力矩

$$M = BI\pi R^2\sin\theta,$$

其中 $S = \pi R^2$ 是线圈的面积,θ 是线圈的法线 n 与 B 之间的夹角. 根据 n 和 B 的方向以及 M 的方向,上式可以用矢量积表示

$$M = ISn \times B, \tag{7-14}$$

n 是线圈法线方向的单位矢量,

定义　　　　　　　　　　$P_\mathrm{m} = SIn,$　　　　　　　　　　(7-15)

称为载流线圈的**磁矩**. 式(7-14)可以写为

$$M = P_{\mathrm{m}} \times B. \tag{7-16}$$

这个力矩使磁矩 P_{m} 向外场方向转动. 当 P_{m} 与 B 的方向一致时,$M = 0$,线圈不再受力矩的作用.

式(7-16)是根据一个圆线圈的特例导出的,但是它具有普遍意义. 任何形状载流线圈的磁矩大小都等于电流 I、线圈匝数 N 和线圈面积三者的乘积,即

$$P_{\mathrm{m}} = NIS.$$

它在均匀磁场中所受到的力矩就是式(7-16).

三、带电粒子在磁场中的运动

一个带电粒子以一定的速度进入磁场后,会受到洛伦兹力的作用,因磁场分布不同,粒子的运动也就不同.

设一个质量为 m、带正电 q 的粒子,以速度 v 沿垂直于磁场方向进入一个均匀磁场中,如图 7-12 所示,此粒子受到与 B、v 垂直的洛伦兹力

$$F_{\mathrm{m}} = qv \times B.$$

该力不做功,不改变粒子的速度和动能,只改变运动方向,粒子将做匀速圆周运动. 由牛顿定律知

$$qvB = \frac{mv^2}{R},$$

可得出粒子做圆周运动的半径

$$R = \frac{mv}{qB},$$

和圆周运动的周期即**回旋周期**

$$T = \frac{2\pi m}{qB}.$$

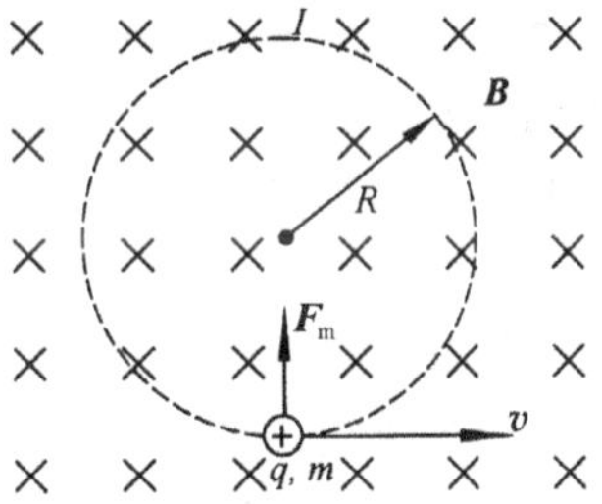

图 7-12　带电粒子在均匀磁场中的运动

洛伦兹力在实际中得到广泛应用. 在磁流体发电中,洛伦兹力使高速电离气体的正负电荷分离而产生电动势;在质谱仪中,洛伦兹力使不同质量的同位素分离;电视机中的偏转线圈,是利用 R 与 B 反比的关系,使电子束偏折;而在回旋加速器中,则是利用回旋周期与 v 无关的性质.

如果一个带电粒子进入磁场时的速度 v 与磁场 B 斜交成 θ 角,可将此入射速度分解为沿磁场方向的分量 $v_{/\!/} = v\cos\theta$,和垂直磁场方向分量 $v_\perp = v\sin\theta$. 后者使粒子在垂直于磁场方向做圆周运动,半径

$$R = \frac{mv\sin\theta}{qB},$$

周期

$$T = \frac{2\pi m}{qB}.$$

而粒子在沿磁场方向不受力,做匀速直线运动,两种分运动的合成是一个轴线沿磁场方向的螺旋运动,**螺距**

$$h = v_{/\!/} T = \frac{2\pi m}{qB} v\cos\theta.$$

如果在均匀磁场中某点引入一发散角不太大的带电粒子束,其中粒子的速度大小大致相同,则这些粒子沿磁场方向分速度的大小就几乎相等,因而其轨道有几乎相同的螺距,这样,经过一个周期后,这些粒子将重新会聚穿过另一点,这种现象叫**磁聚焦**,它被广泛应用于电真空器件中,特别是电子显微镜中.

四、霍耳效应

霍耳在 1879 年发现:把一块宽为 a、厚为 b 的长直载流导体放在磁场 $\boldsymbol{B}$ 中,当磁场方向与电流方向垂直时,在与磁场和电流方向都垂直的载流导体两侧之间会出现电势差,这种现象称为**霍耳效应**. 如图 7-13 所示,给宽为 a、厚为 b 的金属窄条通以电流 I,金属中带负电的载流子以定向速度 $\boldsymbol{v}$ 向左运动,若再施加如图示方向的匀强磁场 $\boldsymbol{B}$,这时电子将受到洛伦兹力的作用,方向向下. 该力使电子在向左运动的同时向下表面偏折,因而下表面将有负电荷积累,上表面则有正电荷积累,上下表面出现等量正负电荷,导体内部出现附加的横向电场 $\boldsymbol{E}_H$,两底面间产生电势差 V_H. 当电子所受洛伦兹力与附加电场的作用力相平衡时,

$$eE_H = evB,$$

电子将恢复原来的水平方向运动. 此时两侧电势差称为**霍耳电势差**,用 V_H 表示,则有

$$V_H = E_H a = avB.$$

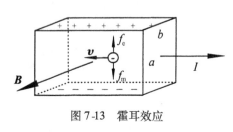

图 7-13 霍耳效应

因 $\qquad I = nevS = nevab,$

则 $\qquad V_H = \frac{IB}{neb} = R_H \frac{IB}{b},$

其中 $R_H = \dfrac{1}{ne}$ 称为**霍耳系数**,n 为自由电子数密度.

如果载流子带正电,在电流和磁场方向仍如图 7-13 的情况下,将会产生底部电势高于顶部的电势差,故可通过测量霍耳电势差的正负,判断载流子的种类.

半导体中的载流子数密度比金属小,所以半导体中的霍耳电势差更大,效应更显著. 用半导体晶片做成的霍耳器件广泛地应用在自动控制和检测技术中,如测量磁场的高斯计,用它作为传感器,可对各种物理量(应先设法转换成电流信号),如位移、位置、速度、转速等进行测量.

第四节 物质中的磁场

一、磁介质的分类

讨论物质在磁场中的磁性时,把物质称为**磁介质**.

在真空情况下,稳恒电流产生的磁感应强度为 B_0. 当磁场中充满均匀的磁介质时,同一点的磁感应强度变为 B,实验指出两者的方向相同. B 与 B_0 的比值用 μ_r 表示,有

$$\mu_r = \frac{B}{B_0}, \tag{7-17}$$

称为介质的**相对磁导率**. 根据 μ_r 的数值把磁介质分为三类.

$\mu_r < 1$,这类物质中的磁感强度比真空中的小,称为**抗磁质**,如铜、银等是抗磁质.

$\mu_r > 1$,这类物质中的磁感应强度比真空中的大,称为**顺磁质**,如锰、铝等是顺磁质.

上面这两类磁介质的 μ_r 值都接近于 1,它们磁化以后对磁场的影响很小.

$\mu_r \gg 1$,这类物质称为**铁磁质**. 它们磁化后对磁场的影响很大,如铁、钴、镍等是铁磁质.

二、物质的磁化机理

根据物质的电结构,电子绕原子核转动,相当于一个小圆电流. 小圆电流的磁矩叫做电子的**轨道磁矩**,电子还有**自旋磁矩**. 分子中所有电子磁矩的矢量和叫做**分子磁矩**,与分子磁矩相应的圆电流叫做**分子电流**.

1. 顺磁质

顺磁质的每一个分子具有一定的磁矩 P_m. 但是由于热运动,各分子磁矩的空间取向是任意的,各分子磁矩所产生的磁场相互叠加而抵消,因而顺磁质对外不显示磁性.

如果将顺磁质放到外磁场 B_0 中,每个分子磁矩 P_m 的大小不变,但要受到外磁场的力矩 $P_m \times B_0$ 作用,使 P_m 转向外磁场 B_0 的方向. 但是热运动使 P_m 处于各种可能的空间取向,使得各个分子磁矩取向不能完全相同,只能在一定程度上转向外磁场方向,温度越低,外磁场越强,各分子磁矩沿外磁场方向的排列越整齐. 这样,各分子磁矩的磁效应就不能完全抵消,而是产生一个与外磁场 B_0 方向相同的附加磁场 B_0'.

2. 抗磁质

抗磁质的分子没有固有磁矩,但原子中每个电子绕原子核运动构成电子轨道

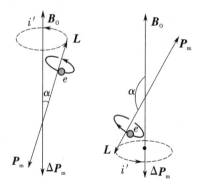

图 7-14　抗磁性的产生

磁矩 P_m. 同时也具有轨道角动量 L, 且 L 与 P 成比例, 电子带负电, 电子的角动量 L 与磁矩方向相反. 在外磁场 B_0 中, 电子磁矩受到磁力矩 $M = P_m \times B_0$ 作用, 与陀螺在重力作用下的运动类似. 电子在垂直角动量 L 的磁力矩 M 作用下发生进动, 根据角动量定理. $dL = Mdt$. 电子进动的方向由磁力矩 M 决定. 电子的进动也相当于一个圆电流, 从而产生一个附加磁矩 ΔP_m. 由图所示, 无论电子轨道运动方向如何, 外磁场对它的力矩作用总要使它产生一个与外磁场方向相反的附加磁矩, 从而使物质产生了抗磁性.

　　抗磁性是各种物质的共同特性. 但是, 对顺磁质和铁磁质来说, 抗磁质的效应相对较小, 在讨论顺磁质和铁磁质时, 抗磁性可略去不计.

　　3. 铁磁质

　　铁磁质是强磁性物质. 铁磁质的分子磁矩与普通的顺磁质差不多. 其所以表现出了强磁性是由于它的电子自旋磁矩起了特殊的作用. 按近代物理的理论, 在铁磁体内存在着许许多多的线度为 10^{-4} m 的小区域, 这些小区域叫**磁畴**, 在每个磁畴内, 所有电子的自旋磁矩都沿一个方向排列整齐了. 在没有磁化的铁磁质中, 各磁畴的磁矩方向取向是无规则的, 如图 7-15 所示, 所以整个铁磁质对外不显磁性.

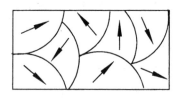

图 7-15　磁畴

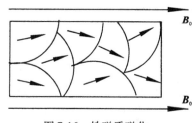

图 7-16　铁磁质磁化

　　在外磁场中, 磁畴的运动有两种, 当外场不太大时, 磁矩方向与外场方向相近的磁畴体积增大, 而与外场方向相反的磁畴体积缩小. 当外场增大到一定值时, 与外场方向不同的磁畴开始向外场方向转动, 如图 7-16 所示, 当外场再增大时, 所有磁畴的方向都转向外场方向了. 这时外场无论怎样增大, 铁磁质磁畴对磁场的贡献不再变化, 这个状态叫做**磁饱和**.

　　三、磁场强度 H

　　由以上分析可知, 磁介质中的磁感应强度 B 是导线中的传导电流和介质中分子电流分别产生的磁感应强度 B_0 和 B' 的矢量和. 由安培环路定理

$$\oint \boldsymbol{B} \cdot \mathrm{d}\boldsymbol{l} = \mu_0 \sum_{i=1}^{n} I_i.$$

在介质中,电流的代数和应为传导电流和分子电流的代数和,而分子电流是无法直接测量的. 为此,引入**磁场强度**这一物理量,用 $\boldsymbol{H}$ 表示. 它的环流只与传导电流有关,可以导出

$$\oint \boldsymbol{H} \cdot \mathrm{d}\boldsymbol{l} = \sum_{i=1}^{n} I_i, \tag{7-18}$$

$\sum_{i=1}^{n} I_i$ 是闭合曲线内传导电流的代数和. 这一关系叫磁介质中的**安培环路定理**,说明沿任一闭合曲线磁场强度的环流等于该闭合曲线所包围的传导电流的代数和.

在国际单位制中,磁场强度的单位为安培/米(A/m).

可以证明,在均匀磁介质充满磁场的情况下,介质内的磁感应强度与磁场强度之间的关系是

$$\boldsymbol{B} = \mu_0 \mu_r \boldsymbol{H}. \tag{7-19}$$

引入磁场强度 $\boldsymbol{H}$,如同在求解电介质问题中引入电位移矢量 $\boldsymbol{D}$,可以使求解磁介质中磁场问题变得简化.

【**例 7-7**】 求细螺绕环内的磁场强度和磁感应强度. 设环内充满相对磁导率为 μ_r 的磁介质.

解 环状螺线管称为**螺绕环**. 如图所示,设其平均周长为 l,绕有线圈 N 匝,电流强度为 I. 由对称性分析出环中磁感应线为同心圆. 如环的截面直径和螺绕环的直径相比很小,则环中各磁感应线的长度可近似地看作都和 l 相等. 同一条磁感应线上各点的磁场强度的数值也是相等的. 以任一条磁感应线作为回路,并按磁感应线的绕行方向求磁场强度的环流. 由于任一点的 $\boldsymbol{H}$ 的方向和该点的 $\mathrm{d}\boldsymbol{l}$ 的方向一致,故得

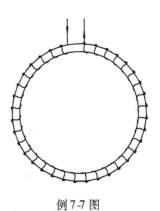

例 7-7 图

$$\oint \boldsymbol{H} \cdot \mathrm{d}\boldsymbol{l} = \oint H\mathrm{d}l = H\oint \mathrm{d}l = Hl.$$

按介质中的安培环路定理,有

$$\oint \boldsymbol{H} \cdot \mathrm{d}\boldsymbol{l} = NI,$$

即 $$Hl = NI,$$

故 $$H = nI.$$

其中,$n = N/l$ 为环上单位长度所绕的匝数.

由式(7-14)可得细螺绕环中各点的磁感应强度数值

$$B = \mu_0 \mu_r H = \mu_0 \mu_r n I.$$

四、铁磁质的磁化曲线

铁磁质是实际中最常用的一种磁介质,这是因为铁磁质的相对磁导率 μ_r 大,而且相对磁导率 μ_r 不是常数,随磁场的强弱发生变化,还有磁感应强度与磁场强度不是单值函数.当外磁场除去后,铁磁质仍然保持一定的磁化状态叫做**剩磁现象**.

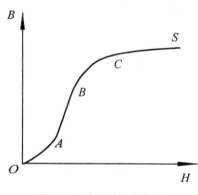

图 7-17　铁磁质磁化曲线

用实验研究铁磁质的性质时,通常用前面所讲的螺绕环,当线圈中通入电流后,铁磁质就被磁化,磁场强度由安培环路定理算出 $H = nI$,环内的磁感应强度 B 可以用电磁感应方法测出.改变电流 I,可得一系列 H 和 B,这样就可以绘出一条表示磁化特点的 H—B 关系曲线,这样的曲线叫**磁化曲线**,如图 7-17.依 $\mu_r = \dfrac{B}{\mu_0 H}$,可得 μ_r 与 H 的函数关系,如图 7-18.

由二图可见,随着线圈中电流增大,H 增大,铁磁质中的 B 不断增大,其中 OA 段为**起始磁化**阶段,其 μ_r 较小;AB 段 B 随 H 急剧增大,μ_r 也增至最大值 μ_m 附近,电机、变压器中硅钢片铁芯都工作在该区;BC 段变化较为缓慢;CS 段为**饱和磁化**阶段,由于 H 较大,μ_r 反而减小.

如图 7-19 所示,磁化进入饱和状态后,再减小 H,B 的变化并不沿原曲线返回,而是沿着 SK 减小,直到 $H = 0$ 时,铁磁质仍保留着剩余磁感应强度 B_r.要消除**剩磁**,必须加方向相反的磁场强度 H,当 H 达到 $-H_C$ 时,B 才减小至零,H_C 称为**矫顽力**.

增大反向电流以增加 H,可以使铁磁质达到反向的磁饱和状态.将反向电流再逐渐减小到零,铁磁质会达到 $-B_r$ 所代表的反向剩磁状态,再逐渐增大电流,铁磁质又会经过 H_C 回到原来的饱和状态.这样磁化曲线就形成了一个闭合曲线,这一闭合曲线叫**磁滞回线**.

由磁滞回线可看出铁磁质的 B 落后于 H 的变化,磁化状态并不能由磁场强度(或励磁电流)单值确定,还取决于此铁磁质以前的磁化历史,有记忆功能.

不同的磁介质的磁滞回线的形状不同,表示它们各有不同的剩磁和矫顽力.纯铁、硅钢、坡莫合金等材料的 H_C 小,磁滞回线比较瘦长,这些材料叫**软磁材料**,常用作电机、变压器的铁芯.而碳钢、钨钢、铝镍钴合金等材料的磁滞回线比较宽,剩磁

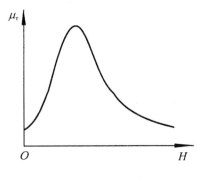

图 7-18 μ_r—H 曲线

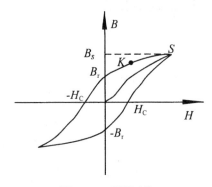

图 7-19 磁滞回线

大,矫顽力也不容易退磁. 这种材料叫**硬磁材料**,常用作永久磁铁、磁带或计算机的记忆元件.

任何铁磁质都有一个特定的温度,在这个温度以上时,铁磁质的特性完全消失,变为顺磁质,这个温度叫**居里点**,如铁的居里点为 1 040 K,而钴为 1 390 K.

本章小结

1. 毕奥—萨伐尔定律
电流元 $I\mathrm{d}l$ 在真空中某点激发的磁感应强度

$$\mathrm{d}\boldsymbol{B} = \frac{\mu_0}{4\pi} \frac{I\mathrm{d}\boldsymbol{l} \times \boldsymbol{r}_0}{r^2},$$

其中,r 表示电流元到该点的距离,$\boldsymbol{r}_0$ 表示从电流元到该点的单位矢量.

2. 安培环路定律
真空中的安培环路定律

$$\oint_l \boldsymbol{B} \cdot \mathrm{d}\boldsymbol{l} = \mu_0 \sum_i I_i,$$

即真空的磁场中,磁感应强度的环流等于闭合曲线所围绕的电流的代数和的 μ_0 倍.

介质中的安培环路定律

$$\oint_l \boldsymbol{H} \cdot \mathrm{d}\boldsymbol{l} = \sum_i I_i,$$

即沿任一闭合曲线磁场强度的环流等于该闭合曲线所包围的传导电流的代数和.

在均匀磁介质充满磁场的情况下,介质内的磁感应强度与磁场强度之间的关系为

$$\boldsymbol{B} = \mu_0 \mu_r \boldsymbol{H}.$$

3. 磁场中的高斯定律

通过闭合曲面 S 的总磁通量为零,即

$$\oint_S \boldsymbol{B} \cdot \mathrm{d}\boldsymbol{S} = 0.$$

4. 运动电荷的磁场

$$\boldsymbol{B} = \frac{\mu_0}{4\pi} \frac{q\boldsymbol{v} \times \boldsymbol{r}_0}{r^2}.$$

5. 典型载流导线所产生的磁感应强度

无限长载流直导线 $\qquad B = \frac{\mu_0}{2\pi} \frac{I}{r}.$

圆形电流轴线上一点 $\qquad B = \frac{\mu_0}{2} \frac{R^2 I}{(x^2 + R^2)^{3/2}}.$

圆心处(上式 $x = 0$) $\qquad B = \frac{\mu_0 I}{2R}.$

载流长直螺线管 $\quad B_内 = \mu_0 nI, \quad B_外 = 0, \quad B_端 = \frac{1}{2}\mu_0 nI.$

载流细螺绕环 $\quad B_内 = \mu_0 nI, \quad B_外 \doteq 0.$

6. 安培定律

电流元 $I\mathrm{d}\boldsymbol{l}$ 在外磁场中受安培力

$$\mathrm{d}\boldsymbol{F} = I\mathrm{d}\boldsymbol{l} \times \boldsymbol{B}.$$

7. 载流线圈在磁场中受力矩

$$\boldsymbol{T} = \boldsymbol{P}_\mathrm{m} \times \boldsymbol{B},$$

式中,P_m 为线圈磁矩,其数值 $P_\mathrm{m} = IS$,S 为线圈所围面积,如线圈为 N 匝时 $P_\mathrm{m} = NIS.$

8. 洛伦兹力

运动电荷 q 在外磁场中所受洛伦兹力

$$\boldsymbol{F}_\mathrm{m} = q\boldsymbol{v} \times \boldsymbol{B}.$$

9. 磁介质的分类

按照磁介质在磁场中产生的效果不同,将磁介质分为顺磁质、抗磁质和铁磁质.

10. 磁场强度 H

为简化公式,引入辅助量磁场强度 H,它的环流只与传导电流有关,即

$$\oint \boldsymbol{H} \cdot \mathrm{d}\boldsymbol{l} = \sum_i I_i.$$

思 考 题

7-1 怎样计算一载流导线的磁场? 在载有电流 I 的圆形回路中,回路平面内各点的 B 的方向是否相同? 数值是否相同?

7-2 电量为 q、速度为 v 的运动电荷在空间某点产生的 B 的数学表达式是什么? 当一个运动电荷通过半径为 R 的球面的球心的瞬时,球面上哪些点的 B 值最大? 哪些点 B 值为零? 穿过球面的磁通量为多大?

7-3 磁场的高斯定理的数学表达式是什么? 它表明磁场的什么性质? 在通有电流 I 的无限长直载流导线的磁场中,有一长为 l、半径为 R,其轴线与导线平行的圆柱,其侧面的磁通量为多大?

7-4 磁场的环路定理 $\oint_L \boldsymbol{B} \cdot \mathrm{d}\boldsymbol{l} = \mu_0 \left(\sum I_i \right)$ 中,B 是哪个点的? 它是由谁产生的? $\sum I_i$ 是什么地方的? 这个定理用语言怎样叙述? 利用它是否可以求任何电流在空间某点所产生的磁场? 闭合回路 L 外面的电流的位置发生变化,L 上的 B 是否变化?

7-5 一个线圈的磁矩怎样计算? 它在均匀磁场中受到的力矩怎样计算? 原子核外的电子绕原子核做圆周运动,证明电子的磁矩与其角动量 L 的关系是 $\boldsymbol{P}_\mathrm{m} = -\dfrac{e}{2m}\boldsymbol{L}$?

7-6 什么叫安培定律,其数学表达式怎样? 怎样计算一段载流导线在磁场中所受的安培力?

7-7 一带电 q 的质点以已知速度通过磁场中的某点,只用一次测量能否确定该点的 B? 一带电粒子做匀速直线运动通过某区域,能否断定该区域无磁场?

7-8 磁介质分几类? B 和 H 的关系怎样?

习 题

7-1 一长导线在中部弯成图示形状,两端仍认为各伸至很远,圆弧半径为 r,通有电流 I. 求半圆中心 P 点处的磁感应强度.

7-2 自粗细均匀的圆形导线上的任意两点 P 及 Q 沿半径方向引出两条直导线,导线在极远处与电源连接. 证明中心 O 点处磁感应强度为零.

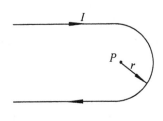

题 7-1 图

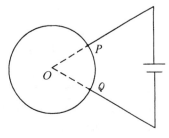

题 7-2 图

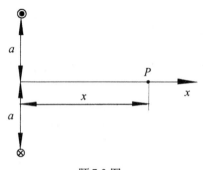

题 7-3 图

7-3　图中示出两根垂直于纸面的长直导线,导线中的电流均为 I,方向相反.

（1）标明每根导线在 P 点的磁感应强度矢量和二者合成的矢量;

（2）P 点处 B 的大小;

（3）x 值为多大时,B 值最大;

（4）$I = 10$ A,$a = 10.0$ cm,$x = 20.0$ cm,求 B 的值.

7-4　通电 5 A 的长直导线附近有一与导线处于同一平面内的单匝矩形线圈,$a = 4$ cm,$b = 3$ cm,$d = 2$cm.求通过矩形线圈的磁通量.

7-5　一闭合曲面的一部分是面积为 S 的圆平面,在该平面上磁场是均匀的,B 与圆面法线的夹角是 θ.求闭合曲面其他部分上的磁通量.

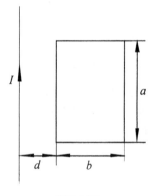

题 7-4 图

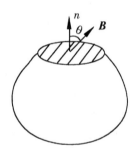

题 7-5 图

7-6　一同轴电缆,内导体半径为 R_1,电流为 I;外导体内外半径分别为 R_2 和 R_3,电流为 I,但方向与内导体电流方向相反.同轴电缆截面如图所示.求各处的 B:（1）两导体间;（2）内导体中;（3）外导体中;（4）外导体外.

7-7　在题 3 图中,P 点假设有第三根长直导线与另外两根导线平行,假设所通电流也是 $I = 10$ A.求第三根导线每单位长度上所受的安培力.

7-8　在长直载流导线附近有一与导线处于同一平面内的单匝矩形线圈 $ABCD$,$I_1 = 10$ A,$I_2 = 20$ A,$a = 0.3$ m,$b = 0.5$ m,$d = 0.25$ m.求矩形线圈的每一个边所受到的磁场力.

7-9　一个正方形线圈,每边长度为 0.6 m,载有 0.1 A 的稳恒电流,放在一个强度为 10^{-4} T 的匀强磁场中.

（1）线圈平面平行于磁场时,求线圈所受的力矩;

（2）线圈平面垂直于磁场时,求线圈所受的力矩;

（3）当线圈的法线与磁场方向之间的夹角 θ 从 0 变到 π 时,画出力矩随角度变化的曲线.

7-10　在一真空室中的电子通过一个电势差 V_0 被加速,然后进入两个带电平行金属板之间的空间,两金属板之间的电势差为 300 V.

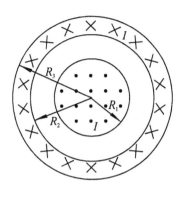

题 7-6 图

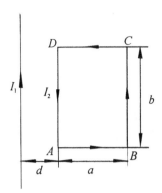

题 7-8 图

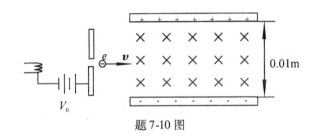

题 7-10 图

(1) 如果电子进入两板之间的空间时它的速率为 $6.0 \times 10^6 \ \mathrm{m \cdot s^{-1}}$, 这个电子通过多大的电势差 V_0 被加速;

(2) 如果两板间还有一匀强磁场, 其方向与纸面垂直. 磁场 B 必须多大, 才能使电子无偏转地在两板间运动.

7-11 相对磁导率为 μ_r 的磁介质, 做成平均半径为 R 的细圆环, 其上密绕 N 匝导线, 导线中通有电流 I. 求磁介质中的 H 和 B.

7-12 在生产中, 为了测试某种磁性材料的相对磁导率 μ_r, 常将这种材料做成截面为矩形的环形样品, 然后用漆包线绕成螺绕环. 设圆环的平均周长为 $0.10 \ \mathrm{m}$, 横截面面积为 $0.5 \times 10^{-4} \ \mathrm{m^2}$, 线圈匝数为 200 匝, 当线圈内通有 $0.1 \ \mathrm{A}$ 的电流时, 测得穿过圆环横截面的磁通量为 $6 \times 10^{-5} \ \mathrm{Wb}$. 求此材料的相对磁导率 μ_r.

7-13 要制作一个螺线管, 使其内部的磁场为 $0.25 \ \mathrm{T}$, 螺线管的半径为 $0.1 \ \mathrm{m}$, 导线能承载的最大电流为 $7 \ \mathrm{A}$.

(1) 每米最少绕多少匝线圈;

(2) 如果螺线管长 $1 \ \mathrm{m}$, 最少需要多长的导线?

7-14 一个每米长绕有 $1\,400$ 匝的很长的螺线管, 其线圈中载有 $25 \ \mathrm{A}$ 的电流. 求管内部的 H 和 B.

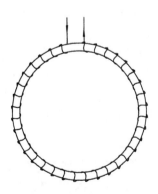

题 7-11 图

第八章　电磁感应

在前两章中,把电场和磁场看成是与时间无关的静态场. 本章介绍电磁感应的基本规律. 在此基础上,讨论与时间有关的场,即在空间一个给定的点,场随时间变化. 在这种情况下,变化的磁场会产生电场;变化的电场会产生磁场. 电场和磁场是密不可分的.

第一节　电动势

一、电源的工作原理

把两个电势不等的导体用导线连接起来,在导线中就有电流产生,电容器的放电过程就是这样的,如图 8-1 所示. 但是在这个过程中,随着电流的继续,两极板上的电荷分布发生变化,最后两极板的电势相等,导线中的电流停止. 如果要维持导线中的电流,就必须把正电荷从负极板推向正极板. 因为在两极板间正电荷所受的静电场力是从正极板指向负极板,因此,把正电荷从负极板推向正极板的力一定不是静电场力,

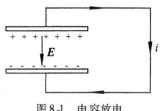

图 8-1　电容放电

称为**非静电力**. 提供非静电力的装置叫做电源. 如图 8-2 所示,用导线把电源的正、负两个极相连,构成一个闭合的电路. 在外电路中正电荷在静电场力的作用下从正极流向负极,在内电路中正电荷在非静电力的作用下,克服静电场力从负极流向正极. 从能量的观点来看,外电路是把电能转换成热能或者其他形式的能量,电源把其他形式的能量转换成电能.

二、电动势

不同的电源把正电荷从负极推向正极所做的功是不相同的,或者是说转换能量的能力是

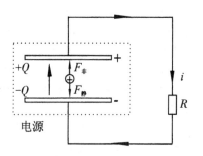

图 8-2　电源示意图

不相同的. 为了定量地说明电源把正电荷从负极推向正极转换能量的能力,引入电动势的概念.

电源的**电动势**等于把单位电量的正电荷从负极推向正极所做的功.

用 E_k 表示在电源内部单位电量的正电荷所受到的非静电力,用 ε 表示电源的电动势,有

$$\varepsilon = \int_{-}^{+} E_k \cdot dl, \tag{8-1}$$

用场的观点看,E_k 称为**非静电场强度**. 在电源内,它的方向与静电场强 E 的方向相反.

如果在电路中有许多个电源串联,那么电路中总的电动势

$$\varepsilon = \oint_{L} E_k \cdot dl, \tag{8-2}$$

L 是整个闭合的电路回路.

电动势的单位与电势差的单位相同,它的国际单位制单位是伏特(V). 电动势和电势差是两个完全不同的物理量,电动势是和非静电场联系在一起的,而电势差是和静电场联系在一起的.

第二节 法拉第电磁感应定律 涡旋电场

一、电磁感应定律

1820 年奥斯特发现了电流的磁效应后,毕奥-萨伐尔定律、安培定律、欧姆定律相继确立,电磁学取得了引人注目的进展. 1822 年法拉第仔细分析电流磁效应等现象后,他认为电与磁的作用应该包括三个方面,即电流对磁的作用、电流对电流的作用以及磁能否产生电流. 法拉第坚信磁能产生电流,他曾简单地认为用强磁铁靠近导线,导线中会产生稳恒电流;或者导线中通以强电流,附近的导线中会产生稳恒电流,但都失败了. 经过多次失败后,在 1831 年终于取得了突破性的进展. 1831 年 8 月 29 日,他在如图 8-3 所示的软铁圆环上绕有两个彼此绝缘的线圈 A 和 B,B 的两端用铜导线连接,形成闭合回路. 导线下面放一个平行的小磁针,A 和电池组相连,形成闭合回路. 他发现,A 的开关合上有电流通过的瞬间,磁针偏转,随后又停在原位置上;开关断开的瞬间,磁针反方向偏转. 这个实验成功的关键是 B 线圈先闭合,而后 A 线圈再接通. 后来法拉第又连续作了许多实验,终于认识到电磁感应是一个非稳恒的暂态效应. 他的实验大体上可分为两类,一类是磁铁与闭合线圈有相对运动时,线圈中产生电流;另一类是当一个线圈中的电流发生变化时,在其附近的其他的闭合线圈中产生电流.

对所有电磁感应实验的分析表明,当通过一个闭合的导体回路的磁通量发生变化时,回路中产生电流.

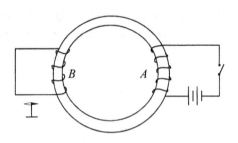

图 8-3　法拉第电磁感应实验

　　根据全电路的欧姆定律,一个闭合回路中出现电流,表明回路中有电动势;导体回路中的磁通量变化时,回路中产生电流,回路中也产生了一个电动势. 这个电动势叫做感应电动势.

　　实验表明,感应电动势的大小与通过导体回路的磁通量的变化率成正比. 用 Φ 表示闭合导体回路中的磁通量,ε 表示导体回路中的感应电动势,在国际单位制下,由实验总结出的这一规律是

$$\varepsilon = -\frac{\mathrm{d}\Phi}{\mathrm{d}t}. \tag{8-3}$$

这一表达式叫做**法拉第电磁感应定律**. 式中的负号反映感应电动势的方向与磁通量变化的关系. 利用式(8-3)判定电动势方向时,首先按右手螺旋法则规定导体回路 L 的正方向. 如图 8-4 所示,L 的正方向与磁感应强度 $\boldsymbol{B}$ 的方向成右手螺旋. 当 $\boldsymbol{B}$ 增大时,$\frac{\mathrm{d}\Phi}{\mathrm{d}t}>0$,根据式(8-3),$\varepsilon<0$,$\varepsilon$ 的方向与 L 的方向相反;反之,当 $\boldsymbol{B}$ 减小时,$\frac{\mathrm{d}\Phi}{\mathrm{d}t}<0$,$\varepsilon>0$,$\varepsilon$ 的方向与 L 同向.

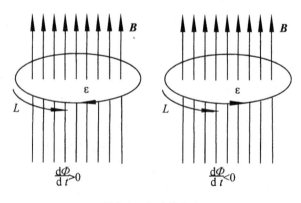

图 8-4　电动势方向

　　一般线圈都是多匝串联起来的,在这种情况下,线圈中的磁通量变化时,线圈

上总的电动势等于每一匝线圈上的电动势之和. 如果每一匝线圈完全相同, 共有 N 匝, 那么线圈中的总的电动势

$$\varepsilon = -N\frac{d\Phi}{dt} = -\frac{d(N\Phi)}{dt} = -\frac{d\psi}{dt}, \qquad (8\text{-}4)$$

这里 $\psi = N\Phi$ 称为线圈的磁通链.

【例 8-1】　一根无限长直载流导线, 通有交流电流 $i = I_0\sin\omega t$, 如图所示, 与它共面的矩形线圈共有 N 匝, 长为 a, 宽为 b. 求矩形线圈中的感应电动势.

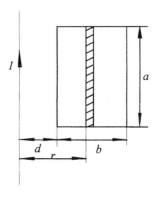

例 8-1 图

解　法拉第电磁感应定律适用于一切闭合的导体回路. 无论是闭回路中的磁场变化, 还是回路的面积变化, 或者二者都同时变化, 只要磁通量变化, 法拉第电磁感应定律就适用. 利用法拉第定律解题一般先求闭合回路中的磁通量, 再求电动势.

先求 t 时刻矩形线圈中的磁通链

$$\psi = N\iint_S B\,dS = N\int_d^{d+b}\frac{\mu_0 i}{2\pi r}a\,dr = N\frac{\mu_0 a}{2\pi}\ln\frac{d+b}{d}$$
$$\cdot\,(I_0\sin\omega t).$$

再根据电磁感应定律求线圈中的电动势

$$\varepsilon = -\frac{d\psi}{dt} = -\frac{N\mu_0 a I_0\omega}{2\pi}\ln\frac{d+b}{d}\cos\omega t.$$

为了对电磁感应有进一步的了解, 按照磁通量变化原因的不同, 分两种情况进行具体的讨论. 一是在稳恒磁场中, 线圈的面积变化而在导体线圈中产生的电动势, 这种电动势称为**动生电动势**; 另一种情况是导体线圈静止不动, 磁场变化而在线圈中产生的电动势, 这种情况产生的电动势叫做**感生电动势**.

二、动生电动势

如图 8-5 所示, 矩形导线框 $ABCD$ 的平面垂直于均匀磁场 $\boldsymbol{B}$, CD 边以速度 $\boldsymbol{v}$ 向右滑动, 线圈 $ABCD$ 的磁通量由于 CD 边的运动而变化, 因而在线圈中有动生电动势产生. 根据法拉第电磁感应定律, 可以求出这个动生电动势.

设某一时刻 BC 边长为 x, 那么此时刻线圈的磁通量

$$\Phi = Blx.$$

线圈中动生电动势的大小

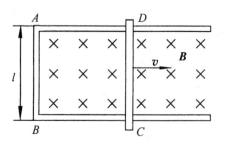

图 8-5 动生电动势

$$\varepsilon = \frac{\mathrm{d}\Phi}{\mathrm{d}t} = \frac{\mathrm{d}}{\mathrm{d}t}(Blx) = Bl\frac{\mathrm{d}x}{\mathrm{d}t} = Blv, \qquad (8\text{-}5)$$

根据楞次定律,其方向是从 C 指向 D.

根据电源电动势的定义式(8-1),有

$$\varepsilon = \int_{-}^{+} \boldsymbol{E}_{\mathrm{k}} \cdot \mathrm{d}\boldsymbol{l},$$

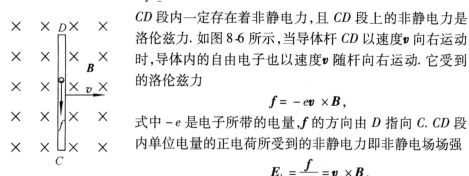

图 8-6 动生电动势

CD 段内一定存在着非静电力,且 CD 段上的非静电力是洛伦兹力. 如图 8-6 所示,当导体杆 CD 以速度 $\boldsymbol{v}$ 向右运动时,导体内的自由电子也以速度 $\boldsymbol{v}$ 随杆向右运动. 它受到的洛伦兹力

$$\boldsymbol{f} = -e\boldsymbol{v} \times \boldsymbol{B},$$

式中 $-e$ 是电子所带的电量,$\boldsymbol{f}$ 的方向由 D 指向 C. CD 段内单位电量的正电荷所受到的非静电力即非静电场场强

$$\boldsymbol{E}_{\mathrm{k}} = \frac{\boldsymbol{f}}{-e} = \boldsymbol{v} \times \boldsymbol{B},$$

方向从 C 指向 D,于是动生电动势

$$\varepsilon = \int_{-}^{+} \boldsymbol{E}_{\mathrm{k}} \cdot \mathrm{d}\boldsymbol{l} = \int_{C}^{D} (\boldsymbol{v} \times \boldsymbol{B}) \cdot \mathrm{d}\boldsymbol{l}.$$

在图 8-6 的情况下,由于 $\boldsymbol{v} \perp \boldsymbol{B}$,而且单位正电荷受力的方向 $(\boldsymbol{v} \times \boldsymbol{B})$ 与 $\mathrm{d}\boldsymbol{l}$ 的方向(选为由 C 指向 D)是一致的,所以上式的积分化为

$$\varepsilon = \int_{C}^{D} vB\mathrm{d}l = Blv.$$

从以上的讨论可以看出,动生电动势只可能存在于运动的这一段导体上,而不动的导体上没有动生电动势. 式(8-5)只适用于特殊的情况,即直导线、均匀磁场、导线垂直于磁场平移这种特殊情况. 对于一般情况,在磁场中放一个任意形状的导线 L,可以是闭合的,也可以是不闭合的;导线运动时导线上任一长度元 $\mathrm{d}\boldsymbol{l}$ 都可能有一个速度 $\boldsymbol{v}$,不同处的 $\mathrm{d}\boldsymbol{l}$ 的速度 $\boldsymbol{v}$ 也不同;磁场可能是均匀的,也可能是不均匀的. 在这种情况下,导线长度元 $\mathrm{d}\boldsymbol{l}$ 处的磁场为 $\boldsymbol{B}$,它上面因洛伦兹力而产生的电动

势

$$\mathrm{d}\varepsilon = (\boldsymbol{v} \times \boldsymbol{B}) \cdot \mathrm{d}\boldsymbol{l}.$$

导线 L 上的总的动生电动势是各长度元上的电动势的总和,即

$$\varepsilon = \int_{(L)} (\boldsymbol{v} \times \boldsymbol{B}) \cdot \mathrm{d}\boldsymbol{l}. \qquad (8\text{-}6)$$

这个式子是一般情况下动生电动势的表达式.

【例 8-2】 在均匀磁场 $\boldsymbol{B}$ 中,长为 l 的金属杆 OA 绕 O 点在垂直于 $\boldsymbol{B}$ 的平面内以角速度 ω 匀速转动. 求杆上的动生电动势.

解 因为杆绕 O 点转动,杆上各点的速度大小不相同. 如图所示,在杆上取一长度元 $\mathrm{d}x$,它的坐标为 x,长度元上的电动势

$$\mathrm{d}\varepsilon = (\boldsymbol{v} \times \boldsymbol{B}) \cdot \mathrm{d}\boldsymbol{l}.$$

因为 $\boldsymbol{v} \perp \boldsymbol{B}$,$(\boldsymbol{v} \times \boldsymbol{B})$ 与 $\mathrm{d}x$ 同向,所以

$$\mathrm{d}\varepsilon = Bv\mathrm{d}x.$$

因 $v = \omega x$,所以

$$\mathrm{d}\varepsilon = B\omega x\mathrm{d}x,$$

$$\varepsilon = \int_0^L B\omega x\mathrm{d}x = \frac{1}{2}B\omega L^2.$$

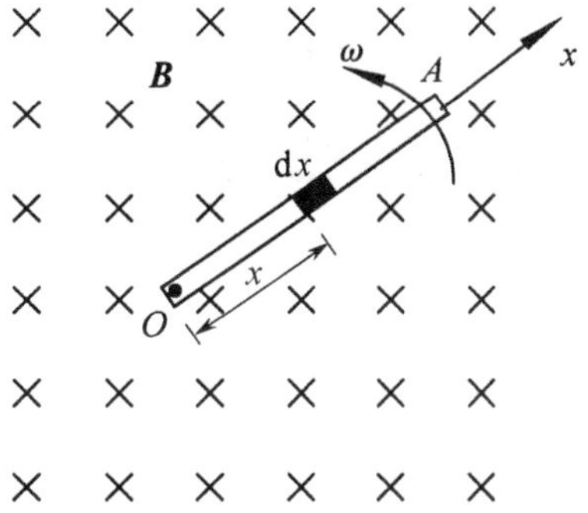

例 8-2 图

三、涡旋电场

感生电动势是导体线圈静止不动,磁场变化而在线圈中产生的电动势. 对于感生电动势,法拉第电磁感应定律写成

$$\varepsilon = -\frac{\mathrm{d}\Phi}{\mathrm{d}t} = -\frac{\mathrm{d}}{\mathrm{d}t}\iint_S \boldsymbol{B} \cdot \mathrm{d}\boldsymbol{S} = -\int_S \frac{\partial \boldsymbol{B}}{\partial t} \cdot \mathrm{d}\boldsymbol{S}.$$

根据闭合电路的电动势定义

$$\varepsilon = \oint_L \boldsymbol{E}_\mathrm{k} \cdot \mathrm{d}\boldsymbol{l},$$

感生电动势的法拉第电磁感应定律写为

$$\oint_L \boldsymbol{E}_\mathrm{k} \cdot \mathrm{d}\boldsymbol{l} = -\iint_S \frac{\partial \boldsymbol{B}}{\partial t} \cdot \mathrm{d}\boldsymbol{S}. \qquad (8\text{-}7)$$

导体在磁场中运动产生动生电动势,其非静电力是洛伦兹力. 在磁场变化产生感生电动势的情况里,非静电力又是什么呢? 麦克斯韦仔细地分析了电磁感应现象之后,他敏锐地感觉到感生电动势预示着有关电磁场的新效应,他相信与感生电动势相关的非静电场 $\boldsymbol{E}_\mathrm{k}$ 是由变化的磁场产生的. 即使不存在导体回路,变化的磁

场在其周围也会激发一个非静电场. 存在导体回路时,回路中的电流显示了这个电场的存在,这个非静电场称为**涡旋电场**. 这个电场与静电场的共同点是对电荷都有作用力;与静电场不同之处,一方面是涡旋电场不是由电荷产生的,而是由变化的磁场产生的;另一方面在于涡旋电场的电场线是闭合的,它不是保守场而是涡旋场. 这个电场的环路定理就是式(8-7).

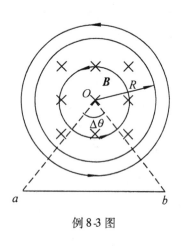

例8-3图

【例8-3】 如图所示,在半径为 R 的圆面内,有一均匀磁场 $\boldsymbol{B}$,磁场随时间增大,磁场对时间的变化率是 $\frac{\partial B}{\partial t}$. 圆外有一段导线 ab,它对圆心的张角为 $\Delta\theta$. 求:

(1)涡旋电场的分布;

(2)导线 ab 上的电动势.

解 (1)由于磁场相对于 O 点中心对称,我们可以知道变化的磁场所产生的涡旋电场的电场线是绕着磁场的一系列的同心圆,而且电场线上各点的场强数值相等.

选半径为 r 的圆周为闭合曲线,涡旋电场强度沿这条曲线的线积分为

$$\oint_L \boldsymbol{E} \cdot \mathrm{d}\boldsymbol{l} = \oint_L E \mathrm{d}l = E2\pi r,$$

这个线积分就是圆周上的电动势.

当 $r < R$ 时,圆周内的磁通量

$$\Phi = B \cdot \pi r^2,$$

根据法拉第电磁感应定律

$$E \times 2\pi r = \frac{\mathrm{d}\Phi_{\mathrm{m}}}{\mathrm{d}t} = \pi r^2 \frac{\partial B}{\partial t}, \quad E = \frac{1}{2}\frac{\partial B}{\partial t}r,$$

当 $r > R$ 时,圆周内的磁通量

$$\Phi = \pi R^2 B,$$

所以

$$E \times 2\pi r = \frac{\mathrm{d}\Phi_{\mathrm{m}}}{\mathrm{d}t} = \pi R^2 \frac{\partial B}{\partial t}, \quad E = \frac{R^2}{2r}\frac{\partial B}{\partial t},$$

电场强度的方向与半径垂直.

(2)根据法拉第电磁感应定律,闭合回路 Oab 上的电动势应为

$$\varepsilon_{Oab} = \frac{\mathrm{d}}{\mathrm{d}t}\left(B \cdot \frac{1}{2}R^2\Delta\theta\right) = \frac{1}{2}R^2\Delta\theta\frac{\partial B}{\partial t}.$$

闭合回路 Oab 上的电动势 ε_{Oab} 是 Oa 上的电动势 ε_{Oa}、ab 上的电动势 ε_{ab} 和 bO 上的电动势 ε_{bO} 三者之和,即

$$\varepsilon_{Oab} = \varepsilon_{Oa} + \varepsilon_{ab} + \varepsilon_{bO}.$$

根据电动势的定义

$$\varepsilon_{Oa} = \int_0^a \boldsymbol{E} \cdot \mathrm{d}\boldsymbol{l},$$

因为涡旋电场 $\boldsymbol{E}$ 的方向与半径方向垂直,也就是说 $\boldsymbol{E}$ 与 $\mathrm{d}\boldsymbol{l}$ 垂直,所以

$$\varepsilon_{Oa} = \int_0^a \boldsymbol{E} \cdot \mathrm{d}\boldsymbol{l} = 0,$$

同样的道理 $\qquad \varepsilon_{bO} = 0.$

所以 $\qquad \varepsilon_{ab} = \dfrac{1}{2}R^2 \Delta\theta \dfrac{\partial B}{\partial t}.$

【例 8-4】 测铁磁质中的磁感应强度. 如图所示,在铁磁试样做成的截面面积为 S 的细圆环上绕有两组线圈,一组线圈的匝数为 N_1,与电池相连;另一组匝数为 N_2,电阻为 R,与一个冲击电流计相连(这种电流计指针偏转的角度与通过它的电量成正比). 设铁环原来没有磁化,当合上电键使 N_1 中的电流从 0 增大到 I_1 时,冲击电流计测出通过它的电量是 q. 求与电流 I_1 相应的铁环中的磁感应强度多大?

解 合上电键后,在 N_1 中的电流增大的过程中,线圈 N_2 中的磁通链随时间变化而在 N_2 上产生电动势. 设某时刻 N_2 上的电动势

$$\varepsilon = \frac{\mathrm{d}\psi_2}{\mathrm{d}t}.$$

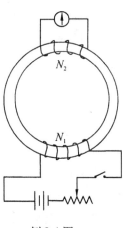

例 8-4 图

N_2 中的感应电流

$$i = \frac{\varepsilon}{R} = \frac{1}{R}\frac{\mathrm{d}\psi_2}{\mathrm{d}t}.$$

$\mathrm{d}t$ 时间内通过电流计的电量

$$\mathrm{d}q = i\mathrm{d}t = \frac{1}{R}\mathrm{d}\psi_2.$$

N_1 中的电流为 I_1 时,冲击电流计中流过的电量

$$q = \int \mathrm{d}q = \int_0^{\psi_2} \frac{1}{R}\mathrm{d}\psi_2 = \frac{1}{R}\psi_2, \quad \psi_2 = BSN_2,$$

所以

$$q = \frac{BSN_2}{R}, \quad B = \frac{qR}{N_2 S}.$$

第三节　磁场能量

一、自感系数

当线圈中的电流变化时,通过线圈自身的磁通链也随之变化,使线圈自身产生感应电动势.这种因线圈中的电流变化而在线圈自身所引起的感应现象叫**自感现象**,所产生的电动势叫**自感电动势**.

线圈中的电流所产生的磁场与电流成正比,因此线圈的磁通链也与线圈中的电流成正比,即

$$\psi = Li,$$

比例系数 L 称为线圈的**自感系数**,简称自感.

在国际单位制中,它的单位是亨利(H),有

$$亨利 = \frac{韦伯}{安}.$$

由法拉第电磁感应定律,自感电动势

$$\varepsilon_L = -L\frac{\mathrm{d}i}{\mathrm{d}t}. \tag{8-8}$$

【例 8-5】　一个长直螺线管,中间充满相对磁导率为 μ_r 的磁介质,长为 l,截面面积为 S,共有 N 匝线圈.求它的自感系数.

解　假设螺线管中通有电流 I,则螺线管内的磁感应强度

$$B = \mu_0\mu_r nI = \mu_0\mu_r \frac{N}{l}I.$$

因为螺线管内磁场是均匀的,所以螺线管的磁通链

$$\psi = NBS = \mu_0\mu_r \frac{N^2}{l}SI,$$

$$L = \frac{\psi}{I} = \mu_0\mu_r \frac{N^2}{l}S. \tag{8-9}$$

二、磁场能量

图 8-7 是一个含有自感线圈的电路.当闭合电键后,电流不能立刻达到 ε/R 这个值,而是逐渐接近于 ε/R.这个过程是反抗电流变化的自感电动势 ε_L 引起的.在电流从零增大到最后稳定值 ε/R 的过程中存在着自感电动势.

设某时刻电路中的电流为 i,自感线圈中的自感电动势

$$\varepsilon_L = -L\frac{\mathrm{d}i}{\mathrm{d}t},$$

全电路的欧姆定律为

$$\varepsilon - L\frac{\mathrm{d}i}{\mathrm{d}t} = iR,$$

或者

$$\varepsilon = iR + L\frac{\mathrm{d}i}{\mathrm{d}t}.$$

图 8-7　有自感的电路

方程两边同乘以 $i\mathrm{d}t$,得

$$\varepsilon i\mathrm{d}t = i^2R\mathrm{d}t + Li\mathrm{d}i.$$

这个式子是图 8-7 这个电路的能量守恒方程. $\varepsilon i\mathrm{d}t$ 是电源在 $\mathrm{d}t$ 时间内输出的能量, $i^2R\mathrm{d}t$ 是电阻上消耗的电能,$Li\mathrm{d}i$ 是 $\mathrm{d}t$ 时间内电流反抗自感电动势做的功. 用 $\mathrm{d}W_m$ 表示电流反抗自感电动势在 $\mathrm{d}t$ 时间内做的功,则有

$$\mathrm{d}W_m = Li\mathrm{d}i.$$

当电流从零增大到 I 的整个过程中,电流反抗自感电动势做的功

$$W_m = \int_0^I Li\mathrm{d}i = \frac{1}{2}LI^2.$$

电流增大的过程就是自感线圈中的磁场建立的过程. 电流反抗自感电动势做的功转换成能量储存在磁场中,叫做**磁场能量**. 当自感线圈中通有电流 I 时,线圈中磁场的能量

$$W_m = \frac{1}{2}LI^2. \tag{8-10}$$

磁场能量也可以用磁场的量来表达. 以通电长直螺线管为例,用磁场的量来表达磁场能量. 长直螺线管通有电流 I,根据式(8-11),它的自感系数

$$L = \mu_0\mu_r\frac{N^2}{l}S,$$

螺线管中的磁感应强度

$$B = \mu_0\mu_r nI = \mu_0\mu_r\frac{N}{l}I, \quad I = \frac{lB}{\mu_0\mu_r N}$$

把 L 和 I 代入式(8-12),得

$$W_m = \frac{1}{2}\mu_0\mu_r\frac{N^2}{l}S\left(\frac{lB}{\mu_0\mu_r N}\right)^2 = \frac{1}{2}\frac{B^2}{\mu_0\mu_r}lS.$$

l 和 S 的乘积 lS 是螺线管的体积,也就是通电螺线管中磁场的体积,所以上式是用磁场的量表达的磁场能量. 而

$$\frac{W_m}{Sl} = \frac{1}{2}\frac{B^2}{\mu_0\mu_r}$$

是单位体积内磁场的能量,称为**磁场能量密度**. 用 w_m 表示磁场能量密度,则

$$w_{\mathrm{m}} = \frac{1}{2}\frac{B^2}{\mu_0\mu_{\mathrm{r}}} = \frac{1}{2}HB. \qquad (8\text{-}11)$$

非均匀磁场能量的一般表达式为

$$W_{\mathrm{m}} = \iiint\limits_V \frac{1}{2}HB\mathrm{d}V. \qquad (8\text{-}12)$$

三、互感

一个线圈中的电流变化时,它周围的磁场也随之变化,那么在它附近的另外一个线圈中有感应电动势产生,这种现象叫**互感现象**,所产生的电动势叫**互感电动势**.

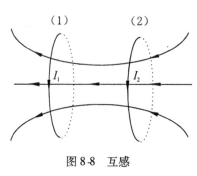

图 8-8 互感

如图 8-8 所示,两个相邻线圈(1)和(2)中分别通有电流 I_1 和 I_2. I_1 产生的磁场穿过线圈(2)的磁通量 Φ_{21} 与 I_1 成正比,即

$$\Phi_{21} = M_{21}I_1.$$

I_2 产生的磁场穿过线圈(1)的磁通量 Φ_{12} 与 I_2 成正比

$$\Phi_{12} = M_{12}I_2.$$

M_{21} 是线圈(2)对线圈(1)的互感系数;M_{12} 是线圈(1)对线圈(2)的互感系数,可以证明

$$M_{12} = M_{21} = M,$$

称为两线圈的**互感系数**,简称互感.

当(1)中的电流变化时,(2)中产生的互感电动势

$$\varepsilon_{21} = -M\frac{\mathrm{d}I_1}{\mathrm{d}t}. \qquad (8\text{-}13)$$

当(2)中的电流变化时,(1)中产生的互感电动势

$$\varepsilon_{12} = -M\frac{\mathrm{d}I_2}{\mathrm{d}t}. \qquad (8\text{-}14)$$

第四节 位移电流

一、电荷守恒定律

一个孤立系统中,无论发生什么变化,其电荷的代数和总是保持不变,称为**电荷守恒定律**. 这个定律的另外一种说法是:单位时间内从一个闭合曲面流出去的电量等于单位时间内闭合曲面内减少的量.

如图 8-9 所示的一个闭合曲面 S. 面元 $\mathrm{d}S$ 处的电流密度为 $\boldsymbol{j}$(单位面积上的电

流称为电流密度. 它是矢量,其方向是正电荷速度的
方向). 那么单位时间内从闭合曲面上流出去的电量

$$I = \oiint_S \boldsymbol{j} \cdot \mathrm{d}\boldsymbol{S}.$$

闭合曲面内 $\mathrm{d}t$ 时间减少的电量为 $-\mathrm{d}q$,单位时间内

减少的电量是 $-\dfrac{\mathrm{d}q}{\mathrm{d}t}$. 根据电荷守恒定律,有

$$-\frac{\mathrm{d}q}{\mathrm{d}t} = \oiint_S \boldsymbol{j} \cdot \mathrm{d}\boldsymbol{S}. \qquad (8\text{-}15)$$

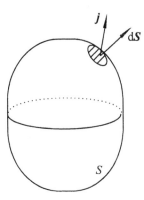

图 8-9 电荷守恒定律用图

二、位移电流

根据电场的高斯定理,闭合曲面 S 上的电位移
通量等于闭合曲面内自由电荷的代数和,即

$$q = \oiint_S \boldsymbol{D} \cdot \mathrm{d}\boldsymbol{S},$$

将高斯定理代入式(8-15),得到

$$-\oiint_S \frac{\partial \boldsymbol{D}}{\partial t} \cdot \mathrm{d}\boldsymbol{S} = \oiint_S \boldsymbol{j} \cdot \mathrm{d}\boldsymbol{S},$$

或者

$$\oiint_S \boldsymbol{j} \cdot \mathrm{d}\boldsymbol{S} + \oiint_S \frac{\partial \boldsymbol{D}}{\partial t} \cdot \mathrm{d}\boldsymbol{S} = \oiint_S \left(\boldsymbol{j} + \frac{\partial \boldsymbol{D}}{\partial t} \right) \cdot \mathrm{d}\boldsymbol{S} = 0. \qquad (8\text{-}16)$$

这就是包括高斯定理的电荷守恒定律的表达式.

在式(8-16)中,$\oiint_S \boldsymbol{j} \cdot \mathrm{d}\boldsymbol{S}$ 是穿过闭合曲面的传导电流. $\oiint_S \dfrac{\partial \boldsymbol{D}}{\partial t} \cdot \mathrm{d}\boldsymbol{S}$ 与传导电流具

有相同的量纲,又因为它是电位移通量对时间的变化率,称它为**位移电流**. 位移电

流就是电位移通量对时间的变化率,$\dfrac{\partial \boldsymbol{D}}{\partial t}$ 称为**位移电流密度**. 位移电流与传导电流

的总和叫做**全电流**. 式(8-16)又可以叙述为对任何的闭合曲面来说,流入的全电流
总是等于流出的全电流. 在任何情况下,全电流总是连续的. 如图 8-10 所示的两个
电路,(a)电路中只有传导电流,传导电流是连续的;(b)电路是电源给电容器充电
的电路,此电路中传导电流在电容处中断,但是两极板间,电位移随时间变化,有位
移电流. 为了看清这一点,把电容器及其连接导线放大,如图(c)所示,在充电过程
中,电容器两极板上的电荷 q 及电荷面密度 σ 都随时间变化,通过截面的电流是 I
$= \mathrm{d}q/\mathrm{d}t$. 与此同时,两极板间电位移 $\boldsymbol{D}$ 以及两极板间电位移通量 $\varPhi = SD$ 也将随时
间变化. 由于 $D = \sigma$,$\varPhi = SD = S\sigma = q$,所以有

$$\frac{\mathrm{d}q}{\mathrm{d}t} = \frac{\mathrm{d}\varPhi}{\mathrm{d}t} = S\frac{\partial D}{\partial t},$$

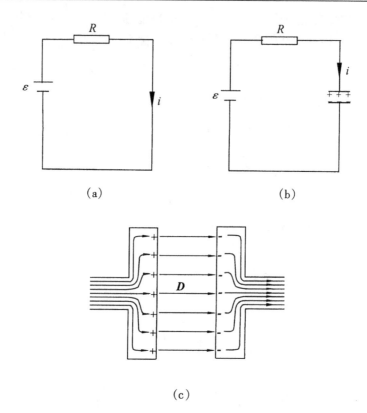

(a)

(b)

(c)

图 8-10　位移电流

(a)直流电路;(b)电容器充电;(c)传导电流与位移电流

$S\dfrac{\partial D}{\partial t}$是两极板间的位移电流,它的数值等于极板中的传导电流. 充电时,场强增大,

$\dfrac{\partial D}{\partial t}$为正,位移电流的方向与电场方向一致,也与传导电流的方向一致.

通过以上的分析,可以看出电容器充、放电时,在两极板之间,传导电流中断,但却有相等数量的位移电流接替. 因此对全电流来说,它是连续的.

三、非静态场情况下的安培环路定理

如图 8-11 所示,传导电流是连续的,闭合曲线 L 上的安培环路定理是

$$\oint_{L} \boldsymbol{H} \cdot \mathrm{d}\boldsymbol{l} = I.$$

图 8-12 是电源给电容器充电的电路,随着电容器两极板上的电荷的逐渐累积,两极板间的电场随时间变化,这个电路传导电流不连续,但是全电流是连续的. 把安培环路定理应用于这个电路上的闭合曲线 L 上时就必须对它加以修正.

所谓闭合曲线 L 所围绕的电流就是穿过以闭合曲线 L 为边界的任何一个曲面

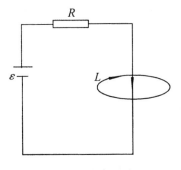

图 8-11 直流电路

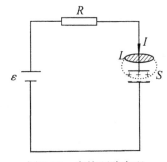

图 8-12 安培环路定理

的电流. 如果认为曲面是以 L 为边界的平面,那么曲线所围绕的电流是 I,这个闭合曲线上 $\boldsymbol{H}$ 的环流

$$\oint_L \boldsymbol{H} \cdot \mathrm{d}\boldsymbol{l} = I.$$

如果认为曲面是虚线所表示的 S 曲面,那么曲线没有围绕传导电流,这个闭合曲线上 $\boldsymbol{H}$ 的环流

$$\oint_L \boldsymbol{H} \cdot \mathrm{d}\boldsymbol{l} = 0.$$

对于同一条闭合曲线 $\boldsymbol{H}$ 的环流只能有一个值,不能有两个值,之所以出现两个值其关键是传导电流不连续. 全电流在任何情况下都是连续的,因此麦克斯韦把安培环路定理修正为:磁场强度的环流等于闭合曲线所围绕的全电流的代数和,其表达式为

$$\oint_L \boldsymbol{H} \cdot \mathrm{d}\boldsymbol{l} = \iint_S \left(\boldsymbol{j} + \frac{\partial \boldsymbol{D}}{\partial t} \right) \cdot \mathrm{d}\boldsymbol{S}. \tag{8-17}$$

在只有静电场的情况下,如图 8-11 所示的电路里,有

$$\frac{\partial \boldsymbol{D}}{\partial t} = 0.$$

于是式(8-17)就还原为稳恒磁场的安培环路定理

$$\oint_L \boldsymbol{H} \cdot \mathrm{d}\boldsymbol{l} = \iint_S \boldsymbol{j} \cdot \mathrm{d}\boldsymbol{S},$$

$\boldsymbol{j}$ 是传导电流密度.

从式(8-17)可以看出传导电流和位移电流都可以产生磁场,在没有传导电流的情况下,安培环路定理式(8-17)变为

$$\oint_L \boldsymbol{H} \cdot \mathrm{d}\boldsymbol{l} = \iint_S \frac{\partial \boldsymbol{D}}{\partial t} \cdot \mathrm{d}\boldsymbol{S}. \tag{8-18}$$

在真空情况下上式变为

$$\oint_L \boldsymbol{H} \cdot d\boldsymbol{l} = \varepsilon_0 \iint_S \frac{\partial \boldsymbol{E}}{\partial t} \cdot d\boldsymbol{S}. \qquad (8\text{-}19)$$

这个式子说明变化的电场一定产生一个磁场,或者是说一个变化的电场一定有一个磁场伴随其存在.

第五节　麦克斯韦方程组

这一节对电磁场的规律做一个总结. 电荷是产生电磁场的根源,由于电荷相对观察者运动的不同而把电磁场分为电场和磁场.

电荷产生的电场用 $\boldsymbol{E}^{(1)}$ 和 $\boldsymbol{D}^{(1)}$ 表示;磁场变化产生的电场用 $\boldsymbol{E}^{(2)}$ 和 $\boldsymbol{D}^{(2)}$ 表示,总的电场为

$$\boldsymbol{E} = \boldsymbol{E}^{(1)} + \boldsymbol{E}^{(2)}, \quad \boldsymbol{D} = \boldsymbol{D}^{(1)} + \boldsymbol{D}^{(2)}.$$

运动电荷产生的磁场用 $\boldsymbol{B}^{(1)}$ 和 $\boldsymbol{H}^{(1)}$ 表示;电场变化产生的磁场用 $\boldsymbol{B}^{(2)}$ 和 $\boldsymbol{H}^{(2)}$ 表示,总的磁场为

$$\boldsymbol{B} = \boldsymbol{B}^{(1)} + \boldsymbol{B}^{(2)}, \quad \boldsymbol{H} = \boldsymbol{H}^{(1)} + \boldsymbol{H}^{(2)}.$$

电磁场运动所遵循的规律就是高斯定理和环路定理.

一、高斯定理

对于静电场有

$$\oiint_S \boldsymbol{D}^{(1)} \cdot d\boldsymbol{S} = q.$$

对于涡旋电场,因为电场线是闭合的,所以有

$$\oiint_S \boldsymbol{D}^{(2)} \cdot d\boldsymbol{S} = 0.$$

于是电场的高斯定理为

$$\oiint_S \boldsymbol{D} \cdot d\boldsymbol{S} = \oint_S \boldsymbol{D}^{(1)} \cdot d\boldsymbol{S} + \oint_S \boldsymbol{D}^{(2)} \cdot d\boldsymbol{S} = q,$$

即

$$\oiint_S \boldsymbol{D} \cdot d\boldsymbol{S} = q. \qquad (8\text{-}20)$$

对于磁场,两个场的磁感应线都是闭合的,所以有

$$\oiint_S \boldsymbol{B} \cdot d\boldsymbol{S} = 0. \qquad (8\text{-}21)$$

二、环路定理

对于静电场　　$\oint_L \boldsymbol{E}^{(1)} \cdot d\boldsymbol{l} = 0,$

对于涡旋电场　　　$\oint_L \boldsymbol{E}^{(2)} \cdot \mathrm{d}\boldsymbol{l} = -\iint \frac{\partial \boldsymbol{B}}{\partial t} \cdot \mathrm{d}\boldsymbol{S}.$

所以电场的环路定理是

$$\oint_L \boldsymbol{E} \cdot \mathrm{d}\boldsymbol{l} = \oint_L \boldsymbol{E}^{(1)} \cdot \mathrm{d}\boldsymbol{l} + \oint_L \boldsymbol{E}^{(2)} \cdot \mathrm{d}\boldsymbol{l} = -\iint_S \frac{\partial \boldsymbol{B}}{\partial t} \cdot \mathrm{d}\boldsymbol{S},$$

即　　　　　　　$$\oint_L \boldsymbol{E} \cdot \mathrm{d}\boldsymbol{l} = -\int_S \frac{\partial \boldsymbol{B}}{\partial t} \cdot \mathrm{d}\boldsymbol{S}. \tag{8-22}$$

磁场的环路定理是

$$\oint_L \boldsymbol{H} \cdot \mathrm{d}\boldsymbol{l} = \int_S \left(\boldsymbol{j} + \frac{\partial \boldsymbol{D}}{\partial t} \right) \cdot \mathrm{d}\boldsymbol{S}. \tag{8-23}$$

式(8-20)、式(8-21)、式(8-22)和式(8-23)四个方程式统称为**麦克斯韦方程组的积分形式**. 麦克斯韦方程组全面地总结了电磁现象的基本规律,是电磁场理论的基本方程. 已知电荷 q 和电流 i 后可以利用方程组求出 $\boldsymbol{E}$ 和 $\boldsymbol{B}$. 为了求出电磁场对带电粒子的作用从而预言粒子的运动,还需要洛伦兹力公式

$$\boldsymbol{F} = q(\boldsymbol{E} + \boldsymbol{v} \times \boldsymbol{B}).$$

利用麦克斯韦方程组和洛伦兹力原则上可以解决宏观电磁现象的各种问题.

本章小结

1. 电源的电动势

在电源内部,把单位正电荷由负极移至正极时,非静电力所做的功

$$\varepsilon = \int_-^+ \boldsymbol{E}_k \cdot \mathrm{d}\boldsymbol{l}.$$

$\boldsymbol{E}_k$ 为作用于单位正电荷上的非静电力,电动势的方向为电源内部电势升高的方向.

2. 法拉第电磁感应定律

当闭合回路面积中的磁通量 Φ 随时间变化时,回路中产生感应电动势

$$\varepsilon = -\frac{\mathrm{d}\Phi}{\mathrm{d}t}.$$

方向由式中负号或楞次法则确定.

3. 动生电动势和感生电动势

动生电动势是由于导体在稳恒磁场中运动而产生的感应电动势,其根源为洛伦兹力,电动势的大小为

$$\varepsilon = \int \boldsymbol{E}_k \cdot \mathrm{d}\boldsymbol{l} = \int (\boldsymbol{v} \times \boldsymbol{B}) \cdot \mathrm{d}\boldsymbol{l}.$$

感生电动势是由于磁场随时间变化而在导体中产生的电动势,其起源是涡旋

电场,电动势的大小为

$$\varepsilon = \oint_L \boldsymbol{E}_\mathbf{k} \cdot \mathrm{d}\boldsymbol{l} = -\frac{\mathrm{d}\boldsymbol{\Phi}}{\mathrm{d}t} = -\frac{\mathrm{d}}{\mathrm{d}t}\int_L \boldsymbol{B} \cdot \mathrm{d}\boldsymbol{S} = -\int\frac{\partial\boldsymbol{B}}{\partial t} \cdot \mathrm{d}\boldsymbol{S}.$$

4. 自感电动势和互感电动势

因线圈中电流的变化而在线圈自身所产生的感应电动势叫自感电动势.

自感电动势　　　　$\varepsilon_L = -L\dfrac{\mathrm{d}i}{\mathrm{d}t},$

自感系数　　　　　$L = \dfrac{\Psi}{I}.$

当一线圈中的电流发生变化时,在邻近的另一线圈中产生的感应电动势叫互感电动势.

互感电动势　　　　$\varepsilon_{21} = -M\dfrac{\mathrm{d}I_1}{\mathrm{d}t},$ 或 $\varepsilon_{12} = -M\dfrac{\mathrm{d}I_2}{\mathrm{d}t}.$

互感系数　　　　　$M = \dfrac{\Phi_{21}}{I_1},$ 或 $M = \dfrac{\Phi_{12}}{I_2}.$

5. 磁场能量

磁场的能量密度　　$w_\mathrm{m} = \dfrac{1}{2}\dfrac{B^2}{\mu_0\mu_r} = \dfrac{1}{2}BH,$

磁场能量　　　　　$W_\mathrm{m} = \int w_\mathrm{m}\mathrm{d}V,$

自感储能　　　　　$W_\mathrm{m} = \dfrac{1}{2}LI^2.$

6. 麦克斯韦方程组的积分形式

$$\oint_S \boldsymbol{D} \cdot \mathrm{d}\boldsymbol{S} = q, \qquad\qquad \oint_S \boldsymbol{B} \cdot \mathrm{d}\boldsymbol{S} = 0,$$

$$\oint_L \boldsymbol{E} \cdot \mathrm{d}\boldsymbol{l} = -\frac{\mathrm{d}}{\mathrm{d}t}\int_S \boldsymbol{B} \cdot \mathrm{d}\boldsymbol{S}, \qquad \oint_L \boldsymbol{H} \cdot \mathrm{d}\boldsymbol{l} = \int S\left(\boldsymbol{j} + \frac{\partial\boldsymbol{D}}{\partial t}\right) \cdot \mathrm{d}\boldsymbol{S},$$

其中$\dfrac{\partial\boldsymbol{D}}{\partial t} = \boldsymbol{j}_\mathrm{d}$ 称为位移电流密度,$\int\dfrac{\partial\boldsymbol{D}}{\partial t} \cdot \mathrm{d}\boldsymbol{S} = \dfrac{\mathrm{d}\Phi_D}{\mathrm{d}t} = I_\mathrm{d}$ 称为位移电流.

思 考 题

8-1 利用法拉第电磁感应定律计算闭合回路中的电动势的一般步骤是什么?

8-2 动生电动势元 $\mathrm{d}\varepsilon = (\boldsymbol{v} \times \boldsymbol{B}) \cdot \mathrm{d}\boldsymbol{l}$ 中,$\mathrm{d}\varepsilon$、$\boldsymbol{v}$ 和 $\boldsymbol{B}$ 各是哪一点处的?

8-3 涡旋电场是由什么产生的? 它和静电场有什么区别? 通有交流电的螺线管内有几个场? 管外有几个场?

8-4 两个线圈,电阻相同,经过不同的时间改变的磁通链相同,流过线圈的电量是否相同?

8-5 通有电流的自感线圈储存能量的表达式和磁场能量密度表达式各是什么?

8-6 磁能的两种表达式 $W_m = \dfrac{1}{2}LI^2$ 和 $W_m = \dfrac{1}{2}\dfrac{B^2}{\mu_0}V$ 的物理意义有何不同? 式中 V 是均匀磁场的体积.

8-7 什么是位移电流? $\dfrac{\partial \boldsymbol{D}}{\partial t}$ 称为什么? 它的单位是什么?

习 题

8-1 半径 $R = 10$ cm 的圆形线圈共有 $N = 50$ 匝,在 $B = 0.2$ T 的均匀磁场中匀速转动,转数 $n = 10$ 圈/s,转轴垂直于磁场,$t = 0$ 时,线圈的法线与磁场同向. 求 t 时刻线圈中的电动势和电动势的最大值.

8-2 相对磁导率 $\mu_r = 650$ 的铁棍,截面面积 $S = 2.5$ cm^2,长为 20 cm,绕有线圈 $N_1 = 800$ 匝,构成长直螺线管. 其上通有 $I = 5.0\sin 100\pi t$ (A)的交流电. 求该螺线管上的最大感应电动势(忽略边缘效应,该长直螺线管中的磁场可按无限长螺线管的磁场处理).

8-3 在 $\mu_r = 700$,截面面积 $S = 2 \times 10^{-1}$ cm^2,周长 $l = 35$ cm 的铁环上,绕有 $N_1 = 500$ 匝的线圈成细螺绕环,线圈内通有 $i = 2\sin 100\pi t$ (A)的交流电,在螺绕环上套有一个 $N_2 = 5$ 匝的副线圈. 求副线圈上的最大电动势.

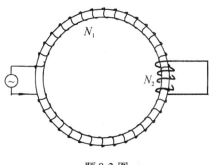

题 8-3 图

8-4 如图所示,一根金属杆长 l,以速度 v 平行于载流长直导线而运动,计算金属杆中的感生电动势. 已知 $v = 5$ m/s,$I = 100$ A,$a = 1$ cm,$l = 20$ cm.

8-5 一个半径 $r = 10$ cm 并有一根辐条的电阻很小的铜环在匀强磁场中旋转,转速 $n = 100$ 圈/s. 磁场方向与铜环平面垂直,$B = 1$ Wb/m^2,外电路中有一电阻 $R = 1$ Ω. 求电路上的电流.

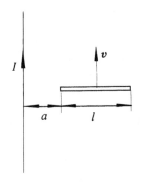

题 8-4 图

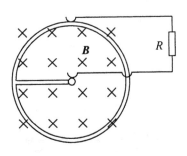

题 8-5 图

8-6 一个限定在圆柱形体积内的均匀磁场,磁感应强度 B 的数值以 10^{-2} T/s 的恒定速率减小,$Oa = 5.0$ cm. 求当把电子放在 a 点处时的加速度.

8-7 在半径为 R 的圆柱体积内存在匀强磁场 B,有一长为 l 的金属杆放在磁场中. 设 B 以速率 $\dfrac{\mathrm{d}B}{\mathrm{d}t}$ 变化时,试证杆上的感应电动势的大小

$$\varepsilon = \frac{\mathrm{d}B}{\mathrm{d}t} \frac{l}{2} \sqrt{R^2 - \frac{l^2}{4}}.$$

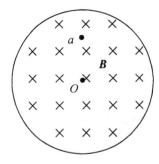

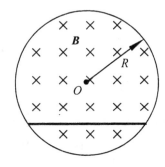

题 8-6 图　　　　　　　　　　　　　题 8-7 图

8-8 一根长导线与一边长为 l 的正方形导线回路在同一个平面内,这根导线与正方形回路的一条边平行,二者之间的距离为 b,长直导线中通有电流 $I = kt$(k 为一常数),回路中电阻为 R. 求:

(1)回路中的感应电动势和感应电流;

(2)作用在回路上的总磁力.

8-9 一个面积为 A,电阻为 R 的圆形导线回路放在一均匀磁场 B 中,磁场从初值 B_0 开始按照 $B(t) = B_0 \mathrm{e}^{-at}$ 随时间而逐渐减小. 求:

(1)t 时刻的感应电流;

(2)电磁力使回路扩张还是缩小;

(3)在磁场从 B_0 减小到 0 的过程中流过回路上一个截面的总电量;

(4)在磁场从 B_0 减小到 0 的过程中回路上消耗的热量.

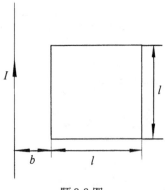

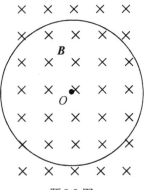

题 8-8 图　　　　　　　　　　　　　题 8-9 图

8-10　一线圈自感 $L = 2.0$ H,电阻 $R = 100$ Ω,把它接到 $\varepsilon = 100$ V、内阻可忽略的电源上.求:

(1)电流稳定时的值;

(2)电流稳定时,磁场的能量.

8-11　求 8-3 题中两线圈的互感.

8-12　平行板电容器极板面积为 S,给其充电,t 时刻充电电流为 i,求:

(1)$\mathrm{d}t$ 时间内极板上单位面积内电荷面密度增加的量;

(2)$\mathrm{d}t$ 时间内两极板间电位移增加的量;

(3)证明两极板间 t 时刻的位移电流等于 i.

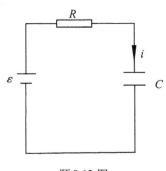

题 8-12 图

磁学同步练习

一、选择题

1. 无限长直导线在 P 处弯成半径为 R 的圆,当通以电流 I 时,则在圆心 O 点的磁感应强度大小等于(　　).

A. $\dfrac{u_0 I}{2\pi R}$　　　　B. $\dfrac{u_0 I}{4R}$

C. 0　　　　D. $\dfrac{u_0 I}{2R}\left(1 - \dfrac{1}{\pi}\right)$

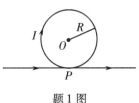

题 1 图

2. 边长为 L 的正方形线圈中通有电流 I,此线圈在 A 点(见图)产生的磁感应强度为(　　).

A. $\dfrac{\sqrt{2}\mu_0 I}{4\pi l}$　　　　B. $\dfrac{\sqrt{2}\mu_0 I}{2\pi l}$

C. $\dfrac{\sqrt{2}\mu_0 I}{\pi l}$　　　　D. 以上均不对

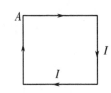

题 2 图

3. 在同一平面内有六条互相绝缘的长直导线,均通有电流 I. 它们的排列如图所示.若区域Ⅰ、Ⅱ、Ⅲ、Ⅳ都是面积相等的正方形,则指向纸内的磁通量最大的区域是(　　).

A. Ⅰ区域　　　　B. Ⅱ区域

C. Ⅲ区域　　　　D. Ⅳ区域

4. 对于安培环路定理 $\oint_L \boldsymbol{B} \cdot \mathrm{d}\boldsymbol{l} = \mu_0 \sum I_i$,下面说法中正确的是(　　).

A. 式中的 B 只是闭合路径内的电流所激发的,与闭合路径外的电流无关

B. $\sum I_i$ 是空间所有电流的代数和

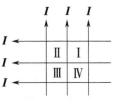

题 3 图

C. 在闭合路径外的电流对闭合路径上 B 的环流毫无影响

D. 只有在具有高度对称的磁场中安培环路定理才成立

5. 一个电量为 e 的电子以速率 v 做半径为 R 的圆周运动,其等效圆电流的磁距 P_m 为 ( ).

　　A. 0 　　　　　B. $\pi R^2 ev$ 　　　　C. $\frac{1}{2}Rev$ 　　　　D. Rev

6. 如图所示,无限长直载流导线与正三角形载流线圈在同一平面内,若长导线固定不动,则载流三角形线圈将( )

　　A. 向着长直导线平移　　　　　　　　B. 离开长直导线平移

　　C. 转动　　　　　　　　　　　　　　D. 不动

7. 如图所示,电子以垂直于 E 和 B 的方向射入电场和磁场共存的区域,电场强度和磁场强度相互垂直. 若电子速率满足 $v < \frac{E}{B}$,则电子将( ).

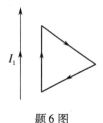

题 6 图

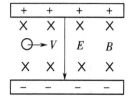

题 7 图

　　A 斜向下偏转　　　　　　　　　　　B. 斜向上偏转

　　C. 沿水平方向加速运动　　　　　　　D. 沿水平方向匀速运动

8. 如图所示,在均匀磁场中,有一长为 a、宽为 b 的矩形平面线圈以恒定角速度 ω 绕 OO' 轴转动. 设 $t=0$ 时线圈的法线方向与磁场方向垂直,则在时刻 t 其感应电动势为( ).

　　A. ωabB　　　　　　　　　　　B. $abB\cos\omega t$

　　C. $\omega abB\cos\omega t$　　　　　　　D. $\omega abB\sin\omega t$

9. 如图所示,在圆柱形空间内有一磁感应强度为 B 的均匀磁场,B 的大小以速率 $\frac{dB}{dt}$ 变化. 若在磁场中 A、B 两点间放置直导线 $\overline{AB}$ 和圆弧形导线 $\overparen{AB}$,则( ).

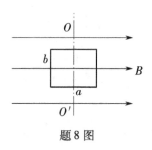

题 8 图

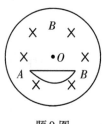

题 9 图

　　A. 电动势只在 $\overline{AB}$ 导线中产生

B.电动势只在 AB 导线中产生

C.电动势在 $\overline{AB}$ 和 $\overset{\frown}{AB}$ 中都产生,且两者大小相等

D. $\overline{AB}$ 导线中的电动势小于 $\overset{\frown}{AB}$ 导线中的电动势

10.在感生电场中,电磁感应定律可写成 $\oint_L \boldsymbol{E}_k \cdot \mathrm{d}\boldsymbol{l} = -\dfrac{\mathrm{d}\Phi}{\mathrm{d}t}$,式中 E_k 为感生电场的场强度,此式表明(　　).

A.闭合曲线 L 上 E_k 处处相等

B.感生电场是保守力场

C.感生电场的电场强度线不是闭合曲线

D.在感生电场中不能像对静电场那样引入电动势的概念

二、填空题

1.如图所示,用均匀细金属丝构成一半径为 R 的圆环 C,电流 I 由导线1流入圆环 A 点,并由圆环 B 点流入导线2.设导线1和导线2与圆环共面,则环心 O 处的磁感应强度大小为 _____ ____,方向 _____ .

2.如图所示,在电流为 I 的无限长直导线的右侧.有两个面积分别为 S_1 和 S_2 的矩形回路.这两个回路与长直载流导线共面,且其一边与长直导线平行.若两个矩形回路的大小如图所示,则通过这两个回路的磁通量之比为 _____ .

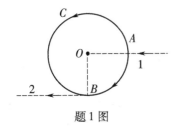

题1图

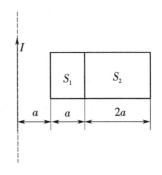

题2图

3.均匀带电细直线 AB,电荷密度为 λ,绕垂直于直线的轴 O 以角速度 ω 匀速转动(线形状不变,O 点在 AB 延长线上)如图所示,则 O 点的磁感应强度大小 $B =$ _____ .

4.在均匀磁场中有一均匀带电的圆环,其线电荷密度为 λ,圆环的转轴与磁场方向垂直,如图所示,当圆环以角速度 ω 沿逆时针方向转动时,圆环受到的磁力矩的大小 $M =$ _____ ;方向为 _____ .

5.有一带电粒子以垂直于磁场方向的初速度 v_0 进入均匀磁场 B_0 后,在垂直磁场的平面内做半径为 R、周期为 T 的匀速圆周运动.如果要使同一粒子做半径为 $2R$、周期为 $\dfrac{T}{2}$ 的匀速圆周运动,则必须使 B 的大小为 _____ ;带电粒子初速度的大小变为 _____ .

6.如图所示,半圆形线圈(半径为 R)通有电流 I,线圈处在与线圈平面平行向右的均匀磁场

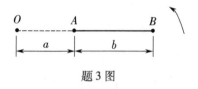

题 3 图

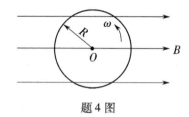

题 4 图

B 中,线圈所受磁力矩的大小为_____,方向为_____,把线圈绕 OO' 轴转过角度_____时,磁力矩恰为零.

7. 如图所示,在一长直导线 L 中通有电流 I,$ABCD$ 为一矩形线圈,它与 L 皆在纸面内,且 AB 边与 L 平行.(1)矩形圈在纸面内向右移动时,线圈中感应电动势方向为_____;(2)矩形线圈绕 AD 边旋转,当 BC 边已离开纸面正向外运动时,线圈中感应电动势的方向为_____.

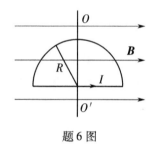

题 6 图

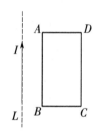

题 7 图

8. 如图所示,一段长度为 L 的直导线 MN,水平放置在载电流为 I 的竖直长导线旁与竖直导线共面,并从静止由图示位置自由下降,则经时间 t,导线两端的电势差 $U_M - U_N =$ _____.

9. 如图所示,半径为 R 的圆弧 $\overset{\frown}{abc}$ 在磁感应强度为 B 的均匀磁场中以速度 v 沿 x 轴向右移动,若 $\angle aOx = \angle cOx = 150°$,则在圆弧 $\overset{\frown}{abc}$ 中动生电势的大小为_____,方向为_____.

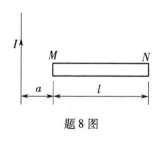

题 8 图

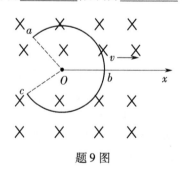

题 9 图

10. 自感系数 $L = 0.3$ H 的长直螺线管中通以 $I = 8$ A 的电流时,螺线管存储的磁场能量 $W =$ _____.

三、计算题

1. 电流均匀地流过宽为 b 的无限长平面导体薄板,电流为 I,沿板长方向流动,求在薄板平面内,距板的一边为 b 的点 P 处的磁感应强度(图示).

2. 如图所示,一空心无限长圆柱形导体,柱的内外半径分别为 a 和 b,设导体内通有电流 I,且电流 I 均匀分布在导体横截面上. 试求:

(1)导体内部与轴线相距 r 的各点 $(a<r<b)$ 的磁感应强度 B;

(2)有一电量为 e 的电子在导体内距轴线为 r 处沿平行于轴线的方向以速度 v 向下运动,该电子经 P 点时受力大小和方向.

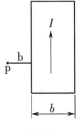

题 1 图

3. 有一无限长载流直导线电流为 I_1,在旁边有一矩形线圈与其共面,如图所示,已知线圈的宽和长分别是 L 和 H,线圈左边距直导线为 C,

(1)求通过矩形线圈的磁通量;

(2)若线圈是一匝的刚性线圈并通有顺时针方向的电流 I_2,求线圈受到的安培力.

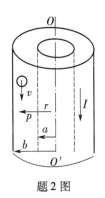

题 2 图

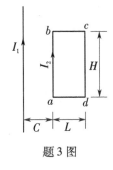

题 3 图

4. 在竖直向下的磁场中,有一半径为 R 的半环导线,通有电流 I_0,设磁场的感应强度为 B,求载流导线所受的力.

5. 无限长直导线旁有一与其共面的矩形线圈,直导线中通有恒定电流 I,将此直导线及线圈共同置于随时间变化而空间分布均匀的磁场 B 中. 设 $\dfrac{\partial B}{\partial t}>0$,当线圈以速度 v 垂直于长直导线向右运动时,求线圈在如图所示位置时的感应电动势.

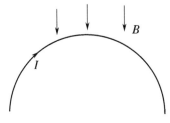

题 4 图

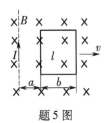

题 5 图

第四篇　振动与波动

振动与波是物质运动的一种基本形式,在物质运动的研究中占有重要的地位.振动与波二者既有联系又有区别,振动是波动的源,而波动是振动在介质中的传播.振动与波都是时间周期性的运动,波动更具有空间周期性.

振动与波动是一种特殊的运动形态,它几乎遍及整个物理学的各个领域,无论力、热、电、光、物质结构等学科,也无论宏观、微观世界,都普遍地存在着这种形态的运动.

振动与波的重要性已渗透到人们日常科学生产和生活的各个方面,声音的产生和传播,地震后地壳的颠簸,电话、无线电通信以及电子等微观粒子的运动,凡此种种,都是振动与波动的实际例子.因此振动和波动的基本规律,已成为科技人员必须掌握的基础知识.当然,它也必定是物理教学中的重点之一.

本篇内容有:机械振动与机械波,电磁振动与电磁波,波动光学.在机械振动部分,主要研究简谐振动的特点与规律,为研究复杂振动打下良好基础.另外,还对谐振动的合成做了简单明了的分类.在机械波部分讨论了简谐波的形成与传播以及波的反射、折射、干涉、衍射和驻波,同时讨论波的能流及能流密度等重要概念.在波动光学中,讨论光的干涉、衍射与偏振等.

第九章 机 械 振 动

机械振动的基本规律是学习和研究其他形式的振动以及波动的基础. 本章主要研究简谐振动以及简谐振动的合成,并简要介绍阻尼振动、受迫振动和共振现象等.

第一节 简谐振动

一、弹簧振子的简谐振动

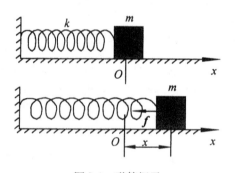

图9-1 弹簧振子

如图9-1所示,一劲度系数为 k 的轻弹簧,一端固定,另一端系一质量为 m 的物体,把此简单的力学系统称为**弹簧振子**. 设物体处在光滑的水平面上,平衡位置为 O,把物体由平衡位置向右或向左稍加移动,然后释放,物体将在弹簧弹性力的作用下,绕平衡位置 O 左右来回振动. 这个振动称为**简谐振动**.

取平衡位置 O 为坐标轴 Ox 的原点, 轴的正方向向右. 物体在运动中,处在任一位置 x 处所受合力

$$f = -kx,\tag{9-1}$$

式中, x 又是物体相对平衡位置的位移,负号表示力与位移的方向相反. 做简谐振动的物体所受到的合力与它离开平衡位置的位移的大小成正比,且所受合力恒指向平衡位置.

根据牛顿第二定律

$$-kx = m\frac{\mathrm{d}^2 x}{\mathrm{d}t^2},$$

或

$$\frac{\mathrm{d}^2 x}{\mathrm{d}t^2} + \frac{k}{m}x = 0.$$

令

$$k/m = \omega_0^2,\tag{9-2}$$

则

$$\frac{\mathrm{d}^2 x}{\mathrm{d}t^2} + \omega_0^2 x = 0.\tag{9-3}$$

上式为弹簧振子运动方程的微分形式,其解为

$$x = A\cos(\omega_0 t + \varphi),\tag{9-4}$$

式中,A 和 φ 是两个待定常数. 通常把该式叫做**简谐振动方程**,它从运动学方面描述了弹簧振子所遵从的规律,具体地表明了位移 x 和时间 t 的函数关系.

由式(9-4)可得做简谐振动的物体的速度

$$v = \frac{\mathrm{d}x}{\mathrm{d}t} = -\omega_0 A\sin(\omega_0 t + \varphi),\tag{9-5}$$

或写成

$$v = A\omega_0\cos\left(\omega_0 t + \varphi + \frac{\pi}{2}\right).$$

速度变化与位移变化周期相同,超前位移 $\frac{\pi}{2}$ 位相,速度变化的幅值 $v_m = A\omega_0$.

加速度

$$a = \frac{\mathrm{d}v}{\mathrm{d}t} = -\omega_0^2 A\cos(\omega_0 t + \varphi) = \omega_0^2 A\cos(\omega_0 t + \varphi + \pi),\tag{9-6}$$

或

$$a = -\omega_0^2 x.\tag{9-7}$$

加速度变化与位移变化周期相同,超前位移 π 位相. 加速度变化幅值为 $a_m = A\omega_0^2$.

由做简谐振动物体的运动方程、速度表达式和加速度表达式可以清楚地看出,三者均随时间 t 做周期性的变化. 图 9-2 所示为简谐振动的物体的 $x(t)$、$v(t)$ 与 $a(t)$ 图线,称为**振动曲线**.

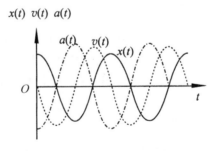

图 9-2 $x(t)$、$v(t)$、$a(t)$ 振动曲线对比

二、简谐振动的周期和频率

完成一次完全振动所需要的时间,称为**周期**,用 T_0 表示,单位是秒(s). 振动系统从一个状态出发,经一定时间后,又回到原有状态,称为完成了一次完全振动.

对于做简谐振动的物体来讲,t 时刻的振动状态(包括振动位移和振动速度)与 $t + T_0$ 时刻的振动状态相同,即

$$x = A\cos(\omega_0 t + \varphi) = A\cos\left[\omega_0(t + T_0) + \varphi\right],$$

由于余弦函数的周期是 2π,所以

$$x = A\cos(\omega_0 t + \varphi) = A\cos(\omega_0 t + \varphi + 2\pi).$$

对比以上二式可得 $\qquad \omega_0 T_0 = 2\pi,$

所以 $\qquad T_0 = 2\pi/\omega_0.$

将 $\omega_0 = \sqrt{k/m}$ 代入该式,则弹簧振子的周期为

$$T_0 = 2\pi\sqrt{m/k}. \tag{9-8}$$

单位时间内所做完全振动的次数,称为**频率**,用 ν_0 表示.频率的单位是赫兹(Hz),简称赫.显然,频率与周期互成倒数,即 $\nu_0 = \dfrac{1}{T_0}$.因此,弹簧振子振动的频率

$$\nu_0 = \frac{1}{2\pi}\sqrt{k/m}. \tag{9-9}$$

ω_0 称为**圆频率**,其单位为弧度/秒(rad/s),是 2π 秒时间内变化次数.由以上讨论可知,ω_0、T_0 及 ν_0 相互有关,知道其中的一个量,就可以求出其他的两个量.

弹簧振子的圆频率 ω_0、周期 T_0 和频率 ν_0 都与振动系统本身的性质(劲度系数 k 及物体质量 m)有关,因而,ω_0、T_0 和 ν_0 分别称为固有圆频率、固有周期和固有频率.

三、相位和初相　振幅

由式(9-4)和式(9-5)可看出,当振幅 A 和圆频率 ω_0 一定时,振动物体在任一时刻 t 的位移和速度都决定于物理量 $(\omega_0 t + \varphi)$.$(\omega_0 t + \varphi)$ 称为简谐振动的**相位**,它决定做简谐振动物体的运动状态.如在上述弹簧振子振动中,当相位 $(\omega_0 t_1 + \varphi) = \dfrac{3}{2}\pi$ 时,$x = 0$,$v = \omega A > 0$,说明物体这时处在平衡位置,并以速率 $\omega_0 A$ 向右运动;当相位 $(\omega_0 t_2 + \varphi) = \pi/2$ 时,$x = 0$,$v = -A\omega_0 < 0$,说明这时物体恰处在平衡位置,但以速率 $\omega_0 A$ 向左运动.可见,相位不同,物体的振动状态也不同.

φ 是 $t = 0$ 时刻的相位,叫做简谐振动的**初相位**,简称初相.令 $t = 0$ 时刻,$x = x_0$,$v = v_0$,代入式(9-4)及式(9-5)得

$$\left.\begin{array}{l} x_0 = A\cos\varphi, \\ v_0 = -\omega_0 A\sin\varphi, \end{array}\right\} \tag{9-10}$$

可见,初相 φ 决定物体起始时刻的振动状态.由上两式可得

$$\tan\varphi = -\frac{v_0}{\omega_0 x_0}. \tag{9-11}$$

A 是做简谐振动的物体离开平衡位置的最大位移的绝对值,称为**振幅**.同样,利用式(9-10)得出

$$A = \sqrt{x_0^2 + \frac{v_0^2}{\omega_0^2}}. \tag{9-12}$$

以上结果表明,如果已知初位移 x_0 和初速度 v_0,就能确定简谐振动的初相和振幅.

【例 9-1】 一弹簧振子,放在光滑的水平面上,设弹簧的劲度系数 $k = 0.49$ N/m, 振动物体的质量 $m = 0.01$ kg. 在初始时刻,物体处在 $x_0 = -0.04$ m 处,且正以 $v_0 = 0.21$ m/s 的初速度沿 x 轴正向运动,试求谐振子的运动方程.

解 由简谐振动的运动方程 $x = A\cos(\omega_0 t + \varphi)$ 知,本题的关键是求 A、ω_0 和 φ 三个物理量.

振动系统的固有圆频率

$$\omega_0 = \sqrt{k/m} = \sqrt{0.49/0.01} = 7 \ (\text{rad/s}),$$

振幅

$$A = \sqrt{x_0^2 + \frac{v_0^2}{\omega_0^2}} = \sqrt{(-0.04)^2 + \frac{(0.21)^2}{7^2}} = 0.05 (\text{m}),$$

初相

$$\varphi = \arctan\left(\frac{-v_0}{\omega_0 x_0}\right) = \arctan\left(\frac{-0.21}{7 \times (-0.04)}\right) = 36°52' \text{或} \quad 216°52'.$$

考虑到初速度为正值,由初始条件

$$0 < v_0 = -A\omega_0 \sin\varphi,$$

得初相位

$$\varphi = 216°52' \quad \text{或} \quad 3.79 \text{ rad}.$$

谐振子的运动方程为

$$x = 0.05\cos(7t + 3.79)(\text{SI}).$$

【例 9-2】 设想把图 9-1 所示的弹簧振子竖直悬挂起来,不计弹簧质量.

(1)证明弹簧振子的振动依然是简谐振动;

(2)在振子下端悬挂一质量为 m 的物体后,弹簧伸长 $\Delta l = 9.8$ cm. 若 $t = 0$ 时刻物体在平衡位置,正以速率 1 m/s 向上运动,求物体的运动方程.

解 (1)如图所示,设弹簧原长为 l,悬挂质量为 m 的物体后,弹簧伸长 Δl,所以

$$k\Delta l = mg.$$

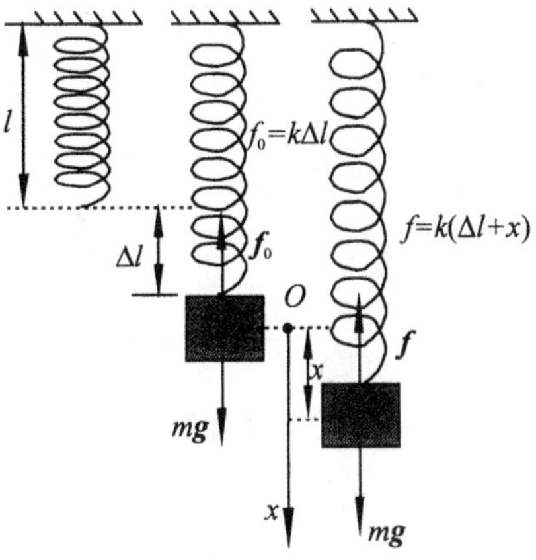

例 9-2 图

图中 O 为物体的平衡位置,现将物体向下拉一小段距离后释放,使其沿竖直方向振动. 在任一位置 x 处,物体所受合力

$$F = mg - k(\Delta l + x),$$

或

$$F = -kx.$$

可见,物体所受合力与位移 x 的大小成正比,方向相反,与水平放置的弹簧振子在运动中受力特征相同. 因此,该振子沿竖直方向的振动依然是简谐振动.

（2）振动系统圆频率

$$\omega_0 = \sqrt{k/m} = \sqrt{g/\Delta l} = \sqrt{\frac{9.8 \times 10^2}{9.8}} = 10 \ (\text{rad/s}).$$

$t=0, x_0=0$，由此得 $0 = A\cos\varphi, \varphi = +\frac{\pi}{2}$ 或 $-\frac{\pi}{2}$；又据图中选定的 Ox 轴，$v_0 < 0$，由 $0 > v_0 = -A\omega_0\sin\varphi$，$\varphi$ 应取 $+\frac{\pi}{2}$. 振幅为

$$A = \sqrt{x_0^2 + \frac{v_0^2}{\omega_0^2}} = \sqrt{0^2 + \frac{(-1)^2}{(10)^2}} = 0.1 \ (\text{m}).$$

故运动方程为

$$x = 0.1\cos\,(10t + \pi/2)\,(\text{SI}).$$

读者可自行分析：当选取 Ox 轴正方向向上时，对 A、ω 和 φ 是否有影响.

上述通过一个在水平面上的弹簧振子的振动，引出了简谐振动的概念，找出了它所遵守的力学规律. 然而这些概念、规律以及研究方法具有普遍的意义. 从广义上讲，对于一个物理体系，任何一个物理量（可以是力学的、电磁学的等）随时间遵从式（9-4）（或正弦函数形式）及式（9-3）所示的相同的数学形式变化，这物理量就

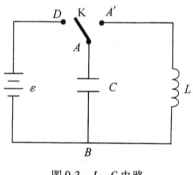

图 9-3　L—C 电路

在做简谐振动. 例如，在由自感为 L 的线圈、电容为 C 的电容器和转换开关 K 以及电池组 ε 所组成的电路中［如图（9-3）所示］，先把开关 K 扳到 D 点，使电容器充电，然后，再把 K 扳到 A' 点，使电容器和线圈构成闭合回路. 这时，电容器将通过线圈放电. 若不计所有电阻，按电磁学规律有

$$\frac{q}{C} + L\frac{\mathrm{d}i}{\mathrm{d}t} = 0\left(i = \frac{\mathrm{d}q}{\mathrm{d}t}\right),$$

或

$$\frac{\mathrm{d}^2q}{\mathrm{d}t^2} + \frac{1}{LC}q = 0,$$

式中，q 为电容器极板上的瞬时电量，i 为电路中的瞬时电流.

令

$$\omega_0 = \sqrt{1/LC},$$

则

$$\frac{\mathrm{d}^2q}{\mathrm{d}t^2} + \omega_0^2 q = 0.$$

该式与式（9-3）具有相同的数学形式，故 q 同样按着简谐振动的规律变化. 求解上式得

$$q = Q_0\cos\,(\omega_0 t + \varphi),$$

及

$$i = I_0\sin\,(\omega_0 t + \varphi), \quad I_0 = -Q\omega_0,$$

圆频率 ω_0 同样是由该振荡电路的性质(电容器的电容 C 和线圈的电感 L)决定的.

简谐振动是最简单最基本的振动形式,实际的振动往往复杂得多. 理论已证明,任何复杂的振动可以用一系列简谐振动的集合表示. 具体地讲:任何形式的周期振动,都可以借助傅里叶级数分解成一系列不同频率、不同振幅的简谐振动之和;而非周期振动可以借助于傅里叶积分把它展成无数个频率连续分布的简谐振动. 用简谐振动表示非谐振动过程,称为**频谱分析**. 它已成为许多领域中的重要研究手段和方法.

四、简谐振动的图示法

为了直观地表示简谐振动,可以采用图示法. 如下例9-3 图(a)所示,以时间 t 为横坐标轴,位移 x 为纵坐标轴,可将式(9-4)中简谐振动的 $x(t)$ 函数关系描绘出来,称为振动曲线. 从图中可以直观地了解振动状态的周期变化规律、振幅、不同时刻的振动状态,测量或计算出振动的周期、频率等.

简谐振动还可以用旋转矢量来表示.

如图9-4 所示,设物体沿 Ox 轴做简谐振动,运动方程为

$$x = A\cos(\omega_0 t + \varphi). \quad (9\text{-}13)$$

自 Ox 轴的原点作一矢量 A,使其模等于简谐振动的振幅 A. 令矢量 A 绕原点 O 在图面内以恒定的角速度逆时针旋转,其角速度的大小与简谐振动的圆频率 ω_0 相同. 并设 $t = 0$ 时刻,矢量 A 与 Ox 轴之间夹角等于振动的初相位 φ,这时,矢量 A 的端点 M 在 Ox 轴上的投影 P_0 的坐标

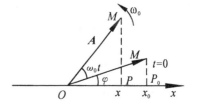

图9-4 简谐振动旋转矢量图

$$x_0 = A\cos\varphi, \quad\quad\quad\quad\quad (9\text{-}14)$$

它恰是简谐振动物体的初始位移. 在任一时刻 t,矢量 A 与 Ox 轴的夹角变为 $\omega_0 t + \varphi$,此时,A 的矢端 M 在 Ox 轴上的投影 P 的坐标

$$x = A\cos(\omega_0 t + \varphi). \quad\quad\quad\quad (9\text{-}15)$$

与式(9-4)比较,它正是沿 x 轴做简谐振动的物体在 t 时刻相对于原点的位移. 可见,当矢量 A 在绕 O 匀速转动时,矢量端点 M 在 Ox 轴上的投影的运动就是简谐振动,矢量 A 称为**旋转矢量**或**振幅矢量**. 这种表示简谐振动的方法叫做**简谐振动的旋转矢量表示法**. 任一时刻 t,矢量 A 与 Ox 轴间夹角 $\omega_0 t + \varphi$ 为简谐振动 t 时刻的相位,矢量 A 旋转一周,相当于简谐振动的物体在 Ox 轴上完成了一次完全振动,而矢量 A 旋转一周所用时间就是简谐振动的周期.

用旋转矢量研究简谐振动是一种直观、形象的方法,可以避免一些烦琐的计算,在分析简谐振动及其合成时常常用到.

【例9-3】 如图为简谐振动的振动曲线,求简谐振动的方程.

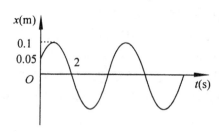

例9-3(a) 振动曲线

解 由振动曲线知

$$A = 0.1 \text{ m}, \quad x_0 = 0.05 \text{ m}.$$

由初始条件 $x_0 = A\cos\varphi$,得

$$0.05 = 0.1\cos\varphi,$$

故

$$\varphi = \pm\frac{\pi}{3}.$$

又 $t = 0$ 时,$v_0 = -A\omega_0\sin\varphi$,

由图知 $v_0 > 0$,要求 $\sin\varphi < 0$,

所以,$\varphi = -\pi/3$.

根据振动曲线,画出旋转矢量图如图(b),在 $t = 0 \sim 2$ (s)时间内,矢量 A 转过角度

$$\Delta\varphi = \frac{\pi}{3} + \frac{\pi}{2} = \frac{5\pi}{6}.$$

A 旋转的角速度,即谐振动的圆频率

$$\omega_0 = \frac{\Delta\varphi}{\Delta t} = \frac{5\pi/6}{2} = \frac{5\pi}{12} (\text{rad/s}).$$

运动方程表达式为

$$x = 0.1\cos\left(\frac{5\pi}{12}t - \frac{\pi}{3}\right)(\text{SI}).$$

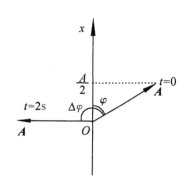

例9-3(b) 旋转矢量图

【例9-4】 一简谐振动的方程为

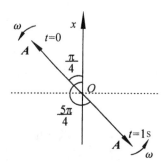

例9-4(a) 旋转矢量图

$$x = 0.2\cos\left(\pi t + \frac{\pi}{4}\right)(\text{SI}).$$

求:(1)$t = 0$ 时刻与 $t = 1$ s 时刻的相位;并画出二时刻旋转矢量的位置;

(2)借助旋转矢量表示法,画出振动曲线.

解 (1)由运动方程求得 $t = 0$ 时刻,相位为 $\pi/4$. $t = 1$ s 时刻,相位为 $5\pi/4$.旋转矢量位置如图示.

(2)利用旋转矢量法绘制振动曲线,如图(b)所示,旋转矢量 A 不同时刻在 Ox 轴上的投影代表各时刻振子的位移.

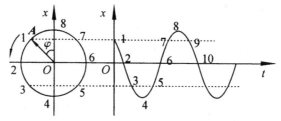

例9-4(b) 利用旋转矢量法画振动曲线

五、简谐振动的能量

振动系统具有能量,简谐振动又称为无阻尼自由振动,所以系统遵循能量守恒定律,以弹簧振子为例,讨论简谐振动系统的能量问题. 当物体的位移为 x,速度为 v 时,系统的弹性势线 E_P 和动体 E_k 分别为

$$E_P = \frac{1}{2}kx^2 = \frac{1}{2}kA^2\cos(\omega t + \varphi), \tag{9-16}$$

$$E_k = \frac{1}{2}mv^2 = \frac{1}{2}m\omega^2 A^2\sin^2(\omega t + \varphi) = \frac{1}{2}kA^2\sin(\omega t + \varphi). \tag{9-17}$$

振动系统的总机械能

$$E = E_k + E_p = \frac{1}{2}m\omega^2 A^2 = \frac{1}{2}kA^2 = 恒量. \tag{9-18}$$

从上面 E_k,E_p 两式可以看出,它们均是时间的周期性函数,它们变化的周期是振动周期的一半. 虽然弹簧振子的动能和势能随时间变化,但在任一时刻总的机械能都是恒量,且与振幅的平方成正比. 在每一周期内,动能和势能的平均值是相等的,而且都等于总能量的一半.

E_k,E_p 和 E 与时间或位移的关系分别如图9-5和9-6所示.

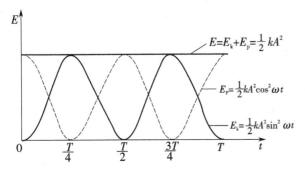

图9-5 简谐振动中能量与时间的关系($\varphi = 0$)

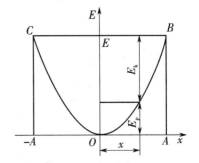

图9-6 简谐振动的能量
与位移的曲线

第二节　简谐振动的合成

一个质点可以同时参与两个或两个以上的振动,例如,当两列声波同时传到空间某处时,那里空气质点就同时参与两个振动. 根据力学中运动的叠加原理,该处质点所做的运动就是这两个振动的合成运动. 下面研究一些基本的简谐振动合成现象.

一、同方向同频率的简谐振动的合成

设某一物体同时参与两个频率相同、沿着同一方向(沿 x 轴方向)的简谐振动,振动方程分别为

$$x_1 = A_1 \cos (\omega_0 t + \varphi_1),$$

和

$$x_2 = A_2 \cos (\omega_0 t + \varphi_2). \tag{9-19}$$

按照叠加原理,物体的合位移

$$x = x_1 + x_2 = A_1 \cos (\omega_0 t + \varphi_1) + A_2 \cos (\omega_0 t + \varphi_2). \tag{9-20}$$

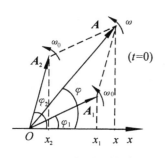

图9-7　同方向同频率
谐振动的合成

在此,用旋转矢量法求出合振动的位移 x. 如图9-7所示,A_1 和 A_2 分别为二分振动的振幅矢量. 二者以相同的角速度 ω_0 绕原点旋转,它们的相对位置保持不变,因而,合成矢量 A 的模恒定,A 也以同样的角速度旋转. 不难看出,任一时刻 t,合矢量 A 在 Ox 轴上的投影 x,等于同一时刻矢量 A_1 和 A_2 在 Ox 轴上的投影 x_1 和 x_2 的代数和,即 $x = x_1 + x_2$. 故合矢量 A 在 Ox 轴上投影 x 为合振动的位移 x,其形式为

$$x = A \cos (\omega_0 t + \varphi). \tag{9-21}$$

可见,合振动仍是简谐振动,它的圆频率等于分振动的圆频率,合矢量 A 为合振动的旋转矢量,A 的模为合振动的振幅,$t = 0$ 时刻矢量 A 与 Ox 轴的夹角 φ 为合振动的初相. 由图9-7,容易推证合振动的振幅

$$A = \sqrt{A_1^2 + A_2^2 + 2A_1A_1 \cos (\varphi_2 - \varphi_1)}, \tag{9-22}$$

合振动的初相

$$\varphi = \arctan \frac{A_1 \sin \varphi_1 + A_2 \sin \varphi_2}{A_1 \cos \varphi_1 + A_2 \cos \varphi_2}. \tag{9-23}$$

从式(9-22)明显看出,合振幅 A 不仅与两个分振动的振幅 A_1 及 A_2 有关,而且与两个合振动的相位差 $\Delta\varphi = \varphi_2 - \varphi_1$ 也有关. 下面讨论经常用到的两种特殊情况.

（1）当相位差 $\Delta\varphi = \varphi_2 - \varphi_1 = \pm 2k\pi, k = 0, 1, 2, \cdots$，则

$$A = \sqrt{A_1^2 + A_2^2 + 2A_1A_2} = A_1 + A_2. \qquad (9\text{-}24)$$

这时，合振动的振幅等于两个分振动的振幅之和，合振幅为最大，合成结果使振动加强. 若 $A_1 = A_2 = A_0$，则 $A = A_1 + A_2 = 2A_0$.

（2）当相位差 $\Delta\varphi = \varphi_2 - \varphi_1 = \pm(2k+1)\pi, k = 0, 1, 2, \cdots$，则

$$A = \sqrt{A_1^2 + A_2^2 - 2A_1A_2} = |A_1 - A_2|. \qquad (9\text{-}25)$$

此时，合振动的振幅等于两个分振动振幅之差的绝对值，合振幅为最小，合成结果使振动减弱. 若 $A_1 = A_2 = A_0$，则 $A = |A_2 - A_2| = 0$.

当相位差 $\Delta\varphi$ 取上述以外其他值时，合振动的振幅介于 $A_1 + A_2$ 与 $|A_1 - A_2|$ 之间.

不难想象，当若干个同方向同频率简谐振动合成时，合运动依然是频率不变的简谐振动.

二、同方向不同频率简谐振动的合成

设两个分振动的振动方程为

$$\left. \begin{array}{l} x_1 = A_1\cos(\omega_1 t + \varphi_1), \\ x_2 = A_2\cos(\omega_2 t + \varphi_2). \end{array} \right\} \qquad (9\text{-}26)$$

若 ω_1 不等于 ω_2，由图 9-7 知，旋转矢量 $\boldsymbol{A}_1$ 和 $\boldsymbol{A}_2$ 以不同的角速度绕 O 点旋转，二者相对位置随时间变化，合矢量 $\boldsymbol{A}$ 的模，即合振动的振幅 A 也随时间变化，可见，合振动不再是简谐振动. 令 $\omega_2 > \omega_1$，且 $A_1 = A_2 = A$，$\varphi_1 = \varphi_2 = 0$，式（9-26）化简为

$$\left. \begin{array}{l} x_1 = A\cos\omega_1 t, \\ x_2 = A\cos\omega_2 t. \end{array} \right\} \qquad (9\text{-}27)$$

由图 9-8 可得出，任一时刻 t，合振动的振幅

$$A_{合} = \left| 2A\cos\frac{\omega_2 - \omega_1}{2}t \right|. \qquad (9\text{-}28)$$

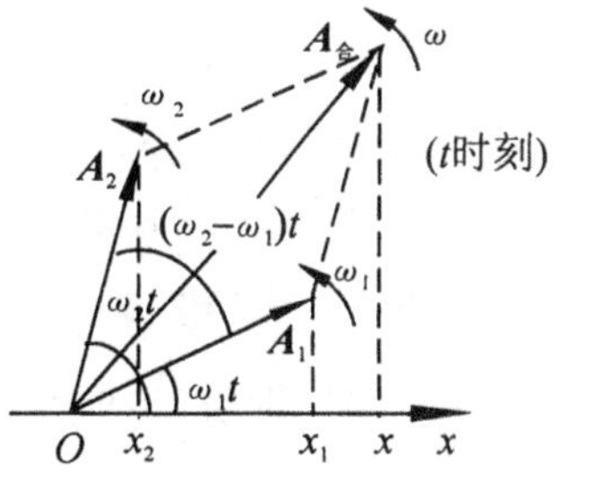

由于振幅恒正，所以上式右端取绝对值. 显然，合振动的振幅随时间做周期性变化. 合振动的振幅时而增大、时而减小的现象称为拍. 合振幅变化的频率叫拍频，它是指单位时间内合振幅出现极大（或极小）的次数. 拍频用 ν 表示. 由式（9-28）不难求出，拍频 ν 与两个分振动的频率 ν_1、ν_2 关系为

$$\nu = |\nu_2 - \nu_1|. \qquad (9\text{-}29)$$

图9-8 两个不同频率谐振动的合成

合振动的振动方程为

$$x = x_1 + x_2 = A\cos\omega_1 t + A\cos\omega_2 t$$

$$= 2A\cos\frac{\omega_2 - \omega_1}{2}t\cos\frac{\omega_2 + \omega_1}{2}t. \tag{9-30}$$

式中出现了两个随时间做周期性变化函数. 当 ω_2 与 ω_1 值接近时,前面一个变化缓慢,反映了合振幅的变化;后面一个变化迅速,表明了合振动以 $\dfrac{\omega_2 + \omega_1}{2}$ 为角频率的振动情形,如图 9-9 所示.

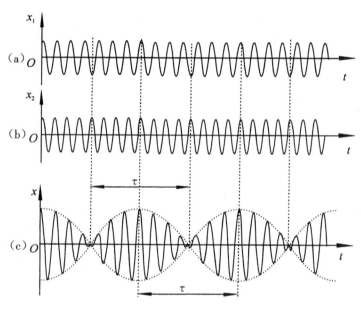

图 9-9　不同频率两个简谐振动的 $x(t)$—t 曲线　拍

如果是若干个同方向不同频率简谐振动合成,其合振动的规律要复杂得多,振动可能是周期性的,也可能是非周期性的,视具体情况而定.

三、两个相互垂直方向的简谐振动合成

设某物体同时参与两个振动方向相互垂直的简谐振动,一个简谐振动沿 x 轴方向,另一个沿 y 轴方向,分振动的运动方程分别为

$$\left.\begin{array}{l} x = A_1\cos(\omega_1 t + \varphi_1), \\ y = A_2\cos(\omega_2 t + \varphi_2). \end{array}\right\} \tag{9-31}$$

当 $\omega_1 = \omega_2$ 时,质点合成运动的轨迹方程如下:

$$\frac{x^2}{A_1^2} + \frac{y^2}{A_2^2} - \frac{2xy}{A_1 A_2}\cos(\varphi_2 - \varphi_1) = \sin^2(\varphi_2 - \varphi_1). \tag{9-32}$$

轨迹为 Oxy 面内的曲线(包括直线),具体形状与相位差 $\Delta\varphi = \varphi_2 - \varphi_1$ 有关,例如,$\Delta\varphi = \pi$ 时,物体的轨迹为直线;而当 $\Delta\varphi = \pi/2$ 时,轨迹为 Oxy 平面内的椭圆……利用旋转矢量可以画出合运动的轨迹形状. 图 9-10 给出了 $\Delta\varphi$ 取某些值时合成运

动的轨迹.

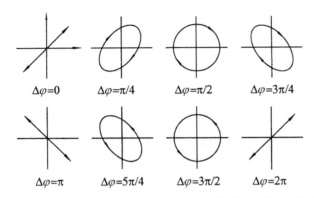

图 9-10 振幅相等的两个垂直方向同频率简谐振动的合成轨迹

当 $\omega_1 \neq \omega_2$ 时,两个垂直方向简谐振动的合成运动的轨迹是很复杂的. 当 x 方向上的简谐振动的圆频率 ω_1 与 y 方向上的简谐振动的圆频率 ω_2 成整数比时,合成运动的轨迹是某种形式的封闭曲线,这些轨迹图形叫做**利萨如图形**. 图 9-11 分别给出了频率比为 2:3 与 3:4 的合成运动轨迹.

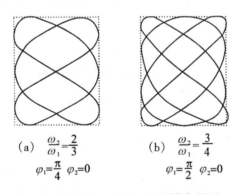

(a) $\dfrac{\omega_2}{\omega_1} = \dfrac{2}{3}$ (b) $\dfrac{\omega_2}{\omega_1} = \dfrac{3}{4}$

$\varphi_1 = \dfrac{\pi}{4}$ $\varphi_2 = 0$ $\varphi_1 = \dfrac{\pi}{2}$ $\varphi_2 = 0$

图 9-11 频率为 2:3 与 3:4 的利萨如图形

在无线电技术中,常用利萨如图形测量电信号的频率. 方法是:在示波器的两个垂直方向分别输入频率已知的电信号和待测频率的电信号,通过观察利萨如图形,能迅速求得电信号的待测频率.

第三节 阻尼振动 受迫振动 共振

一、阻尼振动

弹簧振子做简谐振动时,仅保守内力(即简谐振子内部的弹性力)做功,因而,整个力学系统机械能守恒. 不难理解,系统的总能量既可以用物体振动到最大位移处的弹性势能 $\frac{1}{2}kA^2$ 表示,又可以用物体通过平衡位置时动能 $\frac{1}{2}mv_{\max}^2$ 表示.

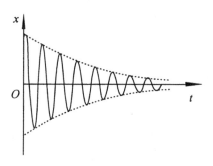

图 9-12 阻尼振动曲线

简谐振动是一种理想的振动,任何实际上的机械振动系统免不了存在着摩擦力、黏滞力等阻力的作用. 由于系统克服阻力做功,结果,振动系统的能量逐渐变成热运动的能量. 另外,由于振动系统引起邻近质点振动,使系统的能量转变为波动的能量. 基于上述原因,引起振动系统的能量随时间不断减小,振动的振幅以及物体通过平衡位置时的速率(即振动曲线与时间轴交点处斜率的绝对值)也逐渐减小,这种不断衰减着的振动称为**阻尼振动**. 图 9-12 给出了阻尼较小情况下阻尼振动的位移—时间曲线(振动曲线).

二、受迫振动 共振

振动系统在周期性外力的持续作用下发生的振动叫**受迫振动**. 例如,扬声器中纸盆的振动,机器运转时所引起的基座的振动等,都是受迫振动. 如果外力是按着简谐振动的规律变化的,实验表明,受迫振动开始时的运动情况非常复杂,从能量观点看,外力所做的功往往大于阻尼消耗的能量,所以总的趋势是使振动系统的能量不断增加,振动的幅度增大. 当周期性的外力在一个周期内所做的功正好等

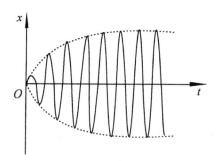

图 9-13 受迫振动 $x(t)$—t 曲线

于振动系统克服阻力所做的功时,受迫振动进入稳定的振动状态,振幅不再增加,受迫振动做等幅振动,如图 9-13 所示,振动的频率等于周期性外力的频率. 振幅不

仅决定于振动系统固有性质(如固有圆频率 ω_0 及物体质量 m)及所受阻尼,而且决定于外力的频率及幅度,但与系统开始的运动状态无关.

　　保持其他条件不变,只改变外力的频率,等幅振动时的振幅也随之变化.当外力的频率 ν 与系统的固有频率 ν_0 相差不大时,振幅显著变大;尤其是当 ν 为 ν_0 附近一特定值时,受迫振动的振幅达到最大值,这种现象称为**共振**,如图9-14所示.从图上还可看出,共振时的振幅与振动系统的阻尼有关,阻尼越小,共振时的振幅越大.例如,大人推着坐在秋千架上的小孩荡秋千时,如果推力的频率远离秋千的振动频率时,推力与秋千的运动方向时而一致,时而相

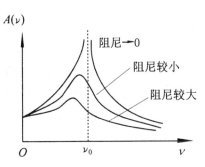

图9-14　受迫振动的振幅与外力频率的关系

反,两者不很合拍,因而,秋千摆动高度不大;当推力的频率接近秋千摆动频率时,推力与秋千运动方向一致,对秋千做的正功最大,结果,秋千荡得很高.

　　共振现象在许多领域中得到广泛的应用.例如,在电子技术中,利用电谐振获得需要的电信号;利用电磁波与原子或分子等微观粒子作用时产生的共振,成功地对微观物质结构进行了研究;各种不同物质对不同频率的光有不同的吸收,也涉及共振现象.共振在一些情况下也会带来危害.例如,桥梁不断受到河流中风浪的冲击以及往来车辆车轮的作用,当这些外界的作用力的频率接近桥梁的固有频率时,引起的共振会使桥梁遭受到严重破坏.发生在一些机械设备上的共振,也会使机件受损,严重时,直接影响设备正常工作.因此,消除共振也是实际工作中经常遇到的课题.

* 第四节　线性振动与非线性振动

一、线性振动

　　前面已讲过,弹簧振子做简谐振动时,所受弹性力 $f = -kx$,即弹性力与位移一次方成正比,这种力称为**线性力**.在线性力的作用下系统的振动叫做**线性振动**,如图9-15是大家所熟悉的单摆.当摆球绕平衡位置 O 运动时,所受切向力 $F_t = -mg\sin\theta$,在摆角 θ 较小($\theta \leqslant 5°$)时,则 $F_t \approx -mg\theta$,该力与式(9-1)的数学形式相同,它称为准弹性力,也是线性力.不计所有阻力,单摆绕平衡位置 O 做简谐振动,也是线性振动.此外,在阻尼振动中,如果阻力仅与速度的一次方成正比,以及在受

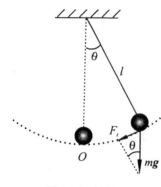

图9-15 单摆

迫振动中,周期性的外力仅含一次方项,振动系统仍然是线性振动系统.

线性振动主要有两个特征.第一是遵守叠加原理.以上对于两个谐振动合成的讨论,都基于叠加原理,即当质点同时参与两个振动时,它的合振动是两个分振动的(矢量)和.叠加原理之所以正确,是因为描写振动系统的运动方程是线性的,例如,当有一个以简谐式(即按正(余)弦规律随时间变化)变化的驱动力作用于弹簧振子时,引起的位移为 $x_1(t)$,而另一简谐式驱动力作用于该振子时,引起的位移为 $x_2(t)$,则当二驱动力同时作用于弹簧振子时,振子的合位移 $x(t) = x_1(t) + x_2(t)$.第二是线性振动系统对外界驱动力的稳态响应(如进入稳定状态时的位移)与外力成正比.一般地说,如果系统对驱动力 $F(t)$ 的响应是 $x(t)$,则系统对驱动力 $aF(t)$(a 为常数)的响应为 $ax(t)$.

从数学上讲,线性振动系统用线性微分方程描述,目前,有关线性振动的理论已相当成熟.在科学研究与工程技术中,人们常把一些实际的振动视为线性振动,实验结果与理论计算基本吻合.因此,线性振动理论仍在广泛的应用中.

二、非线性振动

随着人们对振动过程研究的不断深入,从20世纪20年代起,非线性振动的理论得到迅速发展,并在科学技术与生产实践中得到广泛的应用.那么,什么是非线性振动呢?仍以单摆为例,略加说明.当单摆振幅较大时,不能用 θ 近似代替 $\sin\theta$.用级数展开有

$$\sin\theta = \theta - \frac{\theta^3}{3!} + \frac{\theta^5}{5!} + \cdots$$

取上式等号右边前几项可以满足问题的要求?假如 θ 值稍大于5°,取前面两项就足够了.在此情况下,单摆的恢复力记为 $f_t = -mg\theta + mg\frac{\theta^3}{3!}$,变量 θ 三次方项称为非线性项,这种含有非线性项的力叫**非线性力**.在非线性力的作用下,单摆的振动为**非线性振动**.同样,弹簧振子在大幅度振动时,恢复力不仅与 x 一次方项有关,而且与 x 的高次项也有关,甚至阻力与速度 v 的高次项有关,在这些力的作用下,振子做非线性振动.实际的振动大多为非线性振动,而线性振动是一定条件下非线性振动的近似.

非线性振动有许多有别于线性振动的性质.其中有:非线性振动不遵守叠加原理;再者,利用非线性系统的非线性特性,当在系统上施加某一频率的周期性驱动力时,在其响应中,不仅包含原来驱动力频率的振动,同时还得到原来驱动力频率

的倍频、和频和差频的振动.另外,在非线性振动系统中,固有频率与振幅有关,而且,振幅、频率和相位也与初始条件有关.

非线性振动也发生在机械振动以外的物理过程中,例如,晶体中的原子或分子,在自己的平衡位置附近振动时,严格地讲,所受的力为非线性力.该非线性振动系统在角频率为 ω_0 的外界电磁场作用下,晶体除了辐角频率为 ω_0 的电磁波外,还有 $2\omega_0$、$3\omega_0$ 的电磁辐射.人们利用晶体的变频功能,实现频率变换,获取所需频率的电磁波.

现在,把非线性问题的讨论稍加延拓.单摆之所以具有严格的周期性及确定的轨道等,从物理实质上讲是由于系统是一个由牛顿力学的确定论描述的系统,只要初始条件给定,系统今后的运动状态就可以完全确定下来,或者讲,任何时刻的运动状态都是可以准确地预测.对于确定性的绝对化的理解,在 20 世纪 60 年代初受到冲击,人们发现,即使以确定论方法描述的系统,只要系统稍微复杂些(这里通常指有非线性因素),它对初始条件就极为敏感,而且经历足够长时间,系统表现为无规则的行为,系统状态变得不可预测,或者讲,运动具有内在的随机性,这种现象称为混沌(chaos).混沌不仅是物理学前沿的一个热点,而且波及化学、生物学、天文学、宇宙学、气象学等多个学科领域.

本章小结

1. 简谐振动的基本特征

简谐振动是物体受弹性力或准弹性力作用,在平衡位置附近做来回往复运动.物体在任一位置受力 $f = -kx$.

由牛顿定律可得微分方程
$$\frac{d^2x}{dt^2} + \omega_0^2 x = 0,$$

求解可得运动方程 $x = A\cos(\omega_0 t + \varphi)$.

2. 简谐振动的特征量

振幅 A,由初始条件确定 $A = \sqrt{x_0^2 + \frac{v_0^2}{\omega_0^2}}$.

固有圆频率 ω_0,由系统本身确定,对弹簧振子,$\omega_0 = \sqrt{\frac{k}{m}}$;对单摆,$\omega_0 = \sqrt{\frac{g}{l}}$.

初相位 φ,决定物体起始时刻的振动状态,由初始条件确定
$$\varphi = \arctan\left(-\frac{v_0}{\omega_0 x_0}\right).$$

相位 $(\omega_0 t + \varphi)$，决定物体振动状态的物理量.

3. 简谐振动的旋转矢量表示法

如图 9-16 所示，振幅 A，相当于旋转矢量 A 的长度.

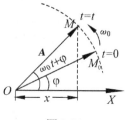

圆频率 ω_0，相当于旋转矢量旋转的角速度.

初相位 φ，相当于 $t = 0$ 时旋转矢量 A 与 OX 轴间的夹角.

相位 $(\omega_0 t + \varphi)$，相当于 t 时刻旋转矢量 A 与 OX 轴的夹角.

图 9-16

位置 x，相当于旋转矢量 A 的末端在 OX 轴上投影的坐标.

4. 简谐振动的能量

$$E_k = \frac{1}{2}mv^2 = \frac{1}{2}mA^2\omega^2\sin^2(\omega_0 t + \varphi) = \frac{1}{2}kA^2\sin^2(\omega_0 t + \varphi),$$

$$E_p = \frac{1}{2}kx^2 = \frac{1}{2}kA^2\cos^2(\omega_0 t + \varphi), \quad E = E_k + E_p = \frac{1}{2}kA^2.$$

5. 简谐振动的合成

（1）同方向同频率谐振动合成仍为简谐振动，其振幅

$$A = \sqrt{A_1^2 + A_2^2 + 2A_1 A_2 \cos(\varphi_2 - \varphi_1)},$$

合振动初相位 $\qquad \tan\varphi = \dfrac{A_1\sin\varphi_1 + A_2\sin\varphi_2}{A_1\cos\varphi_1 + A_2\cos\varphi_2}.$

同相时 $\qquad \Delta\varphi = \varphi_2 - \varphi_1 = 2k\pi, \quad A = A_1 + A_2;$

反相时 $\qquad \Delta\varphi = \varphi_2 - \varphi_1 = (2k+1)\pi, \quad A = |A_1 - A_2|.$

（2）两个同方向不同频率简谐振动合成，当 ν_1、$\nu_2 \gg \nu_1 - \nu_2$ 时产生拍现象，拍频

$$\nu_{拍} = |\nu_2 - \nu_1|.$$

（3）两个相互垂直的同频率简谐振动合成，其运动轨迹一般为椭圆.

$\varphi_2 - \varphi_1 = 0$ 时，合成为一、三象限的直线运动；

$\varphi_2 - \varphi_1 = \pi$ 时，合成为二、四象限的直线运动；

$\varphi_2 - \varphi_1 = \dfrac{\pi}{2}$ 时，运动轨迹为右旋正椭圆；

$\varphi_2 - \varphi_1 = -\dfrac{\pi}{2}$ 时，运动轨迹为左旋正椭圆.

（4）两个相互垂直的不同频率的简谐振动合成轨迹比较复杂，当两频率之比为简单整数比时，合成运动轨迹为利萨如图形.

思 考 题

9-1 以机械振动为例，指出符合什么条件的振动为简谐振动.

9-2 一个物体做简谐振动,当它处于某一个位置时,其相位值可能有几个?

9-3 将单摆拉到与竖直夹角为 ϕ 时,放手任其摆动,则 ϕ 是否就是其初相位?为什么?又,单摆的角速度是否是简谐振动的圆频率?

9-4 判断下面说法是否正确?

质点做简谐振动时,从平衡位置运动到最远点需时 $\frac{1}{4}$ 周期,因此走过该距离的一半需时 $\frac{1}{8}$ 周期.

9-5 两个同频率的简谐振动相位相反,其含义是什么?

9-6 简谐振动的相位由什么来决定?怎样求其相位?

9-7 在研究简谐振动中经常提到"超前"或"滞后",这些概念的含义是什么?举例说明.

习 题

9-1 已知一简谐振动的运动方程为 $x = 0.02\cos(8\pi t + \pi/4)$ (SI),求圆频率 ω、频率 ν、周期 T、振幅 A 和初相位 φ.

9-2 简谐振动方程为 $x = 0.01\cos\left(\frac{\pi}{4}t + \frac{\pi}{3}\right)$ (SI),画出振幅矢量图和 x—t 曲线.

9-3 求简谐振动物体在下列情况下的初相位.

(1)起始时,物体具有正的最大位移;

(2)起始时,物体在平衡位置,且向正方向运动;

(3)起始时,物体的位移为 $A/2$,且向负方向运动.

9-4 已知简谐振动曲线如图所示,求简谐振动方程及速度表达式.

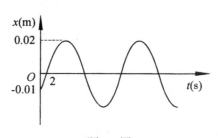

题9-4 图

9-5 简谐振动方程为 $x = 0.02\cos\left(\frac{\pi}{2}t + \frac{\pi}{4}\right)$ (SI),求物体由 $-\frac{A}{2}$ 运动到 $\frac{A}{2}$ 所用最少时间?

9-6 如图所示,二振动系统置于光滑的水平面上.

(1)将物体系在二弹簧中间;

(2)两弹簧串联在一起,一端固定,另一端系一物体.

求二者简谐振动频率.

9-7 简谐振动的圆频率为 $10\ \text{s}^{-1}$,开始时位移为 $7.5\ \text{cm}$,速度为 $0.75\ \text{m/s}$,速度方向与位移

(1)一致;(2)相反.分别求这两种情况下的振动方程.

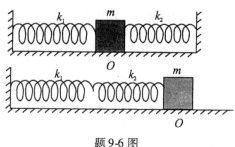

题 9-6 图

9-8 一弹簧的原长度为 0.50 m,上端固定,下端挂一个 0.01 kg 的物体.静止时弹簧的长度为 0.60 m,把物体轻轻地向上托起,当使弹簧恰好缩回到原长度时,然后放手.问弹簧下降到何处的速度为零? 经过平衡位置时,物体的速度多大?

9-9 一边长为 a 的正方形木块浮于静水中,其浸入水中部分的高度为 $a/2$,用手轻轻地把木块下压,使浸入水中的部分高度为 a,然后放手,试证明,如不计水的黏滞阻力,木块将做简谐振动,并求其振动的周期和频率.

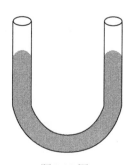

题 9-10 图

9-10 一个 U 形管,管的截面面积为 S,管内装有质量为 m 的水,如图所示. 使水在管中做微小振动,试求振动的周期.

9-11 在一平板上放一质量为 1 kg 的物体,平板上下做简谐振动,周期为 0.5 s,振幅为 0.02 m.试求:

(1)在位移最大时物体对平板的压力;

(2)欲使物体开始脱离平板,平板的振幅应是多少?

9-12 一平板沿水平方向做简谐振动,频率为 2 Hz. 一正方形木块放置在平板上随平板一起振动,二者间的静摩擦系数为 0.5. 欲使木块与平板保持相对静止,振幅的最大值应为多少?

9-13 一质量 $m = 0.020$ kg 的小球做简谐振动,速度的最大值 $v_{max} = 0.030$ m/s,振幅 $A = 0.020$ m,当 $t = 0$ 时,$v = 0.030$ m/s.试求:

(1)振动的周期;

(2)简谐振动方程;

(3)$t = 0.5$ s 时,物体受力的大小和方向.

9-14 如图所示,在光滑的水平面上有一弹簧振子做简谐振动,当物体 C 通过平衡位置 O 时,有一质量为 m 的泥球正好落在物体 C 上,以后随 C 一起做简谐振动. 求运动的周期和振幅(设弹簧振子原来振幅为 A_0).

9-15 定滑轮的半径为 R,转动惯量为 I,一轻绳绕过滑轮,一端与固定的轻弹簧相连接,弹簧的劲度系数为 k;另一端挂一质量为 m 的物体,如图所示. 现将 m 从平衡位置向下拉一微小距离后放开,试证物体做谐振动,并求其振动周期. 设绳与滑轮间无滑动,轴处摩擦及空气阻力忽略不计.

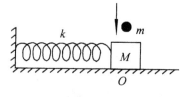

题 9-14 图

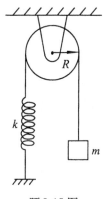

题 9-15 图

9-16 以弹簧振子为例，证明简谐振子的总能量恒为 $E = \dfrac{1}{2}kA^2$，式中 k 为弹簧的劲度系数，A 为振动的振幅.

9-17 由弹簧振子的势能表达式 $E_p = \dfrac{1}{2}kx^2$，画出势能曲线，即 E_p 随 x 的变化曲线. 令振子的振幅为 A，在图中标出物体处在某一位置时，振动系统的动能与势能.

9-18 如图所示，一均质杆可以绕过一端的水平轴 O 自由转动，设杆的质量为 m，它对于固定轴 O 的转动惯量为 I，其重心至固定轴 O 的距离为 $l/2$. 设想杆绕水平轴以小幅度摆动，证明杆摆动的周期

$$T = 2\pi \sqrt{2I/mgl}.$$

9-19 一质点同时参与两个在同一直线上的简谐振动，其表达式为

$$x_1 = 4\cos\left(2t + \frac{\pi}{6}\right)(\text{cm}),$$

和

$$x_2 = 3\cos\left(2t - \frac{5}{6}\pi\right)(\text{cm}).$$

求合振动的振幅和初相位.

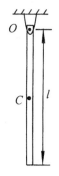

题 9-18 图

9-20 两个同方向的简谐振动方程分别为 $x_1 = 0.12\cos\left(\pi t + \dfrac{\pi}{3}\right)(\text{SI})$ 和 $x_2 = 0.15\cos\left(\pi t + \dfrac{\pi}{6}\right)(\text{SI})$. 求合振动的振动方程.

9-21 两个同方向、同频率谐振动，其合振动的振幅为 10 cm，合振动与第一分振动的相位差为 $\pi/6$. 若第一分振动的振幅为 8.0 cm，求第二分振动的振幅及两个分振动的相位差.

9-22 有三个同方向的简谐振动，其振动方程分别为

$$x_1 = 0.02\cos\left(\pi t + \frac{\pi}{4}\right)(\text{SI}),$$

$$x_2 = 0.01\cos\left(\pi t + \frac{\pi}{2}\right)(\text{SI}),$$

$$x_3 = 0.02\cos\left(\pi t + \frac{5}{4}\pi\right)(\text{SI}).$$

求合振动方程.

9-23 用两个音叉作"拍"实验，测得标准音叉发出的频率为 256 Hz，拍频为 2.5 Hz，求待测音叉的频率.

第十章 波   动

机械波是人们最常见、最直观的波动过程. 本章通过对机械波的讨论, 认识波的共同特性, 如波的干涉、衍射等, 并为下一步学习光波、物质波打下基础.

第一节   波的基本概念

一、机械波的形成和传播

现在, 以沿弹性绳传播的波为例, 分析一下机械波的产生和传播过程. 如图 10-1 所示, 设想把绳子分成许多小段, 每一小段叫做一个质元, 开始时 ($t=0$), 所有质

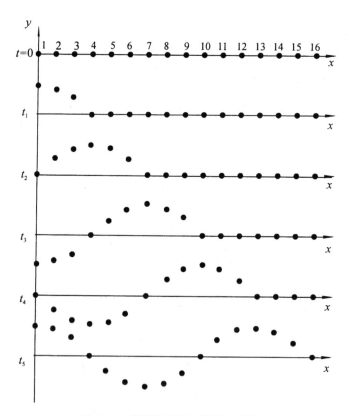

图 10-1   横波的形成与传播示意图

元都处在各自的平衡位置. 其中,位于端点处的质元1,在外界的作用下,此时正在离开自己的平衡位置向上运动. 由于质元间弹性力的作用,引起质元2也随之向上运动,只是比质元1在时间上稍迟一点. 同样,质元2又带动了质元3向上运动……,可以想象出,当质元1绕平衡位置不断上下振动时,引起质元2,3,4……相继振动起来,这样,质元1的运动状态沿绳向右传播下去,形成机械波. 可见,波动是振动状态的传播过程. 值得提及的是,在波的传播过程中,传播波的质元本身并没有沿波的传播方向一直运动下去,它们仅绕各自平衡位置振动,不断重复靠近源一侧质元经历过的振动状态.

在日常生活中,到处存在着波动现象. 就机械波而言,它或在固体中传播,或在液体或气体中传播. 例如,当音叉振动时,引起周围空气分子的振动,使振动在空气中沿各个方向传播开来,形成声波;"一石激起千层浪",正是投石于宁静的水面,在水面上形成水波情景时生动而又绝妙的写照.

从以上讨论看出,机械波的产生需要有:(1)波源;(2)传播波的物质,又称弹性媒质.

按照质元振动方向与波的传播方向间的相互关系,通常把波分为两种:质元的振动方向与波的传播方向垂直的波叫**横波**,上述沿弹性绳传播的波就是一个横波的实例;质元的振动方向与波的传播方向平行的波叫**纵波**,在空气中传播的声波就是大家最熟知的纵波. 电磁波是横波(以后详细论述);而地震波中既有纵波,也有横波.

二、波面与波线

为了形象直观地描述波动过程,往往引入波面与波线的概念. 波线与波面同静电场的几何描述中引入的电场线与等势面相类似.

在三维空间中,从波源发出的波一般是朝四面八方传播的,把波经过的区域内振动相位相同的点连成的面,称为**波阵面**,又称波面,图10-2中 S_1、S_2 等代表一系列波阵面. 把某一时刻波在空间中达到的各点构成的面称为**波前**,显然,波前是一个特殊的波阵面,是波的传播方向上最前面的波阵面.

若波的波阵面为球面,称为**球面波**;若波的波阵面是平面,称为**平面波**;若波阵面为柱面称为**柱面波**. 通常,波源是有一定大小的,当波源本身的大小比起它发出的波所传播到的距离小得很多时,此时,波源本身的大小可以忽略不计,视为一点波源,其波阵面为球面. 当球面波传播到较远的空间时,在一定区域范围内,可以当做平面波处理. 例如,由于地球和太阳之间的距离远远大于太阳本身的线度,可以把太阳发出的光波在地面附近视为平面波.

通常用有向直线表示波的传播方向,称为**波线**. 在各向同性媒质中,波线与波面垂直,如图10-2所示.

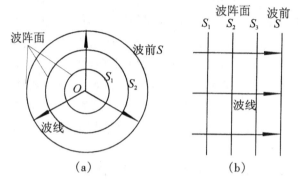

图 10-2　波阵面与波线

（a）球面波；（b）平面波

三、波长、频率及波速

沿波的传播方向上，振动状态总是保持相同的相邻点间的距离叫**波长**，以 λ 表示，单位是米（m）.

波动传播一个波长的距离所需要的时间叫波的**周期**，以 T 表示，单位是秒（s）. 从波的形成过程可以看出，当波源完成一次全振动时，振动状态（例如波峰）在媒质中恰好传播了一个波长的距离，因此，波的周期与波源的振动周期是完全一样的.

单位时间内（1 s 内），波动前进的波长数叫做波的**频率**，以 ν 表示，单位是赫兹（Hz）. 频率是周期的倒数，即 $\nu = \dfrac{1}{T}$.

波在单位时间内传播的距离叫**波速**，大小是

$$v = \lambda / T = \lambda \nu. \tag{10-1}$$

波速仅由传播波的媒质的性质决定，在不同性质的媒质中，波速是不同的，例如在弹性细棒中，纵波的传播速度

$$v_1 = \sqrt{E/\rho}, \tag{10-2}$$

式中，E 为媒质的杨氏模量，ρ 为媒质的密度. 而横波的传播速度

$$v_2 = \sqrt{G/\rho}. \tag{10-3}$$

式中，G 为弹性媒质的切变模量.

在气体中，声波的速度

$$v = \sqrt{\nu kT/m}, \tag{10-4}$$

式中，ν 为气体的定压比热与定容比热之比（$\nu = C_p/C_V$），k 为玻耳兹曼常数，T 为绝对温度，m 为气体分子的平均质量.

第二节　平面简谐波方程

简谐振动在媒质中的传播所形成的波叫**简谐波**,由图 10-2(b)可知,平面简谐波是沿一个方向传播的简谐波,所以它也叫一维简谐波.

如图 10-3 所示,一平面简谐波以速度 v 沿 x 轴正向传播,任一时刻,媒质中某质元 P 的平衡位置用坐标 x 表示,各质元相对平衡位置的振动位移用 y 表示(对于横波,y 轴与 x 轴垂直;对于纵波,y 轴沿 x 轴).如果能用数学方程确定任一时刻 x 轴上任一质元的振动位移 y,那就掌握了波的全部运动过程,这一方程叫**平面简谐波方程**.

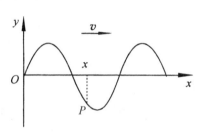

图 10-3　平面简谐波示意图

设坐标原点处质元的振动方程为

$$y_0 = A\cos(\omega t + \varphi),\tag{10-5}$$

x 点处质元 P 的振动滞后于原点 O 处质元振动的时间 $t' = \dfrac{x}{v}$,也可以说,x 点处 t 时刻的振动状态恰是 O 点处 $\left(t - \dfrac{x}{v}\right)$ 时刻的振动状态,因此 x 处质元的振动方程是

$$y = A\cos\left[\omega\left(t - \frac{x}{v}\right) + \varphi\right].\tag{10-6}$$

振动位移 y 是空间位置 x 和时间 t 的函数,该方程称为平面简谐波方程.

利用 $\omega = 2\pi\nu = \dfrac{2\pi}{T}$,$v = \dfrac{\lambda}{T} = \lambda\nu$ 和 $k = \dfrac{2\pi}{\lambda}$,可以把平面简谐波方程表述为下列几种形式:

$$\left.\begin{array}{l} y = A\cos\left[2\pi\left(\dfrac{t}{T} - \dfrac{x}{\lambda}\right) + \varphi\right], \\[2mm] y = A\cos\left[2\pi\left(\nu t - \dfrac{x}{\lambda}\right) + \varphi\right], \\[2mm] y = A\cos(2\pi\nu t - kx + \varphi). \end{array}\right\}\tag{10-7}$$

为了对波动过程及波动方程有进一步的认识,做如下讨论.

(1)由一维简谐波方程求任一点的振动规律.把一维简谐波方程中的 x 变量代入某一点的坐标值,此时,该方程变成仅仅是时间 t 的函数,即成为该点处的振动方程.例如,令 $x = x_1$,则坐标 x_1 处质元的振动方程为

$$y_{x_1} = A\cos\left[\omega\left(t - \frac{x_1}{v}\right) + \varphi\right] = A\cos(\omega t + \varphi'),$$

该质元的速度和加速度分别为

$$u_{x_1} = \frac{\partial y}{\partial t}\bigg|_{x_1} = -A\omega\sin\left[\omega\left(t - \frac{x_1}{v}\right) + \varphi\right] = -A\omega\sin\left(\omega t + \varphi'\right),$$

和

$$a_{x_1} = \frac{\partial^2 y}{\partial t^2}\bigg|_{x_1} = -A\omega^2\cos\left[\omega\left(t - \frac{x_1}{v}\right) + \varphi\right] = -A\omega^2\cos\left(\omega t + \varphi'\right).$$

（2）波形图. 把波动方程中的 t 代入具体的时刻, 例如, 令 $t = t_1$, 波动方程化为

$$y_{t_1} = A\cos\left[\omega\left(t_1 - \frac{x}{v}\right) + \varphi\right] = A\cos\left(\omega\frac{x}{v} + \varphi''\right),$$

其中 $\varphi'' = -(\omega t_1 + \varphi)$. 此时, y 仅仅是 x 的函数, y_{t_1} 为 t_1 时刻波的传播方向上不同点的位移. 在 y-x 平面上, 得到 t_1 时刻 x 轴上各质元的瞬时位置形成的一条曲线, 称为 t_1 时刻的**波形图**. 由于不同时刻各质元的瞬时位置不同, 因此, 不同时刻有不同形状的波形图, 经过一个周期, 各质元都分别回到各自的原有振动状态, 因此, 经历一个周期, 波形图恢复原状. 从这个意义上讲, 波周期反映了波在时间上的周期性; 而波长则反映了波在空间上的周期性.

（3）波动过程. 如果 x 和 t 都变化, 它描述了一个沿 Ox 正方向传播的波动. 考虑到波动过程是振动状态的传播过程, 经过 Δt 时间, x 处质元 t 时刻的振动状态沿波的传播方向前进的距离为 $v\Delta t$, 因此, $(x + v\Delta t)$ 处质元在 $(t + \Delta t)$ 时刻的状态一定与 x 处质元 t 时刻的振动状态相同, 如图 10-4 所示. 比较 $(t + \Delta t)$ 时刻与 t 时刻的波形图, 可以看出, 在波动过程中, 整个波形图以一定的速率沿波的传播方向前进, 经历一个周期, 波前进了一个波长的距离. 波速是振动状态传播的速度, 而振动状态是由相位决定的, 因此波速也称相速度.

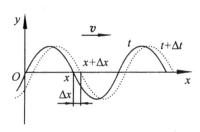

图 10-4 波的传播示意图

（4）两点间的相位差. 在同一时刻 t, 位于 x_1 和 x_2 两点的振动的相位差可由式（10-7）得出, 有

$$\Delta\varphi = \left[2\pi\left(\nu t - \frac{x_1}{\lambda}\right) + \varphi\right] - \left[2\pi\left(\nu t - \frac{x_2}{\lambda}\right) + \varphi\right] = 2\pi\frac{x_2 - x_1}{\lambda}.$$

在波传播过程中, 任一点的相位都在不断地变化, 然而, 任意两点间的相位差是恒定不变的, 沿波传播的方向, 各质元的相位依次落后. 相距为波长 λ 整数倍的两点, 相位差为 2π 的整数倍, 它们的振动状态相同, 这样的两个点叫**同相点**; 相距为半波长奇数倍的两个点, 相位差为 π 的奇数倍, 这样的两个点称为**反相点**.

（5）设坐标原点的振动方程为

$$y_0 = A\cos(\omega t + \varphi),$$

若波沿 x 轴负方向传播,平面简谐波方程为

$$y = A\cos\left[\omega\left(t + \frac{x}{v}\right) + \varphi\right], \tag{10-8}$$

或

$$\left.\begin{array}{l} y = A\cos\left[2\pi\left(\dfrac{t}{T} + \dfrac{x}{\lambda}\right) + \varphi\right] \\[2mm] y = A\cos\left[2\pi\left(\nu t + \dfrac{x}{\lambda}\right) + \varphi\right] \\[2mm] y = A\cos\left[(2\pi\nu t + kx) + \varphi\right] \end{array}\right\}. \tag{10-9}$$

例 10-1 一平面简谐波的表达式为

$$y = 0.4\cos\pi(5t - 0.01x)\,(\text{SI}).$$

求:波长、周期、波速.

解 可用与标准波动方程相比较的方法求解.把题中方程变换形式为

$$y = 0.4\cos 2\pi\left(\frac{5}{2}t - \frac{0.01}{2}x\right),$$

与标准的方程形式

$$y = A\cos 2\pi\left(\frac{t}{T} - \frac{x}{\lambda}\right)$$

相比较,得

$$T = \frac{2}{5} = 0.4\,(\text{s}), \quad \lambda = \frac{2}{0.01} = 200\,(\text{m}), \quad v = \frac{\lambda}{T} = \frac{200}{0.4} = 500\,(\text{m/s}).$$

例 10-2 已知一平面简谐波沿 x 轴正向传播,波速 $v = 340\ \text{m/s}$,假定坐标原点处的振动方程为

$$y_0 = 4 \times 10^{-2}\cos(20t)\,(\text{SI}).$$

求:(1)波动方程;

(2) $x = \dfrac{\lambda}{4}$ 处质点的振动方程;

(3) $t = \dfrac{\pi}{4}$ s 时的波形方程.

解

(1)据题意,波动方程为

$$y = 4 \times 10^{-2}\cos 20\left(t - \frac{x}{v}\right) = 4 \times 10^{-2}\cos 20\left(t - \frac{x}{340}\right)(\text{SI}).$$

(2)把 $x = \dfrac{\lambda}{4}$ 代入波方程,波动方程就转化为该点处的振动方程.因此,振动方

程应为

$$y_P = 4 \times 10^{-2} \cos 20 \left(t - \frac{\lambda/4}{340} \right) = 4 \times 10^{-2} \cos 20 \left(t - \frac{T}{4} \right)$$

$$= 4 \times 10^{-2} \cos 20 \left(t - \frac{\pi}{40} \right) = 4 \times 10^{-2} \cos \left(20t - \frac{\pi}{2} \right) (\text{SI}).$$

（3）把 $t = \frac{\pi}{4}$ s 代入波动方程，得

$$y = 4 \times 10^{-2} \cos 20 \left(\frac{\pi}{4} - \frac{x}{340} \right) (\text{m}),$$

按此方程在 y-x 平面上画出的曲线为 $t = \frac{\pi}{4}$ s 时刻的波形图.

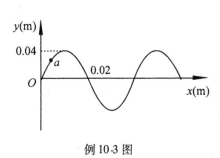

例 10-3 图

例 10-3 图示为一平面简谐波 $t = 0$ 时刻的波形图,若质元 a 正沿垂直方向向下运动,令波速 $v = 0.08$ m/s. 求:

（1）O 点的振动方程;

（2）波动方程.

解 由 a 处质元的运动方向可以断定,此简谐波沿 x 轴正向传播. 此时刻原点处质元处于平衡位置并向下运动.

（1）设 O 点振动方程为

$$y_0 = A \cos (\omega t + \varphi).$$

由图知 $\lambda = 0.04$ m, $T = \frac{\lambda}{v} = \frac{0.04}{0.08} = 5$ s,

而 $$\omega = 2\pi/T = \frac{2\pi}{5} \text{ s}^{-1}.$$

对于 O 点, $t = 0$ 时,

$$A \cos \varphi = 0, \quad -A \omega \sin \varphi = v_0 < 0,$$

由此得出, $$\varphi = \frac{\pi}{2}.$$

所以 O 点处的振动方程为

$$y_0 = 0.04 \cos \left(\frac{2\pi}{5} t + \frac{\pi}{2} \right) (\text{SI}).$$

（2）波动方程表达式是

$$y = A \cos \left[2\pi \left(\frac{t}{T} - \frac{x}{\lambda} \right) + \frac{\pi}{2} \right] = 0.04 \cos \left[2\pi \left(\frac{t}{5} - \frac{x}{0.4} \right) + \frac{\pi}{2} \right] (\text{SI}).$$

平面简谐波描述的是一种理想的波动过程. 它在 x 从 $-\infty$ 到 $+\infty$ 的传播范围

内,其振幅不随时间和空间变化. 然而,实际的波只能在有限的时间和空间内传播,振幅也不可能保持不变. 对于实际的波动过程的处理通常采用两种方法:一是在一定的时间和空间范围内,把实际的波动过程简化为平面简谐波,往往可以得出较满意的结果;二是如果波动过程是周期性的,可以借助傅里叶级数,把它分解成一些频率不同的平面简谐波的叠加进行研究,若波动过程是非周期性的,则应用傅里叶积分,把它分解为振幅和频率均连续变化的一系列平面简谐波的叠加进行讨论. 由此可知,谐波的重要性在于它是研究复杂波动过程的基础.

第三节　波的能量　能流　能流密度

一、波的能量

在波动过程中,波源的振动状态依次从波源向周围传播出去,使媒质元绕各自的平衡位置振动起来,振动的媒质元不仅具有动能,而且它因形变还具有势能. 因此,波动过程既是振动状态的传播过程,又是能量沿波的传播方向的传递过程. 万物生长靠太阳,表明大自然中万物的生长正是从太阳发出的电磁波中吸收能量的结果.

设一简谐波在密度为 ρ 的弹性媒质中传播,波动方程为

$$y = A\cos \omega\left(t - \frac{x}{v}\right),\qquad(10\text{-}10)$$

在媒质中坐标 x 处取一体积为 ΔV 的媒质元,其质量为 $\rho\Delta V$,在 t 时刻,该媒质元的动能

$$\Delta E_k = \frac{1}{2}(\rho\Delta V)\left(\frac{\partial y}{\partial t}\right)^2 = \frac{1}{2}\rho\Delta VA^2\omega^2\sin^2\omega\left(t - \frac{x}{v}\right).\qquad(10\text{-}11)$$

可以证明(从略),它的形变势能

$$\Delta E_p = \frac{1}{2}\rho\Delta VA^2\omega^2\sin^2\omega\left(t - \frac{x}{v}\right).\qquad(10\text{-}12)$$

值得引起注意的是,在波动过程中,传播波的媒质元的动能和势能按着相同的规律变化着,即二者同时达到最大值,又同时减小到零并且总是相等. 该媒质元的总能量

$$\Delta E = \Delta E_k + \Delta E_p = \rho\Delta VA^2\omega^2\sin^2\omega\left(t - \frac{x}{v}\right).\qquad(10\text{-}13)$$

媒质元虽然按简谐振动的运动规律进行,但总能量不守恒,而是随时间变化. 这是由于媒质元不是一个孤立的运动体系,与周围的媒质元间有着弹性联系. 在波动过

程中,该媒质元一方面从波源一侧吸收能量,同时,另一方面向远离波源一侧输出能量. 每一个媒质元当吸收的能量大于输出的能量时,它的能量增大;反之,能量减小. 各媒质元都起着传递能量的作用,从这种意义上讲,波动是能量传递的一种形式.

单位体积内的能量

$$\varepsilon = \frac{\Delta E}{\Delta V} = \rho A^2 \omega^2 \sin^2 \omega \left(t - \frac{x}{v} \right),\tag{10-14}$$

ε 称为谐波的能量密度. 能量密度在一个周期内的平均值叫做平均能量密度,其值

$$\overline{\varepsilon} = \frac{1}{T} \int_0^T \varepsilon \mathrm{d}t = \rho A^2 \omega^2 \frac{1}{T} \int_0^T \sin^2 \omega \left(t - \frac{x}{v} \right) \mathrm{d}t = \frac{1}{2} \rho A^2 \omega^2.\tag{10-15}$$

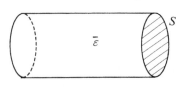

图 10-5　平均能流计算示意图

二、能流和能流密度

单位时间内通过介质中某一面积上的能量叫做通过该面上的**能流**. 取垂直于波速 v 的一面积 S,则单位时间内通过该面积上的平均能流

$$\overline{P} = \overline{\varepsilon} v S.\tag{10-16}$$

单位时间内通过垂直于波的传播方向上单位面积上的能量,叫做波的**能流密度**,其平均能流密度的大小

$$\overline{I} = \frac{\overline{P}}{S} = \overline{\varepsilon} v = \frac{1}{2} \rho A^2 \omega^2 v,\tag{10-17}$$

平均能流密度通常也称为**波的强度**. 能流密度是矢量,方向与波的传播方向相同. 因此,平均能流密度的矢量式为

$$\boldsymbol{I} = \overline{\varepsilon} \boldsymbol{v},\tag{10-18}$$

而空间某点的瞬时能流密度的矢量式为

$$\boldsymbol{i} = \varepsilon \boldsymbol{v}.\tag{10-19}$$

三、声强级

声波是日常生活中所接触到的最多的机械波. 引起听觉的声波有一定的频率范围,为 20 ~ 20 000 Hz,频率高于20 000 Hz 的声波叫做超声波,频率低于 20 Hz 的声波叫做次声波. 声波的平均能流密度叫**声波强度**,又称**声强**. 声强的大小对正常的听力有直接的影响. 在引起听觉频率范围内的声波,如果声强太小,就听不到声音;反之,如果声强太大,则使人感到不适甚至引起痛苦. 当声波频率在 1 000 Hz 附近,声强在 1 W/m² ~ 10⁻¹² W/m² 区间时,正常听觉的人才能感受到它. 通常用下式说明声强的强弱,即

$$L = 10 \lg \frac{I}{I_0} (\mathrm{dB}),\tag{10-20}$$

式中 L 叫**声强级**,单位叫分贝(dB). $I_0 = 10^{-12}$ W/m², 称为参考声强,而 I 是实际感觉到的声强. 例如,声强 $I = 10^{-6}$ W/m² 时,$L = 60$ dB. 在正常环境下,两人面对面交谈时,$L \approx 60$ dB;当人处于十分喧闹的环境中,L 可达 100 dB 以上. 监测人们生活环境周围的噪声大小,也用声强级来表示.

另外,由于超声波具有良好的定向传播特性以及较强的穿透能力,在科学技术中得到广泛的应用. 例如,利用超声波探测海洋中鱼群的分布以及材料内部的缺陷等,而在火山的爆发、地震、陨石溅落、大气湍流、雷暴以及沙暴等过程中都有次声波产生,因此,与声现象相关的研究已成为十分重要的学科研究领域.

第四节 惠更斯原理 波的衍射

一、惠更斯原理

如果媒质是连续的,媒质中任何一点的振动都会引起邻近各点的振动,因此,可将波动到达的任何一点都视为新的波源. 荷兰物理学家惠更斯在总结了大量的实验事实后于 1677 年指出:波所到达的每一点都可以看作是发射次级子波的波源,新的波前就是这些次级子波波阵面的包迹. 这一论述称为**惠更斯原理**,它形象而又直观地展示了波的传播的物理图像. 根据这一原理,只要知道某一时刻的波阵面,就可以用几何的方法确定下一时刻的波阵面. 图 10-6 给出了利用惠更斯原理描绘波动的示意图.

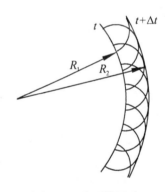

图 10-6 惠更斯原理

二、波的衍射

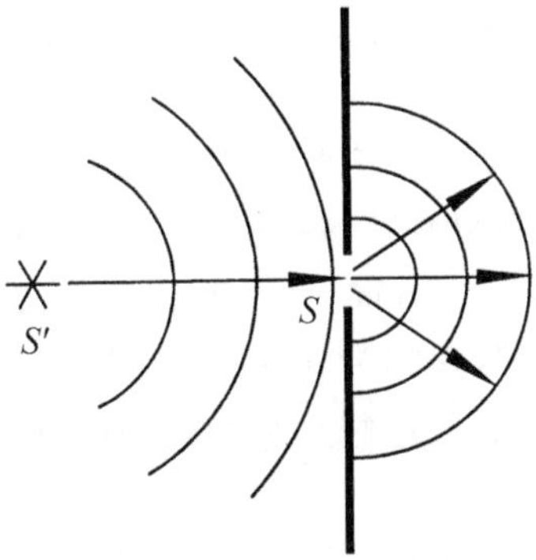

波在传播过程中遇到障碍物时,其传播的方向要发生改变,即波能够绕过障碍物的边缘继续前进,这种现象叫做**波的衍射**.

应用惠更斯原理可以定性地解释波的衍射现象,如图 10-7 所示. 当波到达一狭缝 S 时,缝上的各点都可以看作是发射次级子波的波源,这些次级子波的包迹即为新的波前. 显然,在狭缝的边缘处,波前发生了弯曲,波的传播方向改变,结果,波绕过了障碍物而向前传播.

图 10-7 波的衍射

一般地讲,任何波动(如声波、水波以及电磁波等)都会产生衍射现象,因此,衍射是波动过程中的重要特征之一. 实验表明,当孔或缝等的线度与通过它们的波的波长值差不多时,衍射现象表现得比较明显;反之,如果孔及缝的线度远大于波长,当波通过它们时,衍射现象不显著. 此时,波主要表现出直线传播的特征.

利用惠更斯原理还可以说明波的其他许多性质. 例如,波的反射现象和折射现象以及光在传播过程中的散射等.

第五节　波的干涉

一、波的叠加原理

大量事实表明,一列波在传播过程中,它的振幅、频率、波长、振动方向以及传播方向等,不因其他波的存在而有所改变,称为**波的独立传播原理**. 例如,当人们欣赏乐队合奏的乐曲,几种乐器发出的声波同时传入耳中时,仍能把它们识别出来. 这表明,每一种乐器发出的声波不因为其他乐器发出的声波而受到影响,各自保持独立传播的特性. 再比如,水面上的两列水波相遇后,每列波仍然保持各自原有的传播方式及特性,并且按照原来的传播方向继续前进,犹如它们没有相遇一样.

然而,几列波在传播过程中相遇时,每一列波都要引起相遇点处媒质元的振动,因此,该点的振动位移为各波引起振动位移的矢量和,该点将按着合振动的规律运动,称为**波的叠加原理**.

显然,上述两个原理从不同角度体现了波的特性,波的叠加原理依赖于波的传播过程中的独立性.

二、波的干涉

下面,讨论一种特殊而又十分重要的波的叠加现象. 如图 10-8(a)所示,S_1 和 S_2 为两个频率相同,振动方向也相同的波源. 设频率为 ν,振幅分别为 A_1 和 A_2,垂直图面振动,初相分别为 φ_1 和 φ_2.

根据波的独立性传播原理,二波源产生的谐波在空间独立地传播,形成各自的波形. 而按着波的叠加原理,相遇点处的位移是两列波分别在该点引起振动位移的矢量和. 显然,在相遇点处,两波引起的振动是同频率、同方向,而且有固定相位差的两个振动. 在叠加过程中,在一些特殊点处,合振动的振幅为 $A_1 + A_2$,这些点称为加强点;而在另一些特殊点处,合振动的振幅为 $|A_1 - A_2|$,这些点称为减弱点. 这种特殊的现象称为**波的干涉**.

上述 S_1 和 S_2 叫做**相干波源**,这样的两列波叫做**相干波**. 频率相同,振动方向相同,有固定的相位差(在两列波相遇点处)称为**波的干涉的必要条件**.

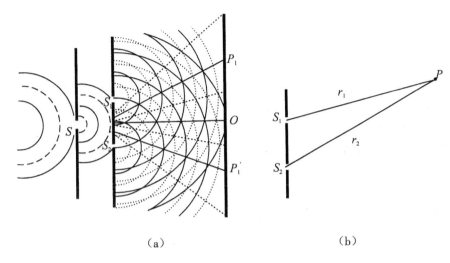

（a）　　　　　　　　　　　　　　（b）

图 10-8　波的干涉

（a）波的双缝干涉；（b）波的干涉计算用图

设两列波的波源的振动方程为

$$y_{10} = A_1 \cos (2\pi\nu t + \varphi_1) \\ y_{20} = A_2 \cos (2\pi\nu t + \varphi_2)$$ （10-21）

设 S_1 和 S_2 到二列波的某一相遇点 P 的距离分别为 r_1 和 r_2（图 10-8（b）），则二列波在 P 点引起的分振动方程为

$$y_{1P} = A_1 \cos \left[2\pi \left(\nu t - \frac{r_1}{\lambda} \right) + \varphi_1 \right] \\ y_{2P} = A_2 \cos \left[2\pi \left(\nu t - \frac{r_2}{\lambda} \right) + \varphi_2 \right]$$ （10-22）

根据式（9-22），P 点合振动的振幅

$$A = \sqrt{A_1^2 + A_2^2 + 2A_1 A_2 \cos \Delta\varphi},$$ （10-23）

式中，$\Delta\varphi$ 为 P 点处二分振动的相位差. 由二分振动方程式（10-22）可得

$$\Delta\varphi = 2\pi \frac{r_2 - r_1}{\lambda} + (\varphi_1 - \varphi_2)$$

$$= 2\pi \frac{\Delta r}{\lambda} + (\varphi_1 - \varphi_2),$$ （10-24）

式中，Δr 称为**波程差**. 当

$$\Delta\varphi = \begin{cases} \pm 2k\pi & (k = 0,1,2,\cdots), \quad 加强点, \\ \pm (2k+1)\pi & (k = 0,1,2,\cdots), \quad 减弱点. \end{cases}$$ （10-25）

在实际中，经常用到 $\varphi_1 = \varphi_2$，$A_1 = A_2 = A_0$ 的情形，此时，

$$\Delta r = \begin{cases} \pm k\lambda & (k = 0, 1, 2, \cdots), \quad \text{加强点,合振幅 } A = 2A_0, \\ \pm (2k+1)\dfrac{\lambda}{2} & (k = 0, 1, 2, \cdots), \quad \text{减弱点,合振幅 } A = 0. \end{cases} \quad (10\text{-}26)$$

例 10-4 A、B 是同一媒质中两相干波源,相距 20 m,它们的振动频率为 100 Hz. 两波沿它们的连线相向传播,振幅相同,波速为 200 m/s,且波源 A 为波峰时,波源 B 恰为波谷. 求 A、B 间因干涉而静止的各点位置.

解 以 A 为坐标轴原点,A、B 连线为 x 轴. 设 A 和 B 点的振动方程分别为

$$y_A = A\cos 2\pi \nu t,$$

和 $$y_B = A\cos (2\pi \nu t + \pi).$$

设 A 与 B 间任一点 P 的坐标为 x,则二波在 P 点引起的振动方程分别为

$$y_{AP} = A\cos 2\pi \left(\nu t - \frac{x}{\lambda} \right),$$

及 $$y_{BP} = A\cos 2\pi \left[\left(\nu t - \frac{20 - x}{\lambda} \right) + \pi \right].$$

因干涉而静止的条件为相位差

$$\Delta\varphi = (2k+1)\pi,$$

即 $$\Delta\varphi = \left[2\pi \left(\nu t - \frac{20 - x}{\lambda} \right) + \pi \right] - 2\pi \left(\nu t - \frac{x}{\lambda} \right) = \pm (2k+1)\pi.$$

把 $\lambda = v/\nu = 200/100 = 2$ m 代入上式,解得

$x = (10 + k)$ m,其中 $k = 0, \pm 1, \pm 2, \cdots, \pm 9$.

三、驻波

驻波是一种特殊的干涉现象. 在同一媒质中振幅相同的两列相干波在一条直线上沿相反方向的传播时,叠加形成驻波.

设一列平面简谐波沿 Ox 轴的正方向传播,波动方程为

$$y_1 = A\cos 2\pi \left(\nu t - \frac{x}{\lambda} \right). \quad (10\text{-}27)$$

而另一列平面简谐波沿 Ox 轴反方向传播,波动方程为

$$y_2 = A\cos 2\pi \left(\nu t + \frac{x}{\lambda} \right). \quad (10\text{-}28)$$

图 10-9 给出了两列波以及合成波在不同时刻的波形图. 可以看出,在有些点处,媒质元合振动的振幅最大,为一列波振幅的二倍,这些点叫做**波腹**;另有一些点处,媒质元合振动的振幅为零,这些点称为**波节**;其他各点处媒质元的振幅在零和最大值之间. 比较不同时刻合成波的波形图发现,尽管合成波是由两列行波叠加形成,但合成波不是行波,因而也无振动状态的传播,Ox 轴上各点处的媒质元以不同的振幅、相同频率振动着,它是一种特殊的振动状态,这种波称为**驻波**.

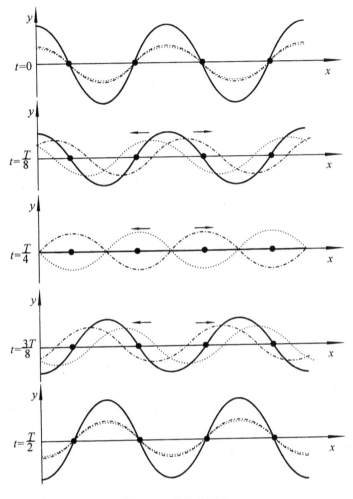

图 10-9 驻波的形成

根据波的叠加原理,驻波的方程为

$$y = y_1 + y_2 = A\cos 2\pi\left(\nu t - \frac{x}{\lambda}\right) + A\cos 2\pi\left(\nu t + \frac{x}{\lambda}\right) = 2A\cos 2\pi\frac{x}{\lambda}\cos 2\pi\nu t. \quad (10\text{-}29)$$

下面来求波腹、波节在 Ox 轴上的位置. 由驻波方程看出,波腹和波节是在一些特殊点处,波腹的坐标满足

$$\left|2A\cos 2\pi\frac{x}{\lambda}\right| = 2A,$$

或

$$\left|\cos 2\pi\frac{x}{\lambda}\right| = 1,$$

要求

$$2\pi\frac{x}{\lambda} = \pm k\pi,$$

由此得出波腹的位置为

$$x = \pm k \frac{\lambda}{2} \quad (k = 0, 1, 2, \cdots).$$

波节的坐标满足

$$\cos 2\pi \frac{x}{\lambda} = 0,$$

即

$$2\pi \frac{x}{\lambda} = \pm (2k + 1)\pi.$$

由此得到波节的位置为

$$x = \pm (2k + 1)\frac{\lambda}{4} \quad (k = 0, 1, 2, \cdots).$$

相邻两个波腹或波节之间的距离

$$\Delta x = \frac{\lambda}{2}.$$

驻波是一种常见的物理现象. 例如,当一列波传播到两种媒质的交界面时,波如果被完全反射回原来的媒质中,此时媒质中存在着两列频率相同、振幅相同、传播方向相反的相干波,形成驻波现象. 水波从码头或悬崖处反射以及声波被光滑的硬壁所反射,在水或空气中形成驻波. 人们往往把一列波叫入射波,把另一列波叫反射波. 在反射面处,反射波与入射波的相位可能相同,也可能有 π 的相位突变,因为相距半波长的两点相位差是 π,所以把 π 的突变叫做"**半波损失**". 在反射面处,入射波与反射波之间的相位关系是由界面两侧传播波的媒质的性质决定. 把媒质的密度 ρ 和波在该媒质中的传播速率 v 之积 ρv 定义为**波阻**. 两种媒质比较,波阻相对大的媒质叫**波密介质**;波阻相对小的媒质叫**波疏媒质**. 当波从波密媒质向波疏媒质传播在界面反射时,反射面(或点)处,入射波与反射波的相位相同没有半波损失,反之,反射波同入射波反相,有半波损失. 如果反射波的振幅与入射波的振幅相同,当有"半波损失"时,在反射面处形成波节,称为**固定端反射**. 若二列波在反射面处的相位相同,称为**自由端反射**. 如弦乐器的弦两端都是固定的,弦上的波在固定的端点反射,沿弦线往回传播,前进波与反射波进行干涉,弦线两端是波节.

驻波在声学、电子技术及光学等科学技术方面有实际应用价值,它可以用来测定波长,确定振动系统的固有频率.

【**例 10-5**】 入射波的波动方程为

$$y_\lambda = A\cos 2\pi \left(\frac{t}{T} + \frac{x}{\lambda} \right),$$

在 $x = 0$ 处为波密媒质与波疏密质的交界面,如图所示,设反射时没有能量进入波密媒质中,求:

(1)反射波的波动方程;

（2）驻波方程；

（3）波腹的位置.

解 （1）由题意可知，反射波在反射点处有"半波损失"，且反射波沿 x 轴正向传播，入射波在 O 点振动方程为 $y_{入0} = A\cos 2\pi \dfrac{t}{T}$.

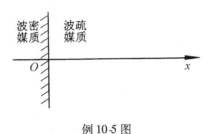

例 10-5 图

反射波在 O 点振动方程应为 $y_{反0} = A\cos\left(2\pi\dfrac{t}{T} + \pi\right)$（亦可用 $-\pi$），因此，反射波的波动方程为

$$y_{反} = A\cos\left[2\pi\left(\dfrac{t}{T} - \dfrac{x}{\lambda}\right) + \pi\right].$$

（2）驻波方程为

$$y = y_{入} + y_{反} = A\cos 2\pi\left(\dfrac{t}{T} + \dfrac{x}{\lambda}\right) + A\cos\left[2\pi\left(\dfrac{t}{T} - \dfrac{x}{\lambda}\right) + \pi\right]$$

$$= 2A\sin\left(2\pi\dfrac{x}{\lambda}\right)\cos\left(2\pi\dfrac{t}{T} + \dfrac{\pi}{2}\right),$$

其振幅为 $\left|2A\sin 2\pi\dfrac{x}{\lambda}\right|$,

（3）波腹位置由 $2\pi\dfrac{x}{\lambda} = (2k+1)\dfrac{\pi}{2}$ 决定，由此得

$$x = (2k+1)\dfrac{\lambda}{4}(k = 0, 1, 2, \cdots).$$

随着关于波的新的物理现象被发现，人们对波的认识也越来越深刻. 1834 年的一天，英国科学家罗素（John Scott Russell）沿河岸信马而行. 他发现，河流中一只行驶的船突然停下来的时候，在船行驶中由船首激起的孤波依然孤立地前进，形状和速度无明显的变化，行进了很长一段距离后在河道的弯曲处消失. 按着线性波动理论，上述现象是无法解释的. 孤波可视为波包，它是由不同频率的简谐波构成的，而介质中不同频率的谐波具有不同的相速度，致使波包宽度在行进中逐渐散开，这种现象叫**波的色散**，因此，孤波是不可能保持一定形状，以一定速度行进的. 显然，罗素观察到的水面孤波，是一种新的物理现象，有着新的物理内涵，是一种更为复杂、更为高级的波动现象. 理论已证明，孤波是非线性与色散效应的总效果. 目前，对孤波（也称为孤子 Soliton）的研究已广泛深入到许多领域，并初步获得了一些有价值的理论与实验成果.

*第六节　多普勒效应

一、机械波的多普勒效应

在日常生活中,不少人有这样的直接体验:当一列高速行驶的列车鸣笛向站台飞奔而来时,站在站台上的人听到汽笛声调升高;当远离站台而去时,汽笛的声调变低. 这一事实表明,当观察者和声波波源相对于传播波的媒质运动时,观察者接受到的频率不同于波源发出的频率,这种现象称为**多普勒效应**.

下面以声波为例,讨论机械波的多普勒效应.

为简单起见,假定声源和观察者在同一直线上运动,具体分析三种特殊情况.

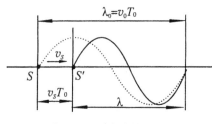

图 10-10　多普勒效应

（1）观察者不动,波源向着观察者以速度 v_s 运动.

设波源的周期为 T_0,当波源不动时,在一个周期内,波传播的距离为波在媒质中的波长 $\lambda_0 = v_0 T_0$,v_0 表示波在媒质中传播的速度. 如图 10-10 所示,波源 S 相对媒质以速度 v_s 运动. 在一个周期内,波源沿波的传播方向又移动了 $v_s T_0$ 距离. 结果,在媒质中的实际波长变为 $\lambda = T_0 v_0 - T_0 v_s$,而波相对于观察者的速度没有变化,依然是 v_0. 但由于波长缩短,观察者实际接受到的频率必然增加,此时频率

$$\nu = \frac{v_0}{\lambda} = \frac{v_0}{(v_0 - v_s) T_0} = \frac{v_0}{v_0 - v_s} \nu_0 > \nu_0. \tag{10-30}$$

而当波源远离观察者时,实际波长 $\lambda > \lambda_0$,

$$\nu = \frac{v_0}{v_0 + v_s} \nu_0 < \nu_0. \tag{10-31}$$

频率变低,

（2）波源不动,观察者以速度 v_r 向着波源运动.

此时,波相对于媒质的速度是 v_0,而相对于观察者的速度大小为 $v_0 + v_r$,波长保持不变,使观察者接受到的频率增加了,其值为

$$\nu = \frac{v_0 + v_r}{\lambda_0} = \frac{v_0 + v_r}{T_0 v_0} = \frac{v_0 + v_r}{v_0} \nu_0 > \nu_0. \tag{10-32}$$

当观察者远离波源时,观察者接受到的频率变低,为

$$\nu = \frac{v_0 - v_r}{v_0} \nu_0 < \nu_0. \tag{10-33}$$

（3）当波源和观察者均相对媒质运动.

根据以上讨论,不难得出,观察者接受到的频率

$$\nu = \frac{v_0 \pm v_r}{v_0 \mp v_s} \nu_0, \tag{10-34}$$

上式中,观察者向着声源运动时,v_r 前面取正号,远离时取负号;声源向着观察者运动时,v_s 前面取负号,远离时取正号.

二、电磁波的多普勒效应

除声波以外,电磁波也有多普勒效应. 利用相对论中的洛伦兹变换,得出观察者接受到的电磁波频率 ν 与波源的频率 ν_0 间关系为

$$\nu = \sqrt{\frac{c-v}{c+v}} \nu_0. \tag{10-35}$$

式中,c 是真空中的光速,v 为观察者与光源的相对速度的大小. 该式代表着观察者和波源彼此远离时的情形,而当观察者与波源彼此趋近时,

$$\nu = \sqrt{\frac{c+v}{c-v}} \nu_0. \tag{10-36}$$

多普勒效应有着广泛的应用,把在地球上测得的来自其他天体的某种元素的光谱与来自地球上同一种元素的光谱比较,前者的波长大于后者的波长,则由式（10-35）可以知道,其他天体正远离地球而去. 由此推知,我们所处的宇宙正处于不断"膨胀"中. 物质的发光来自构成物质的原子或分子内部的电磁运动,而原子及分子杂乱无章地热运动产生光的多普勒效应,使谱线变宽,早已为实验证实. 此外,人造地球卫星的跟踪,交通中对车辆速度的远距离监视以及医学上对血管中血液流速的测定等许多地方,都用到多普勒效应的基本原理.

【例 10-6】 火车以 20 m/s 的速度鸣笛向站台驶来,笛声频率 $\nu = 275$ Hz,问静止在站台上的旅客听到的频率是多少? 当火车鸣笛驶去时,旅客听到的频率又是多少（设常温下空气中声速为 340 m/s）?

解 设旅客听到的笛声频率为 ν',

（1）按照机械波的多普勒效应

$$\nu'_1 = \frac{v}{v - v_s} \nu = \frac{340}{340 - 20} \times 275 = 292 \text{ Hz};$$

（2）同样,由多普勒效应得

$$\nu'_2 = \frac{v}{v + v_s} \nu = \frac{340}{340 + 20} \times 275 = 260 \text{ Hz}.$$

第七节　平面电磁波

电磁场以波动的形式存在就是电磁波. 在上一章中,我们发现,电磁振荡与机械振动有相似的规律,在波动的情况下,电磁波与机械波的规律也是很相似的. 本节通过讨论最简单、最基本的电磁波——平面电磁波的波动过程,认识电磁波的基本特性.

在电磁学部分已知道,变化的磁场在周围空间激发出涡旋电场,而变化的电场在空间激发起涡旋磁场,磁场与电场在空间的相互激发,自然会引起两种场在空间传播开来,如图 10-11 和图 10-12 所示. 电磁波正是靠这两个方面互相激发而形成的.

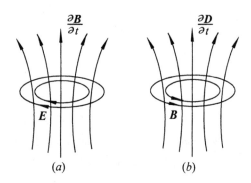

图 10-11　变化的电场与磁场相互激发

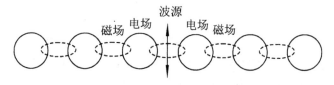

图 10-12　电磁波的传播机制示意图

电磁理论和实验都表明,电磁波是横波,电场强度 E 和磁场强度 H 之间的数值关系是

$$\sqrt{\varepsilon}E = \sqrt{\mu}H.$$

设一平面电磁波沿 Ox 轴正向传播. 波面是平行于 yz 平面的一系列平面. 在同一个波面上,每一个点处的电场强度 E 和磁场强度 H 是有相同的振动状态,或者讲,二者同时达到各自的最大值,又同时达到零. 假定平面电磁波中的 E 沿着 y 轴方向上振动,其一维简谐波方程为

$$E_y = E_0 \cos \omega\left(t - \frac{x}{v}\right). \tag{10-37}$$

理论证明,相应的 H 与 E 垂直,沿 z 轴方向振动,一维简谐波方程形式为

$$H_z = H_0 \cos \omega \left(t - \frac{x}{v} \right). \tag{10-38}$$

以上表明,在平面电磁波中,E 与 H 和电磁波的传播速度 v 三者互相垂直,并且形成一个右手螺旋系,如图 10-13 所示,这也是一般电磁波的特征.

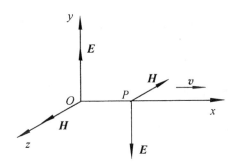

图 10-13　电磁波是横波,并且 E、H 和传播
方向 v 三者组成右螺旋系统

理论上还证明,电磁波的传播速度 v 的大小与传播波的物质的电磁性质有关,即

$$v = \frac{1}{\sqrt{\mu_0 \mu_r \varepsilon_0 \varepsilon_r}} = \frac{1}{\sqrt{\mu \varepsilon}}. \tag{10-39}$$

值得注意的是,机械波的形成和传播需要媒质,电磁波的传播依靠电场与磁场在空间互相激发,它不需要媒质,在真空与媒质中均能够传播.电磁波在真空中传播时,速度大小

$$c = \frac{1}{\sqrt{\mu_0 \varepsilon_0}} = \frac{1}{\sqrt{4\pi \times 10^{-7} \times \dfrac{1}{4\pi \times 8.99 \times 10^9}}} = 2.99833 \approx 3.0 \times 10^8 \text{ m} \cdot \text{s}^{-1}.$$

$$\tag{10-40}$$

而由实验测得真空中电磁波的速度和光速都是 $2.99792 \times 10^8 \text{m} \cdot \text{s}^{-1}$,可以看出,理论值与实验值非常符合,这不仅表明了电磁波理论的正确性,而且还说明光波是一种电磁波.

与机械波类似,电磁波的波动过程也伴随有电磁能量沿波传播方向上的传递.由电磁学知,电场能量密度和磁场能量密度分别为

$$w_e = \frac{1}{2} \varepsilon E^2 \text{ 和 } w_m = \frac{1}{2} \mu H^2.$$

而电磁场的总能量密度

$$w = w_e + w_m = \frac{1}{2}(\varepsilon E^2 + \mu H^2). \tag{10-41}$$

考虑到 $v = \dfrac{1}{\sqrt{\mu\varepsilon}}$ 以及电场的瞬时值 E 与磁场的瞬时值 H 的关系,有

$$\sqrt{\varepsilon}E = \sqrt{\mu}H,$$

则

$$w = \frac{1}{2}(\sqrt{\varepsilon}E \times \sqrt{\varepsilon}E + \sqrt{\mu}H \times \sqrt{\mu}H) = \frac{1}{2}(\sqrt{\varepsilon}E \times \sqrt{\mu}H + \sqrt{\mu}H \times \sqrt{\varepsilon}E)$$

$$= \sqrt{\varepsilon\mu}EH = \frac{1}{v}EH. \tag{10-42}$$

设 ds 为垂直于电磁波传播方向上一面积元,在媒质不吸收电磁能量的情况下,在 dt 时间内,通过面积元 ds 的电磁能量应为 $wvdsdt$. 而单位时间内通过单位面积的能量

$$S = \frac{wvdsdt}{dsdt} = wv = EH, \tag{10-43}$$

S 为电磁波瞬时能流密度的大小,它反映了电磁波的强弱,因此,能流密度 S 也称为电磁波的强度. 能流密度是矢量,其方向与电磁波的传播方向相同,因而,能流密度的矢量式为

$$\boldsymbol{S} = \boldsymbol{E} \times \boldsymbol{H}, \tag{10-44}$$

$\boldsymbol{S}$ 称为**坡印廷矢量**.

平均能流密度 $$\bar{S} = \frac{1}{T}\int_0^T Sdt = \frac{1}{2}E_0H_0,$$

经计算有

$$\bar{S} \propto E_0^2, \tag{10-45}$$

即平均能流密度与电场强度幅值的平方成正比.

电磁波不仅具有能量,而且也具有动量和质量,这表明,电磁场是一种物质,而电磁波是这种特殊物质在空间上与时间上的运动形式. 已经证明,真空中的电磁波在单位体积内所具有的动量

$$p = S/c^2,$$

而真空中单位体积电磁波的质量

$$\rho = \frac{p}{c} = \frac{S}{c^3} = \frac{w}{c^2},$$

这个式子与相对论的质能关系完全一致.

波的产生需要有激发波的波源. 电磁波包括无线电波、光波、X 射线以及热辐射等是由电磁辐射源产生的. 无线电波是靠宏观振荡的电偶极子辐射产生的.

在物理学发展史上,1865 年,麦克斯韦根据电磁场理论,预言了电磁波的存在,直到 1888 年,赫兹实现了电磁波的产生和传播. 在此后 100 多年的发展过程

中,电磁波在许多领域中得到了广泛的应用. 实验表明,电磁波的范围很广,从无线电波、可见光、紫外线到 X 射线、γ 射线等都是电磁波,这些波在本质上是相同的,具有反射、折射、干涉、衍射以及偏振等共性,只是由于它们具有不同的频率(或波长),而表现出不同的特性. 如无线电波主要用于通信和导航等方面;红外线主要有显著的热效应;紫外光在消毒、杀菌等方面功能显著;X 射线和 γ 射线具有较强的穿透能力,在物质结构分析以及生物学和医疗上都有重要的应用.

本章小结

1. 机械波产生的条件
机械波产生的条件是波源和媒质.

2. 波的传播
波的传播是振动相位的传播,沿波的传播方向,各质元振动的相位依次落后.

3. 描述平面简谐波的物理量
波长 λ　沿波的传播方向上振动相位总相同的相邻两点间的距离.

周期 T　波动传播一个波长所需要的时间,也是每一质元振动的周期.

频率 ν　单位时间内,波动前进的波长数,由振源决定.

波速 v　波在单位时间内传播的距离,其值由媒质的性质决定.

各量间的关系　$v = \lambda\nu$.

4. 平面简谐波的波动方程
设一平面简谐波沿 Ox 轴正向以速度 v 传播,若 O 点的振动方程为

$$y = A\cos(\omega t + \varphi),$$

则波动方程为

$$y = A\cos\left[\omega\left(t - \frac{x}{v}\right) + \varphi\right] = A\cos\left[2\pi\left(\frac{t}{T} - \frac{x}{\lambda}\right) + \varphi\right].$$

5. 波的能量
(1)媒质体积元 ΔV 中的能量有:

动能　$\Delta E_k = \dfrac{1}{2}\rho\Delta V A^2\omega^2\sin^2\omega\left(t - \dfrac{x}{v}\right);$

势能　$\Delta E_p = \dfrac{1}{2}\rho\Delta V A^2\omega^2\sin^2\omega\left(t - \dfrac{x}{v}\right);$

总能量　$\Delta E = \rho\Delta V A^2\omega^2\sin^2\omega\left(t - \dfrac{x}{v}\right).$

(2)能量密度　$\varepsilon = \dfrac{\Delta E}{\Delta V} = \rho A^2\omega^2\sin^2\omega\left(t - \dfrac{x}{v}\right),$

平均能量密度　$\bar{\varepsilon} = \dfrac{1}{2}\rho A^2\omega^2.$

（3）平均能流　　　　　$\bar{P} = \bar{\varepsilon} v S = \dfrac{1}{2}\rho A^2 \omega^2 v S,$

能流密度　　　　　　　$\bar{I} = \bar{\varepsilon} v = \dfrac{1}{2}\rho A^2 \omega^2 v.$

6. 惠更斯原理

波所到达的每一点都可以看做是发射次级子波的波源,新的波前就是这些次级子波波阵面的包迹.

7. 波的干涉与驻波

波的相干条件是振动方向相同、频率相同、相位差恒定.

波的干涉加强、减弱条件如下:

相位差　　$\Delta\varphi = \pm 2k\pi, k = 0,1,2,\cdots$　干涉加强;

　　　　　$\Delta\varphi = \pm(2k+1)\pi, k = 0,1,2,\cdots$　干涉减弱.

波程差　　$\Delta r = \pm k\lambda, k = 0,1,2,\cdots$　干涉加强;

　　　　　$\Delta r = \pm(2k+1)\dfrac{\lambda}{2}, k = 0,1,2,\cdots$　干涉减弱.

波程差与相位差的关系　$\Delta\varphi = \dfrac{2\pi}{\lambda}\Delta r.$

驻波　　　$y = 2A\cos 2\pi\dfrac{x}{\lambda}\cos 2\pi\nu t.$

8. 电磁波的性质

（1）横波性　$\boldsymbol{E}$、$\boldsymbol{H}$ 与传播方向三者互相垂直.

（2）空间任一点的 $\boldsymbol{E}$ 和 $\boldsymbol{H}$ 满足

$$\sqrt{\varepsilon}E = \sqrt{\mu}H, \quad \sqrt{\varepsilon_0}E_0 = \sqrt{\mu_0}H_0.$$

（3）传播速度　　　$v = \dfrac{1}{\sqrt{\varepsilon\mu}},$　真空中 $v = \dfrac{1}{\sqrt{\varepsilon_0\mu_0}} = 3\times 10^8$ m/s.

（4）电磁波能量　能流密度　$\boldsymbol{S} = \boldsymbol{E}\times\boldsymbol{H},$

平均能流密度（强度）　$\bar{S} \propto E_0^2.$

9. 多普勒效应

波源或观察者相对于媒质运动时,观察者接收到的波的频率

$$\nu = \dfrac{v_0 \pm v_\tau}{v_0 \mp v_s}\nu_0,$$

式中, v_0 为波相对静止媒质的速度, v_τ 为观察者相对媒质的速度, v_s 为波源相对媒质的运动速度. 观察者向着波源运动时, v_τ 前面取正号,远离时取负号;波源向着观察者运动时, v_s 前面取负号,远离时取正号.

思 考 题

10-1　分析并讨论简谐振动与谐波的区别与联系.

10-2　波的周期与波长表征了谐波的什么特性?

10-3　振动曲线与波形图的区别是什么?

10-4　建立一维简谐波的波动方程应当具备什么条件?

10-5　解释在波的传播方向上,一质元在经过平衡位置时,其动能和势能均达到最大值.

10-6　一平面电磁波,沿 Ox 轴正向传播,电场强度沿 Oz 轴振动,问磁场强度沿什么方向振动? 当电场强度达到零值时,磁场强度的值是多少? 而当电场强度达正的最大时,磁场强度的值又是多少?

习 题

10-1　一平面简谐波的波动方程为 $y = 0.25\cos(125t - 0.37x)$(SI),求它的振幅、圆频率、频率、周期、波速与波长.

10-2　已知平面简谐波的表达式

$$y = 0.20\cos 2\pi(t - 0.25x)\ (\text{SI}).$$

求:(1)$x = 0$ 处振动的初相位及 $x = 4\,\text{m}$,$t = 2\,\text{s}$ 时的相位;

(2)$x_1 = 0$ 处与 $x_2 = 2\,\text{m}$ 处的相位差.

10-3　平面简谐波的振幅为 $5.0\,\text{cm}$,频率为 $100\,\text{Hz}$,波速为 $400\,\text{m/s}$,沿 x 轴正方向传播,以波源(设在坐标原点 O)处的质点在平衡位置且正向 y 轴正方向运动时作为计时起点. 求:

(1)波源的振动方程;

(2)波动方程.

10-4　图示为沿 x 轴正方向传播的一平面简谐波 $t = 0$ 时刻的波形图. 求原点 O 处质点以及 1、2、3 和 4 处质点的相位,并画出 $\dfrac{T}{4}$ 时刻的波形图.

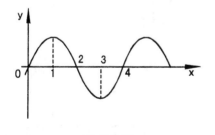

题 10-4 图

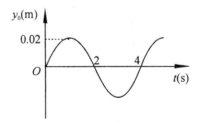

题 10-5 图

10-5　一平面简谐波沿 x 轴正向传播,波速 $v = 5\,\text{m/s}$. 波源位于 x 轴原点处,波源的振动曲线如图中所示. 求:

（1）波源的振动方程；

（2）波动方程.

10-6 波长为 λ 的平面简谐波沿 x 轴正方向传播，已知在 $x = \dfrac{\lambda}{2}$ 处的振动方程为 $y_1 = A\cos \omega t$，求此平面简谐波的波动方程.

10-7 图示为沿 x 轴正向传播的平面简谐波在 $t_1 = 1\ \text{s}$ 及 $t_2 = 1.2\ \text{s}$ 二时刻的波形图，周期 $T > 0.2\ \text{s}$. 求该波的波动方程.

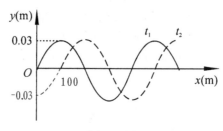

题 10-7 图

10-8 图中所示为一平面简谐波在 $t = 0$ 时刻的波形图. 求：

（1）O 点的振动方程；

（2）波动方程；

（3）P 点的振动方程.

10-9 如图 S_1、S_2 为同一媒质中的两个相干波源，相距为 20 m，频率为 100 Hz，振幅为 0.05 m，波速为 10 m/s，已知两波源的相位相反.

（1）试分别写出两波在 P 点引起的振动方程；

（2）P 点的合振动方程.

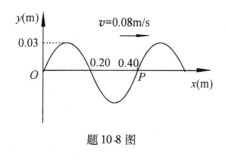

题 10-8 图

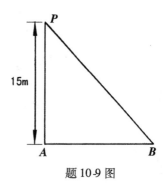

题 10-9 图

10-10 如图所示，S_1 与 S_2 为相距 $\dfrac{\lambda}{4}$ 的两个相干波源，振幅都为 A_0，S_1 的相位较 S_2 超前 $\dfrac{\pi}{2}$. 试分析 S_1、S_2 连线外侧延长线上，各点合振动的振幅如何？

10-11 两相干波源 S_1 和 S_2 相距 5 m，其振幅相同，频率都是 100 Hz，相位差为 π，二波的传播速度为 400 m/s. 试以 S_1、S_2 连线为坐标轴 x，以 S_1、S_2 连线中点为原点，求 S_1、S_2 间因干涉而静止的各点的坐标.

10-12 如图所示,设两列振幅相等的相干波沿 x 轴传播,波长为 λ,波源 S_1 位于坐标轴原点 O,波源 S_2 位于 $x = x_0$ 处,设二者初相位均为零.试确定 x 轴上的两列波因干涉合振幅最大和最小的点的坐标.

题 10-10 图   题 10-12 图

10-13 设两列波沿 x 轴传播,一列波的波动方程为 $y_1 = 2A\cos 2\pi\left(\nu t - \dfrac{x}{\lambda}\right)$,另一列波的波动方程为 $y_2 = 2A\cos 2\pi\left(\nu t + \dfrac{x}{\lambda}\right)$,求 $x = \lambda$ 处合振动的方程.

10-14 设入射波的表达式为 $y_1 = A\cos 2\pi\left(\dfrac{t}{T} + \dfrac{x}{\lambda}\right)$,在 $x = 0$ 处发生反射,反射点为固定端.求:

(1)反射波的表达式;

(2)驻波的表达式.

10-15 一驻波的表达式为 $y = 2A\cos 2\pi\dfrac{x}{\lambda}\cos \omega t$,求:

(1)$x = -\dfrac{\lambda}{2}$ 处振动的表达式;

(2)该质点的振动速度.

10-16 设一平面简谐波沿 x 轴正方向传播,波动方程为 $y_1 = A\cos 2\pi\left(\nu t - \dfrac{x}{\lambda}\right)$,欲在 $x = 0$ 处形成波节,求另一平面简谐波的表达式.

10-17 图为一向右传播的平面简谐波在 t 时刻的波形图,BC 为波密媒质的反射面,波在 P 点反射,试画出同一时刻反射波的波形图.

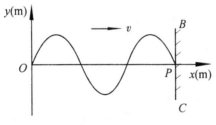

题 10-17 图

10-18 平面电磁波在空气中通过某点时,该点最大电场强度 $E_m = 2.4 \times 10^{-4}$ V/m.求该点的最大磁感应强度 B_m 与电磁波的平均强度.

10-19 太阳光照到地面上的平均强度为 8.37 J/(min·cm²),它可视为平面电磁波.试计算

它的最大电场强度 E_m 与最大磁感强度 B_m.

10-20 火车以 20 m/s 的速度接近观察者,若火车司机听到的汽笛的频率为 300 Hz,问观察者听到的汽笛频率多大? 若火车不动,一汽车以 20 m/s 的速度沿铁路线接近火车,则汽车司机听到的频率为多大(声速为 340 m/s)?

10-21 设在真空中沿 z 轴负方向传播的平面电磁波,某点处的电场强度

$$E_x = 300 \cos\left(\omega t + \frac{\pi}{3}\right) \text{ (V/m)}.$$

求该点的磁场强度,并用图表示电场强度、磁场强度和波速之间的相互关系.

机械振动与波动同步练习

一、选择题

1. 如图为一单摆装置,把小球从平衡位置拉一小角度 θ_0 至 a 点,在 $t = 0$ 时则放手让其摆动,摆动规律用余弦函数表示,下列说法正确的是 (　　).

A. 在 a 处,动能最小,相位为 θ_0

B. 在 b 处,动能为 0,相位为 $-\theta_0$

C. 在 O 处,动能最大,相位必为 $\frac{\pi}{2}$

D. a、b、O 三处能量相同,相位不同

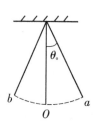

题 1 图

2. 已知某简谐振动的振动曲线如图所示,此振动方程为(　　).

A. $x = 2\cos\left(\frac{2\pi}{3}t + \frac{2\pi}{3}\right)$

B. $x = 2\cos\left(\frac{2\pi}{3}t - \frac{2\pi}{3}\right)$

C. $x = 2\cos\left(\frac{4\pi}{3}t + \frac{2\pi}{3}\right)$

D. $x = 2\cos\left(\frac{4\pi}{3}t - \frac{2\pi}{3}\right)$

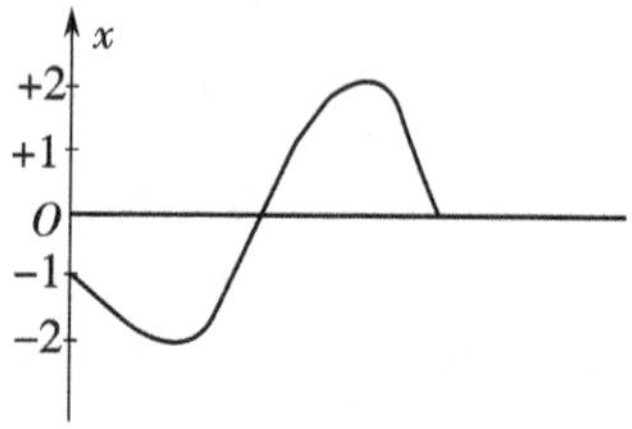

题 2 图

3. 一个系统做简谐振动,周期为 T,初相位为零,物体的动能和势能相等的时刻为(　　).

A. $\frac{T}{8}$ 　　　　 B. $\frac{T}{6}$ 　　　　 C. $\frac{T}{4}$ 　　　　 D. $\frac{T}{2}$

4. 一质点在 x 轴上做简谐振动,振幅 $A = 4$ cm,周期 $T = 2$ s,其平衡位置取坐标原点. 若 $t = 0$ 时刻质点第一次通过 $x = -2$ cm 处,且向 x 轴负方向运动,则质点第二次通过 $x = -2$ cm 处的时刻为(　　).

A. 1 s 　　　　 B. 2/3 s 　　　　 C. 4/3 s 　　　　 D. 2 s

5. 图示两个简谐振动的 x—t 曲线,两振动之间的相位(　　).

A. ①超前② $\frac{\pi}{2}$,且 $\varphi_{10} = 0$ 　　　　　　　　 B. ②超前① $\frac{\pi}{2}$,且 $\varphi_{10} = \frac{1}{2}\pi$

C. ①落后②$\dfrac{\pi}{2}$,且 $\varphi_{10}=\dfrac{3}{2}\pi$ D. ②落后①$\dfrac{\pi}{2}$,且 $\varphi_{10}=\dfrac{1}{2}\pi$

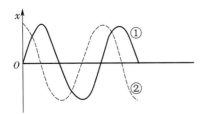

题 5 图

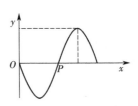

题 6 图

6. 沿 x 轴负方向传播的平面余弦波周期为 2 s,如图为 $t=1$ s 时的波形图,则 P 处质点的振动初相位为( ).

A. $\dfrac{3}{2}\pi$ B. $\dfrac{\pi}{2}$ C. 0   D. π

7. 如图所示为 $t=0.5$ s 的波形图及 $x=1$ m 处质点的振动位移—时间曲线,其平面余弦波的波动方程式是( ).

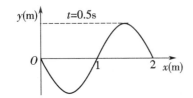

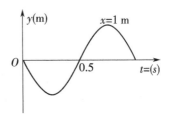

题 7 图

A. $y=A\cos\left(2\pi t+\dfrac{\pi}{2}-\pi x\right)$ B. $y=A\cos\left(2\pi t+\dfrac{\pi}{2}+\pi x\right)$

C. $y=A\cos\left(2\pi t-\dfrac{\pi}{2}+\pi x\right)$ D. $y=A\cos\left(2\pi t-\dfrac{\pi}{2}-\pi x\right)$

8. 一平面简谐波在弹性媒质中传播,在某一瞬时,媒质中某质元正处于平衡位置,此时它的能量是( ).

    A. 动能为零,势能最大   B. 动能为零,势能为零

    C. 动能最大,势能最大   D. 动能最大,势能为零

9. 如图所示,两列波长为 λ 的相干波在 P 点相遇. 波在 S_1 点振动的初相是 φ_1,S_1 到 P 点的距离是 r_1;波在 S_2 点的初相位是 φ_2,S_2 到 P 点的距离是 r_2,以 k 代表零或正、负整数,则 P 点是干涉极大的条件为( ).

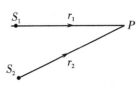

题 9 图

    A. $r_2-r_1=k\lambda$

    B. $\varphi_2-\varphi_1=2k\pi$

    C. $\varphi_2-\varphi_1+2\pi(r_2-r_1)/\lambda=2k\pi$

D. $\varphi_2 - \varphi_1 + 2\pi(r_1 - r_2)/\lambda = 2k\pi$

10. 已知驻波的方程为 $y = 0.2\cos \pi x \cdot \cos 4\pi t$, 则波节的位置在( ).

A. $x = \pm 1, \pm 3, \pm 5\cdots$

B. $x = \pm\dfrac{1}{2}, \pm\dfrac{3}{2}, \pm\dfrac{5}{2}\cdots$

C. $x = 0, \pm 2, \pm 4\cdots$

D. $x = \pm 1, \pm 2, \pm 3\cdots$

二、填空题

1. 一个弹簧振子和一个单摆做小幅度振动,在地面上的固有周期分别为 T_1 和 T_2,将它们拿到月球上去,周期分别为 T_1' 和 T_2',则相应的周期关系是_____(填">、= 或<").

2. 弹簧振子做简谐振动 $x = A\cos(\omega t + \varphi_0)$,式中 $\omega =$ _____,它决定于_____;A 决定于_____,$A =$ _____;φ_0 决定于_____,$\varphi_0 =$ _____.

3. 一弹簧振子做简谐振动,振幅为 A,周期为 T,其运动方程用余弦函数表示. 若 $t = 0$ 时,

(1)振子在负的最大位移处,则初相位为_____;

(2)振子在平衡位置向正方向运动,则初相位为_____;

(3)振子在位移为 $A/2$ 处,且向负方向运动,则初相位为_____.

4. 一简谐振动曲线如图所示,则由图可确定在 $t = 2$ s 时刻,质点的位移为_____,速度为_____.

5. 一质点同时参与两个同方向的简谐振动,其振动方程分别为 $x_1 = 2\cos\left(\pi t + \dfrac{\pi}{3}\right)$ 和 $x_2 = 2\cos\left(\pi t - \dfrac{2}{3}\pi\right)$,其合振幅为_____.

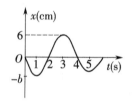

题 4 图

6. 一个余弦横波以速度 u 沿 x 轴正向传播,t 时刻波形曲线如图所示. 试分别指出图中 A、B、C 各质点在该时刻的运动方向,A _____;B _____;C _____.

7. 平面波方程式 $y = A\cos \omega\left(t - \dfrac{x}{v}\right)$ 表示沿_____方向传播的平面波,式中固定 x 时,$y_1 = f_1(t)$ 表示_____;固定 t 时,$y = f_2(x)$ 表示_____.

8. 图示出一平面简谐波在 $t = 2$ s 时刻的波形图,波的振幅为 0.2 m,周期为 4 s,则图中 P 点处质点的振动方程为_____.

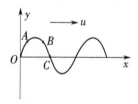

题 6 图

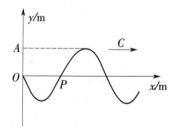

题 8 图

9. 图为 $t = T/4$ 时一平面简谐波的波形曲线,则其波的表达式为_____
_____.

10. 如图所示,同一介质中有两个同位相的相干波源 S_1、S_2 相距 4.0 m,波长均为 1.0 m,振幅为 0.1 m,图中 P 点处体积元振动的振幅为_____ m.

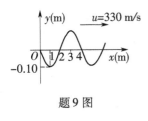

题 9 图

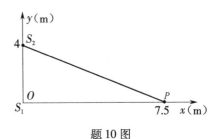

题 10 图

三、计算题

1. 已知一振动系统的 x—t 曲线如图所示,试求系统的振动表达式.

2. 一质点做简谐振动,其振动方程为 $x = 6.0 \times 10^{-2}\cos\left(\frac{1}{3}\pi t - \frac{1}{4}\pi\right)$ (SI).

(1)当 x 为多大时,系统的势能为总能量的一半?

(2)质点从平衡位置移动到上述位置所需最短时间为多少?

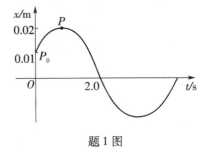

题 1 图

3. 如图,一物体沿 x 轴做简谐振动,其振动方程为 $x = 0.12\cos\left(\pi t - \frac{\pi}{3}\right)$,式中 x 以 m 计,t 以 s 计. 在 $x = -0.06$ m 处,且向 x 轴负方向运动时,求:

(1)物体的速度;

(2)从该位置第一次回到平衡位置所需的时间.

4. 有两个同方向、同频率的简谐振动,其合振动的振幅为 $A = 0.20$ m,其相位与第一振动的相位差为 $\varphi - \varphi_1 = \frac{\pi}{6}$. 已知第一振幅为 $A_1 = 0.173$ m,求第二振幅 A_2 及第一、第二振幅之间的相位差 $\varphi_2 - \varphi_1$.

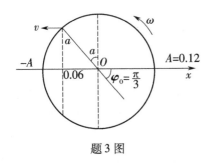

题 3 图

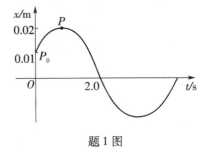

题 4 图

5. 一平面简谐波以速度 $u = 20$ m/s 沿直线传播. 已知在传播过程中某点 A(如图)的简谐振动表达式为 $y = 0.03\cos 4\pi t$(SI).

(1)以 A 点为坐标原点,写出波动表达式;

(2)以距 A 点为 5 m 处的 B 点为坐标原点,写出波动表达式.

题 5 图

6. 一简谐波,振动周期 $T = \dfrac{1}{2}$ s,波长 $\lambda = 10$ m,振幅 $A = 0.1$ m. 当 $t = 0$ 时,波源振动的位移恰好为正方向的最大值. 若坐标原点和波源重合,且波沿 Ox 轴正方向传播. 求:

(1)此波的表达式;

(2)$t_1 = T/4$ 时刻,$x_1 = \lambda/4$ 处质点的位移;

(3)$t_2 = T/2$ 时刻,$x_1 = \lambda/4$ 处质点的振动速度.

7. 一正弦式空气波,沿直径 $d = 0.14$ m 的圆柱形管行进,波的平均强度为 18×10^{-3} J·S^{-1}·m^{-2},频率为 300 Hz,波速为 300 m·s^{-1}.问:

(1)波中的平均能量密度是多少?

(2)每两个相邻的、周相差为 2π 的同相面(亦即相距 1 波长的两同相面)之间的波段中有多少能量?

8. 如图所示,两波源 A、B 具有相同的振动方向和振幅,振幅为 0.01 m,初周相相位差 π,相同发出二线性简谐波,二波频率均为 100 Hz,波速为 400 m·s^{-1}.已知 A 为坐标原点,B 点坐标为 $x_B = 30$ m. 求:

(1)二波源的振动表达式;

(2)二波的表达式.

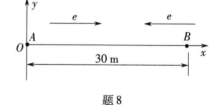

题 8

第十一章　波动光学

光学是物理学科的一个重要组成部分. 在内容上它分为几何光学和物理光学两大部分, 而物理光学又分为波动光学和量子光学.

早在 19 世纪中叶, 光的电磁理论得到了确定, 光是电磁波. 20 世纪 60 年代激光的问世, 使光学的理论研究以及在高新科技方面的应用得到了迅速的发展. 本章从光的波动性出发, 介绍关于光的传播过程的基本特征, 包括光的干涉、衍射和偏振等. 而有关量子光学的基本内容留到后面的章节中研讨.

第一节　单色光　光程

一、单色波

在光波中, 电场强度 E 和磁场强度 H 同时存在, 且随时间和空间做周期性的变化. 大量实验表明, 在光波中只是电场强度 E 产生感光作用和生理作用, 所以, 在今后讨论光波时, 只涉及电场强度 E, 光的振动就是指光矢量 (即 E 矢量) 的振动, 或者说是 E 矢量的周期性变化.

在波动光学中, 最简单、最基本的波称为**单色波**, 或称单色光, 其波动方程的形式与机械波中平面简谐波的表述相同. 单色光的波动方程为

$$E = E_0 \cos \omega \left(t - \frac{x}{v} \right), \tag{11-1}$$

单色波在传播过程中频率和振幅恒保持不变. 光波的波形图称为波列, 单色光的波列定义在从 $x = -\infty$ 到 $x = +\infty$ 区间内. 今后涉及的单色光, 可以认为在相当大的范围内, 频率和振幅保持不变.

严格地讲, 不存在真正的单色光波, 实际的光波都是非单色波. 理论上证明, 任何非单色波可以看做无数个不同频率、不同振幅的单色光的叠加, 称为光波的频谱分析, 有关这部分内容已超出本书的范围.

二、光程

单色光通过折射率不同的媒质时, 光波的频率保持不变, 但波速不同. 当光通过折射率为 n 的均匀媒质时, 波速

$$v = c/n,$$

式中, c 是真空中的光速. 设单色波在真空中的波长为 λ, 则在折射率为 n 的各向同性均匀媒质中波长

$$\lambda' = \lambda/n.$$

利用上述二式, 经常把单色光的波动方程表述成

$$E = E_0 \cos \omega \left(t - \frac{x}{c/n} \right) = E_0 \cos \omega \left(t - \frac{nx}{c} \right),$$

或

$$E = E_0 \cos 2\pi \left(\nu t - \frac{nx}{\lambda} \right), \tag{11-2}$$

式中, nx 为光波在折射率为 n 的均匀媒质中经过的几何路程与该媒质的折射率 n 的乘积, nx 称为光在该媒质中的**光程**. 引入光程的概念, 就可以把单色光在不同媒质中传播时经过的几何路程折算为该单色光在真空中的传播的距离来处理, 这为后面研究光的干涉和衍射带来了很大的方便.

假定单色光在折射率为 n 的媒质中传播, x_1 与 x_2 两点间的相位差

$$\Delta\varphi = 2\pi \frac{nx_2 - nx_1}{\lambda} = 2\pi \frac{\delta}{\lambda}, \tag{11-3}$$

其中 $\delta = nx_2 - nx_1$ 叫**光程差**. 当 δ 等于波长的整数倍时, $\Delta\varphi$ 为 2π 的整数倍; 当 δ 为半波长的奇数倍时, $\Delta\varphi$ 为 π 的奇数倍.

有了光程和光程差的概念, 处理相干光通过不同媒质时的干涉问题就方便多了.

在观察光的干涉和衍射现象时, 常常需要使用薄透镜. 下面简要讨论通过薄透镜的各光会不会产生附加光程差的问题.

如图 11-1(a)、(b) 所示, 光线平行通过薄透镜后, 将会聚在焦点 F 或 F' 上, 在焦点处形成一个亮点. 从干涉的角度看, 各条光线在焦点会聚时应干涉加强, 所以形成亮点, 这一事实说明, 会聚在焦点的各光线, 从垂直于入射光束的任一平面(即波面, 如图(a) 中的 AA' 面和图(b) 中的 BB' 面算起, 直到会聚点, 都具有相等的光程. 这就是说, 薄透镜可以改变光线的传播方向, 但不产生附加光程差. 这一现象通常被称为通过薄透镜的平行线的**等光程性**. 另外, 在图 11-1(c) 中物点 P 经薄透镜成像在 P' 点, 说明物点 P 与像点 P' 之间的各光线也是等光程的.

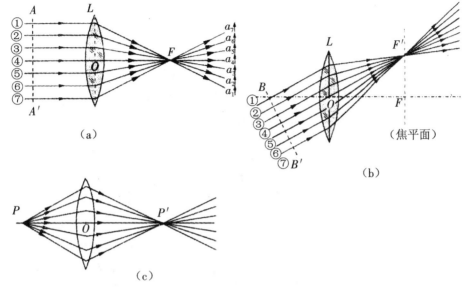

图 11-1 透镜的等光程性

(a)平行光正入射;(b)平行光斜入射;(c)透镜成像

第二节 光的干涉

在机械波的干涉部分已经指出,波的相干条件是两列波必须频率相同,振动方向相同,在相遇点处有固定的相位差.同样,要实现光波的干涉,也应首先具备这些基本条件.形成光的干涉的两列波称为**相干光**,光源称为**相干光源**.实现光干涉的基本方法是:利用适当的光学系统把单色光分成两个波列,使它们通过不同的光程再相遇,由于这两个波列来自于同一个单色光的波列,二者满足相干条件.

获得相干光的方法概括起来有两种:**一是分波阵面法;二是分振幅法**.下面用典型的实例分别加以具体论述.

一、双缝干涉

如图 11-2 所示,单色光(频率为 ν,波长为 λ)垂直入射于有狭缝 S 的不透明屏上,由 S 发出的光再照射到下一个屏上,在此屏上开有两个与狭缝 S 平行的等宽狭缝 S_1 和 S_2,并且 $\overline{SS_1} = \overline{SS_2}$.按照惠更斯原理,$S_1$、$S_2$ 是从波源 S 的同一波阵面上获取的两个子波源.二者频率相同,振动方向相同,相位差恒为零.这种获得相干光的方法叫分波阵面法.

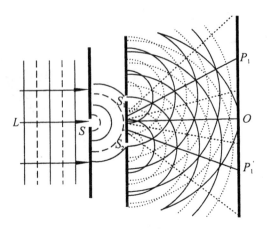

图 11-2　双缝干涉实验示意图

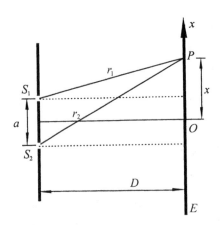

图 11-3　干涉条纹计算示意图

下面,根据干涉加强和减弱的条件,讨论一下屏幕 E 上明、暗干涉条纹的分布规律.如图 11-3,在幕上任取一点 P,设 P 到 S_1 和 S_2 的距离分别为 r_1 和 r_2.按照单色光的波动方程,由 S_1 和 S_2 发出的光波在 P 点引起的光振动方程分别为

$$\left.\begin{array}{l} E_1 = E_0 \cos 2\pi\left(\nu t - \dfrac{r_1}{\lambda}\right), \\[2mm] E_2 = E_0 \cos 2\pi\left(\nu t - \dfrac{r_2}{\lambda}\right). \end{array}\right\} \quad (11\text{-}4)$$

上式中,令二波源初相位为零,在 P 点上,两光振动的相位差

$$\Delta\varphi = 2\pi \frac{r_2 - r_1}{\lambda} = 2\pi \frac{\delta}{\lambda}, \quad (11\text{-}5)$$

按干涉条件,若 $\Delta\varphi = \pm 2k\pi (k = 0,1,2,\cdots)$,即光程差 $\delta = \pm k\lambda (k = 0,1,2,\cdots)$,则点 P 处是一条与 S_1 和 S_2 缝平行的明条纹;若 $\Delta\varphi = \pm(2k+1)\pi (k = 0,1,2,\cdots)$,即光程差 $\delta = \pm(2k+1)\dfrac{\lambda}{2}, k = 0,1,2,\cdots$,则 P 点处是一条暗条纹.

设双缝之间的距离为 a,双缝所在的屏到屏幕 E 之间的距离是 D,由几何关系可知

$$r_2^2 = D^2 + \left(x + \frac{a}{2}\right)^2, \quad r_1^2 = D^2 + \left(x - \frac{a}{2}\right)^2.$$

两式相减得 $r_2^2 - r_1^2 = 2ax,$

或 $(r_2 - r_1)(r_2 + r_1) = 2ax.$

又因通常 $D \gg a, D \gg x$,则取 $r_2 + r_1 \approx 2D$,所以

$$\delta = r_2 - r_1 = \frac{a}{D}x$$

由此得到干涉明条纹在屏幕上位置

$$x_k = \pm k \frac{D\lambda}{a}, \quad k = 0,1,2,\cdots. \tag{11-6}$$

k 表示明条纹的级次,$k = 0$ 的级次叫中央明条纹,$k = 1$ 称第一级明条纹,$k = 2,3,\cdots$ 对应地分别叫第二级、三级……明条纹,两条同级明条纹对称分布于中央明条纹两侧.

同理,得干涉暗条纹在屏幕上位置为

$$x_k = \pm (2k+1) \frac{D\lambda}{2a}, \quad k = 0,1,2,\cdots. \tag{11-7}$$

不难得出,相邻的明条纹之间或相邻的暗条纹之间距离

$$\Delta x = x_{k+1} - x_k = \frac{D\lambda}{a}.$$

当用白光(波长范围是 $400 \sim 760 \text{ nm}$)进行双缝干涉实验时,除中央明条纹是白光外,其他各级明条纹均是彩色的. 原因是,从双缝射出的频率相同的光才会形成干涉. 而不同频率的光,波长不同. 在同一级明条纹上,不同波长的光干涉形成的明条纹位置不同,波长短的紫光在靠近中央明条纹的一侧出现,而波长较长的红光则落到远离中央条纹的一侧.

若双缝干涉实验在折射率为 n 的媒质(如水中)中进行,则 P 点的二光振动方程为

$$E_1 = E_0 \cos 2\pi \left(\nu t - \frac{nr_1}{\lambda} \right), \quad E_2 = E_0 \cos 2\pi \left(\nu t - \frac{nr_2}{\lambda} \right).$$

二者的相位差

$$\Delta\varphi = 2\pi \frac{nr_2 - nr_1}{\lambda} = 2\pi \frac{\delta}{\lambda}.$$

显然,当光程差 $\delta = \pm k\lambda$,$k = 0,1,2,\cdots$ 时,形成明条纹;当光程差 $\delta = \pm (2k+1)\frac{\lambda}{2}$,$k = 0,1,2,\cdots$ 时,形成暗条纹. 可见,在幕上某处究竟是形成暗条纹还是形成明条纹,取决于光程差 δ 与波长 λ 间的关系. 当光程差等于波长整数倍时,形成明纹;当光程差为半波长奇数倍时,形成暗纹. 这一点在光的干涉中具有普遍意义. 因此,在涉及光的干涉问题时,重点是分析光程差.

二、薄膜干涉

当一束光照射到薄膜上表面时,被分成两束. 一束反射光,另一束为折射光. 折

射光经薄膜下表面的反射后能与上表面的反射光相遇,则这两束光满足相干条件,可产生干涉,这两束光是由一束光中分出来的,所以薄膜干涉是属于分振幅法获得相干光的干涉.通常见到的油膜或肥皂泡在阳光下呈现彩色花纹就是薄膜干涉.薄膜干涉有等厚干涉和等倾干涉两种,现分别介绍.

1.等厚干涉

同一级干涉条纹对应的薄膜厚度相同.这种干涉现象称为等厚干涉.

1)劈尖干涉

图11-4(a)为一劈形介质薄膜,折射率为 n,劈尖角 θ 很小,上下表面相距很近.当波长为 λ 的单色光从空气中近似垂直照射到薄膜的上表面时,a 是被上表面反射的光.b 是另一部分光折射到薄膜内,被膜下表面反射,再经过上表面折射,又回到上表面上方的光.它们是从同一单色光中获得的,因而是相干光.它们的能量也是从同一条入射光分出来的,由于波的能量与振幅有关,所以这种产生相干光的方法叫分振幅法.这两束反射光在膜的上表面处形成干涉条纹.常把这种干涉叫做**劈尖干涉**.e 是入射点处膜的厚度,两束反射光的光程差为

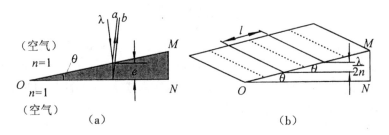

图11-4 劈尖干涉条纹的形成

(a)光路图;(b)干涉条纹示意图

$$\delta = 2ne + \frac{\lambda}{2}, \tag{11-8}$$

式中,$2ne$ 是由于光线 b 在介质膜中经过了 $2e$ 的几何路程引起的,$\frac{\lambda}{2}$ 是反射引起的附加光程差.附加光程差产生的原因说明如下:当光波经过折射率较小的媒质(通常称为光疏媒质)传播到折射率较大的媒质(称为光密媒质)的分界面时被反射,反射光有半波损失.由于介质膜相对周围空气来说是光密媒质,这样上表面反射有半波损失,下表面反射没有半波损失,这种反射的差别就引起了附加的光程差 $\frac{\lambda}{2}$.

根据干涉原理,得到劈尖薄膜反射光的干涉条件如下.

明条纹: $\quad \delta = 2ne + \dfrac{\lambda}{2} = k\lambda, k = 1,2,3,\cdots$

暗条纹: $\quad \delta = 2ne + \dfrac{\lambda}{2} = (2k+1)\dfrac{\lambda}{2}, k = 0,1,2,3,\cdots$

$$\left.\begin{array}{c} \\ \\ \end{array}\right\} \tag{11-9}$$

从式(11-9)可以看出,同一条干涉条纹(即对应一定的 k 值)所对应的膜厚度 e_k 具有相同的值,因此,这种干涉条纹又叫做等厚干涉条纹,这种类型的干涉又叫做**等厚干涉**.

由式(11-9)可得,相邻两明条纹或相邻两暗条纹对应的薄膜厚度之差

$$\Delta e = e_{k+1} - e_k = \lambda / 2n. \tag{11-10}$$

进一步分析,可得相邻明条纹(或相邻暗条纹)之间的距离 l 与劈尖角 θ 的关系,如图 11-4(b)所示,有

$$\Delta e = \frac{\lambda}{2n} = l\sin\theta \approx l\theta,$$

即

$$\theta = \lambda / 2nl. \tag{11-11}$$

【例 11-1】 已知劈尖型透明薄膜的折射率 $n = 1.33$,用波长 $\lambda = 589.3$ nm 的钠光垂直照射,测得反射光形成的干涉中相邻明条纹间距 $l = 4.5$ mm. 求:

(1)劈尖角 θ;

(2)第二级明纹与第三级明纹下面的薄膜厚度差.

解 (1)由式(11-11)可得劈尖角

$$\theta = \frac{\lambda}{2nl} = \frac{5.893 \times 10^{-4}}{2 \times 1.33 \times 4.5} = 4.9 \times 10^{-5}(\text{rad}).$$

(2)

$$\Delta e = e_{k+1} - e_k = e_3 - e_2 = \frac{\lambda}{2n} = \frac{5.893 \times 10^{-4}}{2 \times 1.33} = 2.21 \times 10^{-4}(\text{mm}).$$

【例 11-2】 如图,在二玻璃片 A 和 B 间形成劈尖型空气薄膜,用波长为 λ 的单色光近似垂直照射,由反射光形成稳定的干涉条纹. 轻轻向上平移玻璃片 A,则观察到干涉条纹向劈尖角一侧移动,为什么?用眼睛盯住一条明纹处,在连续上移玻璃片 A 过程中,若看到有 N 条明纹从视场中移过,求玻璃片 A 向上平移的距离.

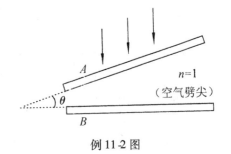

例 11-2 图

解 当玻璃片 A 相对玻璃片 B 上移时,劈尖膜各处的厚度增大,k 级明纹下对应的空气膜厚 e_k,向劈尖角方向移动,所以各级条纹向劈尖角一侧移动. 不难想象,当片 A 上移 $\dfrac{\lambda}{2}$ 距离时,$k+1$ 级明条纹恰好移到原来 k 级明纹处. 这样,当 A 片每上移 $\dfrac{\lambda}{2}$ 距离,将观察到移过一条明纹,若有 N 条明纹从视场中移过,则 A 片上移的距离

$$\Delta d = N \cdot \frac{\lambda}{2}.$$

2）牛顿环

在一块光学平整的玻璃片 B 上，放一曲率半径 R 很大的平凸透镜 A ［图 11-5（a）］，在 A、B 之间形成一劈尖形空气薄层，当平行光束垂直地射向平凸透镜时，可以观察到在表面出现一组干涉条纹，这些干涉条纹是以接触点 O 为中心的同心圆环，称为**牛顿环**［图 11-5(b)］.

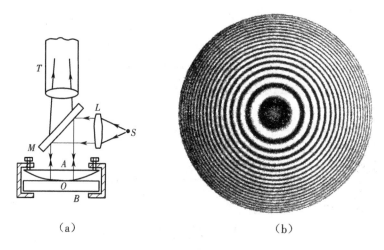

（a）　　　　　　　　　　　（b）

图 11-5　牛顿环

（a）观察牛顿环的仪器简图；（b）牛顿环的照相图

牛顿环是由透镜下表面反射的光和平面玻璃上表面反射的光发生干涉而形成的，这也是一种等厚条纹. 明暗纹处所对应的空气层厚度 d 应满足

$$2e + \frac{\lambda}{2} = k\lambda, \qquad k = 1,2,3,\cdots (\text{明环})$$
$$2e + \frac{\lambda}{2} = (2k+1)\frac{\lambda}{2}, \quad k = 0,1,2\cdots (\text{暗环})$$

从图 11-6 中直角三角形得

$$r^2 = R^2 - (R-e)^2 = 2Re - e^2.$$

因 $R \gg e$，所以 $e^2 \ll 2Re$，可以将 e^2 从式中略去，于是

$$e = \frac{r^2}{2R}.$$

上式说明 e 与 r 的平方成正比，所以离开中心愈远，光程差增加愈快，所看到的牛顿环也变得愈来愈密. 由以上两式，可求得在反射光中的明环和暗环的半径分别

为

明环 $\quad r = \sqrt{\dfrac{(zk-1)R\lambda}{2}}, \quad k = 1, 2, \cdots$

暗环 $\qquad r = \sqrt{k\lambda R}, \quad k = 0, 1, 2, \cdots$

用牛顿环装置也可观察到透射光构成的环状干涉条纹,这些条纹的明暗情况与反射光的明暗恰相反,环中心为亮点.

利用牛顿环,可检验光学元件表面的质量. 当透镜和平面玻璃板之间压力改变时,则空气层的厚度产生微小的变化,干涉条纹也将随之产生移动,由此可测定压力和长度的微小改变.

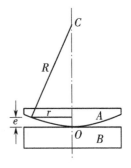

图 11-6　牛顿环的半径的
计算用图

【**例 11-3**】 用曲率半径 $R = 4.5$ m 的平凸透镜做牛顿环实验,测得第 k 暗环半径 $r_k = 4.950$ mm,第 $k+5$ 暗环半径 $r_{k+5} = 6.065$ mm. 问所用色光的波长是多大? 环数 k 值如何?

解 根据牛顿环的暗环表达式,得

$$r_k = \sqrt{k\lambda R}, \quad r_{k+5} = \sqrt{(k+5)\lambda R}.$$

二式联立

$$\lambda = \frac{r_{k+5}^2 - r_k^2}{5R} = \frac{6.065^2 - 4.950^2}{5 \times 4.50 \times 10^3} = 5.46 \times 10^{-4} (\text{mm}) = 546.0 \text{ nm}$$

环数

$$k = \frac{5 r_k^2}{r_{k+5}^2 - r_k^2} = \frac{5 \times 4.950^2}{6.065^2 - 4.950^2} = 10.$$

2. 等倾干涉

另一种常见的薄膜干涉如图 11-7 所示. 设一厚度为 e、折射率为 n 的平面透明薄膜放在空气中,在波长为 λ 的单色光的照射下,从膜的上、下二表面上反射的光束分别为 a 和 b. 二者为相干光,它们相互平行. 用透镜 L 会聚二平行光,干涉图样将呈现在透镜 L 的焦平面处的屏幕 E 上. 二光束在幕上 P 点相遇时,光程差

$$\delta = n(AB + BC) - AD + \frac{\lambda}{2},$$

式中,$\dfrac{\lambda}{2}$ 是考虑到"半波损失"而附加的. 经过适当地变换,最后得光程差

$$\delta = 2e\sqrt{n^2 - \sin^2 i} + \frac{\lambda}{2}.$$

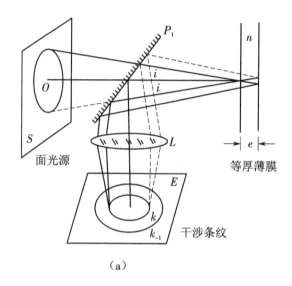

（a）

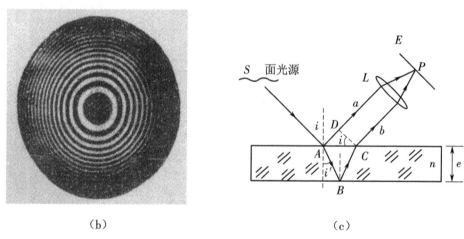

（b）　　　　　　　　　　　　（c）

图 11-7　等倾干涉

（a）干涉装置；（b）等倾干涉条纹；（c）原理图

按照干涉条件可得

明条纹：
$$\delta = 2e\sqrt{n^2 - \sin^2 i} + \frac{\lambda}{2} = k\lambda, k = 1,2,3,\cdots \qquad (11\text{-}12)$$

暗条纹：
$$\delta = 2e\sqrt{n^2 - \sin^2 i} + \frac{\lambda}{2} = (2k+1)\frac{\lambda}{2}, k = 0,1,2,\cdots \qquad (11\text{-}13)$$

由上述公式看出，光程差 δ 与入射角 i 有关. 面光源发射的光照射到两表面平行的薄膜上，凡入射角为 i 的那些光线，在薄膜上、下表面上反射后，具有相同的光程差，被透镜 L 聚焦后在屏幕 E 上形成同一条干涉的圆形明条纹或暗条纹. 因此，把这种干涉称为等倾干涉.具有不同入射角的光线形成半径不同的圆形明暗干涉条纹.

利用光的干涉原理,可以改变材料透射光或反射光的强度,例如,在透镜表面镀上一层厚度均匀的透明媒质薄膜(常用氟化镁 MgF_2),使反射光的能力加大.还有,利用光的干涉原理制成的各种干涉仪,可用于各种精密测量,例如,对微小角度、微小长度或薄膜厚度的测量以及检测平面的平整程度等.

三、迈克耳孙干涉仪

利用干涉现象进行各种测量的仪器称为**干涉仪**.干涉仪的种类很多,迈克耳孙干涉仪是一百多年前由美国物理学家迈克耳孙(Albert Abraham Michelson,1852—1931 年)设计制成的,是一种利用分振幅法产生双光束干涉的仪器.它是近代许多干涉仪的原型.其光路图如图 11-8 所示.

图中 M_2 和 M_1 是两面精密加工的平面反射镜,分别安装在相互垂直的两臂上.其中 M_1 固定不动,M_2 可前后移动或绕垂直于纸面的轴转动,待测物体通常是和 M_2 联系在一起的.在两臂相交处放一个与两臂成 45°角的平行面玻璃板 G_1.在 G_1 的后表面镀有一层半透明半反射的薄银膜(或铝膜),此镀膜的作用是将入射光束分成振幅近似相等的透射光束(1)和反射光束(2),因此 G_1 称为分光板.

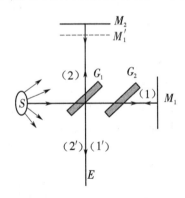

图 11-8 迈克耳孙干涉仪图

由扩展光源 S 发出的光,射向分光板 G_1,经分光后形成两部分.透射光束(1)通过另一块与 G_1 完全相同而且平行于 G_1 放置的玻璃板 G_2(但无镀膜)射向 M_1,经 M_1 反射后又过 G_2 到达 G_1,再经 G_1 反射成为光束(1′)而射向 E 处;反射光束(2)射向 M_2,经 M_2 反射后透过 G_1 成为光束(2′)也射向 E 处.光束(1′)与(2′)在 E 处相遇而发生干涉,所产生的干涉条纹可用眼睛直接观察到,也可放置屏幕或其他探测仪器接收干涉图像.

由光路图可以看出,由于玻璃板 G_2 的插入,光束(1)和光束(2)一样都是三次通过玻璃板,这样,光束(1)和光束(2)的光程差就和在玻璃板中的光程无关了.因此,玻璃板 G_2 被称为补偿板.

分光板 G_1 后表面的半反射膜,在 E 处看来,使 M_1 在 M_2 附近形成一虚像 M_1',光束(1′)如同从 M_1' 反射的一样.因而干涉所产生的图样就如同由 M_1' 和 M_1 之间的空气膜两表面反射的光所产生的一样.

当 M_2、M_1 相互严格垂直时,M_2、M_1' 之间形成平行平面空气膜,这时可以观察到等倾条纹;而当 M_2、M_1 不严格垂直时,M_2、M_1' 之间形成空气劈尖,这时可观察到等厚条涉条纹. 无论观测到的是哪种干涉条纹, 都可以根据干涉条纹的变化情况用已知光度的半波长为尺度来进行长度测量. 如果盯住视场中某一点, 当 M_2 移动时, 空气层厚度改变, 可以很方便地观察到干涉条纹的移动. 每移动一个条纹, 表示 M_2 移动了 $\dfrac{\lambda}{2}$ 的距离. 这样, 通过记录越过该点的干涉条纹数目 N, 就能准确测定 M_2 移动的距离 x, 即

$$x = N\frac{\lambda}{2}. \tag{11-14}$$

迈克耳孙干涉仪的主要特点是两相干光束的光路分得很开, 并且可用移动反射镜或在光路中插入另外媒质的方法来改变两光束的光程差. 迈克耳孙干涉仪和以它为原型而发展起来的多种干涉仪有广泛的用途, 如用于精密测量长度、测折射率、检查工件表面的光洁度、研究光谱线的精细结构等.

第三节 光的衍射

一、光的衍射现象

用激光照射障碍物. 很容易演示光的衍射现象. 如图 11-9 所示, 用激光照射狭缝图(a)和针孔图(b), 在屏上可观察到光绕过到障碍物之后并形成明暗相间的直或圆的衍射条纹. 如果用金属丝或小圆盘代替狭缝和针孔, 也能观察到类似的衍射图像.

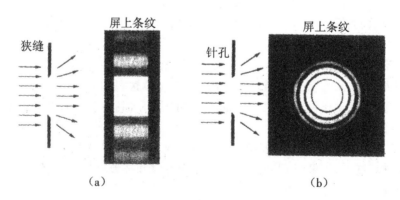

图 11-9 光的衍射现象

(a)狭缝衍射;(b)针孔衍射

用惠更斯原理, 可以解释光绕过狭缝边缘传播的现象, 但是, 它不能定量地说明屏幕上所出现的明暗相间条纹的分布规律. 下面介绍的惠更斯-菲涅耳原理为我

们提供了分析的依据.

二、惠更斯-菲涅耳原理

惠更斯-菲涅耳原理指出:波前上的各点都可以看作是发射子波的波源,某一波面在空间某点引起的振动是从同一波面上各子波源所发射的子波在该点引起的振动相干叠加的结果. 如图 11-10 所示,把波阵面 S 分成许多小面元,每一个小面元可以视为一个子波波源,波面 S 上的各面元发

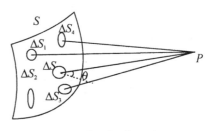

图 11-10　惠更斯-菲涅耳原理

出的子波在 P 点引起许许多多同方向、同频率的振动,不同的点处,合振动的振幅不同,因而光强不同. 上面提到的屏幕上明暗条纹的形成正是缝处的波阵面上的子波源发出的波在屏幕上不同点上叠加的结果. 下面结合单缝衍射进行详细的讨论.

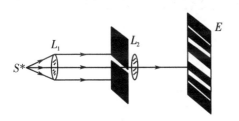

图 11-11　单缝衍射装置示意图

三、单缝衍射

如图 11-11 所示,透镜 L_1 使光源发出的光成平行光,垂直照射到一缝 a 上,再用透镜 L_2 把光会聚到 L_2 后焦平面处的屏幕 E 上,形成单缝衍射条纹.

这种平行光通过单缝时形成的衍射,叫做夫琅禾费衍射. 由于这时光波的波阵面是平面,因而理论分析与计算较为简单,同时这种衍射也比较典型实用. 摄得衍射条纹的照片如图 11-12 所示. 图 11-13 画出了缝宽为 a 的单缝 AB 的截面,为清楚起见,图中 AB 的尺寸被放大很多,缝与透镜 L 及屏幕的距离也没按比例画. 单缝 AB 被沿主轴方向入射的平行束照射,AB 面上各子波波源将发出次级子波向各方向传播,如图 11-13 所示,各次级子波沿某个方向的波线都是平行光线,被透镜 L 聚焦到屏幕上某点产生干涉现象.

图 11-12　单缝衍射条纹图样

按惠更斯-菲涅耳原理,屏幕上某点 P 的光波合成振幅应为未被狭缝所挡住的那部分波阵面上所有面积元在 P 点所引起振动的振幅的矢量和. 为了避免数学上

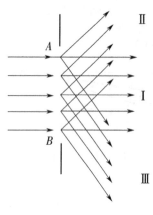

图 11-13　三个方向的
次级子波示意图

的复杂计算,下面介绍菲涅耳半波带法来处理单缝衍射问题.

　　如图 11-14 所示,单缝 AB 面上波阵面未被挡住,其上各子波波源发的平行于透镜 L 的光轴的那一束平行光,沿原入射方向被透镜 L 聚焦于 O 点,由于单缝处的波面 AB 是同相面,并且按薄透镜近轴光线的等光程性可知,从 AB 的各点引向焦点 O 的各条与透镜光轴平行的光线其光程相同.因此这个与透镜光轴平行的光束中的各光线到达 O 点的光程差为零,光在 O 点形成干涉加强,O 点出现中央亮条纹.

　　其他任一方向,例如与入射光线夹角为 ϕ 的一束平行光,通过透镜光心,聚焦在屏幕上 P 点,如图

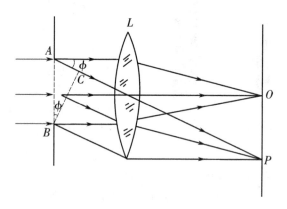

图 11-14　单缝衍射

11-14 所示,情况就复杂些了.从垂直于该光束的平面 BC 上的各点引向焦点 P 的各条光线,按薄透镜的等光程性,其光程相等,故只讨论该光束中各条光线从同相面 AB 上各点发出的各次级子波的波线到 BC 面的光程差即可,显然

$$\overline{AC} = \overline{AB} \sin \phi = a \sin \phi.$$

它表示:AB 面的子波到达 BC 时,A 点的子波要比 B 点处的子波多走了光程 $\overline{AC}$,由于 A 点与 B 点为缝上最远的两端点,故 $\overline{AC} = a \sin \phi$ 为最大光程差.其中 ϕ 角是该束子波光线与狭缝法线的夹角(在此也是子波光线与原入射光的夹角),叫做衍射角.

　　菲涅耳半波带法:设入射光的波长为 λ,用 $\dfrac{\lambda}{2}$ 来分割光程差 $\overline{AC}$,在各分割点上画出平行于 BC 的平面(如图 11-15 虚线所示),若这些平行面能把单缝波阵面 AB

切割成完整的 m 个相等部分,每个完整的部分叫菲涅耳半波带,而 m 叫菲涅耳数,它应满足下式

$$a \sin \phi = m \frac{\lambda}{2}.$$

$a\sin\phi=m\dfrac{\lambda}{2}$

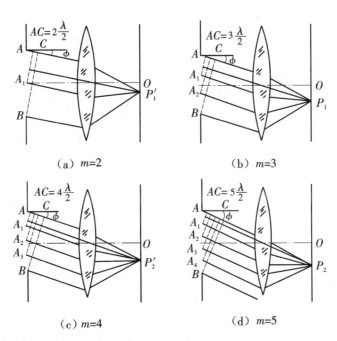

(a) $m=2$ (b) $m=3$

(c) $m=4$ (d) $m=5$

图 11-15　单缝的菲涅耳半波带

若单缝宽度 a、入射光波长 λ 都为定值,则波面 AB 被分成多少个波带(m 的数值),主要决定于衍射角 ϕ,这里先讨论 m 为整数时情况. ϕ 值增大,m 值也相应地增大,即衍射角越多,则 AB 上的波带数也越多.

值得注意的是,每两个相邻半波带上的对应点所发出的子波光线在 P 点的光程差总为半个波长 $\lambda/2$.

如图 11-15(a)中所示,$m=2$ 单缝波面被分成两个波带 AA_1 与 A_1B. 这两个相邻波带大小相等,因此它们所含的次级子波发射点也相同,且由这两相邻波带上的对应点(如 AA_1 波带上边缘的一点与 A_1B 波带上边缘的一点相对应)所发出的子波线聚焦到 P'_1 点时,光程差恰为 $\lambda/2$,相干叠加为减弱而抵消. 总之在 P'_1 点,AA_1 波带上各点所提供的振动都与 A_1B 波带上的对应点所提供的振动相抵消,因而 P'_1 呈暗点,在 P'_1 所形成的条纹则为暗条纹. 如图 11-15(c)所示,当 ϕ 大到使 $m=4$,

即 $AB = 4 \cdot \dfrac{\lambda}{2}$,这时单缝被分成 AA_1、A_1A_2,A_2A_3、A_3B 四个波带,两相邻波带 AA_1 与 A_1A_2,以及 A_2A_3 与 A_3B 各对应点在 P_2' 点所提供的振动相干抵消,故 P_2' 处出现第二级暗条纹. 以此类推,当 $m = 6,8,10,\cdots$ 等偶数时,即当 $m = 2k,k = 1,2,3,\cdots$ 时,屏幕对应点出现暗条纹,可见,当

$$a \sin \phi = \pm 2k \frac{\lambda}{2} = \pm k\lambda \tag{11-15}$$

时,为暗条纹. $k = 1,2,3,\cdots$ 所对应的暗条纹分别为第一级暗条纹、第二级暗条纹、第三级暗条纹,等等.

　　而当 $m = 3$ 时,如图 11-15(b) 所示,单缝波面被分成奇数个波带,其中有两个相邻波带在聚焦点处所提供的振动相干抵消,但是奇数个波带总要剩下一个波带无法抵消,在焦点 P_1 处,这个没有被另外波带抵消的波带内各次级子波所产生的振动,由于最大光程差为 $\lambda/2$,故这些子波所产生的振动在矢量叠加时,不可能完全抵消,总会有一定大小的合振幅,因而聚焦点 P_1 将是亮点,在 P_1 点呈现明条纹. 同理,当 $m = 5,7,9,\cdots$ 等奇数,即 $m = 2k + 1,k = 1,2,3,\cdots$ 时,各对应点呈明条纹,但 $m = 5$ 的波带数大于 $m = 3$ 的波带数,前者的波带面积要小于后者,故当 $m = 5$ 时点 P_2 的明条纹的光强度要小于 $m = 3$ 时点 P_1 的明条纹,如图 11-15(d) 所示. 总之当

$$a \sin \phi = \pm (2k + 1) \frac{\lambda}{2} \tag{11-16}$$

时,为明条纹. $k = 1,2,3,\cdots$ 所对应的明条纹分别为第一级明条纹、第二级明条纹、第三级明条纹,等等.

　　在单缝衍射实验中,可以清楚地观察到各级明条纹的亮度有很大的差别,中央明条纹最亮,光强度最大,随着级次的增大,明亮程度显著减弱. 原因是:由单缝处整个波面上各子波源发出的子波到达中央明条纹处相位相同、无光程差产生,因而相互加强,使合振动的振幅最大,光强度也最大. 随着 k 的增加,半波带数目增加,未被相消的半波带的面积变小,因而,明条纹处合振动的振幅减小,使入射到单缝上的电磁能量仅有少量的分配到此处的明条纹上,大部分入射的电磁能量落到中央明条纹处. 图 11-16 给出了单缝衍射实验中光强度的分布情况.

　　实际上,各级明暗条纹都占有一定的宽度,通常把中央明条纹两侧的第一级暗条纹中心之间的距离叫做**中央明条纹的宽度**,它近似表示为

$$\rho = 2f\lambda/a, \tag{11-17}$$

式中,f 是透镜的焦距.

　　当 $a \gg \lambda$ 时,各级明条纹的衍射角都变得很小,结果使它们都密集于中央明条纹附近,与中央明条纹一起形成连续的亮区,这正是光经狭缝直线传播而形成的光学现象. 由此看出,波动光学与几何光学之间没有明显的界限,在一些情况下,主要

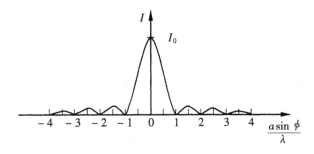

图 11-16 单缝衍射光强分布图

表现出波动光学的特征,而在另外一些情况下,几何光学的性质更为突出.

【例 11-4】 波长为 500 nm 的单色平行光垂直入射到一宽度为 0.1 mm 的狭缝上.设透镜的焦距为 100 cm. 求:

(1)中央明条纹的宽度;

(2)第一级明条纹的位置;

(3)第三级暗条纹的位置.

解

(1)注意到中央明条纹的边缘与第一级衍射暗条纹是在同一位置上.由单缝衍射暗条纹的条件

$$a\sin \varphi = \pm k\lambda.$$

取 $k = 1$

$$a\sin \varphi_1 = \pm \lambda.$$

考虑到第一级暗条纹衍射角 φ_1 很小,$\tan \varphi_1 \approx \sin \varphi_1 \approx \varphi_1$,则第一级衍射暗条纹到中央明条纹中心距离

$$x_0 = f\tan \varphi_1 = f\sin \varphi_1 = f\frac{\lambda}{a}.$$

中央明条纹宽

$$\rho = 2x_0 = 2f\frac{\lambda}{a} = 2 \times \frac{5\,000 \times 10^{-10}}{1 \times 10^{-4}} = 5 \text{ (mm)}.$$

(2)第一级明条纹近似位置

$$x'_1 = f\tan \varphi = f\sin \varphi,$$

而

$$a\sin \varphi = a\frac{x_1}{f} = \pm \frac{3}{2}\lambda,$$

所以

$$x'_1 = \pm f\frac{1.5}{a}\lambda = \pm 7.5 \text{ (mm)}.$$

（3）因为 $a\sin\varphi = \pm 3\lambda$，第三级暗条纹位置

$$x'_3 = \pm f\tan\varphi = \pm f\sin\varphi = \pm f\frac{3\lambda}{a} = \pm 15 \text{ (mm)}.$$

除了上述单缝衍射之外，当光在传播过程中遇到障碍物的大小比光波的波长大得不多时，例如小孔、小圆屏、毛发、细针等，也能观察到明显的光的衍射现象. 图 11-17 为圆孔衍射示意图. 当平行光通过圆孔后被透镜 L 会聚在屏上，衍射图样为一系列明暗相间的圆环形条纹. 由第一暗环所围的中央亮斑称为**爱里斑**，它的光强约占整个入射光总光强的 84%.

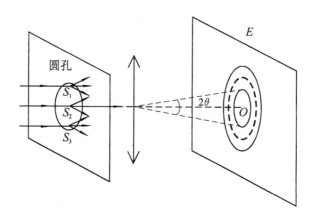

图 11-17　圆孔衍射实验示意图

经理论计算，中央亮斑对透镜光心的张角为

$$2\theta = 2.44\frac{\lambda}{D}, \tag{11-18}$$

式中，D 为圆孔的半径，λ 是入射单色光的波长.

大部分的光学系统，如望远镜、显微镜、照相机、人眼等都在一定程度上存在着圆孔衍射现象，这无疑会直接影响它们的成像质量，使它们分辨能力也受到了限制. 一个物体上的两个物点 S_1 和 S_2 经过光学仪器后会呈现两个独立的衍射花样，二物点 S_1 和 S_2 对透镜光心的张角大小直接影响着二衍射花样中心的距离. 当张角 $\theta_0 = 1.22\frac{\lambda}{D}$ 时，二物点刚好能被光学仪器所分辨，θ_0 叫**最小分辨角**. θ_0 与波长成正比，与仪器的透光孔径成反比，这为人们指出了改善仪器分辨本领的途径. 例如，天文望远镜采用直径很大的透镜，以提高望远镜的分辨率.

四、衍射光栅

由大量等宽等间距的平行狭缝所组成的光学器件称为**衍射光栅**. 用 a 表示光

栅上每一条透光的狭缝的宽度,b表示相邻两条狭缝间不透明部分的宽度,$a+b$称为**光栅常数**. 例如在一块光学平玻璃板上刻划出一系列等宽又等间隔的平行刻线就是一个光栅,刻痕宽度是b,间隔是a.

如图 11-18 所示,一束单色平行光垂直入射到光栅上,经各缝时发生衍射,来自不同缝的衍射光用透镜 L 会聚到位于透镜的焦平面处的屏幕上的 P 点,再发生干涉. 在各缝衍射的基础上,各缝的衍射光再发生干涉是光栅的工作原理. 沿衍射角 φ 的方向上,相邻两缝的衍射光的光程差

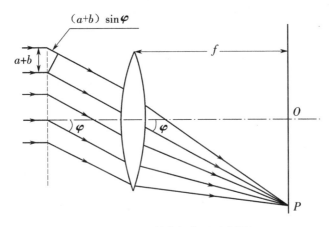

图 11-18　衍射光栅装置示意图

$$\delta = (a+b)\sin\varphi.$$

形成明条纹条件是

$$(a+b)\sin\varphi = \pm k\lambda, \quad k=0,1,2,3\cdots \tag{11-19}$$

该式称为**光栅公式**. $k=0$ 为中央明条纹,$k=1$ 为第一级明条纹,$k=2$ 为第二级明条纹,……

图 11-19、图 11-20 给出了由光栅形成的各级明条纹的光强分布示意图与衍射图像.

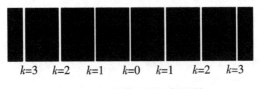

$k=3$　$k=2$　$k=1$　$k=0$　$k=1$　$k=2$　$k=3$

图 11-19　屏幕上的衍射图样

与双缝干涉比较,由于光栅透光缝多,光栅的明条纹比双缝干涉明条纹要明亮得多;加之光栅常数小,各级明条纹细锐,各级衍射角大,这给光谱的测量带来很大的方便.

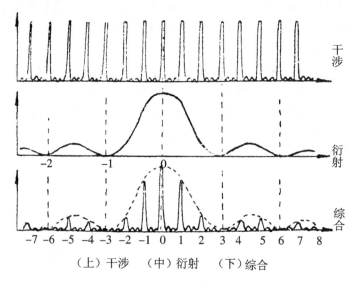

（上）干涉　（中）衍射　（下）综合

图 11-20　光栅干涉衍条纹的光强分布

光栅的一个重要应用是它的分光作用,即把入射到光栅上的非单色光中所含的不同波长的光经光栅分开,形成光栅光谱. 由光栅公式可得

$$d\theta/d\lambda = \frac{k}{(a+b)\cos\theta}.$$

式中,$d\theta$ 是波长为 λ 与 $\lambda + d\lambda$ 两相邻单色波经光栅后分开的角距离,$d\theta/d\lambda$ 为波长相差 $0.1\,nm$ 的两条谱线之间的角距离,称为**角色散**. 角色散愈大,就愈容易将两条靠近的谱线分开. 对光栅而言,光栅常数 $(a+b)$ 越小,角色散越大,光谱展开得越大. 角色散与光栅的缝数无关. 另外还看出,光谱级数 k 越大,角散色也越大. 在实际工作中,往往只用到一级或二级光谱.

除此之外,光栅还具有较高的分辨本领. 分辨本领是指分辨两条很靠近的谱线的能力. 通常把波长 λ 与在该波长附近能被分辨的最小波长 $\delta\lambda$ 的比值作为分辨本领的量度. 光栅的分辨本领可表示为

$$A = \frac{\lambda}{\delta\lambda} = kN,$$

式中,k 为光谱的级次,N 为光栅的缝数. 可见,k 越高,N 越大,光栅的分辨本领越强.

除了上面的透射光栅以外,在实际工作中还经常用到反射光栅,它是在一个磨光的金属表面上刻槽形成,如图 11-21 所示. 当入射光照到宽度约为入射光波长 λ 大小的槽面上时,通过槽面的衍射,来自不同槽面的具有相同衍射角 β 的光相互干涉,其光栅公式可表示为

$$d(\sin\alpha \pm \sin\beta) = k\lambda.$$

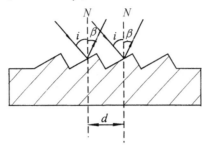

图 11-21 反射光栅

如果 β 与 α 在光栅法线 N 的同侧,则上式取正号;如果二者在法线的两侧,取负号.

【例 11-5】 用波长 $\lambda = 632.8$ nm 的平行光垂直入射到光栅常数 $a + b = 2 \times 10^{-3}$ cm 的光栅上,计算第二级明条纹的衍射角.

解 根据光栅公式 $(a + b)\sin\varphi = \pm k\lambda$,第二级明条纹衍射角

$$\varphi = \arcsin\frac{\pm 2\lambda}{a+b} = \arcsin\frac{\pm 2 \times 6\,328 \times 10^{-8}}{2 \times 10^{-3}} = \pm 3°38'.$$

【例 11-6】 以白光垂直入射于每厘米有 6 000 刻线的光栅上,求第二级光谱的张角.

解 白光的波长范围 400 ~ 760 nm. 第二级紫光(400 nm)的明纹衍射角 φ'_2 与第二级红光(760 nm)的明纹衍射角 φ_2 之间的角度为第二级谱线张角.设二级谱线张角为 $\Delta\varphi_2$,则

$$\Delta\varphi_2 = \varphi_2 - \varphi'_2 = \arcsin\frac{2\lambda_2}{a+b} - \arcsin\frac{2\lambda_1}{a+b}$$

$$= \arcsin\frac{2 \times 7\,600 \times 10^{-8}}{1/6\,000} - \arcsin\frac{2 \times 4\,000 \times 10^{-8}}{1/6\,000}$$

$$= 65°47' - 28°41' = 37°06'.$$

【例 11-7】 波长为 600 nm 的单色光垂直入射在光栅上,第二级明纹出现在 $\sin\varphi = 0.20$ 处. 试问:

(1)光栅常数 $a + b = ?$

(2)最多能看到第几级明条纹?

(3)假定 $b = 3a$,实际可以观察到几条明条纹?

解

(1)由光栅公式 $(a + b)\sin\varphi = k\lambda$,得

$$a + b = \frac{k\lambda}{\sin\varphi},$$

取 $k = 2$,所以

$$a + b = \frac{2 \times 600 \times 10^{-9}}{0.20} = 6.0 \times 10^{-2} (\text{m}).$$

(2)由于光栅衍射中各级衍射角较大,当某一级次的衍射角接近 90°时,再高的级次不可能出现,因此,采用某些光栅做实验时,观察到的最高级次是有限的.

令 $\sin \varphi = 1$,最高级次

$$k_{\max} = \frac{a + b}{\lambda}(取整数部分),$$

对本题

$$k_{\max} = \frac{a + b}{\lambda} = \frac{6.00 \times 10^{-4}}{6\,000 \times 10^{-8}} = 10.$$

$k_{\max} = 10$ 的条纹,出现在 $\varphi = 90°$ 位置上,实际上看不到,故最多可以看到第 9 级明条纹.

(3)前面已讲过,光栅衍射是在光栅的每个缝衍射的基础上各缝之间发生干涉的总效果.如果在某一衍射方向上(具体讲,或幕上一点),每一单缝自身衍射满足暗纹条件,即

$$a\sin \varphi = \pm k_1 \lambda, \quad k_1 = 1,2,3,\cdots.$$

而在同一衍射方向上,光栅上缝间干涉形成明条纹的条件也满足,即

$$(a + b)\sin \varphi = \pm k_2 \lambda, \quad k_2 = 1,2,3,\cdots$$

此时,该方向的光栅明条纹实际上是不存在的,这叫光栅的缺级现象.由以上两式,可知

$$\frac{a + b}{a} = 整数比,$$

出现缺级现象.

本题中,$b = 3a$,即 $a + b = 4a$,代入光栅公式,则

$$4a\sin \varphi = \pm k_2 \lambda, \quad a\sin \varphi = \pm \frac{k_2}{4}\lambda.$$

显然,当 k_2 取 4 或 8 时,上式将满足单缝衍射的暗条纹条件,即光栅公式中本应出现 $k_2 = 4,8$ 级的明条纹处与单缝衍射的第一、二级暗条纹处重合,故 $k_2 = 4,8$ 级不存在(缺少这些级次).

由(2)、(3)可知,在幕上真正呈现的明条纹为

$$k_2 = 0, \pm 1, \pm 2, \pm 3, \pm 5, \pm 6, \pm 7, \pm 9.$$

五、X 射线的衍射

X 射线是伦琴于 1895 年发现的,故又称伦琴射线,图 11-22 是 X 射线管示意

图,图中 G 是一抽成真空的玻璃泡,其中密封有电极 K 和 A. K 是发射电子的**热阴极**,A 是**阳极**,又称**对阴极**. 两极间加数万伏特的高压,阴极发射的电子在强电场作用下加速,高速电子撞击阳极(靶)时,就从阳极射出 X 射线.

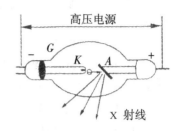

图 11-22 X 射线管示意图

当电压足够高时,X 射线管发出的 X 射线包括下列两部分:一部分是具有连续波长的 X 射线,叫做**连续谱**;另一部分是具有某些特定波长的 X 射线,例如 K_α 线和 K_β 线等,叫做**特征谱**. 连续谱与特征谱叠加在一起,形成了总的 X 射线谱. 图 11-23 所示的即是 X 射线强度 L 与波长 λ 的关系曲线. 连续谱是由于高速电子轰击阳极靶时突然受阻急剧减速而产生的. 根据电磁场理论,做减速运动的电子要辐射电磁波. 由于大量的高速电子受阳极靶中原子的作用而减速的情况不同,所以辐射的电磁场具有一段连续的电磁波长. 它从一个最短的波长 λ_{min} 开始,连续地变化到某一最大波长为止. 特征谱是由于高速电子轰击阳极靶时,引起阳极靶原子中的内层电子跃迁而产生. 只要加速电压足够高,达到或超过靶材料的临界电压时,就能产生特征谱,特征谱的波长只决定于靶的材料,因此它可以作为这种材料的特征. 某种材料的特征谱一般有许多条,在 X 射线衍射中最有用的是强度最大的 K_α 线. 当加速电压低于靶材料的临界电压时,只产生连续谱,如图 11-23 中的虚线所示.

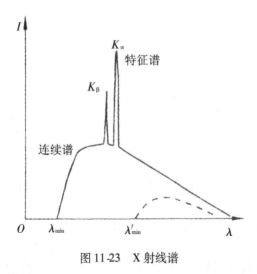

图 11-23 X 射线谱

X 射线是波长为 $0.01 \sim 10$ nm 的电磁波. 既然是电磁波,X 射线也应该有干涉和衍射现象. 但是由于 X 射线波长太短,用普通光栅根本观察不到 X 射线的衍射现象,也无法用机械方法制造出适用于 X 射线衍射的光栅.

1912 年德国物理学家劳厄想到,晶体由于粒子的规则排列是一种适合于 X 射线衍射的三维空间光栅,并进行了实验. 第一次实验圆满地获得了 X 射线的衍射图样,从而证实了 X 射线的波动性. 劳厄实验装置简图如图 11-24 所示. 图 11-24 (a) P、P' 为铅板,板上有一小孔,X 射线由小孔通过. C 为晶体,E 为照相底片. 图 11-24(b) 是 X 射线通过 NaCl 晶体后投射到底片上形成的衍射斑,称为**劳厄斑**. 对劳厄斑的定量研究,涉及空间光栅的衍射原理,在此不作介绍.

英国物理学家布拉格父子对 X 射线通过晶体产生的衍射现象提出了另一种解释,使衍射理论更为简单.实际上,当 X 射线照射晶体时,晶体中每一个微粒都是发射子波的衍射中心,向各个方向发射子波,这些子波相干叠加,就形成衍射图样.

晶体由一系列平行晶面组成,各晶面之间的距离称为晶面间距或晶格常数,用 d 表示.如图 11-25 所示,当一束波长为 λ 的 X 射线以掠射角 θ 入射到晶面上时,在符合反射定律的方向上可以得到强度最大的 X 射线.但由于各个晶面上衍射中心发出的子波的干涉,这一强度也随掠射角的改变而改变.由图 11-25 可知,相邻两个晶面反射的两条 X 射线干涉加强的条件为

$$2d\sin\theta = k\lambda \quad (k = 1,2,3,\cdots) \tag{11-20}$$

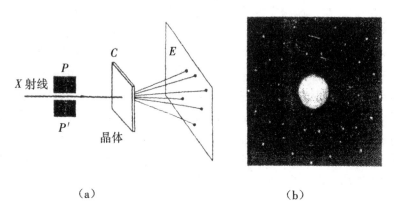

（a） （b）

图 11-24 劳厄实验

（a）装置简图;（b）劳厄斑

此式称为布拉格公式,也称为布拉格定律.

同一块晶体的空间点阵,从不同方向看去,可以看到粒子形成取向不相同、间距也各不相同的许多晶面族,如图 11-26 所示,当 X 射线入射到晶体表面时,对于不同的晶面族,掠射角 θ 不同,晶面间距 d 也不同.凡是满足式(11-20)的 X 射线,都能在相应的反射方向得到加强.

布拉格定律是 X 射线在晶体上衍射的基本规律,它的应用是多方面的.如果已知晶体的晶面间距 d,就可以根据 X 射线衍射实验由掠射角 θ 算出入射 X 射线的波长,从而可以研究 X 射线谱,进而研究原子结构.反之,如用已知波长的 X 射线投影到某种晶体的晶面上,由出现最大强度的掠射角 θ 可以算出相应的晶面间距,从而可以研究晶体结构,进而研究材料性能.这方面的研究工作已发展成比较成熟的学科——X 射线晶体结构分析学.

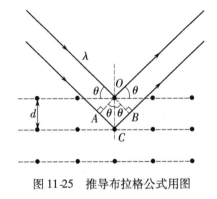

图 11-25 推导布拉格公式用图

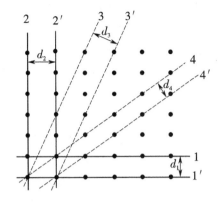

图 11-26 晶体内不同方向的晶面族

第四节 光的偏振

一、自然光与偏振光

在电磁波部分,已经知道光波是横波. 在光的传播过程中,电场强度 E 的振动方向总是垂直于传播方向. 在普通光源中,光是由构成光源的大量的分子或原子振动时发出的. 每一个分子或原子的发光过程是间歇的,它在每一次重新发光时,相位和振动方向也要发生改变. 因此,普通光源发出的光,包括各个不同方向的振动,而且它们在各个方向出现的概率相等,在垂直于光的传播方向的平面内对称分布,这种光叫做**自然光**. 如太阳光以及白炽灯发出的光都是自然光. 图 11-27(a)表示自然光中 E 振动在垂直于光传播方向的平面内对称分布的情形.

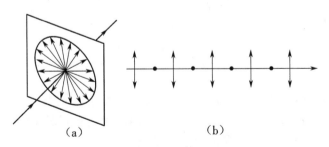

图 11-27 自然光

(a)自然光;(b)自然光的表示法

通常把自然光表示为互相垂直而振幅相同的两个独立的光振动,如图 11-27
(b)所示.符号"·"表示垂直于纸面的光振动;"|"表示平行于纸面的光振动.若自

然光的光强度为I_0,则两个分振动的光强度均为$I_0/2$.

如果在光的传播过程中,电场强度矢量(也称做光矢量)E仅在包括光的传播方向的固定平面内振动,这样的光叫**完全线偏振光**.线偏振光的表示法如图11-28所示.

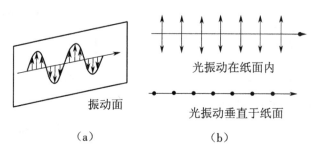

振动面

(a)

光振动在纸面内

光振动垂直于纸面

(b)

图11-28　线偏振光

(a)线偏振光;(b)线偏振光表示法

有些光是介于完全偏振光与自然光之间,在垂直于光传播方向的平面上各个方向的光振动都有,但它们不均匀,在某些方向光矢量比较强,这种光通常称为**部分偏振光**,如图11-29所示.

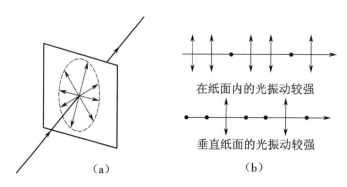

(a)

在纸面内的光振动较强

垂直纸面的光振动较强

(b)

图11-29　部分偏振光

(a)部分偏振光;(b)部分偏振光的表示法

还有一种偏振光,其光矢量在垂直于光传播方向的平面内按一定的频率旋转,光矢量末端的轨迹呈圆或椭圆,这种光称为**圆偏振光**或**椭圆偏振光**,如图11-30所示.特别提醒,椭圆偏振光并不是光斑形状是椭圆.

二、起偏和检偏

从自然光中获得偏振光,以及检验一束光是否为偏振光,最常用的器件是偏振片.偏振片是在透明的基片上蒸镀一层某种晶体微粒(如硫酸磺奎宁)做成的.这种晶粒对某一方向振动的光矢量有强烈的吸收,而对与其垂直方向振动的光矢量吸

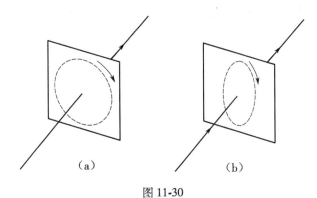

图 11-30

（a）圆偏振光；（b）椭圆偏振光

收很少,这种性能称为二向色性.这种偏振片基本上只允许某一特定方向振动的光矢量的光通过,这一方向称为偏振片的偏振化方向,图 11-31 画出两个平行放置的偏振片 P_1 和 P_2,它们的偏振化方向用它们上面的虚平行线表示.

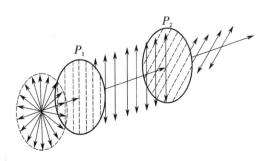

图 11-31　起偏和检偏

当自然光垂直入射 P_1 时,透过的光线将成为线偏振光.由于自然光中各方向光矢量均匀对称,所以当 P_1 绕着光的传播方向为轴慢慢转动时,透过 P_1 的光强不随 P_1 的转动而变化,但光强是入射光强度的一半.当偏振片用于产生偏振光时,这个过程叫做**起偏**.再让透过 P_1 的线偏振光入射到偏振片 P_2 上,这时如果将 P_2 以光的传播方向为轴慢慢转动,只有平行于 P_2 偏振化方向的光矢量才能通过.透过 P_2 的光强将随 P_2 的转动而变化.当 P_2 的偏振化方向垂直于 P_1 的偏振化方向时,无出射光,称为消光.这种情况只有入射到 P_2 上的光是完全偏振光时才能发生,因而,它也就是识别线偏振光的依据.用偏振片检验光的偏振状况时,叫做**检偏**.

三、马吕斯定律

当一束完全线偏振光照射到偏振片上时,与偏振化方向平行的 E 的分量可以通过偏振片.设入射到偏振片的偏振光 E 的振幅矢量的大小为 E_0,光强度为 I_0;与偏振化方向平行的振幅矢量大小为 $E_0\cos\alpha$,α 为入射偏振光的振幅矢量与偏振化

方向的夹角,如图 11-32 所示.透过偏振片的光强度与 $E_0\cos\alpha$ 的平方成正比,大小为

$$I = I_0\cos^2\alpha,\qquad\qquad (11\text{-}21)$$

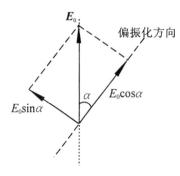

图 11-32   马吕斯定律说明图

该式称为**马吕斯定律**.

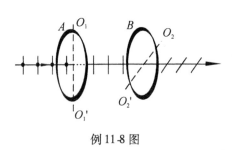

例 11-8 图

【**例 11-8**】 在如图所示的实验中,设入射到偏振片 A 上的自然光强度是 I_0,若偏振片 B 的偏振化方向与偏振片 A 的偏振化方向之间的夹角为 $20°$,问透出偏振片 B 的光强度是多大?

解 自然光进入偏振片 A 后,与偏振化方向垂直的部分被吸收,仅允许与偏振化方向平行部分透过,透过部分光强为 $I_0/2$.

按题意,偏振片 B 的偏振化方向与偏振片 A 的偏振化方向间的夹角为 $20°$,根据马吕斯定律,可求得从偏振片 B 透出的光强度

$$I = (I_0/2)\cos^2\alpha = (I_0/2)\cos^2 20° = 0.44 I_0.$$

四、布儒斯特定律

除了用偏振片产生偏振光外,还可以通过反射和折射产生偏振光,也可以通过双折射现象获得偏振光.

大量的实验证明:当自然光如射入两种介质的分界面时,一般情况下,反射光和折射光都是部分偏振光.在反射光中垂直于入射面的光振动大于平行于入射面的光振动,在折射光中平行于入射面的光振动大于垂直于入射面的光振动,如图 11-33(a).当入射角等于某一特定的入射角时,反射光是振动方向垂直于入射面完

全偏振光,如图 11-33(b). 这个特定角称为**布儒斯特角**. 可以证明,当光线以布儒斯特角入射时,反射光与折射光的传播方向相互垂直,即

$$i_0 + \gamma = \frac{\pi}{2}$$

根据折射定律,有

$$n_1 \sin i_0 = n_2 \sin \gamma = n_2 \cos \gamma$$

即
$$\tan i_0 = \frac{n_2}{n_1} \tag{11-22}$$

布儒斯特在 1811 年从实验中得到上述结论,上式叫做**布儒斯特定律**. 如自然光从空气射到折射率为 $n = 1.52$ 的玻璃时,入射角 $i_0 = \arctan 1.5 = 56°40'$ 时,反射光为光矢量垂直于入射面的完全偏振光,这就是**反射起偏**.

当入射角等于布儒斯特角时,反射光是完全偏振光,反射光的光强只是总光强一小部分. 这时,折射光是部分偏振光,折射光中平行于入射面振动的光矢量的光多于垂直于入射面振动的光矢量的光. 为了使反射光的强度增加,可采用许多同样的玻璃片重叠在一起(叫做玻璃堆). 可以证明,当以布儒斯特角入射到第一片玻璃时,折射到其他玻璃的光线的入射角都满足布儒斯特定律,每一面的反射光都是完全偏振光. 由于每一个面反射光的光矢量垂直于入射面,所以最后出射的折射光的光矢量绝大部分是平行于入射面的,可近似为完全偏振光,这就是**折射起偏**.

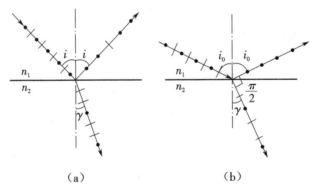

（a）　　　　　　　　　（b）

图 11-33　反射和折射时光的偏振
（a）反射和折射光的偏振状态；（b）布儒斯特定律

*第五节　线性光学与非线性光学

光波是一种电磁波. 当光波进入物质后,在光波的电场作用下,原子中的正电荷(即原子核)沿电场方向运动,负电荷(即电子)沿电场的反方向运动,这称为**电**

极化现象. 极化的结果,使原子成为了电偶极子. 由于光波中的电场以很高的频率变化着,因此,在光波中的电场作用下的原子就成为一个振荡的电偶极子. 根据电磁理论,一个高频振荡的电偶极子,会进行电磁辐射.

当光波的强度较弱(即波中的电场强度较小)时,正负电荷间的相对位移较小,电偶极矩 p 与场强 E 的一次方成正比,即

$$p = \chi E,$$

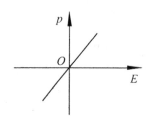

图 11-34　$P—E$ 线性关系图

式中,χ 称为线性极化率系数. p 对 E 的这种依赖关系,称为线性关系,如图 11-34 所示. 在此情况下,原子作为次级子波波源,其振动频率与入射光波的频率相同. 当不同频率的光波同时入射到同一媒质时,波彼此间不产生混频现象,也不产生新的频率. 从理论上讲,描述光波在媒质中传播以及光波与物质相互作用的宏观麦克斯韦方程组也是一组线性方程组,即只含有场强的一次方项,以此为基础的光学称为线性光学. 在日常生活中,人们直接观察到的许多光学现象都是线性光学效应,如反射、折射、色散、双折射等.

然而,在强光(光波中的场强 E 很大时)的情况下,理论与实验均已证明,电偶极矩 p 与光波中的电场强度 E 间的关系要复杂得多. 具体地讲,p 除了与 E 的一次方有关外,还正比于 E 的二次方、三次方等项,这些项称为非线性项. 非线性效应可用 p 对 E 的幂级数展开来表示:

$$p = \chi(E + \alpha_2 E^2 + \alpha_3 E^3 + \cdots),$$

式中,α_2 为二阶非线性极化率系数,α_3 为三阶非线性极化率系数,……从数值上讲 α_2 比 1 小得多,而 α_3 又远远小于 α_2. 不难看出,只有在强光下(即 E 很大的情况),非线性项的影响才会存在. 在考虑非线性项下处理光学问题时形成了一门复杂的光学分支,称为非线性光学.

非线性光学有许多应用,例如,用强光通过一些晶体材料,可以获得光的倍频和混频等. 另外,在激光核聚变、多光子吸收、自聚焦、受激散射等方面,也应用非线性光学的理论. 此外,非线性光学过程已给人们提供了各种器件,它们可用于半导体激光器、光计算机、波导、图像处理、图像识别、集成光学等. 许多非线性光学元件已用于光信号的开关和控制.

本章小结

1. 光的干涉

(1)相干光的条件　频率相同,振动方向相同,在相遇处有固定的相位差.

（2）相干光的获得　分波阵面法和分振幅法.

（3）光程差　$\delta = nx_2 - nx_1$.

相位差　　　$\Delta \varphi = 2\pi \dfrac{\delta}{\lambda} = 2\pi \dfrac{nx_2 - nx_1}{\lambda}$.

（4）双缝干涉

光程差　　　$\delta = \dfrac{a}{D}x$.

明条纹位置　$x = \pm k \dfrac{D\lambda}{a}, k = 0, 1, 2, \cdots$.

暗条纹位置　$x = \pm (2k + 1) \dfrac{D\lambda}{2a}, k = 0, 1, 2, \cdots$.

条纹间距　　$\Delta x = \dfrac{D\lambda}{a}$.

（5）薄膜等厚干涉

光程差　　　$\delta = 2ne + \dfrac{\lambda}{2}$.

明条纹　　　$2ne + \dfrac{\lambda}{2} = k\lambda, \quad e = \dfrac{(2k - 1)\lambda}{4n}, k = 1, 2, \cdots$.

暗条纹　　　$2ne + \dfrac{\lambda}{2} = (2k + 1)\dfrac{\lambda}{2}, \quad e = \pm \dfrac{k\lambda}{2n}, k = 0, 1, 2, \cdots$.

相邻条纹下对应膜厚度差　$\Delta e = \dfrac{\lambda}{2n}$.

（6）薄膜等倾干涉

光程差　　　$\delta = 2e\sqrt{n^2 - \sin^2 i} + \dfrac{\lambda}{2}$.

明条纹　　　$2e\sqrt{n^2 - \sin^2 i} + \dfrac{\lambda}{2} = k\lambda, k = 1, 2, 3, \cdots$.

暗条纹　　　$2e\sqrt{n^2 - \sin^2 i} + \dfrac{\lambda}{2} = (2k + 1)\dfrac{\lambda}{2}, k = 0, 1, 2, \cdots$.

2. 光的衍射

（1）惠更斯-菲涅耳原理　波前上的各点都可以看做是发射子波的波源，它们所发射的子波在空间各点相遇时，相干叠加而产生干涉现象.

（2）单缝夫琅禾费衍射

暗条纹　　　$a\sin \varphi = \pm k\lambda, k = 1, 2, 3, \cdots$.

明条纹　　　$a\sin \varphi = \pm (2k + 1)\dfrac{\lambda}{2}, k = 0, 1, 2, \cdots$.

中央明条纹宽度　$\rho = 2f\dfrac{\lambda}{a}$.

（3）光栅衍射

光栅公式　$(a+b)\sin\varphi = \pm k\lambda, k = 0,1,2,\cdots.$

条纹特点　明条纹亮且窄,谱线强度受单缝衍射的调制,有时有缺级现象.

3. 光的偏振

（1）自然光与偏振光　在与光波传播方向垂直的平面内,沿所有可能方向上,光矢量 E 的振幅都可看做完全相等,这种光称为自然光. 光矢量 E 只沿一个确定的方向振动时,这种光叫线偏振光.

（2）布儒斯特定律　当入射角 i_b 满足条件　$\tan i_b = \dfrac{n_2}{n_1}$ 时,反射光为完全偏振光,光矢量振动方向垂直入射面,i_b 称起偏振角或布儒斯特角.

（3）马吕斯定律　强度为 I_0 的线偏振光通过检偏器后的强度 $I = I_0\cos^2\theta$,式中 θ 为检偏器的偏振化方向与入射线偏振光振动方向的夹角.

思 考 题

11-1　在引入光程及光程差后,计算出的光波波长是光在相应的媒质中的波长,这种说法对吗?

11-2　当单色光照射到双缝干涉装置上,在幕上得到明暗相间的干涉条纹,明条纹为什么中心部分最亮,而远离中心时,变得越来越暗.

11-3　结合实例总结光程差变化时,为什么会引起干涉条纹移动.

11-4　在单缝衍射中,中央明纹的宽度与哪些因素有关? 若把实验装置放入水中进行,中央明纹如何变化?

11-5　解释光栅的缺级是如何产生的.

习　　题

11-1　在双缝干涉实验中,已知双缝与屏幕间的距离 $d = 120$ cm,双缝的间距 $a = 0.45$ mm,屏幕上相邻明条纹间距离为 1.5 mm,求单色光的波长.

11-2　波长 $\lambda = 550$ nm 的单色光照射到缝间距 $a = 2\times10^{-4}$ m 的双缝上,双缝到屏幕的距离 $d = 2$ m. 求:

（1）相邻明条纹之间的距离;

（2）第五级明条纹到中央明条纹的距离.

11-3　以白光入射于双缝上,缝间距 $a = 0.25$ mm,距双缝 50 cm 处放置屏幕. 求:

（1）第一级明条纹彩色带的宽度;

（2）第五级明条纹彩色带的宽度.

11-4　在图中,若将整个双缝装置浸入折射率 $n = 1.33$ 水中,求相邻明条纹间距是多少?

11-5　用薄云母片($n = 1.58$)覆盖在双缝装置中的一条缝上,这时屏幕的中心为原来的第八级明条纹所占据. 若入射单色光波长为 643.8 nm,试求此云母片的厚度.

11-6 如图所示,一厚度为 d、折射率为 n 的薄云母片覆盖在双缝装置中一个缝上,波长为 λ 的平面单色光斜入射到双缝上,求幕中央 O 处相干光的相位差 $\Delta\varphi = ?$ (设双缝间距为 a.)

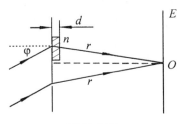

题 11-6 图

11-7 用波长 $\lambda = 589.3$ nm 的钠黄光射向折射率 $n = 1.50$ 的透明劈尖,测得反射光的相邻明条纹的间距 $l = 5.0$ mm,求劈尖角 $\theta = ?$

11-8 用波长 $\lambda = 650$ nm 的单色光,垂直照射到折射率 $n = 1.33$ 的肥皂劈尖膜上,求第一级明条纹处肥皂膜厚度及该单色光在膜中的波长.

11-9 用光学平板玻璃与加工过的工件表面组成空气劈尖,常用干涉条纹测量工件表面的平整度和粗糙度,如图所示. 若用波长 $\lambda = 632.8$ nm 的单色光垂直照射劈尖,测得相邻干涉明条纹间距 $l = 4$ mm,弯曲程度 $l_0 = 2$ mm,试问工件在该处存在什么缺陷? 尺度多大?

11-10 如图所示,曲率半径很大的平凸透镜 A 的凸面向下地放在平面玻璃 B 上,在透镜和平面玻璃间就形成环状空气劈尖. 波长为 λ 的单色光垂直照射到环状空气劈尖上,可以观察到以接触点 O 为中心的圆环形明暗相间的干涉条纹,称为牛顿环. 已知平凸透镜的曲率半径为 R,证明由反射光形成的干涉暗条纹半径

$$r_k = \sqrt{k\lambda R} \quad (k = 0, 1, 2, \cdots),$$

明条纹半径

$$r_k = \sqrt{(2k-1)R\frac{\lambda}{2}} \quad (k = 0, 1, 2, 3, \cdots),$$

式中 R 如图中所示(提示:利用空气膜厚 $e \ll R$ 的条件).

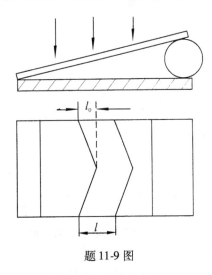

题 11-9 图

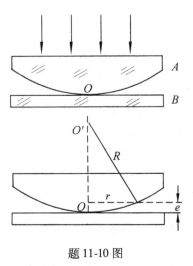

题 11-10 图

11-11 利用题 10 的结果,若在平面玻璃上观察波长 $\lambda = 450.0$ nm 的青光反射光的牛顿环,

测得第二暗环半径为 1.6 mm. 求透镜的曲率半径 $R = ?$

11-12 用曲率半径 $R = 4.50$ m 的平凸透镜做牛顿环实验时,测得第 k 暗环半径 $r_k = 4.95$ mm,第 $k + 5$ 暗环半径 $r_{k+5} = 6.07$ mm. 问所用单色光的波长是多大? 环数 k 值如何?

11-13 把题 10 中的牛顿环装置的透镜与玻璃间充以某种液体,设该液体的折射率为 n,入射单色光波长为 λ,平凸透镜的曲率半径为 R,证明暗环半径

$$r_k = \sqrt{kR\lambda/n}\,(k = 0,1,2\cdots).$$

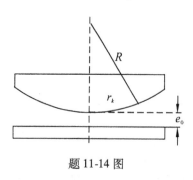

题 11-14 图

11-14 牛顿环装置的平凸透镜与平面玻璃间有一小缝隙 e_0,如图所示. 用波长为 λ 的单色光垂直入射,平凸透镜的曲率半径为 R,证明反射光形成的牛顿环暗环半径

$$r_k = \sqrt{R(k\lambda - 2e_0)}.$$

其中 k 为正整数,且 $k > 2e_0/\lambda$.

11-15 波长为 600 nm 的单色光垂直入射到单缝上,设透镜的焦距 $f = 1$ m,中央明条纹的宽度为 4 mm,求单缝的宽度 $a = ?$

11-16 在单缝衍射实验中,如果缝宽 a 等于入射单色光的(1)1 个波长;(2)10 个波长;(3)100 波长. 分别计算中央明条纹边沿的衍射角,计算结果说明什么问题?

11-17 用钠光灯做光源进行的单缝衍射实验中,单缝宽 0.40 mm,用焦距为 700 mm 的透镜把衍射光聚焦到屏幕上,求屏幕上衍射图样中心到(1)中央明条纹边缘;(2)1 级明条纹中心到 2 级暗条纹中心处的距离.

11-18 白光垂直入射到单缝上,在形成的衍射图样中,某波长光的第三级明条纹和波长为 630 nm 的红光的第二级明条纹重合,求该光的波长.

11-19 证明:把单缝衍射实验装置放在折射率为 n 的水中,中央明条纹宽度

$$\Delta x_0 = \frac{2f\lambda}{na},$$

式中,a 为缝宽,λ 为入射单色光的波长,f 是透镜的焦距.

11-20 用波长 $\lambda = 632.8$ nm 的单色光垂直入射于某光栅上,测得第二级光谱的衍射角为 $39°15'$,求该光栅的光栅常数.

11-21 用钠黄光垂直照射到某光栅上,测得第三级光谱衍射角为 $10°11'$. (1)若换另一光源,测得其第二级光谱衍射角为 $6°12'$,求后一光源发光的波长;(2)若让白光照射在该光栅上,问其第二级光谱的张角为多大?

11-22 波长分别为 $\lambda_1 = 500$ nm 和 $\lambda_2 = 520$ nm 的两种单色光同时垂直入射在光栅常数 $a + b = 20 \times 10^{-6}$ m 的光栅上,紧靠光栅后面,用焦距 $f = 200$ cm 的凸透镜把光线会聚在屏幕上. 求在屏上出现的上述两种单色光的第三级明条纹间的距离.

11-23 一束单色光垂直入射在光栅上,衍射光谱中共出现五条明条纹,若光栅的缝宽与不透光部分的宽度相等. 试问在中央明条纹一侧的第一、二明纹各是第几级光谱?

11-24 波长 $\lambda = 500$ nm 的单色平行光入射在光栅常数 $a + b = 2.10$ μm 的光栅上,入射角 $i = 30°$,缝宽 $a = 0.70$ μm. 问能观察到哪几级衍射谱线?

11-25 已知石英玻璃的折射率为 1.458 5,计算它的布儒斯特角以及反射光为完全偏振时的折射角.

11-26 自然光射在某玻璃上,当折射角为 30° 时,反射光是完全偏振光,求该玻璃的折射率.

11-27 强度为 I_0 的自然光入射于一偏振片上,若第二个偏振片的偏振化方向与第一个偏振片的偏振化方向夹角为 30°,求透出第二个偏振片的光强度.

11-28 使自然光通过偏振化方向成 60° 的两个偏振片,如果每个偏振片吸收 10% 的可通过的光,求最后透出的光强与入射光强之比.

11-29 三个偏振片叠置起来,第一与第三片的偏振化方向正交,第二片的偏振化方向与其他两片的偏振化方向都成 45°,以自然光投射其上,求最后透出光强度与入射光强度的百分比.

11-30 在双缝干涉实验装置的两狭缝后各放一个偏振片.

(1)若两偏振片的偏振化方向相互垂直,单色自然光产生的干涉条纹有何变化?

(2)若两偏振片的偏振化方向相互平行,单色自然光产生的干涉条纹有何变化?

波动光学同步练习

一、选择题

1. 用单色光 $\lambda = 600$ nm 做杨氏双缝实验,在光屏 P 处产生第五级亮纹. 现将折射率 $n = 1.5$ 的玻璃片放在其中一束光线的光路上,此时 P 处变成中央亮级的位置,则此玻璃片厚度为(　　).

A. 5.0×10^{-4} cm

B. 6.0×10^{-4} cm

C. 7.0×10^{-4} cm

D. 8.0×10^{-4} cm

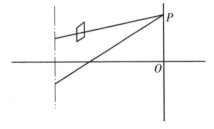

题 1 图

2. 一束波长为 λ 的单色光,从空气垂直入射到折射率为 n 的透明薄膜上,要使反射光得到加强,薄膜最小厚度为(　　).

A. $\dfrac{1}{4}\lambda$ 　　　　 B. $\dfrac{1}{4n}\lambda$ 　　　　 C. $\dfrac{1}{2}\lambda$ 　　　　 D. $\dfrac{1}{2n}\lambda$

3. 如图所示,用单色光垂直照射在观察牛顿环的装置上. 当凸透镜垂直向上缓慢平移而远离平面玻璃时,可以观察到这些环状干涉条纹(　　).

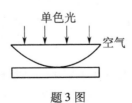

题 3 图

A. 向右平移 　　　 B. 向中心收缩 　　　 C. 向外扩张 　　　 D. 静止不动

4. 在迈克耳孙干涉仪的一条光路中,放入一折射率为 n、厚度为 d 的透明薄片,放入后,这条光路的光程改变了(　　).

　　A. $2(n-1)d$ 　　　　B. $2nd$ 　　　　C. $2(n-1)d+\lambda/2$ 　　D. nd

5. 在单缝夫琅禾费衍射实验中,波长为 λ 的单色光垂直入射到宽度 $d=4\lambda$ 的单缝上,对应于衍射角 $\theta=30°$ 的方向,单缝处波阵面可分成的半波带数目为(　　).

　　A. 2 个 　　　　　　B. 4 个 　　　　　　C. 6 个 　　　　　　D. 8 个

6. 在单缝夫琅禾费衍射实验中,设第一级暗纹的衍射角很小,若用钠黄光($\lambda=589.3$ nm)垂直照射,中央明条纹宽度为 4.0 nm;若改用波长 $\lambda=442.0$ nm 的蓝紫光照射,则中央明条纹的宽度为(　　).

　　A. 2.0 mm 　　　　　B. 3.0 mm 　　　　　C. 4.0 mm 　　　　　D. 5.0 mm

7. 若用衍射光栅准确测定一单色可见光的波长,在下列各种光栅常数的光栅中最好选用(　　).

　　A. 1.0×10^{-5} mm 　　　　　　　　B. 5.0×10^{-5} mm

　　C. 1.0×10^{-4} mm 　　　　　　　　D. 1.0×10^{-3} mm

8. 波长为 6 000 Å 的单色光垂直入射在一光栅常数为 2.5×10^{-3} mm 的光栅上,此光栅刻痕和缝的宽度相等,则光谱上呈现的全部级数为(　　).

　　A. 0, ±1, ±2, ±3, ±4 　　　　　　B. 0; ±1; ±3

　　C. ±1, ±3 　　　　　　　　　　　D. 0, ±2, ±4

9. 一束光是自然光和平面偏振光的混合,当它垂直通过一偏振片时,若使偏振片以其自身法线为轴旋转,发现透射光的强度最大值是最小值的 5 倍,那么,可知入射光束中自然光和平面偏振光的光强比值为(　　).

　　A. $\dfrac{1}{2}$ 　　　　B. $\dfrac{1}{5}$ 　　　　C. $\dfrac{1}{3}$ 　　　　D. $\dfrac{2}{3}$

10. 自然光以 $60°$ 的入射角照射到某两个介质交界面时,反射光为线偏振光,则知折射光为(　　).

　　A. 线偏振光且折射角是 $30°$

　　B. 部分偏振光且只是在该光由真空入射到折射率为 $\sqrt{3}$ 的介质时,折射角是 $30°$

　　C. 部分偏振光,但须知两种介质的折射率才能确定折射角

　　D. 部分偏振光且折射角 $30°$

二、填空题

1. 在双缝干涉实验中,为使屏上的干涉条纹间距变大,可以采取的办法是 _____ .

2. 在玻璃($n_1=1.50$)表面上镀上一层厚度均匀的 MgF_2($n_2=1.38$)透明薄膜,利用薄膜干涉使反射光减到最小,当波长为 500 nm 的光垂直照射时,此薄膜的最小厚度为 _____ .

3. 用波长为 $\lambda=640$ nm 的光照射迈克耳孙干涉仪,若其中一条光路中插入一折射率为 $n=1.5$ 的薄片,望远镜视场中心有 10 个条纹移过,则薄片厚度为 _____ μm.

4. 用波长为 λ 的单色光垂直照射如图所示,折射率为 n_2 的劈尖薄膜($n_1>n_2$, $n_3>n_2$),观察反射光干涉,从劈尖顶开始,第二级明条纹对应的膜厚 $e=$ _____ .

5. 在单缝的夫琅禾费衍射实验中,观察屏上第三级暗条纹对应的单缝处波面可划分为_____个半波带. 若将缝宽缩小一半,原来第三级暗纹处将是_____纹.

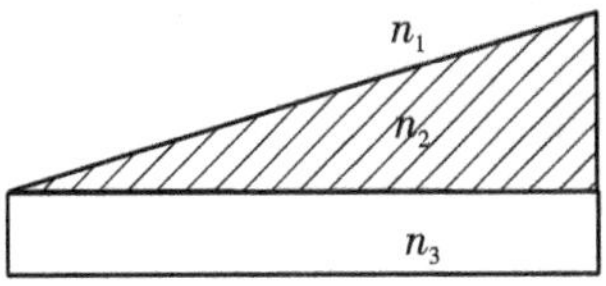

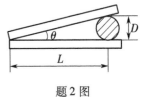

题 4 图

6. 若衍射光栅的光谱中,发现 $k = 3$ 为缺级,则 $k = 6$ 是否必定缺级? _____;若又发现 $k = 6$ 为缺级,则 $k = 3$ 是否一定缺级? _____(填是或否).

7. 波长为 $\lambda = 550$ nm 的单色光垂直入射于光栅常数 $d = 2 \times 10^{-4}$ cm 的平面衍射光栅上,可能观察到光谱线的最高级次为第_____级.

8. 检验自然光、线偏振光和部分偏振光时,使被检验光入射到偏振片上,然后旋转偏振片,若从偏振片射出的光线_____,则入射光为自然光;若射出的光线_____,则入射光为部分偏振光;若射出的光线_____,则入射光为完全偏振光.

9. 一束自然光从空气中投射到玻璃表面上(空气折射率为1),当折射角为 30°时,反射光是完全偏振光,则此玻璃板的折射率等于_____.

10. X 射线在晶体上衍射时,满足布拉格公式_____.
若在晶格常数 $d = 0.24$ nm 的晶体上反射,在 $\varphi = 30°$ 方向上加强,则 X 射线的波长应为_____.(X 射线的波长范围是 $0.07 \sim 0.25$ nm.)

三、计算题

1. 在双缝干涉实验中,用波长 $\lambda = 546.1$ nm 的单色光照射,双缝与屏的距离 $D = 300$ mm. 测得中央明条纹两侧的两个第五级明条纹的间距为 12.2 mm,求双缝间的距离.

2. 利用空气劈尖干涉测细丝直径. 如图,已知入射光波长 $\lambda = 5.89 \times 10^{-4}$ mm,细丝与劈尖距离 $L = 0.1$ m,现测得 10 级明条纹间距为 0.02 m. 求:

(1)细丝直径 D.

(2)若在劈尖中滴入折射率 $n = 1.52$ 的油,那么在 L 上呈现出几级明条纹?

题 2 图

3. 单缝夫琅和费衍射中 $a = 2 \times 10^{-2}$ mm,$f = 300$ mm,今有 $\lambda = 5 \times 10^{-4}$ mm 的光垂直入射,

(1)求该光的零级衍射角和一级衍射角;

(2)求该光的主极强(明条纹第 0 级)的半角宽度和半线宽度;

(3)如另有一光的第一级极大恰落在该光的第二级极小处,求这光的波长.

4. 有一光栅,每厘米有 1 000 条刻痕,每条刻痕相当于一个单缝,缝宽 $a = 4 \times 10^{-4}$ cm,光栅距屏幕 1 m,用波长为 360 nm 的平行单色光垂直照射在光栅上. 求:

(1)在单缝中央明条纹宽度内可以看见多少条干涉明条纹?

(2)第一级明条纹与第二级明条纹之间的距离为若干?

5. 有三个偏振片叠在一起,已知第一个偏振片与第三个偏振片的偏振化方向相互垂直,一束光强为 I_0 的自然光垂直入射在偏振片上,已知通过三个偏振片后的光强为 $I_0/16$,求第二个偏振片与第一个偏振片的偏振化方向之间的夹角.

6. 如图所示,媒质 Ⅰ 为空气($n_1 = 1.00$),Ⅱ 为玻璃($n_2 = 1.60$),两个交界面相互平行. 一束自然光由媒质 Ⅰ 中以 i 角入射. 若使 Ⅰ、Ⅱ 交界面上的反射光为线偏振光,则

(1)入射角 i 是多大?

(2)图中玻璃上表面处折射角是多大?

(3)在图中玻璃板下表面处的反射光是否也是线偏振光?

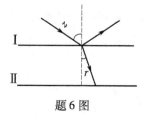

题 6 图

第五篇　量子物理基础

在 17 世纪到 19 世纪近三百余年,这段时期内,经典物理学取得了极大的成就,达到了它全盛的"黄金时代",建立了完整的三大理论体系,它们是经典力学、经典电磁学、经典热力统计.当时,众多物理学家包括对理论物理有着多方面贡献的科学巨匠,都认为物理规律已基本上被揭示出来,甚至宣称经典物理是"最终的理论",并宣布"科学的终结".

到 19 世纪末,正当物理学家为经典物理学的成就感到满意的时候,一些新的实验事实却给了经典物理学以沉重的打击.在解释这些事实的过程中,经典物理学的理论显得那么"苍白无力,一愁莫展",为了使经典物理从困难的境地得以摆脱,一些思想敏锐的物理学家调整自己的思维定式,重新思考了物理学中的某些概念,大胆地提出崭新的物理思想和观念.他们认为经典物理学的概念和规律看似"至臻完善",但它只适用于宏观,低速的物理世界,在高速领域和微观领域的认识和研究上,则失去效果.必须有全新的物理概念和规律来代替它,由此诞生了近代物理.近代物理的两大支柱,一是相对论,二是量子物理.前者已在第一篇中进行了论述,本篇则重点阐述量子论的核心思想、观点和处理问题的方法,以期使学者初步建立起对物质世界的新认识.

近代物理给我们提供了一幅最全面、更深入、更真实的关于物质世界的"画卷".近代物理改变了人们的思想方法,对哲学和其他社会科学也产生了深刻的影响.

第十二章　量子光学概论

　　波动光学是以光的电磁理论为基础,研究光在传播过程中的规律,如光的干涉、衍射等. 19 世纪末 20 世纪初,人们对光的本性的认识进入了一个新的阶段. 理论与实践都证明,光不仅具有波动性,而且还具有粒子性,这是光的本性中既矛盾又统一的两个方面,称为光的波粒二象性. 本章从光的粒子性观点出发,研究光与物质相互作用的基本规律.

第一节　普朗克的能量子假设

　　本节介绍直接导致普朗克建立量子理论的物理背景以及普朗克量子论的基本内容.

一、热辐射

　　自然界中任何物体在任何温度下都以电磁波的形式向周围辐射能量. 对于一个给定的物体,在单位时间内向外界辐射的能量多少,以及辐射出的能量按波长(或频率)分布情况决定于该物体的温度. 物体在室温下主要辐射不可见的红外光;随着温度的升高,当温度达到 800 K 时,开始辐射暗红色的可见光;随着温度的继续升高,物体的颜色由红变黄,大约达到 1 800 K 高温时,物体发出白炽光. 并且,在单位时间内从物体表面辐射出的总能量随温度升高而增加. 通常人们把这种与温度有关的电磁辐射称为**热辐射**.

　　热辐射的光谱是连续分布的,即能量随着波长(或频率)连续地变化. 通常用**单色辐出度**来定量表述热辐射按波长的分布及其与温度的关系,记为 $e(\lambda,T)$,它表示单位时间从温度为 T 的物体单位表面积辐射出的波长在 λ 附近单位波长范围内的电磁能量,单位为 W/m^2. 物体在不同的温度下,对同一波长的辐射能力是不同的,即单色辐出度与温度有关;同时,辐射能力与波长有关,因此,单色辐出度 $e(\lambda,T)$ 是温度与波长的函数. 将 $e(\lambda,T)$ 对所有波长积分,得到**总辐出度**

$$E(T) = \int_0^\infty e(\lambda,T)\,\mathrm{d}\lambda$$

　　实验表明,不同物体在某一频率范围内辐射与吸收电磁辐射的本领是不同的. 对于任何物体,若它在某一频率范围内辐射本领越大,则在这一频率范围内的吸收本领也越大,反之亦然. 物体的辐射本领和吸收本领除了与温度有关,还与物体本

身的种类及其表面状况有关. 一般说来,入射到物体
的电磁辐射一部分被物体吸收,另一部分被反射. 有一
种物体能够吸收一切外来的电磁辐射,这种物体称为
黑体. 事实上,绝对黑体是不存在的,是一种理想模型.
可以设想一个**绝对黑体**:在一个不透明的空腔材料上
开一个小孔,外来的辐射进入小孔,在空腔内多次反射
而不能辐射出去,而每一次反射,能量均被器壁吸收一
部分,待到要射出时,能量几乎耗尽,则外来辐射全部
被腔体吸收,如图 12-1.

利用黑体模型,可用试验方法测定黑体的单色辐
出度 $e_0(\lambda, T)$ 随 λ 和 T 变化曲线,如图 12-2 所示.

图 12-1 绝对黑体的模型

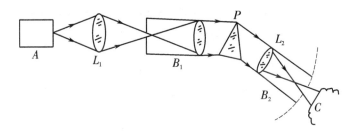

图 12-2 测定空腔单色辐出度的实验示意图

根据实验曲线如图 12-3,得出下述有关黑体辐射的两条普遍定律.

1)斯特藩-玻尔兹曼定律

每一条曲线下的面积等于黑体在一定温度时的总辐出度. $E_0(T)$ 随温度升高
而增大. 两物理学家系统分析实验结果并通过热力学理论推导得到

$$E_0(T) = \sigma T^4 \tag{12-1}$$

式中,$\sigma = 5.67 \times 10^{-8}$ W · m^{-2} · K^{-4} 称为斯特藩-玻耳兹曼常量. 此式就是**斯特藩-
玻耳兹曼定律**.

2)维恩位移定律

每一条曲线上,$e_0(\lambda, T)$ 有一个最大值,称为峰值. 峰值对应的波长 λ_m 称为峰
值波长. 随着温度升高,λ_m 向短波方向移动,两者之间的关系实验测定为

$$\lambda_m \cdot T = b$$

实验测得

$$b = 2.897 \times 10^{-3} \text{ m · K.} \tag{12-2}$$

这一结果称为**维恩位移定律**.

热辐射规律在现代科学技术中的应用十分广泛,是测量高温、遥感、红外追踪
等技术的物理基础.

上述的黑体辐射曲线是实验测得的结果,为了从理论上导出符合实验曲线的函数式,19世纪末,许多物理学家试图通过经典物理学理论得到一个与实验结果相符的分布公式,但都未获成功.其中,有三位物理学家曾推导出两种有代表意义的分布,如图12-4.第一种是维恩分布,维恩由热力学理论,并加上一些特殊假设得出一个维恩分布,这个分布在短波长与实验结果符合,而在长波长与实验结果不一致.第二种分布是瑞金-金斯分布,他们根据经典电动力学和统计物理学得到此分布公式,这个分布公式在长波长与实验相符合,而在短波长区域与实验完全不一致.种种尝试的失败明显暴露出经典物理学的缺陷.因此,开尔文认为黑体辐射实验是物理学晴朗天空中一朵令人不安的乌云.

二. 普朗克的量子理论

德国物理学家普朗克早在1894就致力于黑体辐射问题的研究,他在总结和认真分析了前人研究工作的基础上,于1900年建立了一个表述黑体单色辐出度随波长 λ 变化的公式,该公式称为**普朗克公式**,其形式为

$$e_0(\lambda, T) = \frac{2\pi hc^2}{\lambda^5} \frac{1}{e^{hc/k\lambda T} - 1}. \tag{12-3}$$

由此公式给出的理论曲线与实验曲线十分绝妙地吻合,如图12-4所示.

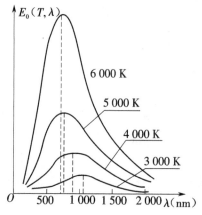

图12-3 绝对黑体辐射的实验曲线

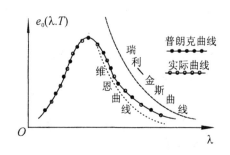

图12-4 理论与实验曲线比较

普朗克在建立上述公式中,大胆地采用了一个与经典概念迥然不同的新概念,这一新的物理思想和观点就是他在1900年发表的**能量子假说**,主要内容如下.

(1)黑体的腔壁是由无数带电谐振子(如分子、原子的振动可视做线性谐振子)组成,这些谐振子不断吸收和辐射电磁波,与腔内辐射场交换能量.

(2)这些谐振子只可能处于某些特殊状态,在这些状态中,相应的能量取

$$\varepsilon = nh\nu \quad (n = 0, 1, 2, 3, \cdots), \tag{12-4}$$

式中, ν 是谐振子的频率, h 称为**普朗克常数**,其值为

$$h = 6.63 \times 10^{-34} \text{ J} \cdot \text{s},$$

这表明,谐振子的能量只能是与频率相关的一系列分立的值.这一点在经典物理看来,简直是奇谈怪论,不可思议.

(3)当谐振子与腔内辐射场交换能量时,它就从一个特殊的能量状态变化到另一个特殊的能量状态,在此能量变化中,谐振子所吸收和辐射的能量一定是 $h\nu$ 的整数倍,可见, $\varepsilon_0 = h\nu$ 是谐振子吸收和辐射的最小能量单元, ε_0 称为**能量子**.

普朗克的能量量子化的新观点,是对经典物理思想的离经叛道.根据经典物理的理论,谐振子可以具有一定范围内的任何能量,根本不存在特殊的能量状态,而且能量也是连续可变的,因而,在经典物理思想一统天下的时代,普朗克提出的能量量子化的新思想遭到一些传统物理卫道士们的非议与责难亦是在所难免.然而,普朗克公式令人信服的对黑体实验规律的解释以及后来以此为基础建立的理论对一系列重大实验的正确说明,表明能量量子化的观点具有强大的生命力.量子化的观点不仅使物理理论产生了飞跃和变革,开创了物理科学的新时代,而且对 20 世纪高新科技的发展以及人类文明的进步都产生了深刻的影响.

第二节　光量子理论

一、光电效应、爱因斯坦和光子理论

1. 光电效应

一定频率的光照射到某种金属表面时,金属中的自由电子吸收光能而逸出金属表面的现象称为**光电效应**.从金属表面逸出的称为**光电子**.研究光电效应的实验装置如图 12-5,图中 GD 为光电管,高真空. K 为阴极板, A 为阳极板.如果在 A,K 两端施加电压 U,测光电子在加速电场作用下,向着阳极运动,形成光电流.实验结果归纳如下.

(1)**饱和电流**.实验指出,以一定强度的单色光照射电极板 K 时,加速电压($U = V_A - V_K$)愈大,光电流也愈大.当加速电势差增大到一定量时,光电流达到饱和(饱和电流 I_m),参看图 12-6.这说明从阴极板逸出的电子全部到达阳极.如果增加光的强度,在相同的加速电压下,光电流的量值也较大,相应的 I_H 也增大,说明从电极 K 逸出的电子数增加了.由此可得:单位时间从阴极逸出的光电子数和入射光强度成正比,饱和光电流也与入射光强度成正比.

(2)**遏止电压**.如果降低加速电势差的量值,光电流也随之减小.当电势差 U 减小到零并逐渐变负时,光电流一般也不等于零,这说明从金属板逸出的光电子具有初动能,所以尽管有电场阻碍它的运动,仍有部分电子能到达阳极,只有当加上

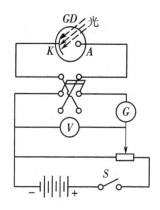

图 12-5　光电效应实验简图

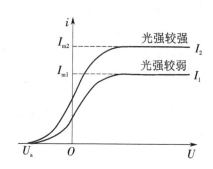

图 12-6　光电效应的伏安特性曲线

反向电压 U_a 时,光电流才为零. 这一反向电

压 U_a 称为**遏止电压**. 由于遏止电压的作用使得逸出的最快光电子也不能到达阳极,由此可知遏止电压应等于逸出时的最大初动能,即

$$eU_a = \frac{1}{2}mv^2 \tag{12-5}$$

其中,m 和 e 分别是光电子质量和电荷量. 有图可知,光电子的最大初动能与入射光强度无关.

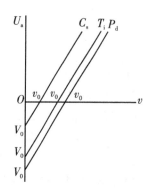

图 12-7　入射光的频率
与电压关系

（3）**遏止频率**（红限频率）. 假设改变入射光的频率,实验结果指出:遏止电压 U_a 和入射光的频率之间具有线性关系,如图 12-7. 即

$$U_a = kv - U_0 \tag{12-6}$$

式中,k 和 U_0 都是正数. 对不同金属来说,U_0 的量值是不同的;k 是不随金属性质类别而改变的普适恒量,将上面两式合并可得到:

$$\frac{1}{2}mv^2 = ek\nu - eU_0 \tag{12-7}$$

光电子从金属表面逸出时的最大初动能随入射光的频率 ν 的增加而线性增加.

从式 12-7 可以看出,由于 $\frac{1}{2}mv^2$ 一定是正值,可

见要使光所照的金属释放出电子,入射光的频率必须满足 $\nu \geqslant U_0/k$ 的条件. 令 $\nu_0 = U_0/k$,$p = mc = h\nu/c = h/\lambda$ 称为光电效应的遏止频率,又称**红限频率**. 不同金属具有不同的红限频率,这就是说,每种金属都存在频率的极限值. 光电子从金属表明逸出的最大初动能与入射光的频率成线性关系,当入射光的频率小于 ν_0 时,不管照

射的光强有多大,不会产生光电效应.

(4) **弛豫时间**. 实验证明,从入射光开始照射直到金属释放出电子,无论光强多微弱,几乎是瞬时的,弛豫时间不超过 10^{-9} s.

2. 经典理论的困难

上述光电效应的实验事实和光的经典电磁理论有着深刻的矛盾. 按照光的经典电磁理论,光电子的初动能应该随入射光的强度而增加. 而事实上,光电子的初动能与入射光的强度无关;按照经典电磁理论,如果光强足够供应从金属释放光电子所需要的能量,那么光电效应对各种频率的光都会发生. 但是,实验事实是每种金属都存在一个遏止频率 ν_0, 对于频率小于 ν_0 的入射光,不管入射光的强度有多大,都不会产生光电效应;按照经典电磁理论,金属中的电子从入射光中吸收能量,必须积累到一定的量值,才能释放出光电子. 显然,当入射光很微弱时,能量积累的时间要很长,而实验结果并非如此.

3. 光量子假设

爱因斯坦从普朗克的能量子假设中得到了启发,提出了光量子假说. 他认为,光在空间传播时,可看成由许多微观粒子构成粒子流,这些微观粒子称为**光量子**,简称**光子**. 不同频率的光子能量不同. 频率为 ν 的光束中每个光子的能量为

$$\varepsilon = h\nu \tag{12-8}$$

式中, h 为普朗克常数. 光的强度决定于单位时间通过单位面积的光子数 N, 频率为 ν 的单色光的光强为

$$I = Nh\nu$$

按照光子理论,光电效应可解释为:当金属中电子从入射光中吸收一个光子的能量后,获得的 $h\nu$ 能量,如果 $h\nu$ 大于电子从金属逸出时所需要做的功 A, 这个电子就可以从金属中逸出. 根据能量守恒定律,应有

$$h\nu = \frac{1}{2}mv^2 + A \tag{12-9}$$

式中 $\frac{1}{2}mv^2$ 是光电子的最大初动能,上式称为**爱因斯坦光电效应方程**. 爱因斯坦光电效应方程表明光电子的初动能与入射光频率之间的线性关系,从而解释了公式 (12-7). 当入射光的强度增加时,光子数也增多,因而单位时间内光电子数目也随之增加. 这就很自然地说明了饱和电流的存在,光电子数与光的强度的关系.

假定最大初动能为零,即 $\frac{1}{2}mv^2 = 0$, 则 $\nu_0 = A/h$. 表明频率为 ν_0 的光子具有发射光电子的最小能量. 如果光子频率低于 ν_0(遏止频率),不管光子数目多大,单个光子没有足够能量去发射光电子,所以遏止频率相当于电子吸收的能量全部消耗于电子的逸出功时的入射光频率. 同样,由光量子理论可以得到,当一个光子被吸收时,全部能量立即被吸收,不需要积累能量的时间,自然解释了光电效应瞬时发

生的原因.

由于爱因斯坦发展了普朗克的思想,提出光子假说,成功地解释了光电效应的实验规律,获得 1921 年的诺贝尔物理学奖.

4. 光的波粒二象性

光子不仅具有能量,而且具有质量和动量等一般粒子共有的特性. 光子的质量 m 可由相对论中质-能关系式得到

$$m = \varepsilon/c^2 = h\nu/c^2 \qquad (12\text{-}10)$$

光子没有静止质量 $m_0 = 0$,光子的动量为

$$p = mc = h\nu/c = h/\lambda \qquad (12\text{-}11)$$

由于光子具有动量,当光照射到物体上时,将对物体的表面施加压力. 列别捷夫曾用精密实验方法测得微小的光压,证实了光子的动量和能量关系式.

近代物理中关于光的本质的统一认识是:光具有波动和粒子双重性质,即光具有波粒二象性.

【例 12-1】 已知红限为 $\lambda_0 = 652$ nm 的铯感光层被波长为 $\lambda = 400$ nm 的单色光照射,求铯释放出来的光电子的最大速度.

解 根据爱因斯坦方程,光电子的最大动能

$$\frac{1}{2}mv^2 = h\nu - A,$$

由此得光电子的最大速度

$$v = \sqrt{\frac{2}{m}(h\nu - A)} = \sqrt{\frac{2}{m}\left(\frac{hc}{\lambda} - A\right)}.$$

因为

$$A = h\nu_0 = hc/\lambda_0,$$

代入上式得

$$v = \sqrt{\frac{2hc}{m}\left(\frac{1}{\lambda} - \frac{1}{\lambda_0}\right)},$$

将 λ、λ_0 的值代入,并取

$$m = 9.11 \times 10^{-31}\ \text{kg}, c = 3.0 \times 10^8 \text{m} \cdot \text{s}^{-1}, h = 6.63 \times 10^{-34} \text{J} \cdot \text{s},$$

则

$$v = 6.50 \times 10^5 (\text{m} \cdot \text{s}^{-1}).$$

【例 12-2】 小灯泡的发射功率 $P = 0.01$ W,设此功率均匀地向周围空间辐射,平均波长 $\lambda = 10^{-6}$ cm,试求在距小灯泡中心 $d = 10$ m 处,单位时间内落在垂直于光线面积 $S = 1$ cm^2 上的光子数.

解 单位时间内落在单位面积上的能量

$$I = P/4\pi d^2,$$

一个光子的能量为 $h\nu$，则单位时间内落在面积 S 上的光子数

$$n = \frac{I}{h\nu} = \frac{I\lambda}{hc} = \frac{P\lambda}{4\pi d^2 hc} = \frac{0.01 \times 10^{-6}}{4 \times 3.14 \times 10^6 \times 6.63 \times 10^{-34} \times 3.0 \times 10^{10}}$$

$$= 4 \times 10^7 (\mathrm{cm}^{-2} \cdot \mathrm{s}^{-1}) = 4 \times 10^{11} (\mathrm{m}^{-2} \cdot \mathrm{s}^{-1}).$$

二、康普顿效应

爱因斯坦的光子学说于 1923 年在康普顿 X 射线散射实验中得到了进一步的证实. 实验装置如图 12-8 所示. 波长为 λ 的 X 射线入射到用石墨材料做成的靶上，用摄谱仪测量在不同方向上散射的 X 射线的波长. 实验发现，在散射光中，除了原波长 λ 的光外，还有波长 $\lambda' > \lambda$ 的光，而且 $\lambda' - \lambda$ 与散射角 φ 的关系是

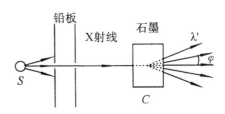

图 12-8 康普顿效应实验示意图

$$\Delta\lambda = \lambda' - \lambda = 2k\sin^2\frac{\varphi}{2}, \tag{12-12}$$

散射角 φ 是入射方向与散射方向之间的夹角. 式中 $k = 0.00241$ nm，是一个由实验得出的常数，称为**康普顿波长**. 这种现象叫**康普顿效应**.

应用爱因斯坦的光子观点，把光子与散射物质之间的相互作用，看成是光子与原子中的电子的弹性碰撞，在碰撞过程中，相互作用的体系遵守能量守恒和动量守恒，就可以圆满地解释康普顿效应.

对于由轻原子构成的物体，原子核对外层电子的束缚较弱，电子的电离能约为几个电子伏. 而 X 射线的光子的能量为 $10^4\,\mathrm{eV} \sim 10^5\,\mathrm{eV}$，因此，当 X 射线中的光子与轻原子中的电子碰撞时，可以忽略电子热运动的能量以及电离能，把电子视为静止的自由电子. 在电子和光子作用过程中，电子与光子间交换的能量较大，作用后的电子获得较大的速度，因此粒子的能量和动量应用相对论的理论处理. 设电子的静止质量为 m_0，在碰撞前，电子的能量即电子的静止能量为 $m_0 c^2$，动量 $m_0 \boldsymbol{v}_0 = 0$；X 射线中光子的能量为 $h\nu$，动量为 $\frac{h\nu}{c}\boldsymbol{n}_0 = \frac{h}{\lambda}\boldsymbol{n}_0$，$\boldsymbol{n}_0$ 为沿光子入射方向的单位矢量. 在碰撞后，电子的能量为 mc^2，动量为 $m\boldsymbol{v}$，其中 $m = m_0 \big/ \sqrt{1 - \frac{v^2}{c^2}}$，$\boldsymbol{v}$ 是电子的速度；光子的能量为 $h\nu'$，动量为 $\frac{h\nu'}{c}\boldsymbol{n} = \frac{h}{\lambda'}\boldsymbol{n}$，$\boldsymbol{n}$ 是沿光子散射方向的单位矢量，如图 12-9 所示. 根据能量守恒定律和动量守恒定律，得出

$$h\nu + m_0 c^2 = h\nu' + mc^2, \tag{12-13}$$

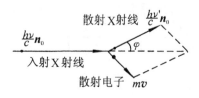

图 12-9　康普顿散射

和

$$\frac{h}{\lambda}\boldsymbol{n}_0 = \frac{h}{\lambda'}\boldsymbol{n} + m\boldsymbol{v} , \qquad (12\text{-}14)$$

二式联立,整理后可得

$$\Delta\lambda = \lambda' - \lambda = \frac{2h}{m_0 c}\sin^2\frac{\varphi}{2}. \qquad (12\text{-}15)$$

上式与实验公式(12-12)在形式上完全相同,把 h、m_0、c 等常量值代入,可得

$$\frac{h}{m_0 c} = 0.002\ 426\ \text{nm},$$

与实验值 k 非常吻合.

【例 12-3】　用波长 $\lambda_1 = 400$ nm 的可见光和 $\lambda_2 = 0.1$ nm 的 X 光分别进行康普顿散射实验,当在散射角 $\varphi = 90°$ 方向上观测时,测得波长的改变量 $\Delta\lambda$ 是多大? 波长的相对改变量是多大?

解　把 $\varphi = 90°$ 代入

$$\Delta\lambda = \lambda' - \lambda = \frac{2h}{m_0 c}\sin^2\frac{\varphi}{2},$$

得　　　　　　　　$\Delta\lambda = 0.002\ 43$ nm,

$\Delta\lambda$ 与原入射波长无关. 而相对改变量分别为

$$\frac{\Delta\lambda}{\lambda_1} = 6.1 \times 10^{-6},$$

与

$$\frac{\Delta\lambda}{\lambda_2} = 2.4 \times 10^{-2}.$$

可见,对于波长越短的射线,相对改变量亦越大,越易观察到康普顿效应.

光电效应和康普顿效应都是光子与原子中的电子的作用. 从微观机制看,前者是电子吸收了光子的全部能量,遵守能量守恒定律;后者是光子和电子作弹性碰撞,遵守能量守恒和动量守恒. 实际上,在光子与电子作用中,光子能量的大小会直接影响实验的结果,表现为不同的物理现象. 一般讲,当光子的能量与电子的束缚能同一数量级时,主要表现为光电效应;当光子的能量远大于电子的束缚能时,主要表现为康普顿效应.

三、光物理简介

光物理是近代物理学科的一个重要分支,它研究的内容是光与物质相互作用的机理,是以光的量子理论为基础的. 近年来,尤其是强激光的出现以及实验手段的现代化,使光物理的基础研究和广泛应用都得到迅猛的发展,以新兴的交叉学科激光化学为例,它研究光与物质作用时所引起的物理变化和化学变化,涉及由可见光和紫外光所引起的所有化学反应. 在光场中,参与化学反应的物质中的原子与分子或吸收光子被激发到高能态或通过吸收光子实现光化学分解和合成. 例如,使波长 $\lambda = 330\ nm$ 的紫外光与 NaI 分子作用,NaI 分子吸收一个光子后,分解成处于基态的 Na 原子和 I 原子,实现了分子的光解离. 再比如,大气中的臭氧在 $120 \sim 310\ nm$ 的紫外光照射下,吸收光子后,被离解为 O_2 和 O,使臭氧层受到破坏. 目前,光化学在同位素分离、化学激光武器、臭氧层保护和大气污染防治等方面也得到广泛的应用.

本章小结

1. 热辐射

一切物体在任何温度下都以电磁波的形式向外辐射能量. 这种与温度有关的辐射称为热辐射或温度辐射.

2. 单色辐出度 e

单位时间内从物体单位面积上辐射出某波长附近单位波长间隔内电磁能量称为单色辐出度,单位是 $W \cdot m^{-3}$.

3. 绝对黑体

绝对黑体是指在任何温度下全部吸收一切外来电磁辐射的物体.

4. 普朗克能量子假设及普朗克公式

辐射黑体是由无数带电谐振子组成,这些谐振子的能量是最小能量 ε 的整数倍,$\varepsilon = h\nu, h = 6.63 \times 10^{-34}\ J \cdot s$,叫普朗克常数. 谐振子辐射或吸收能量时也一定是 $h\nu$ 的整数倍. 由此假设导出绝对黑体单色辐出度 e_0 与波长、温度的关系,即普朗克公式为

$$e_0(\lambda, T) = 2\pi hc^2 \lambda^{-5} \frac{1}{e^{\frac{hc}{\lambda kT}} - 1}.$$

5. 爱因斯坦的光子假设及光电效应公式

爱因斯坦在能量子假设的基础上认为光是由光量子或光子组成,每个光子具有能量 $\varepsilon = h\nu = h\frac{c}{\lambda}$. 光电效应实质是电子吸收光子的能量而逸出金属表面,能量关系

$$h\nu = \frac{1}{2}mv^2 + W(W\ \text{为逸出功}).$$

6. 康普顿效应

康普顿效应是光子与原子的相互作用,遵守能量守恒和动量守恒. 散射光与入

射光的波长差与散射角 φ 的关系为

$$\Delta\lambda = \lambda' - \lambda = 2k\sin^2\frac{\varphi}{2} = \frac{2h}{m_0 c}\sin^2\frac{\varphi}{2}.$$

思 考 题

12-1 光的强度用波动观点讲是指什么？而同一概念，用光的量子观点讲，又指的是什么？

12-2 在光电效应中和康普顿效应中，都是光子与电子的相互作用，为什么二者的结果不同？

12-3 总结光的波动论和量子论的使用范围.

12-4 在康普顿效应中，为什么光子与电子作用时，要考虑两个守恒定律.

习 题

12-1 通过实验，得到关于绝对黑体辐射的两条普遍规律.

(1)斯特藩-玻耳兹曼定律：$E_0(T) = \sigma T^4$，

式中 $\sigma = 5.67 \times 10^{-8}$ J·s^{-1}·m^{-2}·K^{-4}，$E_0(T)$ 为温度 T 时在单位时间内，从物体单位表面积上辐射出去的能量，称为总辐射本领.

(2)维恩位移定律：$T\lambda_m = b$，其中 $b = 2\,897\,\mu m$·K，λ_m 为温度 T 下单色辐出度最大值对应的波长.

设某绝对黑体在某一温度下的总辐射本领为 5.7 W/cm^2，试求该温度下 λ_m 的值.

12-2 从太阳射到地球表面的辐射能每平方厘米每分钟约为 8.36 J. 设太阳到地球的距离 $R = 1.5 \times 10^8$ km，太阳半径 $r = 6.9 \times 10^5$ km，若把太阳看成黑体，试求太阳的表面温度.

12-3 钠的"红限"为 $\nu_0 = 4.39 \times 10^{14}$ Hz，试求钠的逸出功.

12-4 从铝表面逸出一个电子所需能量为 4.2 eV，用波长 $\lambda = 200$ nm 的光入射到铝的表面. 求：

(1)光电子的最大动能 E_k；

(2)铝的红限波长 λ_0；

(3)遏止电压 U_0.

12-5 用波长为 150 nm 的光照射一铜球，设此铜球用绝缘线悬挂于真空中. 问铜球因失去电子而能达到的最高电势是多少(铜的逸出功为 4.5 eV)？

12-6 设太阳照射到地球表面上的光强为 8 J·s^{-1}·m^{-2}，设太阳光的平均波长为 500 nm，则每秒钟内落到地面上 1 m^2 的光子数是多少？若人眼瞳孔的直径为 3 mm，每秒进入人眼的光子数是多少？

12-7 设光子的波长为 0.6 μm，试求光子的能量、动量和质量.

12-8 在康普顿散射实验中，入射光子的波长为 0.003 nm，反冲电子的速度为 0.60c，求散射光子的波长及散射角.

12-9 用波长为 $\lambda = 0.01$ nm 的 X 射线进行康普顿散射实验，在某一方向测得散射光的波长为 0.012 4 nm. 试求散射角 φ 及反冲电子的能量.

第十三章 量子力学基础

原子内部的运动是物质基本运动形式之一. 本章从分析氢原子光谱的实验规律出发, 在原子有核模型的基础上, 介绍玻尔原子结构理论, 初步了解微观物质运动规律的特性, 同时, 引入物质波的概念及描述微观粒子运动波函数, 讨论描述微观粒子运动的基本方程——薛定谔方程.

第一节 玻尔理论

一、氢原子光谱的实验规律

原子发光是重要的原子现象之一, 它反映了原子内部结构或能态的变化. 每一个原子都有自己的特征光谱, 光谱的研究提供了原子内部结构的信息, 是了解原子结构的重要手段.

氢原子是最简单的原子, 它的光谱也是最简单的. 实验发现, 在可见光区域内, 氢原子有四条谱线 $H_\alpha, H_\beta, H_\gamma$ 和 H_δ, 它们的波长分别是

$\lambda_\alpha = 656.279$ nm, $\lambda_\beta = 486.133$ nm, $\lambda_\gamma = 434.047$ nm, $\lambda_\delta = 410.274$ nm.

1885 年, 瑞士物理学家巴尔末用下列经验公式表示氢原子光谱中上述谱线的波长

$$\lambda = B \frac{n^2}{n^2 - 2^2}, \tag{13-1}$$

式中 B 是恒量, 它的值为 364.57 nm. 当 $n = 3, 4, 5, 6$ 正整数时, 上式分别给出 H_α, $H_\beta, H_\gamma, H_\delta$ 四条谱线的波长. 以后又发现了 $n = 7, 8, 9 \cdots\cdots$ 时的谱线. 这一系列谱线**称为巴尔末系**.

光谱上常用波长的倒数即**波数** $\tilde{\nu} = \frac{1}{\lambda}$ 来表征光谱线, 于是, 上式可改写为

$$\tilde{\nu} = \frac{1}{\lambda} = R\left(\frac{1}{2^2} - \frac{1}{n^2}\right), \quad n = 3, 4, 5\cdots \tag{13-2}$$

称为**里德堡公式**, 其中 $R = 2^2/B$, 称为**里德堡常数**, 其值

$R = 1.096\,776 \times 10^7 \text{ m}^{-1}$.

以后又相继发现了氢原子光谱中其他线系:

在紫外区的**赖曼系**

$$\tilde{\nu} = R\left(\frac{1}{1^2} - \frac{1}{n^2}\right), \quad n = 2, 3, 4, \cdots \tag{13-3}$$

在红外区的谱线系为**帕邢系**

$$\tilde{\nu} = R\left(\frac{1}{3^2} - \frac{1}{n^2}\right), \quad n = 4,5,6,\cdots \tag{13-4}$$

布喇开系

$$\tilde{\nu} = R\left(\frac{1}{4^2} - \frac{1}{n^2}\right), \quad n = 5,6,7,\cdots \tag{13-5}$$

普丰德系

$$\tilde{\nu} = R\left(\frac{1}{5^2} - \frac{1}{n^2}\right), \quad n = 6,7,8,\cdots \tag{13-6}$$

很容易看出,上述五个线系可以用一个公式表示为

$$\tilde{\nu} = R\left(\frac{1}{k^2} - \frac{1}{n^2}\right), \tag{13-7}$$

称为**广义巴尔末公式**. 式中 k 可以取整数 $1,2,3,\cdots$ 而每一 k 值对应于一个线系,在每个线系中,n 的取值从 $k+1$ 开始.

二、玻尔的氢原子理论

1911 年,卢瑟福在 α 粒子散射实验的基础上提出原子有核模型:原子中的所有正电荷集中在原子核上,原子中的电子绕核转动. 根据经典电磁理论,绕核运动的电子做变速运动,不断辐射电磁能量,辐射的频率等于电子绕核转动的频率. 这样,原子系统的能量就会不断减小,频率也将逐渐改变,因此所发出的光谱应是连续的. 这与原子线状光谱的实验事实不符. 同时,由于辐射的缘故,电子轨道半径逐渐减小,它将沿螺线逐步趋近原子核,最后落到核上. 这与稳定的原子结构也是相矛盾的.

1913 年,丹麦物理学家玻尔仔细地研究了有关氢原子光谱的资料,认为,经典电磁理论不适合于原子体系. 在卢瑟福有核模型的基础上,他把量子观点应用于原子结构,提出了氢原子结构的假说,使氢光谱的实验规律从理论上获得满意的解释. 玻尔的氢原子理论使人类在探索原子内部运动规律的艰难历程中迈出了坚实的一步,它开启了通往微观世界的大门.

1. 玻尔理论的基本假设

(1)**稳定态假设**:原子系统处于一些不连续的能量状态 $E_1,E_2,E_3\cdots$. 在这些状态中,电子绕核运动,但不辐射能量,这些状态称为稳定态.

(2)**轨道角动量量子化假设**:原子中的电子绕核做圆形轨道运动,电子轨道角动量只能取下列分立值

$$L = n\frac{h}{2\pi}, \quad n = 1,2,3,\cdots \tag{13-8}$$

上式为量子化条件,n 称为量子数.

（3）**跃迁辐射与吸收假说**：当原子从一个稳定态跃迁到另一稳定态，才会发生光的辐射或吸收，其辐射或吸收的光的频率

$$\nu = |E_i - E_f|/h,\tag{13-9}$$

其中 E_i 和 E_f 分别为原子初态和终态的能量值.

2. 氢原子能量的计算

当氢原子中的电子绕核做圆形轨道运动时，由库仑定律和牛顿第二定律知

$$\frac{e^2}{4\pi\varepsilon_0 r_n^2} = m\frac{v_n^2}{r_n};\tag{13-10}$$

又根据第二条假设

$$L_n = mv_n r_n = n\frac{h}{2\pi}, \quad n = 1,2,3,\cdots\tag{13-11}$$

由式（13-10）和式（13-11）式联立，消去 v_n，得

$$r_n = n^2\frac{\varepsilon_0 h^2}{\pi m e^2}, \quad n = 1,2,3,\cdots.\tag{13-12}$$

该式表明，电子轨道半径只能是一些分立值，即电子轨道半径是量子化的. 取 $n = 1$，并把 ε_0、h、m 及 e 的值代入上式，求得氢原子中核外电子的最小轨道半径 $r_1 = a_0$ $= 5.29 \times 10^{-11}$ m. a_0 称为**玻尔半径**，此数值与用其他方法得到的数值完全符合. 当 $n = 2,3,\cdots$ 时的轨道半径依次为 $4a_0, 9a_0\cdots$

按经典物理，处在 r_n 为半径的轨道上的电子，既有动能，又有与核间因相互作用而产生的电势能，因而，原子体系能量

$$E_n = \frac{1}{2}mv_n^2 - \frac{e^2}{4\pi\varepsilon_0 r_n}.\tag{13-13}$$

利用式（13-10）与式（13-12），上式表述为

$$E_n = -\frac{me^4}{8\varepsilon_0^2 h^2 n^2}, \quad n = 1,2,3,\cdots.\tag{13-14}$$

此式表示了处在定态下的电子的能量也只是取一些分立、不连续的值，因而，核外电子的能量也**是量子化的**，这种量子化的能量值称为**能级**.

当 $n = 1$，$E_1 = -13.6$ eV，为氢原子的最低能态，称为**基态**. 当 $n > 1$ 时的各能态用 $E_n = -13.6$ eV$/n^2$ 表示，这些能态称为**激发态**. 图 13-2 给出了氢原子的能级图.

3. 广义巴尔末公式的推导

根据玻尔的第三条假设，氢原子中的电子从较高的能级 E_n 跃迁到一较低能级 E_k 时，其辐射的单色光频率

$$\nu = \frac{1}{h}(E_n - E_k),$$

波数

$$\tilde{\nu} = \frac{1}{\lambda} = \frac{\nu}{c} = \frac{1}{ch}(E_n - E_k),\tag{13-15}$$

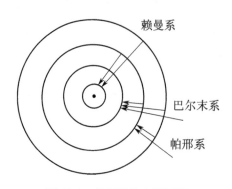

图 13-1 氢原子状态跃迁图

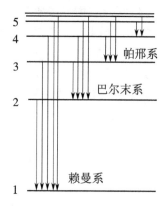

图 13-2 氢原子能级图

把氢原子的能级公式(13-15)代入,得

$$\tilde{\nu} = \frac{me^4}{8\varepsilon_0^2 h^3 c}\left(\frac{1}{k^2} - \frac{1}{n^2}\right),$$

(13-16)

其中 $R = \dfrac{me^4}{8\varepsilon_0^2 h^3 c} = 1.097\,373 \times 10^7\,\mathrm{m}^{-1}$. 该理论值与经验公式(13-2)中 R 的实验值十分符合. 当 $k=2, n=3,4,5,\cdots$,即得出巴尔末谱线;同样,$k=3, n=4,5,6,\cdots$ 得出帕邢系谱线……由此可见,玻尔理论完全解释了氢原子光谱的实验结果,图中给出了几个谱线系跃迁辐射的示意图.

由玻尔理论导出的原子体系能级的概念在研究微观物质结构方面具有普遍的意义. 除原子之外,分子中也存在一些能级,包括描述电子运动状态的能级、核间的振动能级以及整个核转动的能级. 在更小的粒子,如原子核中,也采用能级来表述核的运动状态,甚至包括强子内部都存在着能级. 在能级之间的跃迁发射标识性的电磁波谱.

就原子体系而言,在正常情况下,原子总是处于基态,只有当原子受到外界作用,如被其他原子碰撞或受光的照射等,才会跃迁到较高的能态上去. 处在高能态的原子是不稳定的,它可以自动地或在外界干扰下从高能态跃迁到低能态上去,辐射出光子. 应当指出的是,在某一时刻,一个原子只能辐射出一个光子,在实验中所观测到的是大量受激原子所发的光,因而,可以观察到原子辐射出的全部谱线.

【例 13-1】 试计算基态氢原子的电离能.

解 使基态的氢原子电离所需能量为其电离能 E_i 或相当把处于基态的电子移到无穷远处所需的能量,因此

$$E_i = E_\infty - E_1$$

$$= 0 - \left(- \frac{me^4}{8\varepsilon_0^2 h^2} \right) = \frac{9.11 \times 10^{-31} \times (1.60 \times 10^{-19})^4}{8 \times (8.85 \times 10^{-12})^2 \times (6.63 \times 10^{-34})^2}$$

$$= 2.17 \times 10^{-18} (\text{J}) = 13.6 (\text{eV}).$$

第二节　实物粒子的波粒二象性

1924 年,德国物理学家德布罗意受光具有波粒二象性的启发,预言运动的粒子也具有波粒二象性. 一个质量为 m 的粒子,以速度 v 运动时,具有确定的能量 E 和动量 p,它们代表着典型的粒子性特征;从波动性来看,又代表着一频率为 ν、波长为 λ 的单色平面波. 描述实物粒子粒子性的物理量 E、p 和描述其波动性的物理量 ν、λ 之间的联系如同爱因斯坦对光的二象性的表述一样,即

$$E = h\nu, \tag{13-17}$$

$$p = \frac{h}{\lambda}. \tag{13-18}$$

以上两式称为**德布罗意关系式**. 它表征自由粒子的单色波称为**德布罗意波**,上式中 λ 叫**德布罗意波长**. 由于这种波直接描述了实物粒子(如电子、中子等静止质量不为零的粒子)的波动性,因此,通常把它称为**物质波**.

【**例 13-2**】　已知自由运动的电子的动能 $E_k = 100 \text{ eV}$,求它的德布罗意波长 λ.

解　由于 $E_k = \frac{1}{2} m v^2 = p^2 / 2m$,则

$$p = \sqrt{2mE_k},$$

所以,由式

$$\lambda = \frac{h}{p} = \frac{h}{\sqrt{2mE_k}} = \frac{6.63 \times 10^{-34}}{\sqrt{2 \times 9.11 \times 10^{-31} \times 100 \times 1.6 \times 10^{-19}}} = 1.23 \times 10^{-10} (\text{m}).$$

此波长与原子的线度或固体中相邻两原子之间的距离属同一数量级,也与 X 射线的波长同数量级.

【**例 13-3**】　已知子弹的质量 $m = 0.050 \text{ kg}$,速度 $v = 300 \text{ m} \cdot \text{s}^{-1}$. 求此子弹的德布罗意波长 λ.

解　由于子弹的速度 $v \ll c$,可以忽略相对论效应,则波长

$$\lambda = \frac{h}{p} = \frac{h}{m_0 v} = \frac{6.63 \times 10^{-34}}{0.050 \times 300} = 4.4 \times 10^{-35} (\text{m}).$$

由本题可以看出,对宏观运动的物体,因其质量较大,因而其物质波波长非常小,按现在仪器的精度是无法测量的.这表明,研究宏观物体运动时,不必考虑其波动性.

干涉和衍射现象是波动性的主要特征,假如德布罗意关于物质波的假设是正确的话,那么,在一定条件下,通过选择合适的实验应当观察或记录下有关物质波形成的干涉或衍射图样.根据上述例题的计算,当自由电子的动能为 100 eV 时,其物质波的波长与晶体中相邻两原子之间的距离——晶格常数同数量级.这样就可以利用晶体作光栅,观察电子束有无衍射现象来验证德布罗意假设.图 13-3 是 1927 年代维孙和革末用 54 eV 的电子束垂直投射到镍晶体上,观察散射波的衍射现象.根据德布罗意假设,54 eV 的电子束的德布罗意波长为 0. 167 nm,镍晶体的晶格常数 $d = 0.215$ nm. 如图 13-4 所示,沿 θ 方向的相邻两束散射电子波线的波程差为 $d\sin\theta$. 根据光栅公式

$$d\sin\theta = n\lambda, \quad \sin\theta = n\lambda/d = n\frac{0.167}{0.215} = 0.777n.$$

得 $n = 1$ 时,$\theta = 51°$.

实验观测的结果是在 $\theta = 50°$ 时,散射电子波的强度最大.这个实验证实了德布罗意假设的正确性.

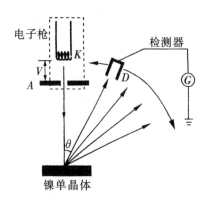

图 13-3　电子衍射实验装置示意图

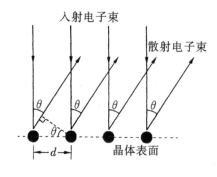

图 13-4　电子在晶体表面散射

一年以后,汤姆逊做了电子束穿过多晶薄膜后的衍射实验,也证明了电子的波动性. 1961 年,德国物理学家约恩逊做了电子的单缝、双缝以及三缝等衍射实验,得出的明暗条纹更加直接地说明了电子的波动性.

现在,大量事实完全确认,不但电子,而且所有其他微观粒子也都具有波粒二象性.

微观粒子的波动性,在现代科学技术上获得了广泛的应用.例如,在电子显微镜中利用电子的波动性,大大提高了仪器的分辨率,为研究分子的结构、晶格的缺陷、病毒和细胞的组织等提供了有力的工具.

第三节　测不准关系

在经典力学中,用粒子(质点)的位置和动量描述它的运动状态. 相对一定的参照系,运动着的粒子同时具有确定的位置和动量,因此,粒子沿着一定的轨道运动. 上一节指出,实物粒子具有波粒二象性,在此情形下,运动着的粒子是否同时还具有确定的位置和动量呢? 回答是否定的.

如图 13-5 所示,一束电子垂直入射到宽度为 Δx 的狭缝上,实验结果表明,在照相底片 CD 上清楚地呈现出电子单缝衍射图样,分布特点与单色光的单缝衍射图样相似.

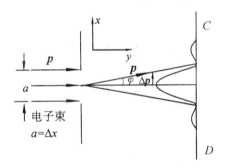

图 13-5　电子单缝衍射示意图

当某一个电子通过狭缝时,我们根本无法知道该电子究竟是从缝中的哪一点通过,或者说,它在 x 方向上准确的位置(或坐标). 但确切地知道,它是从宽度为 Δx 的狭缝中穿过的. Δx 表征了电子穿过缝时在 x 方向上所允许的空间范围,Δx 称为在该方向上位置的**不确定量**或**不准确度**.

电子到达狭缝前,它的动量沿 y 轴的正方向,在 x 方向动量为零. 衍射现象告诉我们,电子通过狭缝时,它既有可能沿原来的方向继续前进,也有可能偏离原来方向,沿某一方向运动. 电子沿不同方向运动时,在 x 方向的动量 p_x 是不一样的.

总之,一个电子在通过狭缝时,在 x 方向既无确定的位置,又无确定的动量.

如果电子沿与入射方向相同的方向运动时,在 x 方向的动量 $p_x = 0$,若电子向第一级暗纹处运动,x 方向动量 $p_x = p \sin \varphi$. 仅考虑电子落到中央明纹区域时,x 方向动量变化范围在 0 与 $p \sin \varphi$ 之间,即

$$0 \leqslant p_x \leqslant p \sin \varphi,$$

则电子在 x 方向动量不确定量

$$\Delta p_x = p\sin\varphi - 0 = p\sin\varphi,$$

由单缝衍射暗纹公式得

$$a\sin\varphi = \lambda,$$

或

$$\Delta x\sin\varphi = \lambda.$$

利用德布罗意关系式 $\lambda = \dfrac{h}{p}$,上式化为

$$\Delta x\sin\varphi = h/p,$$

整理后得 $\qquad \Delta x\Delta p_x = h.$

如果考虑电子落向其他级次明纹的可能性,则

$$\Delta x\Delta p_x \geqslant h,$$

将上述关系式推广,可得

$$\left.\begin{aligned}\Delta x\Delta p_x &\geqslant h,\\ \Delta y\Delta p_y &\geqslant h,\\ \Delta z\Delta p_z &\geqslant h.\end{aligned}\right\} \tag{13-19}$$

它们称为**测不准关系式**,反映了粒子位置的不确定量与其动量的不确定量是互相制约的. 如果在某一方向上,粒子的位置越准确,即位置的不确定量越小,则该方向上动量的不确定量越大,反之亦然. 测不准关系式是粒子波粒二象性的必然结果,它表明,运动中的粒子不可能同时具有确定的位置和动量. 例如,在某一方向上(如 x 方向),它的位置"绝对准确"的确定($\Delta x = 0$),则同一时刻在该方向上动量的不确定度 $\Delta p_x \to \infty$,即该方向上 p_x 的变化范围在 $0\sim\infty$ 之间,p_x 也根本无确定值而言. 对自由粒子,具有一定的动量,当它沿 Ox 轴运动时,p_x 为常量,$\Delta p_x = 0$,由测不准关系式得 $\Delta x \to \infty$,这意味着该粒子被限制在 $x = -\infty$ 到 $x = +\infty$ 的直线中运动. 我们可以回答,任一时刻,粒子的动量是 p_x,而无法知道粒子的确切坐标.

【**例 13-4**】 一电子沿 Ox 轴正向运动,速度 $v_x = 200$ m/s,速度的不确定量为 $v_x 0.01\%$,计算电子坐标的不确定量 $\Delta x = ?$

解 根据测不准关系式

$$\Delta x\Delta p_x \geqslant h,$$

或

$$\Delta x m\Delta v_x \geqslant h,$$

所以 $\Delta x \geqslant \dfrac{h}{m\Delta v_x} = \dfrac{6.63\times10^{-34}}{9.1\times10^{-31}\times200\times0.01\%} = 3.2\times10^{-3}\ (\mathrm{m}) = 3.2\ (\mathrm{mm}).$

【**例 13-5**】 已知子弹的质量 $m = 0.01$ kg,沿 Ox 轴正方向运动,速率 $v_x = 200$ m/s,速度的不准确度为 $v_x \cdot 0.01\%$,估计子弹位置的不准确度.

解 动量的不准确度

$$\Delta p_x = \Delta(mv_x) = m\Delta v_x = mv_x\times0.01\%$$

$$= 0.01 \times 200 \times 0.01\% = 2.0 \times 10^{-4} (\text{kg} \cdot \text{m} \cdot \text{s}^{-1}).$$

由测不准关系式,位置不准确度

$$\Delta x \geqslant \frac{h}{\Delta p_x} = \frac{6.63 \times 10^{-34}}{2.0 \times 10^{-4}} = 3.3 \times 10^{-30} (\text{m}).$$

Δx 如此之小,在宏观看来,$\Delta x \to 0$,子弹完全有确定的位置,而 Δp_x 的数量级为 10^{-4},也是宏观范围内的无限小量,$\Delta p_x \to 0$. 因此,对宏观运动的物体,主要表现粒子性的一面,波动性的影响可忽略不计.

另外,注意到 $h \approx 10^{-34}$(数量级),对宏观运动的物体,$h \to 0$. 由测不准关系式知,Δx 和 Δp_x 可以同时为零,可以同时准确测出物体的位置和动量.

【例 13-6】 氢原子中的基态电子的速率大约是 10^8cm/s,电子位置的不准确量与原子的线度属同一数量级,即 $\Delta x \approx 10^{-8} \text{cm}$. 求电子速度的不确定量.

解 由 $\Delta x \Delta p_x = \Delta x \Delta(mv_x) = \Delta x m \Delta v_x \geqslant h$,

所以 $\quad \Delta v_x \geqslant \dfrac{h}{m \Delta x} = \dfrac{6.63 \times 10^{-34}}{9.1 \times 10^{-31} \times 10^{-10}} \approx 10^8 (\text{cm/s}).$

电子速度的不确定量与电子本身的速度同数量级. 这表明,微观体系中的粒子,有着显著的波粒二象性.

第四节 波函数 薛定谔方程

一、波函数

宏观物体的运动状态用它的位置和动量描述;微观体系中的粒子的位置和动量因为不能同时确定,其状态是用波函数来描写.

1. 波函数

在机械波中,当一列平面简谐波沿 Ox 轴正方向传播时,波方程为

$$y(x,t) = A\cos 2\pi \left(\nu t - \frac{x}{\lambda} \right), \tag{13-20}$$

复数式为

$$y(x,t) = A\mathrm{e}^{-\mathrm{i}2\pi \left(\nu t - \frac{x}{\lambda} \right)}, \tag{13-21}$$

式(13-20)是式(13-21)的实部.

一个沿 Ox 轴正向运动的自由粒子,具有一定的能量和动量. 由德布罗意关系式看出,与自由粒子相联系的物质波的频率 ν 和波长 λ 是恒定的,因此,自由粒子的波是单色波. 它的波动方程的形式与式(13-21)表述的形式相同. 具体表述自由粒子的波动方程为

$$\Psi(x,t) = \psi_0 \mathrm{e}^{-\mathrm{i}2\pi \left(\nu t - \frac{x}{\lambda} \right)}, \tag{13-22}$$

式中ψ_0是恒量,该式代表了一个振幅不变、处在$x = -\infty \sim x = +\infty$间的波函数.

考虑到在波动方程式中还应当体现粒子性的特征,即在表述中体现波动性特征量ν和λ与粒子性特征量E和p间的联系,使这种特殊的平面单色波既能揭示电子的波动性,又能揭示其粒子性,将$\nu = \dfrac{E}{h}$,$\lambda = \dfrac{h}{p}$代入(13-22)得

$$\Psi(x,t) = \psi_0 e^{-i2\pi\left(\frac{E}{h}t - \frac{p}{h}x\right)} = \psi_0 e^{\frac{i2\pi}{h}(px - Et)}. \tag{13-23}$$

$\Psi(x,t)$描述了能量为E、动量为p、具有波粒二象性的自由粒子的状态.$\Psi(x,t)$为自由粒子的**波函数**,ψ_0是波函数的振幅.

自由粒子的波函数是最基本最简单形式的波函数,形式上是一单色平面波.对于非自由粒子,如原子中的电子等,由于其运动规律的复杂性,其波函数要用更复杂的形式描写,它是空间和时间的函数,记为$\Psi(x,y,z,t)$.自然,对于处于不同情况下的微观粒子,描述其运动状态的波函数$\Psi(x,y,z,t)$的具体形式是不一样的.但是它们一般是复数函数.

2. 波函数的统计解释

到目前为止,尽管引入了用波函数描述粒子状态的新方法,但是,波函数的物理意义究竟是什么?

首先,把光的单缝衍射和电子的单缝衍射作一比较.在12.3节中,从光的波动性和光的粒子性两方面解释了光的单缝衍射的实验结果,得出的结论是,光子在某处出现的概率与该处光波的振幅的平方成正比,光的波动性是大量光子的统计平均行为.由13.3节知道,电子的单缝衍射花样与光的单缝衍射花样完全相同,由此不难理解,电子的粒子性和波动性间的内在关系与光的粒子性和波动性的内在关系是相似的.具体地说,在电子衍射实验中,照相底片上,物质波的波强度大的地方,波的振幅的平方值也大,说明落到这些地方的电子数目较多,或者讲,当一个电子穿过狭缝后,落到这些地方的概率大.而在波的强度为零的地方,找到电子的可能性为零.所以,微观粒子的波动性与其统计性规律密切联系着,而波函数所表示的则是概率波,它给出了微观粒子运动的统计描述.

在近代物理发展史上,波函数的统计解释最早是由玻恩在1926年提出的,从此,波和粒子的概念就获得了统一的理解.玻恩的统计解释表述为:实物粒子在某一时刻,在空间某点附近出现的概率正比于该时刻、该地点波函数振幅的平方.波函数一般用复数表示,而概率必须是正值,所以,波函数振幅的平方表示为波函数与其共轭复数之积,即

$$|\Psi|^2 = \Psi^* \Psi. \tag{13-24}$$

实物粒子在t时刻、在点$P(x,y,z,t)$附近小体元$\mathrm{d}\tau = \mathrm{d}x\mathrm{d}y\mathrm{d}z$内出现的概率可表示为

$$|\Psi(x,y,z,t)|^2\mathrm{d}x\mathrm{d}y\mathrm{d}z = \Psi^* \Psi \mathrm{d}\tau. \tag{13-25}$$

$|\Psi|^2 = \Psi^* \Psi$表示空间某点单位体积内粒子出现的概率,称为**概率密度**.将上式对

粒子可能出现的整个空间求积分,就求得在某一时刻 t,在整个空间内发现粒子的概率,其值为1,即

$$\iiint |\Psi(x,y,z,t)|^2 \mathrm{d}x\mathrm{d}y\mathrm{d}z = 1, \tag{13-26}$$

上式称为**归一化条件**.

　　由于粒子在空间出现的概率应为有限值和单一值,这就要求波函数应当是空间位置的有限、单值和连续的函数.如果不满足这些条件,它将不能给出正确的统计描述.对波函数的这些要求称为**标准条件**.

二、薛定谔方程

　　微观粒子的状态用波函数 Ψ 描写,而波函数所遵循的微分方程称为**薛定谔方程**.下面从自由粒子波函数出发,引入薛定谔方程.

　　能量为 E、动量为 p 的自由粒子的波函数

$$\Psi(x,t) = \psi_0 \mathrm{e}^{\mathrm{i}\frac{2\pi}{h}(px - Et)} = \psi(x)\mathrm{e}^{-\mathrm{i}\frac{2\pi}{h}Et}, \tag{13-27}$$

其中

$$\psi(x) = \psi_0 \mathrm{e}^{\mathrm{i}\frac{2\pi}{h}px}, \tag{13-28}$$

它是波函数中仅与空间坐标相关的部分.将该函数对 x 取二阶导数,得

$$\frac{\mathrm{d}^2\psi(x)}{\mathrm{d}x^2} = \left(\mathrm{i}\frac{2\pi}{h}p\right)^2 \psi_0 \mathrm{e}^{\mathrm{i}\frac{2\pi}{h}px} = -\frac{4\pi^2}{h^2}p^2\psi(x).$$

在非相对论情况下,自由粒子的能量 E 与动量 p 关系为

$$E = E_k = p^2/2m,$$

则上式可改写成

$$\frac{\mathrm{d}^2\psi(x)}{\mathrm{d}x^2} = -\frac{8\pi^2 m E_k}{h}\psi(x),$$

为一维空间中自由粒子的薛定谔方程.

　　对于非自由粒子,例如原子中的电子等,其薛定谔方程应取与上述相同的形式,此时,$\dfrac{p^2}{2m} = E - V$,式中 V 是仅与空间坐标有关的势能,则式(13-27)记为

$$\frac{h^2}{8\pi^2 m}\frac{\mathrm{d}^2\psi(x)}{\mathrm{d}x^2} + [E - V(x)]\psi(x) = 0, \tag{13-29}$$

该式称为**一维空间中运动粒子的定态薛定谔方程**.

　　如果粒子在三维空间中运动,则由上式可推广为

$$\frac{h^2}{8\pi^2 m}\left[\frac{\partial^2\psi(x,y,z)}{\partial x^2} + \frac{\partial^2\psi(x,y,z)}{\partial y^2} + \frac{\partial^2\psi(x,y,z)}{\partial z^2}\right] +$$

$$[E - V(x,y,z)]\psi(x,y,z) = 0, \tag{13-30}$$

　　上式为**一般情况下的定态薛定谔方程**.通过求解定态薛定谔方程,可以求得与空间位置相关的波函数 $\psi(x,y,z)$.利用式(13-27),可得含时间的波函数为

$$\Psi(x,y,z,t) = \psi(x,y,z)\mathrm{e}^{-\mathrm{i}\frac{2\pi}{h}Et}, \tag{13-31}$$

此时的概率密度

$$P = |\Psi(x,y,z,t)|^2 = |\psi(x,y,z)|^2, \tag{13-32}$$

P 与时间无关. $\psi(x,y,z)$ 所描写的是粒子在空间的一种稳定状态,此系统的状态称为定态,$\psi(x,y,z)$ 称为**定态波函数**.

应当指出,量子力学中的薛定谔方程与经典力学中的牛顿方程一样,不是由任何原理推导出来的,它的正确性只能由该方程得出的结论与实验结果进行比较来验证. 1926 年薛定谔方程提出后,很快被运用到原子及分子许多物理学领域中,并得出了与实验结果相符的结论,从事实上证明薛定谔方程反映了微观粒子的运动规律.

下面,通过一个简单的例子说明如何用定态薛定谔方程得到量子化的能量及定态波函数.

【例 13-7】 求一维无限深势阱中的粒子的波函数,并分析其能量的特征.

解 如图所示,设想一总能量为 E、质量为 m 的粒子处在势能为 V 的力场中,并沿 x 轴做一维运动,且势能分布规律为

$$V(x) = \begin{cases} 0, & 0 < x < a, \\ \infty, & x \le 0, x \ge a. \end{cases}$$

由于势能曲线的形状犹如一个深"陷阱",故称为势阱. 如金属中的自由电子,在金属表面附近受到金属内部力的作用,很难逸出金属表面,就可以用势阱模型来表述电子的势能分布.

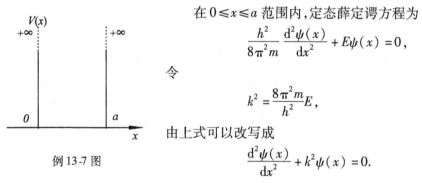

在 $0 \le x \le a$ 范围内,定态薛定谔方程为

$$\frac{h^2}{8\pi^2 m}\frac{\mathrm{d}^2\psi(x)}{\mathrm{d}x^2} + E\psi(x) = 0,$$

令

$$k^2 = \frac{8\pi^2 m}{h^2}E,$$

由上式可以改写成

$$\frac{\mathrm{d}^2\psi(x)}{\mathrm{d}x^2} + k^2\psi(x) = 0.$$

例 13-7 图

上式的通解为

$$\psi(x) = A\sin kx + B\cos kx,$$

式中 A、B 为两个常数.

考虑到阱壁无限高,粒子在 $x \le 0$ 和 $x \ge a$ 区域内无存在可能性,即 $\psi(x) = 0$. 根据波函数的连续性,在 $x = 0$ 处,$\psi(0) = 0$,所以 $B = 0$. 于是上述波函数化简为

$$\psi(x) = A\sin kx,$$

再利用 $x=a$ 处波函数的连续性 $\psi(a)=0$,即

$$\psi(a) = A\sin ka = 0.$$

只有 $\qquad ka = n\pi.$

式中,$n=1,2,3,\cdots$,得

$$E = n^2h^2/8ma^2 \quad (n=1,2,3,\cdots),$$

上式表明,粒子的能量是量子化的.

相邻能级间隔为

$$\Delta E = E_{n+1} - E_n = (2n+1)\frac{h^2}{8ma^2}.$$

当 m 和 a 均很小时,ΔE 的值较大,能量的分立性明显,这正是原子中电子的情况;若 m 和 a 较大,如宏观领域中的宏观粒子,$\Delta E \to 0$,则粒子能量变化就呈现连续性.

根据归一化条件

$$\int_0^a |\psi(x)|^2 dx = \int_0^a A^2\sin^2 kx\,dx = 1,$$

解得

$$A = \sqrt{\frac{2}{a}}.$$

于是,归一化的定态波函数为

$$\psi(x) = \sqrt{\frac{2}{a}}\sin\frac{n\pi}{a}x \quad (0 \leqslant x \leqslant a),$$

粒子在势阱中的概率密度分布函数为

$$p(x) = |\psi(x)|^2 = \frac{2}{a}\sin^2\frac{n\pi}{a}x.$$

由该式可知,粒子在阱内沿 x 方向不同点存在概率不同. 综上所述,通过求解定态薛定谔方程可以自然求得粒子一系列可能的状态,即定态波函数. 在一确定状态下,粒子有确定的能量及确定的概率分布.

【例 13-8】 一维运动的粒子,波函数为

$$\psi(x) = \begin{cases} 2\lambda^{3/2}xe^{-\lambda x} & (x \geqslant 0), \\ 0 & (x < 0), \end{cases}$$

式中 $\lambda > 0$. 求:

(1)概率密度分布规律;

(2)在何处发现粒子的概率密度最大.

解 (1)按波函数的物理意义,概率密度为

$$p(x) = |\psi(x)|^2 = \begin{cases} 4\lambda^3x^2e^{-2\lambda x}, & x \geqslant 0, \\ 0, & x < 0. \end{cases}$$

（2）由 $\dfrac{\mathrm{d}p(x)}{\mathrm{d}x}=0$ ，得

$$4\lambda^3 x^2(-2\lambda)\mathrm{e}^{-2\lambda x}+8\lambda^3 x\mathrm{e}^{-2\lambda x}=0,$$

整理后 $\qquad\qquad xe^{-2\lambda x}(1-\lambda x)=0,$

求得 $\qquad\qquad x_1=0,x_2=\infty,x_3=\dfrac{1}{\lambda}.$

在 $x_1=0$ 和 $x_2=\infty$ 处，$p(x)=0$，在 $x=\dfrac{1}{\lambda}$ 处 $p(x)$ 有极大值.

在量子力学中，另一个十分重要的模型是线性谐振子. 例如，双原子分子的振动、晶格里原子的振动等，在一定程度的近似下都可视为线性谐振子. 谐振子的势能表达式为

$$V(x)=\frac{1}{2}kx^2=\frac{1}{2}m\omega_0^2 x^2=2\pi^2 m\nu_0^2 x^2, \tag{13-33}$$

式中，m 是粒子的质量，ν_0 为谐振子的固有频率，ω_0 为固有圆频率. 谐振子的定态薛定谔方程为

$$-\frac{h^2}{8\pi^2 m}\frac{\mathrm{d}^2\psi(x)}{\mathrm{d}t^2}+(2\pi^2 m\nu_0^2 x^2)\psi(x)=E\psi(x). \tag{13-34}$$

求解上述定态薛定谔方程（过程从略），自然得出谐振子的能量表达式

$$E_n=\left(n+\frac{1}{2}\right)h\nu_0,\quad n=0,1,2,3,\cdots. \tag{13-35}$$

可见，在微观领域中的谐振子能量是量子化的. 普朗克在解释黑体辐射规律时，已应用了谐振子能量量子化的概念，只不过当时是人为的一种假设，而现在的结论完全是实物粒子具有波粒二象性属性的结果. 当 $n=0$ 时，谐振子的最小能态

$$E_0=\frac{1}{2}h\nu_0, \tag{13-36}$$

称为**零点能**. 量子力学认为，不存在静止的谐振子，即使处在最低能态，它仍然是运动的. 这一点已为分子光谱、低温超导等实验所证实.

第五节　氢原子的量子理论

一、氢原子的量子力学处理方法

玻尔的氢原子理论，对许多原子现象不能作出满意的解释，直到 20 世纪 20 年代量子力学的出现，人们才可真正全面地对原子中电子的运动状态有了科学的描述.

薛定谔方程的最初和最成功的应用就是由它精确地解出了氢原子的能级及电

子的定态波函数. 同时,通过求解定态薛定谔方程自然得出电子轨道角动量数值的量子化及电子轨道角动量空间方位的量子化,并由此解释了相关的实验事实.

氢原子中电子相对于原子核的势能

$$V(r) = -e^2/4\pi\varepsilon_0 r,$$

将 $V(r)$ 代入式(13-30),得电子的定态薛定谔方程

$$\frac{h^2}{8\pi^2 m}\left[\frac{\partial^2 \psi}{\partial x^2} + \frac{\partial^2 \psi}{\partial y^2} + \frac{\partial^2 \psi}{\partial z^2}\right] + \left[E + \frac{e^2}{4\pi\varepsilon_0 r}\right]\psi = 0. \qquad (13\text{-}37)$$

因为电子处在球对称的势场中,采用球坐标系求解较方便,为此将波函数 ψ 写成 r、θ、φ 的函数. 这时式(13-37)可写成

$$\frac{h^2}{8\pi^2 m}\left[\frac{1}{r^2}\frac{\partial}{\partial r}\left(r^2\frac{\partial}{\partial r}\right) + \frac{1}{r^2\sin\theta}\frac{\partial}{\partial \theta}\left(\sin\theta\frac{\partial}{\partial \theta}\right) + \frac{1}{r^2\sin^2\theta}\frac{\partial^2}{\partial \varphi^2}\right]\psi(r,\theta,\varphi)$$

$$+ \left(E + \frac{e^2}{4\pi\varepsilon_0 r}\right)\psi(r,\theta,\varphi) = 0. \qquad (13\text{-}38)$$

求解上述方程(从略),并考虑到波函数的有限、连续、单值等条件,得出如下结果.

1. 能量量子化

氢原子中的电子处在束缚态时,其能量

$$E_n = -\frac{me^4}{8\varepsilon_0^2 h^2 n^2}, \qquad (13\text{-}39)$$

其中,$n = 1,2,3,\cdots,n$ 称为**主量子数**. 不难看出,上式所给出的 E_n 与玻尔氢原子假设下导出的结果式(13-14)完全相同,后者是在经典理论加上量子化条件得出的,而现在是从求解薛定谔方程时自然得出的. 这又一次表明,能量量子化是粒子波粒二象性的必然结果.

2. 轨道角动量量子化

电子轨道角动量在经典力学的表示为 $L = mvr$,在量子力学中

$$L = \sqrt{l(l+1)}\frac{h}{2\pi}, \qquad (13\text{-}40)$$

其中,$l = 0,1,2,3,\cdots,(n-1)$,而 l 称为**角量子数**. 可见,轨道角动量量子化是量子理论的必然结果. 但是与玻尔假设的轨道角动量量子化的表述式(13-8)不同,此处 L 可以有零值.

对于一定的主量子数 n,l 共有 n 个可能的取值,l 值不同,也代表着电子不同的状态及能态. 在光谱学中常用 $s,p,d,f\cdots$ 字母分别代表 $l = 0,1,2,3,\cdots$ 时电子的状态,即 $l = 0$ 叫 s 态,$l = 1$ 叫 p 态$\cdots$. 对于一个主量子数 n 和角量子数 l 给定了的原子中的电子的状态,可用 (nl) 表示. 如对于 $n = 3,l = 0$ 的电子称为 $3s$ 电子;$n = 3$,$l = 2$ 的电子称为 $3d$ 电子.

3. 空间量子化

早在 1915—1916 年间,索末菲就在玻尔轨道的基础上提出了空间量子化的概

念,指出电子轨道角动量的空间取向只能取某些特定的方位,并成功地解释了谱线在强磁场中发生分裂的现象,在量子力学中,无须假定而自然得出. 轨道角动量 **L** 在某一方向的投影值

$$L_z = m_l \frac{h}{2\pi},\qquad(13.41)$$

$m_l = 0, \pm 1, \pm 2, \cdots \pm l, m_l$ 称为**磁量子数**. 上式表明了轨道角动量空间取向是分立的,是量子化的. 对于一定的角量子数 l, m_l 可取 $(2l+1)$ 个值,这表示角动量在空间的取向只有 $2l+1$ 种可能. 图 13-6 是 $l = 0,1,2$ 三种情况下电子轨道角动量空间量子化的情形.

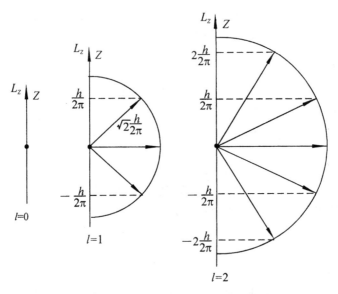

图 13-6　空间量子化示意图

4. 波函数

氢原子中核外电子定态波函数为 $\psi_{n,l,m_l}(r,\theta,\varphi)$. 一方面,它是空间坐标 (r,θ,φ) 的函数,另一方面该函数随 n、l、m_l 的取值不同,函数的具体形式也不同,电子也就处于不同的运动状态. $|\psi_{n,l,m_l}(r,\theta,\varphi)|^2$ 给出了电子处于由 (n,l,m_l) 决定的定态时在空间 (r,θ,φ) 各点出现的概率密度. 在 $0 < r < \infty$, $0 \le \theta \le \pi$, $0 \le \varphi \le 2\pi$ 的范围内,$\psi_{n,l,m_l}(r,\theta,\varphi)$ 是一个有限、单值、连续的函数,这表明,电子在空间处处有存在的概率. 为了形象地说明这种分布的情况,常使用"电子云"概念. 当然,电子并非真像"云"一样地弥散在各处,电子云只是表明电子在空间的概率分布,从而否定了轨道的概念.

二、电子自旋

为了解释钠原子光谱中的精细结构及一系列其他现象,1925 年,乌仑贝克和

哥什密特提出了电子自旋的假说,认为电子除了绕核运动外,还具有**自旋**. 自旋是电子的固有属性. 同轨道角动量 $L = \sqrt{l(l+1)}\dfrac{h}{2\pi}$ 形式相似,**自旋角动量** S 大小

$$S = \sqrt{s(s+1)}\frac{h}{2\pi}, \tag{13-42}$$

式中, s 是自旋量子数,取值为 $\dfrac{1}{2}$.

自旋角动量 S 在某一特定方向上的分量也是量子化的,可表示为

$$S_z = m_s \frac{h}{2\pi}, \tag{13-43}$$

$m_s = \pm\dfrac{1}{2}$, m_s 称为**自旋磁量子数**. m_s 取 $+\dfrac{1}{2}$ 和 $-\dfrac{1}{2}$ 表示电子两种不同的运动状态.

电子有轨道角动量 **L**,它也有轨道磁矩 $\boldsymbol{\mu} = -\dfrac{e}{2m}\boldsymbol{L}$. 1921 年施特恩和盖拉赫根据具有磁矩的磁体在不均匀磁场中运动时,受到磁力而发生偏转,偏转的方向与大小与磁矩在磁场中的指向有关的原理,设计了如图 13-7 所示的一个非均匀磁场. 让一束银原子通过来验证轨道角动量的空间量子化. 如果角动量是空间量子化的,银原子束通过这个磁场时应分裂成奇数束. 实验结果是看到分裂成了两束. 这说明角动量确实是空间量子化的. 但是直到 1925 年乌伦贝克和哥什密特提出电子自旋后,才解释了为什么分裂成了两束. 银原子是 47 号元素,核外的 47 个电子的轨道角动量的矢量和是零,自旋角动量只有两个取向,所以分裂成两束.

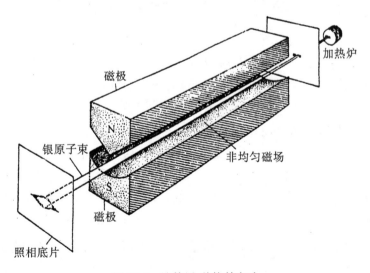

图 13-7 施特恩-盖拉赫实验

自旋是微观粒子的一个基本属性,继电子之后,在实验中又发现中子、质子以

及其他基本粒子都有自旋. 另外,自旋是量子概念,不能用经典力学的模型来描绘它.

综上所述,原子中电子的状态需要四个量子数才能完全确定.

(1)**主量子数** $n = 1,2,3,\cdots$,决定氢原子电子在原子中的能量

$$E_n = \frac{-me^4}{8\varepsilon_0^2 h^2 n^2}.$$

更普遍的情形是,一般原子中能量为 $E_{n,l}$,即电子的能量不仅与主量子数 n 有关,还与角量子数 l 有关.

(2)**角量子数** $l = 0,1,2,\cdots,n-1$,决定电子绕核运动的角动量

$$L = \sqrt{l(l+1)}\frac{h}{2\pi}.$$

(3)**磁量子数** $m_l = 0,\pm1,\pm2,\cdots\pm l$,决定电子绕核运动时角动量沿某一方向的分量

$$L_z = m_l \frac{h}{2\pi}.$$

(4)**自旋磁量子数** $m_s = \pm\frac{1}{2}$,决定自旋角动量沿某一方向的分量

$$S_z = m_s \frac{h}{2\pi}.$$

第六节　原子的壳层结构

前面已指出,原子中的电子状态用四个量子数 (n,l,m_l,m_s) 来描述. 根据电子壳层结构的理论,原子中核外电子按不同的量子状态分布在各壳层中. 壳层的划分和电子填入这些壳层的方式,还应遵从下列两条原理.

一、泡利不相容原理

泡利在分析了大量光谱实验结果的基础上于 1925 年指出,一个原子系统内,不可能有两个或两个以上的电子具有完全相同的量子状态,或者说,在同一原子中,找不出两个量子状态 (n,l,m_l,m_s) 完全相同的电子,这称为**泡利不相容原理**. 以基态氦原子为例,其两个核外电子都处于 $1s$ 态,二者的 (n,l,m_l) 均为 $(1,0,0)$,但是 m_s 的值不同,一个取 $+\frac{1}{2}$,而另一个取 $-\frac{1}{2}$,因而二电子的量子态分别表征为 $\left(1,0,0,+\frac{1}{2}\right)$ 和 $\left(1,0,0,-\frac{1}{2}\right)$. 这一结果已为大量实验所证实. 根据泡利不相容原理,能够计算出每一个壳层中所容纳的电子数.

从电子壳层结构观点看,主量子数 n 相同的电子分布在同一壳层上,可用 K, L, M, $\cdots$符号分别表示 $n = 1, 2, 3, \cdots$的壳层,这些壳层称为**主壳层**.而在同一主壳层上,由于 l 不同而形成一系列支壳层. $l = 0, 1, 2, \cdots$支壳层分别用小写字母 $s, p, d, \cdots$等表示.当 n 一定时, l 的可能值为 $0, 1, 2, \cdots, (n-1)$,共有 n 个;当 l 给定后, m_l 的可能值为 $0, \pm 1, \pm 2, \cdots, \pm l$,共有 $(2l+1)$ 个;当 n, l, m_l 都给定后,由于电子的自旋, m_s 又可取 $+\dfrac{1}{2}$ 和 $-\dfrac{1}{2}$ 两个值.因此,具有同一个 n 值的电子数最多为

$$N = \sum_{l=0}^{n-1} 2(2l+1) = 2\sum_{l=0}^{n-1} (2l+1) = 2n^2, \tag{13-44}$$

即每一个主壳层上最多能容纳 $2n^2$ 个电子.而对于确定的 l 的支壳层,最多可以有 $2(2l+1)$ 个电子.

二、能量最小原理

与一切物理现象一样,在原子中电子所占有的量子状态,总是使原子体系的能量尽可能为最低,这是因为能量最低的状态总是最稳定的,因此,电子首先占有能量最低的状态.在能量较低的状态被电子占有的情况下,新增加的电子只能占据较高的能态,能量相近的量子状态的电子,就自然形成了一个个电子壳层.

我们知道,能级基本上决定于主量子数 n, n 越小,能级基本上也越小,因此,一般情况下,电子首先填充到 n 小的主壳层.但是,由于电子的能量不仅与主量子数 n 有关,还与角量子数 l 有关,因此能级的次序与壳层中可能的位置有时并不一致.例如,钾的最后一个电子不去填充 $3d$ 支壳层的空位,而是填充到 $4s$ 支壳层上,原因是, $4s$ 态的能级比 $3d$ 态的能级低,这时填充的顺序应服从能量最小原理.

值得提及的是,早在 1868 年前后,化学家门捷列夫就发现了元素周期性,元素的物理性质和化学性质周期性地变化,然而无法解释这种周期性变化的内在原因.后来,玻尔等人在前人工作的基础上,提出了原子内部的电子按一定壳层排列的学说,然而,不能回答为什么各壳层上容纳的电子数不一样以及到底最多容纳多少电子.建立在泡利力学基础上的泡利不相容原理回答了这些问题.另外,按泡利不相容原理和能量最小原理,必定得出元素周期性排列的特点.因此,量子理论完全可以说明化学元素物理性质和化学性质周期性的变化.

*第七节　激光

激光是 20 世纪 60 年代初发展起来的一种新型光源.本节仅介绍激光产生的机理及其在科学技术中的应用.

一、受激吸收、自发辐射和受激辐射

原子中两个不同能级间产生的电磁辐射有三种.

1. 受激吸收

如图 13-8(a)所示,设想原子具有两个能级 E_1 和 E_2,E_1 是低能级,而 E_2 是高能级,$E_2 > E_1$. 当原来处于 E_1 能级的原子受到外来光子的照射,并且光子能量 $h\nu_{21} = E_2 - E_1$ 时,原子就可以吸收光子的全部能量,从 E_1 态跃迁到 E_2 态,这一过程叫**受激吸收**.

2. 自发辐射

如图 13-8(b)所示,处于高能态 E_2 的原子是不稳定的,在没有任何外界影响下,它们会自动地独立地返回到能量较低的状态 E_2,而辐射一个能量 $h\nu_{21} = E_2 - E_1$ 的光子. 对于大量的处于高能态 E_2 的原子来说,由于是各自独立地自发地发射光子,因而,由不同原子发射出的光子在运动方向、偏振态以及初相位都是不同的,它们不是相干光. 普通光源,如白炽灯或太阳发出的光,都是按照自发辐射的方式进行的.

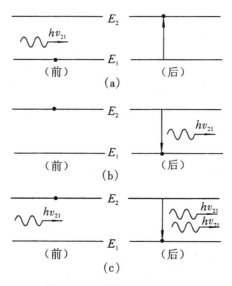

图 13-8 吸收与辐射示意图
(a)受激吸收;(b)自发辐射;(c)受激辐射

3. 受激辐射

当处在激发态 E_2 的原子,受到一个能量 $h\nu_{21} = E_2 - E_1$ 的光子的激发时,由 E_2 态向 E_1 态跃迁,辐射出一个与入射光子的性质和状态完全相同的光子,即二者具有相同的频率、相同的初相位、相同的偏振态和相同的传播方向.

在受激辐射过程中,输入一个光子,就可以获得两个完全相同的光子,再以这

两个光子诱发其他的原子产生受激辐射,从而产生四个光子. 以此类推,就能在一个入射光子的作用下,"雪崩式"地获得大量量子态完全相同的光子,这种现象称为**光放大**.

应该指出的是,当能量 $h\nu_{21} = E_2 - E_1$ 的光子束照射到原子上时,一方面会使一部分处于低能态 E_1 的原子吸收光子向高能态 E_2 跃迁,另一方面,会使一部分处于高能态 E_2 的原子被诱发向低能态跃迁而辐射光子. 一句话,受激吸收和受激辐射实际上是同时发生的,然而,两个过程至于哪一个占优势,与处在 E_1 态的原子数 N_1 和处在 E_2 态的原子数 N_2 二者的大小有关. 一般条件下,绝大多数原子处于能量较低的能态 E_1,因此 $N_1 \gg N_2$,受激辐射不明显. 要想使受激辐射占优势,必须使处于较高能态 E_2 上的原子数目 N_2 大于处于较低能态 E_1 上的原子数目 N_1,这种情况称为**粒子数反转**. 也就是说,只有处在粒子数反转的状态下,才会产生显著的受激辐射.

二、激光的产生

以常用的 He-Ne 激光器为例,说明激光的产生机理.

He-Ne 激光器的主要部分是一个气体放电管,管内充有 He 和 Ne 组成的混合气体. 在高频高压的激励下,处于基态的 He 原子在高速电子的撞击下激发到亚稳态(一种相对稳定的激发态),处于亚稳态的 He 原子与处于基态的 Ne 原子相碰撞,由于 Ne 原子有两个十分接近 He 原子的这两种亚稳态的能级 $5s$ 和 $4s$,通过碰撞,He 原子把能量传递给 Ne 原子,并把 Ne 激发到 $5s$、$4s$ 等激发态,而 He 原子又回到基态. 由于 Ne 原子的 $5s$、$4s$ 也是亚稳态,因而,在较短时间,使处于亚稳态的粒子数迅速增加,这样就形成了 Ne 原子的粒子数反转.

由 Ne 原子的亚稳态能级 $5s$、$4s$ 向低能态 $4p$、$3p$ 态跃迁时,辐射出波长为 632.8 nm、1 150 nm 和 3 390 nm 等波长的光,其中沿激光管轴向传播的光,经管的两端反射镜反射回管中,这些光子再激发其他处于亚稳态上的 Ne 原子,形成受激辐射,产生光放大,迅速沿轴向形成强光束. 在实验中,我们看到的橙红色 He-Ne 激光束,其波长为 632.8 nm.

三、激光的特性

与一般光源所发出的光相比较,激光具有如下一些主要特征.

1. 方向性好

激光光束的发散角很小,大约在毫弧度数量级. 若把一细的光束射到距地球约为 38 万 km 的月球,光束扩散的直径还不到 2 km.

2. 高亮度

激光在空间上能量集中. 一个能量为 1 mW 的 He-Ne 激光器发出的光的亮度比太阳光亮 100 倍,而一个高功率的红宝石激光器的光亮度比太阳表面的亮度高

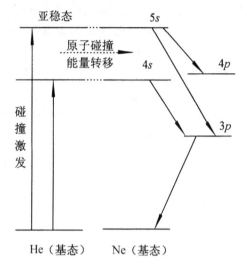

图 13-9 He-Ne 激光的产生过程

10^{10} 倍. 目前,大功率激光器输出功率可达几万瓦,脉冲输出功率的峰值可达 10^{16} W/cm^2.

3. 单色性好

由于谐振腔的选频作用,激光的谱线宽度很窄,如当 He-Ne 激光器输出波长为 632.8 nm 的激光时,谱线宽仅为 $\Delta\lambda < 10^{-8}$ nm,或 $\Delta\nu$ 约为 10^{-1} Hz. 而普通光源的谱线频宽 $\Delta\nu = 10^7 \sim 10^9$ Hz,可见激光的单色性比普通光源发出的光的单色性高 $10^8 \sim 10^{10}$ 倍.

4. 相干性好

由于激光带宽 $\Delta\lambda$ 很小,因而有很好的相干性. 如 He-Ne 激光的相干长度为 10 ~ 30 cm. 有的激光的相干长度可达上百千米.

正因为激光有上述的优良特性,所以它在科学和技术中得到广泛的应用. 从激光催种到激光分离同位素,从激光医疗手术、机械加工到激光引发热核聚变,从激光通信到激光准直、定位、制导等,几乎涉及所有科学技术领域. 可以预料,在 21 世纪,激光在高科技领域中将会发挥更大的作用.

本章小结

1. 氢原子光谱的规律性

广义巴尔末公式 $\tilde{\nu} = \dfrac{1}{\lambda} = R\left(\dfrac{1}{m^2} - \dfrac{1}{n^2}\right),$

式中 : $R = 1.096\ 776 \times 10^7\ \mathrm{m}^{-1}$ 称为里德堡常数 ; $m = 1, n = 2, 3, 4, \cdots$ 为赖曼系 ; $m = 2, n = 3, 4, 5, \cdots$ 为巴尔末系 ; $m = 3, n = 4, 5, 6, \cdots$ 为帕邢系.

2. 玻尔理论的基本假设

（1）稳定态假设. 原子系统处于一些不连续的能量状态 $E_1, E_2, E_3, \cdots$, 在这些状态中, 电子绕核运动, 但不辐射能量, 这些状态称为定态.

（2）轨道角动量量子化假设. 原子中的电子绕核做圆形轨道运动, 电子轨道角动量只能取下列分立值

$$L = n\frac{h}{2\pi}, n = 1, 2, 3, \cdots; n \text{ 称为量子数}.$$

（3）跃迁辐射与吸收假设. 当原子从一个稳定态跃迁到另一稳定态, 才会发生光的辐射或吸收, 其辐射或吸收的光的频率

$$\nu = |E_i - E_f|/h,$$

E_i 和 E_f 为初态和终态的能量值.

3. 玻尔理论的几个结论

（1）氢原子中电子的轨道半径量子化

$$r_n = n^2 \frac{\varepsilon_0 h^2}{\pi m e^2}, n = 1, 2, 3, \cdots.$$

（2）氢原子中电子能量量子化

$$E_n = -\frac{me^4}{8\varepsilon_0^2 h^2 n^2}, n = 1, 2, 3, \cdots.$$

（3）氢原子光谱规律

$$\text{频率 } \nu_{kn} = \frac{E_n - E_k}{h} = \frac{me^4}{8\varepsilon_0^2 h^3}\left(\frac{1}{k^2} - \frac{1}{n^2}\right),$$

$$\text{波数 } \tilde{\nu} = \frac{1}{\lambda} = \frac{\nu}{c} = \frac{me^4}{8\varepsilon_0^2 h^3 c}\left(\frac{1}{k^2} - \frac{1}{n^2}\right).$$

4. 实物粒子的波粒二象性

实物粒子既有粒子性也有波动性.

粒子的能量　　　$E = mc^2 = h\nu.$

粒子的动量　　　$p = mv = h/\lambda.$

5. 测不准关系式

由于实物粒子的波粒二象性, 不可能同时具有确定的位置和动量, 任意时刻粒子的位置和动量的不确定量间关系为

$$\begin{cases} \Delta x \Delta p_x \geq h, \\ \Delta y \Delta p_y \geq h, \\ \Delta z \Delta p_z \geq h. \end{cases}$$

6. 自由粒子的波函数

具有波粒二象性的自由粒子的状态用波函数描述,有

$$\Psi_{(x,t)} = \psi_0 e^{i\frac{2\pi}{h}(px-Et)},$$

式中,ψ_0 是波函数的振幅,p 和 E 表示粒子的动量和能量.

7. 定态薛定谔方程

$$\frac{h^2}{8\pi^2 m}\frac{d^2\psi(x)}{dx^2} + [E - V(x)]\psi(x) = 0,$$

式中,m 是粒子的质量,E 是粒子的总能量,$V(x)$ 是粒子在外力场中的势函数.

8. 氢原子的量子理论,四个量子数

(1)能量量子化 $E_n = -\dfrac{me^4}{8\varepsilon_0^2 h^2 n^2}$, $n = 1,2,3,\cdots n$ 称为主量子数.

(2)轨道角动量量子化 $L = \sqrt{l(l+1)}\dfrac{h}{2\pi}$, $l = 0,1,2,\cdots n-1$ 称角量子数.

(3)空间量子化 $L_z = m_l\dfrac{h}{2\pi}$, $m_l = 0,\pm1,\pm2,\cdots l$ 称磁量子数.

(4)电子自旋角动量在外磁场方向的分量量子化 自旋角动量

$$S = \sqrt{s(s+1)}\frac{h}{2\pi}, \quad s = \frac{1}{2}, s \text{ 称自旋量子数.}$$

S 在外磁场方向分量 $S_z = m_s\dfrac{h}{2\pi}$, $m_s = \pm\dfrac{1}{2}$, m_s 称自旋磁量子数.

思 考 题

13-1 试说明玻尔理论的成功与不足.

13-2 氢原子的电离能是多少?

13-3 通常观测到的谱线,是某一原子发出的,还是大量原子发出的?

13-4 说明主量子数、轨道角量子数、轨道磁量子数及自旋磁量子数的物理含义.

13-5 物质波与机械波、电磁波有何异同?

13-6 波函数的标准条件与归一化的物理实质是什么?

13-7 为什么微观粒子遵守测不准关系?

13-8 推导一维无限深势阱中的粒子的波函数及概率分布式.

13-9 主量子数 $n=4$ 的量子态,角量子数 l 的可能取值是多少?磁量子数 m_l 的可能取值为多少?其角动量可能取什么值?其角动量在 Z 轴上的分量可能取什么值?自旋磁量子数可能取什么值?

习 题

13-1 按照玻尔理论,当氢原子处于基态时,轨道半径与轨道角动量各是多少?

13-2 当氢原子从 $n=4$ 的激发态跃迁到 $n=3$ 的激发态时,辐射出的光的频率是多少?

13-3 氢原子中的电子处在 $n=2$ 的激发态,若想把氢原子电离,需要多大的能量?

13-4 试证明氢原子稳定轨道上恰好能容纳下整数个电子的德布罗意波长.

13-5 动能为 12.5 eV 的电子与处于基态的氢原子碰撞,使氢原子激发,问氢原子可处的最高激发态. 当氢原子从激发态向低能态跃迁时,能产生哪些谱线?

13-6 处于基态的氢原子被外来单色光激发后,观察到仅两条属于巴尔末系的谱线. 试求这两条谱线的波长以及外来光的频率.

13-7 试证明:当 n 很大时,电子由 $n+1$ 的稳定态跃迁到 n 的稳定态辐射出的光的频率等于电子在 n 稳定态下的转动频率.

13-8 设质子的动能为 1 eV,它的德布罗意波长是多少?

13-9 已知自由电子的德布罗意波长为 0.1 nm,试求它们的速度和动能.

13-10 电子在磁感强度 $B=2\times10^{-3}$ T 的横向均匀磁场中沿半径 $R=0.5$ cm 的圆周运动,求该电子的德布罗意波长?

13-11 一电子以速度 $v=6\,000$ km/s 运动,射到场强 $E=5$ V/cm 的纵向均匀加速电场中,当电子的波长 $\lambda=0.1$ nm 时,电子在电场中飞行了多长距离?

13-12 证明:如果粒子位置的不确定量等于其德布罗意波长,则它的速度的不确定量不小于其速度.

13-13 质量为 m 的电子,经加速电压 V 加速后,穿过缝宽为 a 的狭缝,在照相底片上形成电子衍射花样. 设狭缝到底片距离为 d,估计中央衍射条纹的宽度.

13-14 氢原子中的电子处在 $3d$ 态,求电子的能量、角动量以及角动量在 z 方向上的可能值.

13-15 求一维无限深势阱中粒子处在 n 与 $n+1$ 的态间能级差,画出 $n=2$ 时,粒子沿 Ox 轴的概率分布图.

量子物理基础同步练习

一、选择题

1. 所谓绝对黑体,就是( ).

A. 不吸收不反射任何光的物体   B. 不反射不辐射任何光的物体

C. 不辐射而能全部吸收所有光的物体   D. 不反射而能全部吸收所有光的物体

2. 已知某单色光照射到一金属表面产生了光电效应,若此金属的逸出电势是 u_0(使电子从金属逸出需做功 eu_0),则此单色光的波长 λ 必须满足( ).

A. $\lambda \leqslant \dfrac{hc}{eu_0}$ B. $\lambda \geqslant \dfrac{hc}{eu_0}$ C. $\lambda \leqslant \dfrac{eu_0}{hc}$ D. $\lambda \geqslant \dfrac{eu_0}{hc}$

3. 已知一单色光照射在钠表面上,测得光电子的最大动能是 1.2 eV,而钠的红限波长是 540 nm,那么入射光的波长是( ).

A. 535 nm   B. 500 nm   C. 435 nm   D. 355 nm

4. 用绿光照射某金属时有电子逸出,若改用强度相同的紫光照射,则逸出的光电子( ).

A. 数量增大初动能减小　　　　　　B. 数量减小但初动能增大

C. 数量增大但初动能不变　　　　　　D. 数量不变但初动能增大

5. 在康普顿散射中,如果设反冲电子的速度为光速的 60%,则因散射使电子获得的能量是其静止能量的( ).

A. 2 倍　　　　B. 1. 5 倍　　　　C. 0. 5 倍　　　　D. 0. 25 倍

6. 设用频率为 ν_1 和 ν_2 的两种单色光,先后照射同一种金属均能产生光电效应,已知金属的红限频率为 ν,测得两次照射的遏止电势差 $|U_2| = 2|U_1|$,则这两种单色光的频率有如下关系:( ).

A. $\nu_2 = \nu_1 - \nu$　　B. $\nu_2 = \nu_1 + \nu$　　C. $\nu_2 = 2\nu_1 - \nu$　　D. $\nu_2 = \nu_1 - 2\nu$

7. 具有下列哪一能量的光子,能被处于 $n = 2$ 的能级的氢原子吸收? ( )

A. 1. 51 eV　　　B. 1. 89 eV　　　C. 2. 16 eV　　　D. 2. 40 eV

8. 由氢原子理论知,当大量氢原子处于 $n = 3$ 的激发态时,原子跃迁将发出( ).

A. 一种波长的光　　B. 两种波长的光　　C. 三种波长的光　　D. 连续光谱

9. 电子显微镜中的电子从静止开始通过电势差为 U 的静电场加速后,其德布罗意波长为 0. 04 nm,则 U 约为( ).

A. 150 V　　　　B. 330 V　　　　C. 630 V　　　　D. 940 V

10. 已知粒子在一维矩形无限深势阱中运动,其波函数为 $x(x) = \dfrac{1}{\sqrt{a}}\cos\dfrac{3\pi x}{2a}$ ($-a \leqslant x \leqslant a$),那么粒子在 $\dfrac{5}{6}a$ 处出现的概率密度为( ).

A. $1/(2a)$　　　　B. $1/a$　　　　C. $1/\sqrt{2a}$　　　　D. $1/\sqrt{a}$

二、填空题

1. 黑体在某一温度时的辐出度为 5. 67 W·cm^{-2},则这时该黑体单色辐出度具有最大值之波长 $\lambda_m = $ _____.

2. 波长 $\lambda = 497.3$ nm 的平行单色光垂直照射一平面,已知光强为 2 W·m^{-2},则每秒落在 1 m^2 面积上的光子数约为_____.

3. 某金属的逸出功为 2. 0 eV,若用波长为 360 nm 的光照射到该金属的表面上,则逸出光电子的最大初动能为_____ eV.

4. 钨的红限波长是 230 nm(1 nm $= 10^{-9}$ m),用波为 180 nm 的紫外光照射时,从表面逸出的电子的最大动能为_____ eV.

5. 康普顿散射中,当散射光子与入射光子方向成夹角 $\phi = $ _____时,散射光子的频率小得最多;当 $\phi = $ _____时,散射光子的频率与入射光子相同.

6. 氢原子在第四轨道上运动的电子的德布罗意波长 $\lambda = $ _____,电子在该轨道上一圈内有_____波.

7. 描述粒子运动的波函数为 $\psi(r,t)$,则 $\psi\psi^*$ 表示_____;$\psi(r,t)$ 需要满足的条件是_____;其归一化条件是_____.

8. 一维无限深方势阱宽度为 a,粒子的波函数为 $\psi(x) = \sqrt{\dfrac{2}{a}}\sin\dfrac{2\pi}{a}x$,$0 < x < a$ 则发现粒子概率最大的位置是_____.

9. 当主量子数 $n=3$ 时,副量子数 l 可能有的值是_____;当副量子数 $l=2$ 时,磁量子数 m_l 可能有的值是_____.

10. 在氢原子的 K 壳层中 $n=1$,电子可能具有的各量子数(n,l,m_l,m_s)是_____.

三、计算题

1. 以波长 $\lambda=410$ nm 的单色光照射某一金属,产生的光电子的最大动能 $E_K=1.0$ eV,求能使该金属产生光电效应的单色光的最大波长是多少?（普朗克常量 $h=6.63\times10^{-34}$ J·s.）

2. 波长 $\lambda_0=0.070\,8$ nm 的 X 射线在石蜡上受到康普顿散射,在 $\dfrac{\pi}{2}$ 和 π 方向上所散射的 X 射线波长各是多大?

3. 试计算氢原子光谱的巴耳末谱线系中最长波长和最短波长的数值.

4. 处于基态的氢原子被外来单色光激发后发出的光仅有三条谱线,问此外来光的频率为多少?（里德伯常量 $R=1.097\times10^7$ m^{-1}.）

5. 一束带电粒子经 206 V 的电势差加速后,测得其德布罗意波长为 0.002 nm,已知这带电粒子所带电量与电子电量相等,求这粒子的质量.

6. 原子中占满一个 d 分壳层$(l=2)$的最多电子数是多少? 它们的磁量子数分别是多少?

附录　常用物理基本常数表

名　　称	符号	最佳实验值	供计算用的值
真空中光速	c	$299\ 792\ 458 \pm 1.2$ m/s	3.00×10^8 m/s
引力常数	G_0	$(6.672\ 0 \pm 0.004\ 1) \times 10^{-11}$ m^3/(s$^2 \cdot$ kg)	6.67×10^{-11} m^3/(s$^2 \cdot$ kg)
阿伏伽德罗常数	N_0	$(6.022\ 045 \pm 0.000\ 031) \times 10^{23}$/mol	6.02×10^{23}/mol
摩尔气体常数	R	$(8.314\ 4 \pm 0.000\ 26)$ J/(mol $\cdot$ K)	8.31 J/(mol $\cdot$ K)
玻耳兹曼常数	k	$(1.380\ 662 \pm 0.000\ 044) \times 10^{-23}$ J/K	1.38×10^{-23} J/K
基本电荷	e	$(1.602\ 189\ 2 \times 0.000\ 004\ 6) \times 10^{-19}$ C	1.602×10^{-19} C
原子质量单位	u	$(1.660\ 565\ 5 \pm 0.000\ 008\ 6) \times 10^{-27}$ kg	1.66×10^{-27} kg
电子静止质量	m_e	$(9.109\ 534 \pm 0.000\ 047) \times 10^{-31}$ kg	9.11×10^{-31} kg
质子静止质量	m_p	$1.672\ 648\ 5 \pm 0.000\ 008\ 6 \times 10^{-27}$ kg	1.673×10^{-27} kg
中子静止质量	m_n	$(1.674\ 954\ 3 \pm 0.000\ 008\ 6) \times 10^{-27}$ kg	1.675×10^{-27} kg
真空电容率	ε_0	$8.854\ 187\ 818 \pm 0.000\ 000\ 071) \times 10^{-12}$ F/m	8.85×10^{-12} F/m
真空磁导率	μ_0	$12.566\ 370\ 614\ 4 \times 10^{-7}$ H/m	$4\pi \times 10^{-7}$ H/m
电子磁矩	μ_e	$(9.284\ 832 \pm 0.000\ 036) \times 10^{-24}$ J/T	9.28×10^{-24} J/T
玻尔半径	a_0	$(5.291\ 770\ 6 \pm 0.000\ 004\ 4) \times 10^{-11}$ m	5.29×10^{-11} m
普朗克常数	h	$(6.626\ 176 \pm 0.000\ 036) \times 10^{-34}$ J $\cdot$ s	6.63×10^{-34} J $\cdot$ s

习题参考答案

第一章

1-1 （1）$3t^2 + 20t - 5$；$6t + 20$；（2）-5 m/s，-0.61 m；

（3）38 m，47 m/s，32 m/s²；（4）38 m，39.2 m，19 m/s，19.6 m/s，26 m/s².

1-2 （1）$R\cos(\omega t^2)\boldsymbol{i} + R\sin(\omega t^2)\boldsymbol{j}$；

（2）$2R\omega t[-\sin(\omega t^2)\boldsymbol{i} + \cos(\omega t^2)\boldsymbol{j}]$，

$2R\omega\{[-\sin(\omega t^2) - 2R\omega t^2\cos(\omega t^2)]\boldsymbol{i} + [\cos(\omega t^2) - 2R\omega t^2\sin(\omega t^2)]\boldsymbol{j}\}$；

（3）$x^2 + y^2 = R^2$，圆周运动；（4）$4R\omega^2 t^2$.

1-3 0.5 s.

1-4 -8 m/s，-16 m/s².

1-5 2 m/s²，32 m/s².

1-6 （1）8 m，7.2 m；（2）5 m/s，1 m/s²，5 m/s².

1-7 9.0 rad/s.

1-8 526 N.

1-9 50 m/s.

1-10 （1）$mv_0/(m + kv_0 t)$；（2）$\dfrac{m}{k}\ln\dfrac{m + kv_0 t}{m}$.

1-11 略.

1-12 （1）27 J；（2）2.28 m/s.

1-13 （1）$\dfrac{1}{a}\left(\dfrac{1}{\sqrt{2}} - \dfrac{1}{\sqrt{5}}\right)$；（2）$\sqrt{v_0^2 + \dfrac{2}{ma}\left(\dfrac{1}{\sqrt{2}} - \dfrac{1}{\sqrt{5}}\right)}$.

1-14 （1）$\dfrac{GMm}{R_1} - \dfrac{GMm}{R_2}$；（2）$\dfrac{GMm}{R_2} - \dfrac{GMm}{R_1}$；（3）$\sqrt{v_0^2 + \dfrac{2GM}{R_2} - \dfrac{2GM}{R_1}}$.

1-15 （1）$\dfrac{1}{2}kx_1^2 - \dfrac{1}{2}kx_2^2$；（2）$\sqrt{v_0^2 + \dfrac{k}{m}(x_1^2 - x_2^2)}$，$\sqrt{x_1^2 + \dfrac{m}{k}v_0^2}$.

1-16 （1）$\dfrac{1}{2}k(x_2 - x_1)^2 - \dfrac{1}{2}kx_1^2$，$mgx_2\sin\theta$；（2）$\dfrac{1}{2}k(x_2 - x_1)^2 - \dfrac{1}{2}kx_1^2 + mgx_2\sin\theta$.

1-17 33.8 J.

1-18 64.5 N·s.

1-19 10.2 m/s.

1-20 $5\boldsymbol{i} + 3.6\boldsymbol{j}$（m/s）.

1-21 0.71.

1-22 $v - \dfrac{m}{M+m}u$，v，$v + \dfrac{m}{M+m}u$.

1-23 （1）0.5 J；（2）1 m/s；（3）100 m/s.

1-24 8.16×10^3 m/s.

第二章

2-1 (1) 5π rad/s^2;(2)420.

2-2 $0.8\omega_0$.

2-3 (1) 10 rad,16 rad/s,8 rad/s^2;(2) 8 m/s^2,256 m/s^2;(3) 2.87 rad.

2-4 6.28 s.

2-5 (1) $\dfrac{mgR}{I+mR^2}$,$\dfrac{mgR^2}{I+mR^2}$,$\dfrac{Img}{I+mR^2}$;(2) $\sqrt{\dfrac{2mgh}{I+mR^2}}$,$R\sqrt{\dfrac{2mgh}{I+mR^2}}$.

2-6 22.6 rad/s,15.1 N,10.9 N.

2-7 5 s.

2-8 $\dfrac{mv}{\left(\dfrac{1}{2}M+m\right)R}$.

2-9 8.88 rad/s,96.7°.

2-10 15.0 rad/s.

2-11 394 rad.

2-12 0.164 m/s.

第三章

3-1 $-\dfrac{1}{2}$.

3-2 (1) 4m/s;(2) 2.77×10^8 m/s.

3-3 3.25×10^8 s,5.85 m.

3-4 0.816 c,0.707 m.

3-5 50.25 s,1.48×10^{10} m.

3-6 (1)6.67×10^{-8} s;(2)199 m,6.67×10^{-7} s;(3)3×10^8m/s,光速不变.

3-7 -5.77×10^{-9} s.

3-8 (1)0.95 c;(2)4 s.

3-9 0.866 c.

3-10 (1)5×10^{-3} m_0c^2,4.79 m_0c^2.

3-11 2.78×10^{-12} J.

3-12 (1)0.801 c;(2)94.0 MeV;(3)1.67;(4)1.34.

第四章

4-1 0.24%.

4-2 0.052%.

4-3 483 m/s,446 m/s,395 m/s.

4-4 2 000 m/s.

4-5 3.42%.

4-6 6.17×10^{-21}J,3.10×10^2 J.

4-7 2.45×10^{25}/m^3,5.32×10^{-26} kg,1.30 kg/m^3,6.21×10^{-21} J.

4-8 6.21×10^{-21} J, 4.14×10^{-21} J.

4-9 8.28×10^{-21} J, 8.28×10^{-21} J.

4-10 4 869 J.

4-11 2.34×10^4 J.

4-12 (1) 7.75×10^9 Hz, 5.88×10^{-8} m; (2) 1.02×10^2 Hz, 4.42 m.

4-13 (1) 3.33×10^{28}个/s; (2) 1.2×10^{-23} kg·m/s; (3) 4×10^5 Pa.

4-14 2.08×10^3 J.

第五章

5-1 250 J.

5-2 -545 J, -545 J.

5-3 (1) 2 304 J; (2) 5 760 J; (3) 8 064 J.

5-4 167 J, 167 J.

5-5 -1.75×10^5 J, 1.75×10^5 J.

5-6 6×10^2 J, 0, 6×10^2 J.

5-7 10.5%.

5-8 (1) 625 J; (2) 1 875 J.

5-9 93 K.

5-10 (1) -1 247 J, 1 163 J; (2) -416 J.

5-11 (1) 117 K; (2) 8.37×10^4 J.

第六章

6-1 略.

6-2 轨迹是圆心在中点, 半径为 $\frac{\sqrt{2}}{2}a$ 的圆周.

6-3 (1) 4.50×10^4 N/C; (2) 2.54×10^5 N/C.

6-4 (1) $\dfrac{\lambda}{2\pi\varepsilon_0(x-a)} - \dfrac{\lambda}{2\pi\varepsilon_0 x}$; (2) $\dfrac{\lambda^2}{2\pi\varepsilon_0 a}$.

6-5 $\dfrac{\lambda}{2\pi\varepsilon_0 R}$.

6-6 略.

6-7 $\dfrac{\rho r}{2\varepsilon_0}, \dfrac{\rho R^2}{2\varepsilon_0 r}$.

6-8 3 m, 2.0×10^{-7} C.

6-9 3.12×10^4 V, 7.93×10^4 V.

6-10 $\dfrac{3Q}{8\pi\varepsilon_0 R} - \dfrac{Qr^2}{8\pi\varepsilon_0 R^3}, \dfrac{Q}{4\pi\varepsilon_0 r}$.

6-11 $\dfrac{\sigma}{\varepsilon_0}, \dfrac{\sigma d}{\varepsilon_0}$.

6-12 $\dfrac{\sigma}{\varepsilon_0\varepsilon_r}, \dfrac{\sigma d}{\varepsilon_0\varepsilon_r}$.

6-13 (1) 2.52×10^6 m/s; (2) 2.30×10^6 m/s;

(3)6×10^3 V/m,从栅极指向阴极;250 V/m 从栅极指向阳极;

(4)1.05×10^{15} m/s^2,指向栅极;4.4×10^{13} m/s^2,指向栅极.

6-14   (1) -10^{-8} C,10^{-8} C;(2)0,10^{-8}C;(3)0,0.

6-15   略.

6-16 -1.0×10^{-7} C,-2.0×10^{-7} C,2.3×10^3 V.

6-17   略.

6-18   (1) 10^6 V,0.5 J;(2) 增加 0.5 J.

第七章

7-1 $\dfrac{\mu_0 I}{4\pi r}(2 + \pi)$.

7-2   略.

7-3   (1)略;(2)$\dfrac{\mu_0 aI}{\pi(a^2 + x^2)}$;(3)$\dfrac{\mu_0 I}{\pi a}$;(4)$8 \times 10^{-6}$ T.

7-4 3.67×10^{-8} Wb.

7-5 $-BS\cos\theta$.

7-6   (1) $\dfrac{\mu_0 I}{2\pi r}$;(2) $\dfrac{\mu_0 Ir}{2\pi R_1^2}$;(3) $\dfrac{\mu_0 I(R_3^2 - r^2)}{2\pi r(R_3^2 - R_2^2)}$;(4) 0.

7-7 8×10^{-5} N.

7-8 3.15×10^{-5} N,3.15×10^{-5} N,8×10^{-5} N,3.64×10^{-5} N.

7-9   (1)3.6×10^{-6} N·m;(2)0;(3)$3.6 \times 10^{-6}\sin\theta$.

7-10   (1) 102 V;(2) 5.0×10^{-3} T.

7-11 $\dfrac{NI}{2\pi R}$,$\dfrac{\mu_0\mu_r NI}{2\pi R}$.

7-12   4 775.

7-13   (1) 2.842×10^4;(2) 1.78×10^4 m.

7-14   35 000 A/m,0.044 T.

第八章

8-1 $19.7\sin(20\pi t)$,19.7 V.

8-2   1 026 V.

8-3 7.89×10^{-2} V.

8-4 3.03×10^{-4} V.

8-5   3.14 A.

8-6 4.40×10^7 m/s^2.

8-7   略.

8-8   (1) $\dfrac{\mu_0 lk}{2\pi}\ln\dfrac{b+l}{b}$,$\dfrac{\mu_0 lk}{2\pi R}\ln\dfrac{b+l}{b}$;(2) $\dfrac{\mu_0 l^2 k}{2\pi R}\ln\dfrac{b+l}{b}\left(\dfrac{\mu_0 kt}{2\pi b} - \dfrac{\mu_0 kt}{2\pi(b+l)}\right)$.

8-9   (1) $\dfrac{aB_0 A}{R}e^{-at}$;(2) 扩张;(3) $\dfrac{B_0 A}{R}$;(4) $\dfrac{aB_0^2 A^2}{2R}$.

8-10   (1)1A;(2)1J.

8-11　1.26×10^{-4}H.

8-12　(1) idt/S;(2) idt/S;(3)略.

第九章

9-1　8π rad/s,4 Hz,$\dfrac{1}{4}$ s,0.02 m,$\dfrac{\pi}{4}$.

9-2　略.

9-3　(1) 0;(2) $-\dfrac{\pi}{2}$;(3) $\pi/3$.

9-4　$x = 0.02\cos\left(\dfrac{\pi}{12}t - \dfrac{2\pi}{3}\right)$.

9-5　$\dfrac{2}{3}$ s.

9-6　(1) $\dfrac{1}{2\pi}\sqrt{\dfrac{k_1 + k_2}{m}}$;(2) $\dfrac{1}{2\pi}\sqrt{\dfrac{k_1 \cdot k_2}{m(k_1 + k_2)}}$.

9-7　(1) $x = 10.6\cos\left(10t - \dfrac{\pi}{4}\right)$(cm);(2) $x = 10.6\cos\left(10t + \dfrac{\pi}{4}\right)$(cm).

9-8　0.20 m,0.99 m/s.

9-9　$2\pi\sqrt{\dfrac{a}{2g}}$,$\dfrac{1}{2\pi}\sqrt{\dfrac{2g}{a}}$.

9-10　$2\pi\sqrt{\dfrac{m}{2S\rho g}}$.

9-11　(1) 6.64 N,12.96 N;(2) 0.062 m.

9-12　0.031 m.

9-13　(1) 4.2 s;(2) $x = 0.02\cos\left(1.5t + \dfrac{3}{2}\pi\right)$;(3) -9×10^{-4} N.

9-14　$2\pi\sqrt{\dfrac{M + m}{k}}$,$\sqrt{\dfrac{M}{M + m}}A_0$.

9-15　$2\pi\sqrt{\dfrac{I + mR^2}{kR^2}}$.

9-16　略.

9-17　略.

9-18　略.

9-19　1 cm,$\dfrac{\pi}{6}$.

9-20　$0.261\cos(\pi t + 0.755)$(SI).

9-21　5 cm, $-82°47'$.

9-22　$0.01\cos\left(\pi t + \dfrac{\pi}{2}\right)$(SI)

9-23　(256 ± 2.5)Hz

第十章

10-1 0. 25 m,125 rad/s,19. 9 Hz,5. 02 $\times 10^{-2}$ s,338 m/s. 16. 9 m

10-2 (1) 0,2π;(2) π.

10-3 (1) $y_0 = 0.05\cos\left(200\pi t - \dfrac{\pi}{2}\right)$(SI);(2) $y = 0.05\cos\left((200\pi t - \dfrac{\pi}{2}x - \dfrac{\pi}{2}\right)$(SI).

10-4 $\dfrac{\pi}{2}, 0, -\dfrac{\pi}{2}, -\pi, -\dfrac{3}{2}\pi$.

10-5 (1) $y_0 = 0.02\cos\left(\dfrac{\pi}{2}t - \dfrac{\pi}{2}\right)$(SI);(2) $y = 0.02\cos\left[\dfrac{\pi}{2}\left(t - \dfrac{x}{5}\right) - \dfrac{\pi}{2}\right]$(SI).

10-6 $y = A\cos\left(\omega t - \dfrac{2\pi x}{\lambda} + \pi\right)$.

10-7 $y = 0.03\cos\left\{1.6\pi\left[(t-1) - \dfrac{x}{500}\right] + \dfrac{\pi}{2}\right\}$(SI).

10-8 (1) $y_0 = 0.03\cos\left(\dfrac{2}{5}\pi t + \dfrac{\pi}{2}\right)$(SI);(2) $y = 0.03\cos\left[2\pi\left(\dfrac{t}{5} - \dfrac{x}{0.4}\right) + \dfrac{\pi}{2}\right]$(SI);

(3) $y_P = 0.03\cos\left(\dfrac{t}{5} - \dfrac{3}{2}\pi\right)$(SI).

10-9 (1)$y_1 = 0.05\cos(200\pi t - 299\pi), y_2 = 0.05\cos(200\pi t - 500\pi)$;(2)$y_3 = 0$.

10-10 S_1 外侧 $A = 0, S_2$ 外侧 $A = 2A_0$.

10-11 -2 m,0,2 m.

10-12 $x = \dfrac{1}{2}(x_0 + k\lambda), (0 \leqslant x \leqslant x_0), x = \dfrac{1}{2}x_0 + \dfrac{1}{4}(2k+1)\lambda$.

10-13 $y = 4A\cos 2\pi\nu t$.

10-14 (1) $y = A\cos\left[2\pi\left(\dfrac{t}{T} - \dfrac{x}{\lambda}\right) + \pi\right]$;(2) $y = 2A\cos\left(2\pi\dfrac{t}{T} + \dfrac{\pi}{2}\right)\cos\left(2\pi\dfrac{x}{\lambda} - \dfrac{\pi}{2}\right)$.

10-15 (1) $y = -2A\cos\omega t$;(2) $v = +2A\omega\sin\omega t$.

10-16 $y_2 = A\cos\left[2\pi\left(\nu t + \dfrac{x}{\lambda}\right) + \pi\right]$ 或 $y_2 = A\cos\left[2\pi(\nu t + \dfrac{x}{\lambda}) - \pi\right]$.

10-17 略.

10-18 $B_m = 8.0 \times 10^{-13}$ T,$\overline{P} = 7.7 \times 10^{-11}$ J/(s · m^2).

10-19 $E_m = 1.03 \times 10^3$ V/m,$B_m = 3.42 \times 10^{-6}$ T.

10-20 319 Hz,318 Hz.

10-21 $H_y = -0.796\cos\left(wt + \dfrac{\pi}{3}\right)$(A/m)

第十一章

11-1 562. 5 nm.

11-2 (1) 0. 011 m;(2) 0. 055 m.

11-3 (1) 0. 72 mm;(2) 3. 6 mm.

11-4 $\Delta x = \dfrac{D\lambda}{an}$.

11-5 8. 9 μm.

11-6　$2\pi \dfrac{a\sin \varphi + d(n-1)}{\lambda}$.

11-7　3.9×10^{-5} rad 或 8.1″.

11-8　1.22×10^{-7} m.

11-9　凸起,0.16 nm.

11-10　略.

11-11　2.85 m.

11-12　546 nm,$k = 10$.

11-13　略.

11-14　略.

11-15　0.3 mm.

11-16　(1) 90°;(2) 5°44′;(3) 34′.

11-17　(1) 1.03 mm;(2) 0.51 mm.

11-18　450 nm.

11-19　略.

11-20　2×10^{-4} cm.

11-21　(1) 540 nm;(2) 4°10′.

11-22　6 mm.

11-23　第一、三级.

11-24　$-5, -4, -2, -1, 0, 1, 2$.

11-25　$i_b = 55°34′$, $i' = 34°26′$.

11-26　1.732.

11-27　37.52%.

11-28　10.1%.

11-29　12.5%.

11-30　略.

第十二章

12-1　2.89×10^{-6} m.

12-2　5.84×10^3 K.

12-3　1.82 eV.

12-4　(1) 2.00 eV;(2) 295.8 nm;(3) 2.12 V.

12-5　3.78 V.

12-6　$2.01 \times 10^{19}\,\mathrm{s}^{-1}\mathrm{m}^{-2}$　$1.42 \times 10^{14}/\mathrm{s}$.

12-7　2.07 eV,1.1×10^{-27} kg·m·s^{-1},3.68×10^{-36} kg.

12-8　0.004 3 nm,62°17′.

12-9　90°,2.41×10^4 eV.

第十三章

13-1　5.29×10^{-11} m,1.054×10^{-34} J.

13-2　1.59×10^{14} Hz.

13-3 3. 39 eV.

13-4 略.

13-5 $n=3;3\rightarrow1,102.6$ nm$,2\rightarrow1,121.6$ nm$,3\rightarrow2,656.3$ nm.

13-6 $\lambda_1=653.7$ nm$,\lambda_2=487.2$ nm$,3.08\times10^{15}$ Hz.

13-7 略.

13-8 2. 87 nm.

13-9 7.27×10^6 m/s$,150$ eV.

13-10 4.14×10^{-10} m.

13-11 9.60×10^{-2} m.

13-12 略.

13-13 $\dfrac{2\mathrm{d}h}{a\sqrt{2eVm}}$.

13-14 -1.51 eV$;\sqrt{6}\dfrac{h}{2\pi};0,\dfrac{h}{2\pi},\pm2\dfrac{h}{2\pi}$.

13-15 $\Delta E=(2n+1)\dfrac{h}{8ma^2}$,略.

同步练习参考答案

力学

一、选择题

1. A　2. B　3. B　4. D　5. C　6. C　7. B　8. B　9. B　10. C　11. D　12. C　13. B　14. B

15. B

二、填空题

1. $3\boldsymbol{i}+6\boldsymbol{j}$　　12. 5J

2. 25. 6 m·s^{-2}　　0. 8 m·s^{-2}

3. 8 m·s^{-2}　　19. 3 m

4. 3 × 10^{-3} s,　　0. 6 N·s　2 × 10^{-3} kg

5. $\sqrt{5}g$

6. 8 J

7. $W_{甲} < W_{乙}$

8. 40 J

9. 157 N·m

10. 0. 5 kg·m^2

11. 刚体转动惯性的量度　　$I = \int r^2 \cdot \mathrm{d}m$,　　总质量,转轴位置和质量分布

12. 4 × 10^4 kgm^2/s　　8 × 10^6 J

13. $6v_0 \big/ \left(4 + 3\dfrac{M}{m}\right)l$

14. $\dfrac{\sqrt{3}}{2}C$

15. 1. 8 × 10^8

三、计算题

1. 略

2. (1) $v_1 = \dfrac{3}{4}u$; $v_2 = \dfrac{1}{4}u$;

(2) $\Delta E_{kA} = -\dfrac{7}{32}mu^2$, $\Delta E_{kB} = \dfrac{5}{32}mu^2$

3. (1) $u_B = 2.2$ m·s^{-1}, $T_B = 1.96$ N;

(2) $v_C = \sqrt{gl(2\cos\theta - 1)}$　$\boldsymbol{a}_C = (2\cos\theta - 1)g \cdot \boldsymbol{n} + g\sin\varphi\, \boldsymbol{t}$　$T_C = (3cu\theta - 1)mg$;

(3) $\boldsymbol{a} = \boldsymbol{a}_t = g\sin\alpha t = 8.49$ m·s^{-2}$\boldsymbol{t}$, $T = 0.49$ N.

4. $v = \sqrt{\dfrac{9}{l}(l^2 - a^2)}$.

5. $n = \dfrac{3}{16} \dfrac{R w_0^2}{\pi \mu g}$.

6. 729 J.

7. $69 m r^2$.

8. $\Delta w = m R^2 w / J,\ \Delta E_k = \dfrac{(m R^2 + J) m R^2 w^2}{2J}$.

9. (1) $w = \dfrac{2 m_0 V_0}{2 m_0 R + m R}$; (2) $\Delta t = 3 m_0 V_0 / 2 \mu m g$.

10. $v = 0.6\ \mathrm{m \cdot s^{-1}},\ \Delta x' = -9 \times 10^8\ \mathrm{m}$.

热学

一、选择题

1. B 2. D 3. C 4. C 5. C 6. B 7. C 8. D 9. B 10. C

二、填空题

1. (1) v_p 附近的分子数占总分子数的比例最大

  (2) $v - v + \Delta v$ 区间的分子数占总分子的比

  (3) $\displaystyle\int_0^\infty f(v)\,\mathrm{d}v = 1$

2. 5:7

3. 6.21×10^{-21} J 4.14×10^{-21} J 1.04×10^{-20} J

4. 大量分子热运动碰撞器壁的结果 $\dfrac{1}{3} n m_0 \overline{V^2}$ 分子平均平动功能 $\bar{\varepsilon} = \dfrac{3}{2} kT$

5. 6.74(K)

6. 1.62×10^4 J

7. 500 700

8. $S_1 + S_2$ $-S_1$

9. 268 J 732 J

10. $\eta < \eta'$ $Q > Q'$

三、计算题

1. (1) 230 m/s; (2) 9.3×10^{25}; (3) 2.43×10^{-21} J; (4) 2.9×10^{-8} m, 1.13×10^{-10} s.

2. $31.8\ \mathrm{m \cdot s^{-1}}$; $33.7\ \mathrm{m \cdot s^{-1}}$.

3. $p_2 = 3 p_1$; (2) $\Delta E_K = 3.11 \times 10^{-21}$ J, $\sqrt{T_2 / T_1} = 1.22$.

4. $\Delta E = 0,\ W = 556$ J.

5. $W = 1.34 \times 10^3$ J, $Q = 4.01 \times 10^3$ J

6. (1) $W_{da} = -5.065 \times 10^3$ J

  (2) $\Delta E_{ab} = 3.039 \times 10^4$ J

  (3) $W = 5.46 \times 10^3$ J

  (4) $\eta = 13\%$

电学

一、选择题

1. D　2. D　3. C　4. A　5. A　6. D　7. B　8. D　9. B　10. D

二、填空题

1. $U_0 R / r^2$

2. $-\dfrac{2}{3}\varepsilon_0 E_0$　　$\dfrac{4}{3}\varepsilon_0 E_0$

3. $-q$　　$-q$

4. $\dfrac{2}{3}U_0$

5. $(1) 900\ \text{V} ; (2) -1.8 \times 10^{-6}\ \text{J} ; (3) A, C ; B$

6. $-q_0 q / 8\varepsilon_0 l$

7. $(1)\varepsilon_r ; (2) 1 ; (3)\varepsilon_r$

8. (1) 电场力对单位正电荷做的功

 (2) 单位正电荷从 a 移到 b ，电场力做的功.

 (3) 电场力沿闭合回路一周，做功等于零.

 (4) 通过面积元 $\mathrm{d}S$ 的电场通量

9. 增大　减小

10. $q^2 / 8\pi\varepsilon_0 R$

三、计算题

1. $E = \lambda / 2\pi\varepsilon_0 a, U = \dfrac{\lambda}{4\pi\varepsilon_0}(2\ln 2 + \pi)$.

2. $(1)\dfrac{4}{3}\pi R^3 \rho$;

 $(2) E_1 = \dfrac{\rho \cdot r}{3\varepsilon_0}(r \leqslant R)$ 方向沿半径向外；

 　$E_2 = \dfrac{R^3 \rho}{3\varepsilon_0 r^2}(r > R)$ 方向沿半径向外；

 $(3) U_1 = \dfrac{\rho}{6\varepsilon_0}(3R^2 - r^2)(r \leqslant R)$ 　$U_2 = \dfrac{R^3 \rho}{3\varepsilon_0 r}(r > R)$.

3. $(1) E_1 = 0$;

 $(2) E_2 = 0$;

 $(3) E_3 = \lambda / 2\pi\varepsilon_0 r$.

4. $(1)\dfrac{q}{6\pi\varepsilon_0 l}$;

 $(2)\dfrac{q}{6\pi\varepsilon_0 l}$.

5. $c = 2c_0, c = 2\varepsilon_r c_0 / 1 + \varepsilon_r$.

6. $\dfrac{\sigma R}{2\varepsilon_0}$

磁学

一、选择题

1. D　2. A　3. A　4. C　5. C　6. A　7. B　8. C　9. D　10. D

二、填空题

1. $\dfrac{\mu_0 I}{4\pi R}$　垂直纸面向里

2. $1:1$

3. $\dfrac{u_0 \lambda w}{4\pi} \ln \dfrac{a+b}{a}$

4. $\pi R^3 \lambda B w$　垂直转轴向上

5. $2B_0$　$4v_0$

6. $\pi R^2 IB/2$　　在图面中向上　　$\dfrac{\pi}{2}$

7. (1)顺时针方向；(2)顺时针方向

8. $\dfrac{-\mu_0 I g}{2\pi} t \cdot \ln\left(\dfrac{a+t}{a}\right)$

9. RvB　$c \to a$

10. $9.6\ \text{J}$

三、计算题

1. $\dfrac{\mu_0 I}{2\pi b} \ln 2.$

2. (1) $B = \dfrac{u_0 I (r^2 - a^2)}{2\pi (b^2 - a^2) \cdot r}$；(2) $F = evB = ev \dfrac{\mu_0 I (r^2 - a^2)}{2\pi (b^2 - a^2) \cdot r}$，沿矢经 r 方向.

3. (1) $\dfrac{\mu_0 I_1 H_1}{2\pi} \ln \dfrac{c+L}{c}$；

　　(2) $\dfrac{\mu_0 I_1 I_2 H}{2\pi} \left(\dfrac{1}{c} - \dfrac{1}{c+L}\right)$，方向沿 x 轴反方向.

4. $2IBR.$

5. $\left[\dfrac{\mu_0 I v}{2\pi a(a+b)} - \dfrac{\partial B}{\partial t}\right] \cdot b \cdot l.$

振动与波动

一、选择题

1. D　2. C　3. A　4. B　5. C　6. B　7. C　8. C　9. D　10. B

二、填空题

1. $T_1' = T_1$，$T_2' > T_2$

2. $\sqrt{K/m}$　振动系统　初始条件与振动系统　$\sqrt{x_0^2 + \left(\dfrac{v_0}{w}\right)^2}$

　　　　　　　　　　　初始条件与振动系统　$\arctan\left[-v_0/(x_0 w)\right]$

3. π　$-\pi/2$　$\pi/3$

4. $0,3\pi\ \text{cm} \cdot \text{s}^{-1}$

5.0

6.向下　向下　向上

7.x;x 点的振动方程;时刻 t 的波形图

8.$y = 0.2\cos\left(\dfrac{\pi}{2}t - \dfrac{\pi}{2}\right)$

9.$y = 0.1\cos\left[2\pi\left(\dfrac{165}{2}t - \dfrac{x}{4}\right) + \pi\right]$ m

10.0.2

三、计算题

1.$x = 0.02\cos\left(\dfrac{5}{12}\pi t - \dfrac{\pi}{3}\right)$(m).

2.(1) $\pm 3\sqrt{2}$ cm;

　(2)0.75 s.

3.(1)$v \doteq -0.33$ m·s^{-1},(2)$\Delta t = 0.83$(s).

4.0.1 m;$\pi/2$

5.(1)$y = 0.03\cos\left[4\pi\left(t - \dfrac{x}{20}\right)\right]$;

　(2)$y = 0.03\cos\left(4\pi t - \dfrac{\pi}{5}x + \pi\right)$.

6.(1)$y = 0.1\cos 2\pi\left(\nu t - \dfrac{x}{10}\right)$(m);

　(2)0.1 m;

　(3) -1.26 m·s^{-1}.

7.(1)6×10^{-5} J·m^{-3};(2)9.24×10^{-7} J.

8.(1)$y_A = 0.01\cos(200\pi t)$,$y_B = 0.01\cos(200\pi t + \pi)$;

　(2)$y_A = 0.01\cos 200\pi\left(t - \dfrac{x}{400}\right)$,$y_B = 0.01\cos\left[200\pi\left(t - \dfrac{30-x}{400}\right) + \pi\right]$.

波动光学

一、选择题

1.B　2.B　3.B　4.A　5.B　6.B　7.D　8.B　9.A　10.D

二、填空题

1.(1)增大 D

　(2)双缝间距 d 减小

　(3)用波长较长单色光

2.0.09 μm

3.6.4 μm

4.$3\lambda/4n_2$

5.6　第一级明纹

6.是　否

7.3

8. 强度不变　强度变化但不完全消光　强度在极大值与零之间变化

9. $\sqrt{3}$

10. $2d\sin\varphi = k\lambda$;0.24 nm;0.12 nm;0.08 nm

三、计算题

1. 0.134 mm.

2. $(1)D = 1.32 \times 10^{-2}(\text{mm})$;(2)68 条.

3. $(1)\varphi_0 = 0,\varphi_1 = 3.75 \times 10^{-2}(\text{rad})$;$(2)\varphi_1 = 2.5 \times 10^{-2}(\text{rad}),x_0 = 7.5(\text{mm})$;

$(3)\lambda_x = \dfrac{4}{3}\lambda = 6.67 \times 10^{-4}(\text{mm})$.

4. (1)5 条;(2)6.3 cm

5. $\dfrac{\pi}{8}$.

6. (1)58.0°;

　(2)32.0°;

　(3)是.

量子物理基础

一、选择题

1. D　2. A　3. D　4. B　5. D　6. C　7. B　8. C　9. D　10. A

二、填空题

1. $T = 10^3 K;\lambda_m = 2.898 \times 10^{-6}$ m

2. 5.0×10^{15} 个

3. 1.45

4. 1.5

5. π　0

6. 1.33 nm　$n = 4$

7. t 时刻粒子在 $\mathbf{r}(x,y,z)$ 处出现的概率密度　单值,有限,连续

　　$\displaystyle\iiint |\psi(x,y,z)|^2 \mathrm{d}x\mathrm{d}y\mathrm{d}z = 1$

8. $\dfrac{1}{4}a,\dfrac{3}{4}a$

9. $l = 0,1,2$　$m_l = 0,\pm 1,\pm 2$

10. $\left(1,0,0,\pm\dfrac{1}{2}\right)$

三、计算题

1. 612 nm.

2. 0.073 2 nm,0.075 6 nm.

3. $\lambda_1 = 656.3$ nm,$\lambda_3 = 364.6$ nm.

4. 2.92×10^{15} Hz

5. 1.67×10^{-27} kg

6. 10,　0,$\pm 1,\pm 2$.

参考文献

[1] 杨仲耆,等.大学物理[M].北京:高等教育出版社,1981.

[2] 李金锷.大学物理[M].北京:科学出版社,2001.

[3] 天津大学.大学物理[M].天津:天津大学出版社,2010.

[4] 程守珠,江之永.普通物理学[M].5版.北京:高等教育出版社,2003.

[5] 马文蔚.物理学[M].4版.北京:高等教育出版社,1999.

[6] 张三慧.大学物理学[M].北京:清华大学出版社,2002.

[7] 梁绍荣.基础物理学[M].北京:高等教育出版社,2002.

[8] 潘根.基础物理述评教程[M].北京:科学出版社,2002.

[9] 邓法金.大学物理解题指导[M].北京:科学出版社,2002.